高等职业教育课程改革项目研究成果系列教材
"互联网＋"新形态教材

电 工 基 础

主　　编　刘小斌
副 主 编　李　康　　张玉东
参　　编　陈煜敏　　汪　勤　　毛　玮
企业参编　孟淑红　　韩文祥
主　　审　张峻颖

北京理工大学出版社
BEIJING INSTITUTE OF TECHNOLOGY PRESS

内 容 提 要

本书总体结构采用活页形式，以工程实际案例为导向（案例引导的例题），在结构上主要包含直流电路和交流电路两部分。在直流部分主要包括基本电路元件、电路定理、电路分析方法等基础知识；在交流部分主要包括正弦交流电路及其分析方法、三相交流电路、互感电路，并且包括一阶电路的动态过程分析。

本书属于电类相关专业基础课程教材，适用于电类相关的所有专业，包括电气工程、机电一体化、通信工程、电机与电器、电子工程、无人机等专业。本书既适合高职教育，也适合职业本科和应用技术型本科的学生，是一本知识含量丰富的电工基础教材。

图书在版编目（CIP）数据

电工基础 / 刘小斌主编. -- 北京：北京理工大学出版社，2021.9

ISBN 978 - 7 - 5763 - 0440 - 4

Ⅰ. ①电… Ⅱ. ①刘… Ⅲ. ①电工技术 - 高等学校 - 教材 Ⅳ. ①TM

中国版本图书馆 CIP 数据核字（2021）第 200099 号

出版发行 / 北京理工大学出版社有限责任公司

社　　址 / 北京市海淀区中关村南大街 5 号

邮　　编 / 100081

电　　话 /（010）68914775（总编室）

　　　　　（010）82562903（教材售后服务热线）

　　　　　（010）68944723（其他图书服务热线）

网　　址 / http：//www.bitpress.com.cn

经　　销 / 全国各地新华书店

印　　刷 / 三河市天利华印刷装订有限公司

开　　本 / 787 毫米 × 1092 毫米　1/16

印　　张 / 27.25　　　　　　　　　　　　　　　　责任编辑 / 陈莉华

字　　数 / 633 千字　　　　　　　　　　　　　　　文案编辑 / 陈莉华

版　　次 / 2021 年 9 月第 1 版　2021 年 9 月第 1 次印刷　　责任校对 / 周瑞红

总 定 价 / 65.00 元（共 2 册）　　　　　　　　　　　　责任印制 / 施胜娟

前言

电工学是电类专业和电类相关专业的基础课程，学习电工学的主要任务是为后续学习专业知识和从事工程技术工作打下良好的电工理论基础，同时使学习者掌握电工基础技能。

本书是一本校企合作的活页式教材，对电工理论基本定律定理、基本概念及基本分析方法都做了尽可能详尽的阐述，并通过实例、习题和工作页等形式加深学生对理论知识的学习和掌握。同时，尽可能在每一章节后面附加实训实践环节，使学生在电工理论基础上能有的放矢地进行实训操作。

本书知识点全面、实例贴切、指导性强，力求以全面的知识性和丰富的实践性来指导读者掌握电工基础知识和技能。本书主要包含9章内容，第1章和第2章介绍了电路基础概念和电路基本定律；第3章和第4章介绍了电阻电路的一般分析方法和电路定理；第5章和第6章介绍了电路的动态分析和正弦交流电路的分析；第7章介绍了三相正弦交流电路的分析；第8章介绍了耦合电感电路的分析；第9章介绍了频率特性及谐振相关知识。

本书编者均为上海电子信息职业技术学院中德工程学院教师，本书作者均为长期工作在相关专业教育一线的优秀教师，有多人曾在电工、电子技术设计与应用方面取得突出成绩和良好教学效果。本书第1章和第2章由张玉东老师编写；第3章和第4章由李康老师编写；第5章和第6章由陈煜敏老师编写；第7章由汪勤老师编写；第8章由毛玮老师编写；第9章由刘小斌老师编写。本书由刘小斌统筹设计，由刘小斌、李康、张玉东、陈煜敏、汪勤统稿，由张峻颖主审。本书在编写过程中，参考和引用了许多文献，在此对文献作者表示感谢。

本书在编写过程中得到了中国商用飞机有限责任公司质量适航安全部体系管理处孟淑红经理和上海飞机制造有限公司高级工程师韩文祥的全程指导和大力支持，提供了许多方向性指导和可资借鉴的案例，为校企合作衔接环节提供了有力保障；东北石油大学电气信息工程学院刘伟老师在 Multisim 仿真环节做了细致的指导，在此对他们表示衷心的感谢。

由于本书编者能力有限，本书有些内容难免不够妥帖，希望读者特别是使用本书的教师和同学谅解并积极提出宝贵的改进意见，以便今后修订提高。

目 录

第1章

电路基本概念

1.1　电路和电路模型

拓展阅读
科学家安培

1.1.1　电路及电路组成

1. 电路定义

电路就是电流通过的路径。它是由各种电气元器件按一定方式连接,从而实现能量的传输和转换,或为了实现信息的传递和处理而连接成的整体,如家用照明电路、电网系统、电视机电路等。

2. 电路组成

实验:用干电池、灯泡、开关和导线按图1-1(a)所示连接成一个手电筒电路。

实验结果:当合上开关时灯亮,打开开关时灯灭。

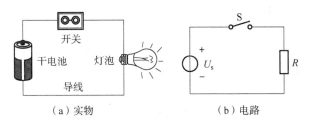

（a）实物　　　　　　　　　　（b）电路

图 1-1　手电筒电路

手电筒电路就是一个最简单的电路,它的组成体现了所有电路的共性。绝大部分电路的组成为四部分,即电源、负载、连接导线和控制器件。

(1)电源:提供电能的设备称为电源。它的作用是把其他形式的能量转换成电能,如风力发电机、干电池、太阳能电池等。根据电路中电源的种类不同,电路可分为直流电路和交流电路。直流电路由直流电源供电,其电压、电流的大小和方向都不随时间而变化;

交流电路由交流电源供电，其电压、电流的大小和方向都随时间而变化。

（2）负载：用电的设备称为负载。它的作用是将电能转换成机械能、热能或光能等其他形式的能量，如电动机、电炉、电灯、电视机等。

（3）连接导线：它的作用是连接电源和负载，如电网输电线路、家用照明电路的电线等。

（4）控制器件：它的作用是控制电路的状态，如图 1 - 1 所示手电筒电路中的开关，它用来接通或断开电路。

1.1.2　电路状态

电路在应用过程中，可能处于通路、断路、短路这 3 种状态。

1. 通路状态

通路状态也叫有载状态，指电源提供的电流经过了负载，使负载正常工作。例如图 1 - 1 中的手电筒电路开关接通状态。

2. 断路状态

断路状态也叫空载状态，电流被切断，没有经过负载，负载不工作。例如图 1 - 1 中的手电筒电路开关断开状态。

3. 短路状态

短路状态指电源提供的电流没有经过负载而直接构成回路，如在图 1 - 1 中直接将导线接在干电池两端。短路实际上就是给电源接上了最大的负载，处于最大的极限电流状态，这样不但会损坏电源，还有可能引发导线过热燃烧。

通路和断路两种状态在实际中是允许的，开关的作用就是为了完成在通路与断路两种状态中转换，但短路是不允许的。

正常情况下的通路应该能让电流持续不断，如果因为开关触点氧化腐锈等原因导致触点时而接通时而断开，便会出现电流断续，如手电筒的灯忽明忽暗，这种情况称为接触不良，这是一种介乎通路与断路之间的状态，这种状态不应该存在。

1.1.3　电路模型

实际电路的电磁过程非常复杂，为了便于实际电路的分析和计算，通常在工程实际允许的条件下对实际电路进行模型化处理，即抓住反映其功能的主要电磁特性，忽略次要因素，抽象出实际电路器件的"电路模型"。

通常将实际电路器件理想化而得到的只具有某种单一电磁性质的元件，称为理想电路元件，简称为电路元件。每一种电路元件体现某种基本现象，具有某种确定的电磁性质和精确的数学定义。常用的电路元件有将电能转换为热能的电阻元件、表示电场性质的电容元件、表示磁场性质的电感元件及电压源元件和电流源元件等。它们的电路符号如图 1 - 2 所示。

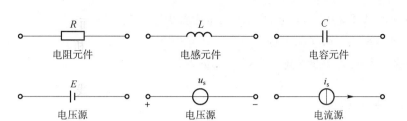

图 1-2　理想电路元件的符号

通常把由理想电路元件相互连接组成的电路称为电路模型。用规定的电路符号（图形与字母）表示各种理想元器件，得到的电路模型图称为电路原理图，简称电路图，例如图 1-1（b）即为手电筒电路的电路图。

知识点归纳

（1）组成电路的四个部分是电源、负载、连接导线和控制器件。
（2）电路在应用过程中，可能处于通路、断路、短路这 3 种状态。
（3）由理想电路元件相互连接组成的电路称为电路模型。

课后思考

（1）电路一定要包含电源、负载、连接导线和控制器件这四部分吗？
（2）生活中哪些用电器可以看成电阻元件？

1.2　电路的基本物理量

1.2.1　电荷

电荷是用来解释所有电学现象的最基本概念。电荷为具有正电或负电的粒子，带正电的粒子叫正电荷（表示符号为"＋"），带负电的粒子叫负电荷（表示符号为"－"）。实验证明，电荷与电荷有同性相斥、异性相吸的特性。带电的物体叫带电体，不带电的物体叫中性体。电荷的多少叫电荷量，即物质或电子等所带电的量。电荷的符号是 Q 或 q，单位是库仑（Column），简称库，用符合 C 表示。

人们把最小电荷叫作元电荷，常用符号 e 表示。元电荷 $e = 1.602 \times 10^{-19}$ C，电子带负电荷，一个电子带的电荷量为 -1.602×10^{-19} C，质子带正电荷，一个质子所带的电荷量为 1.602×10^{-19} C，原子中存在相同数量的质子和电子使得原子呈中性，所有带电体的带电量是 e 的整数倍。库仑是电荷的大单位，实际的或实验室的电荷值常用 pC、nC 或 μC 为单位。

电荷或电的一个独特特征是它是可移动的。电荷守恒定律指出，电荷既不能产生也不能消灭，只能转移，也就是说，电荷可以从一个地方转移到另一个地方。

📖 **例1-1** 1.5×10^{18} 个电子所带的电量为多少库？

解：$Q = 1.5 \times 10^{18} \times 1.602 \times 10^{-19} = 0.2403$ （C）

✏ **练一练**：请计算多少个电子所带的电量为 5 C。

1.2.2 电流及参考方向

1. 电流

电荷的定向移动形成电流。电流的大小用电流强度来衡量，电流强度简称为电流。其定义为：单位时间内通过导体横截面的电荷量，用公式表示为

$$i = \frac{\mathrm{d}q}{\mathrm{d}t} \tag{1-1}$$

式中　i——电流，A；

　　　$\mathrm{d}t$——时间，s；

　　　$\mathrm{d}q$——在 $\mathrm{d}t$ 时间内通过导体横截面的电荷量，C。

在国际单位制中，电流的单位为安培，简称安（A）。实际应用中，大电流用千安培（kA）表示，小电流用毫安培（mA）或者微安培（μA）表示。它们的换算关系为

$$1~\mathrm{kA} = 10^3~\mathrm{A} = 10^6~\mathrm{mA} = 10^9~\mathrm{\mu A}$$

在外电场的作用下，正电荷将沿着电场方向运动，而负电荷将逆着电场方向运动，习惯上规定：正电荷运动的方向为电流的正方向。

电流有交流（AC）和直流（DC）之分，大小和方向都随时间变化的电流称为交流电流。方向不随时间变化的电流称为直流电流。大小和方向都不随时间变化的电流称为稳恒直流，稳恒直流用大写字母 I 表示，数学表达式为

$$I = \frac{Q}{t} \tag{1-2}$$

式中　I——直流电流，A；

　　　t——时间，s；

　　　Q——电荷量，C。

📖 **例1-2**　若 5 s 内通过某导线截面的电荷量为 2 C，则该导线中的电流 I 为多大？

解：$I = \frac{Q}{t} = \frac{2}{5} = 0.4$ （A）

✏ **练一练**：如果流过某指示灯的电流为 20 mA，求 1 h 内流过该指示灯的电荷量 Q 为多少？

2. 电流的参考方向

电流的方向是客观存在的，但在电路分析中，一些较为复杂的电路，有时某段电流的实际方向难以判断，为了解决这一问题，在电路分析时，常采用电流的"参考方向"这一概念。

参考方向可以任意设定，假设用一个箭头表示某电流的假定正方向，就称之为该电流的参考方向。当电流的实际方向与参考方向一致时，电流的数值就为正值（即 $i > 0$），如

图 1 - 3（a）所示；当电流的实际方向与参考方向相反时，电流的数值就为负值（即 $i < 0$），如图 1 - 3（b）所示。

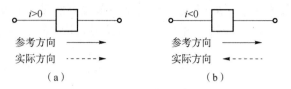

图 1 - 3　电流及其参考方向

需要特别注意的是，没有规定电流的参考方向时，电流的正负没有任何意义。

1.2.3　电压及参考方向

1. 电压

电荷在电场力的作用下定向移动形成电流，在这个过程中，电场力推动电荷运动做功。为了表示电场力对电荷做功的能力，引入了"电压"这个物理量，用 u 来表示，在数值上电压就是电场力把单位正电荷从一点移到另一点所做的功，电压又称电位差（或电势差）。直流电压用 U 表示。

若电场力将正电荷 dq 从 a 点经外电路移送到 b 点所做的功是 dw，则 a、b 两点间的电压 u_{ab} 为

$$u_{ab} = \frac{dw}{dq} \tag{1 - 3}$$

式中　u_{ab}——a、b 之间的电压，V；

dw——正电荷 dq 从 a 点经外电路移送到 b 点所做的功，J；

dq——电荷量，C。

直流时，式（1 - 3）可写为

$$U_{ab} = \frac{W}{Q} \tag{1 - 4}$$

式中　U——a、b 之间的直流电压，V；

W——正电荷 Q 从 a 点经外电路移送到 b 点所做的功，J；

Q——电荷量，C。

在国际单位制中，电压的单位为伏特，简称伏（V）。实际应用中，大电压用千伏（kV）表示，小电压用毫伏（mV）或者微伏（μV）表示。它们的换算关系为

$$1 \text{ kV} = 10^3 \text{ V} = 10^6 \text{ mV} = 10^9 \text{ μV}$$

电压的方向是电场力移动正电荷的方向，在电路图中可用箭头来表示。

2. 电压的参考方向

在进行电路分析时，尤其是在比较复杂的电路中，为了分析和计算的方便，可任意假定某个方向作为电压的参考方向。这个参考方向可能与电压的实际方向不一致，当电压的实际方向与参考方向一致时，其值为正；当电压的实际方向与参考方向相反时，其值为负。

电压的参考方向可以用 3 种方法表示。

（1）用"＋""－"符号表示，电压参考方向从"＋"指向"－"，如图1－4（a）所示。

（2）用箭头的指向来代表电压参考方向，如图1－4（b）所示。

（3）用双下标字母来表示。如用u_{ab}表示电压的参考方向是从a指向b。若电压参考方向选为点b指向点a，则应写成u_{ba}，两者仅差一个负号，即$u_{ab} = -u_{ba}$。

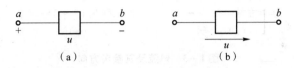

图1－4　电压及其参考

3. 关联参考方向

为了便于识别与计算，对同一元件或同一段电路，一般把它们的电流和电压参考方向选为一致，这种情况称为关联参考方向，如图1－5（a）所示。如果两者的参考方向相反则称为非关联参考方向，如图1－5（b）所示。

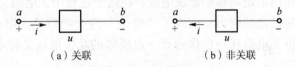

（a）关联　　　　　　　　　　（b）非关联

图1－5　电压与电流的方向

📖 例1－3　图1－6所示的各元件均为负载（消耗电能），其电压、电流的参考方向如图中所示。已知各元件端电压的绝对值为5 V，通过的电流绝对值为4 A。

（1）若电压参考方向与真实方向相同，判断电流的正负。

（2）若电流的参考方向与真实方向相同，判断电压的正负。

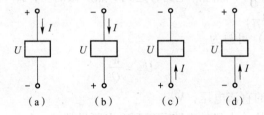

图1－6　例1－3图

解：若电压参考方向与真实方向相同时，有以下几种情况。

图1－6（a）：电压与电流参考方向关联，电流为正，$I = 4$ A。

图1－6（b）：电压与电流参考方向非关联，电流为负，$I = -4$ A。

图1－6（c）：电压与电流参考方向关联，电流为正，$I = 4$ A。

图1－6（d）：电压与电流参考方向非关联，电流为负，$I = -4$ A。

✏️ **练一练：**在例1－3中，若电流的参考方向与真实方向相同，判断电压的正负。

4. 电位

电位是表示电场中某一点性质的物理量，是相对于确定的参考点来说的。按规定，电路参考点的电位为零，所以参考点也叫零电位点，用符号"⊥"表示，如图1－7所示。在生产实践中，把地球作为零电位点，凡是机壳接地的设备（接地符号是"⊥"），机壳电位即为零电位。

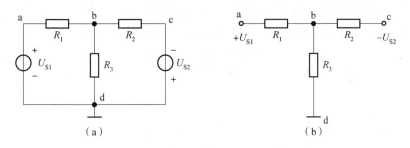

图1-7 电路中的参考点

电场中某点的电位在数值上等于电场力将单位正电荷自该点沿任意路径移到参考点所做的功。a 点电位用 φ_a（或 U_a）表示。将电位与电压进行比较，可以得出，电场中某点电位就是该点到参考点之间的电压。电位的单位也是伏特（V）。电压与电位的关系可以用下式表示，即

$$U_{ab} = U_a - U_b = \varphi_a - \varphi_b \tag{1-5}$$

式中　U_{ab}——a、b 之间的电压，V；

　　　U_a，φ_a——a 点的电位，V；

　　　U_b，φ_b——b 点的电位，V。

📖 **例1-4**　如图1-8所示，以 O 为参考点，$\varphi_A = 10$ V，$\varphi_B = 8$ V，$\varphi_C = 3$ V，求 U_{AB}、U_{BC}、U_{CA}。

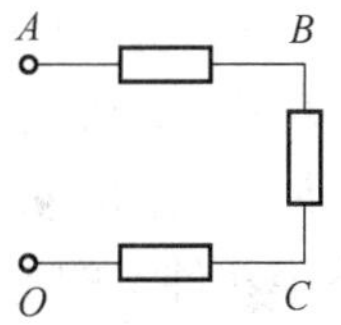

解：$U_{AB} = \varphi_A - \varphi_B = 10 - 8 = 2$（V）

$U_{BC} = \varphi_B - \varphi_C = 8 - 3 = 5$（V）

$U_{CA} = \varphi_C - \varphi_A = 3 - 10 = -7$（V）

图1-8 例1-4图

通过上面的例题求解过程可知，已知电路每一点电位，可以计算任意两点之间的电压。而在同一个电路中，当选定不同的参考点时，同一点的电位是不同的。参考点一经选定，各点的电位就是唯一确定的值。如果没有选定电路的参考点，讲某点的电位是无意义的。

✏️ **练一练**：在例1-4中，若每个元器件两端的电压保持不变，以 A 为参考点，求电位 φ_A、φ_B、φ_C、φ_O。

1.2.4　电功率和电能

1. 电功率

电流通过电路时传输或转换电能的速率，即单位时间内电场力所做的功，称为电功率，简称功率，用符号 p 表示。数学表达式为

$$p = \frac{dw}{dt} \tag{1-6}$$

式中　p——功率，W；

　　　dw——dt 时间内做的功，J；

$\mathrm{d}t$——时间，s。

国际单位制中，功率的单位是瓦特（W），规定元件 1 s 内提供或消耗 1 J 能量时的功率为 1W。常用的功率单位还有千瓦（kW）、毫瓦（mW）。

将式（1-6）等号右边分子、分母同乘以 $\mathrm{d}q$ 后，变为

$$p = \frac{\mathrm{d}w}{\mathrm{d}t} = \frac{\mathrm{d}w}{\mathrm{d}q} \times \frac{\mathrm{d}q}{\mathrm{d}t} = ui \qquad (1-7)$$

式中　p——功率，W；

　　　u——元件电压，V；

　　　i——电流，A。

由式（1-7）可知，元件吸收或发出的功率等于元件上的电压乘以元件上的电流。

电气设备或元件长期正常运行的电流最大允许值称为额定电流，其长期正常运行的电压最大允许值称为额定电压；额定电压和额定电流的乘积为额定功率。通常电气设备或元件的额定值标在产品的铭牌上。例如，一白炽灯标有"220 V、40 W"，表示它的额定电压为 220 V，额定功率为 40 W。

根据元件电压和电流参考方向是否关联，功率计算可以表示为以下两种形式。

当 u、i 为关联参考方向时，有

$$p = ui \text{（直流功率 } P = UI\text{）} \qquad (1-8)$$

当 u、i 为非关联参考方向时，有

$$p = -ui \text{（直流功率 } P = -UI\text{）} \qquad (1-9)$$

式中　P——直流功率，W；

　　　U——直流电压，V；

　　　I——直流电流，A。

不论元件上的电压和电流参考方向是否关联，只要计算出元件功率大于零，则该元件就是在吸收功率，即消耗功率，该元件是负载；若元件功率小于零，则该元件是在发出功率，即产生功率，该元件是电源。

根据能量守恒定律，对一个完整的电路，总的发出功率应等于总的吸收功率。

📖**例 1-5**　图 1-9 中已知电路为直流电路，$U_1 = 4$ V，$U_2 = -8$ V，$U_3 = 6$ V，$I = 2$ A。计算各元件的功率，指出是吸收功率还是发出功率，并求整个电路的功率。

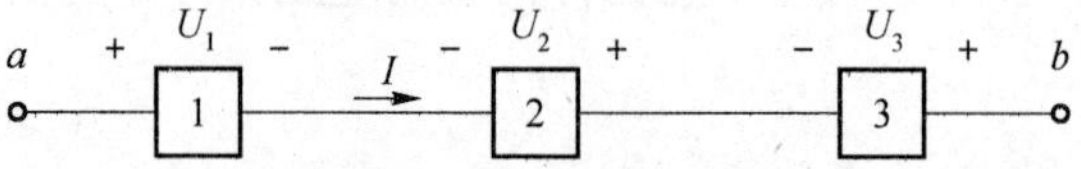

图 1-9　例 1-5 图

解：从图 1-9 可以看出，元件 1 的电压与电流为关联参考方向，则

$$P_1 = U_1 I = 4 \times 2 = 8 \text{（W）}$$

元件 2 和元件 3 的电压与电流为非关联参考方向，则

$$P_2 = -U_2 I = -(-8) \times 2 = 16 \text{（W）}$$

$$P_3 = -U_3 I = -6 \times 2 = -12 \text{（W）}$$

所以元件 1 吸收功率，元件 2 吸收功率，元件 3 发出功率。

整个电路功率为

$$P = P_1 + P_2 + P_3 = 8 + 16 - 12 = 12 \text{（W）}$$

✎ **练一练**：图 1-9 中，若 $U_1 = 10$ V，$U_2 = 2$ V，$U_3 = 3$ V，$I = 1$ A。计算各元件的功率，指出各元件是吸收功率还是发出功率，并判断该元件为负载还是电源。

2. 电能

电路在一段时间内消耗或提供的能量称为电能。电路元件在 t_0 到 t 时间内消耗或提供能量的数学表达式为

$$W = \int_{t_0}^{t} p\mathrm{d}t \tag{1-10}$$

直流时

$$W = P(t - t_0) \tag{1-11}$$

式中　p——功率，W；

　　　P——直流功率，W；

　　　W——电能，J。

在国际单位制中，电能的单位是焦耳（J）。1 J 等于 1 W 的用电设备在 1 s 内消耗的电能。在我国通常用"度"作为电能单位，"度"是千瓦时（kWh）的简称。1 度（或 1 千瓦时）电等于功率为 1 千瓦的元件在 1 小时内消耗的电能，即

$$1 \text{ 度} = 1 \text{ kWh} = 10^3 \text{ W} \times 3 \text{ 600 s} = 3.6 \times 10^6 \text{ J}$$

📖 **例 1-6**　表 1-1 所示为一些家用电器的额定功率。利用该表所提供的额定功率值，可以计算不同电器在工作时间内所消耗的最大能量。假如一天 24 h，使用表 1-1 中不同的电器，所花的时间分别如下。空调：15 h；吹风机：15 min；微波炉：6 min；电视机：2 h；电热水壶：12 min。确定一天内这些家用电器所消耗的电的度数以及需要为此支付的电费，电价是每度电 0.6 元。

表 1-1　部分家用电器的额定功率 W

电器	额定功率	电器	额定功率
空调	860	微波炉	800
吹风机	1 000	电磁炉	1 000
洗碗机	1 200	冰箱	500
取暖器	1 300	电视机	250
电热水壶	2 500	洗衣机	400

解：将表 1-1 所示家用电器的额定功率转换成千瓦（kW），时间用小时（h）表示，将功率与使用时间相乘，得到各用电设备消耗的电能如下。

空调：$0.86 \text{ kW} \times 15 \text{ h} = 12.9 \text{ kWh}$

吹风机：$1 \text{ kW} \times \dfrac{15}{60} \text{ h} = 0.25 \text{ kWh}$

微波炉：$0.8 \text{ kW} \times \dfrac{6}{60} \text{ h} = 0.08 \text{ kWh}$

电视机：$0.25 \text{ kW} \times 2 \text{ h} = 0.5 \text{ kWh}$

电热水壶：$2.5 \text{ kW} \times \dfrac{12}{60} \text{ h} = 0.5 \text{ kWh}$

现在，将上述各电器在一天内消耗的度数相加，得到总电能为

$$W = 12.9 + 0.25 + 0.08 + 0.5 + 0.5 = 14.23 \text{（kWh）}$$

因为电费的单价是 0.6 元/kWh，所以一天内需要为消耗的总能量支付的费用为 14.23 × 0.6 = 8.538（元）。

✐ **练一练**：若某户人家一天使用了表 1 - 1 所列电器中的洗衣机、电视机、空调均为 2 h，求这 3 台电器在这一天内的耗电量及电费。

🌀 知识点归纳

（1）电荷为具有正电或负电的粒子，电荷既不能产生也不能消灭，只能转移。

（2）电荷的定向移动形成电流，正电荷的移动方向为电流的实际方向。

（3）电场力把单位正电荷从一点移到另一点所做的功，称为电压。

（4）单位时间内电场力所做的功，称为电功率，简称功率。

（5）电路在一段时间内消耗或提供的能量称为电能。

🌀 课后思考

（1）电流和电流强度有什么关系？

（2）电压和电位有何区别？

1.3 电阻元件

1.3.1 电路元件

电路元件是电路最基本的组成单元。如图 1 - 10 所示，电路元件按与外部连接的端子数目可分为二端元件、三端元件、四端元件等。电阻是一种最常见的、用于反映电流热效应的二端电路元件。

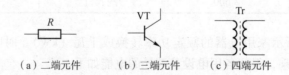

（a）二端元件　　（b）三端元件　　（c）四端元件

图 1 - 10　不同端子数目的电路元件

1.3.2 电阻的参数与特性

物体对电流的阻碍作用就叫电阻，电阻通常用字母 R 表示，电阻的单位是欧姆，简称欧，

符号是 Ω。常见的单位还有千欧（kΩ）、兆欧（MΩ）。电阻的主要物理特性是将电能转化成热能。电阻小的物质称为电导体，简称导体。电阻大的物质称为电绝缘体，简称绝缘体。

1. 电阻的构成

电阻器简称电阻，它由电阻体、骨架和引出端三部分构成，决定阻值的是电阻体。对于截面均匀的电阻体，电阻的计算表达式为

$$R = \rho \frac{L}{S} \tag{1-12}$$

式中　R——电阻，Ω；

　　　　ρ——电阻材料的电阻率，Ω·m；

　　　　L——电阻体的长度，m；

　　　　S——电阻体的截面积，m^2。

2. 电阻的主要参数

表征电阻特性的主要参数有标称阻值及其允许偏差、额定功率、负荷特性、电阻温度系数等。标称阻值即是用数字或色标在电阻器上标志的设计阻值。

3. 电阻的阻值标法

电阻的阻值标法通常有数字法和色环法。

1）数字法

贴片电阻采用数字法标注阻值。表面数字一般为 3 位或者 4 位，4 位数字表示的是精密电阻。当采用 3 位数字时，用 ABC 表示，其大小为 $AB \times 10^C$，如 103，其阻值大小为 $10 \times 10^3 = 10$ kΩ。当采用 4 位数字时，用 $ABCD$ 表示，其大小为 $ABC \times 10^D$，如 5110，其阻值大小为 $511 \times 10^0 = 511$ Ω。

2）色环法

目前，电子产品广泛采用色环电阻，其优点是在装配、调试和修理过程中，不用拨动元件，即可在任意角度看清色环，读出阻值，使用方便。普通电阻采用四道色环标注，精密电阻（允许误差不超过 ±2%）采用五道色环标注，如表 1-2 所示。对于四道色环电阻，其中第一、二环分别代表阻值的前两位数，第三环代表倍率，第四环代表允许误差。对于五道色环电阻，其中第一、二、三环分别代表阻值的前 3 位数，第四环代表倍率，第五环代表允许误差。

表 1-2　色环电阻及色码表

色环	第一环	第二环	第三环（五环电阻）	倍率环	允许误差环
黑	0	0	0	10^0	—
棕	1	1	1	10^1	±1%

续表

色环	第一环	第二环	第三环（五环电阻）	倍率环	允许误差环
红	2	2	2	10^2	$\pm 2\%$
橙	3	3	3	10^3	—
黄	4	4	4	10^4	—
绿	5	5	5	10^5	$\pm 0.5\%$
蓝	6	6	6	10^6	$\pm 0.25\%$
紫	7	7	7	10^7	$\pm 0.1\%$
灰	8	8	8	—	$\pm 0.05\%$
白	9	9	9	—	—
金	—	—	—	10^{-1}	$\pm 5\%$
银	—	—	—	10^{-2}	$\pm 10\%$
无色环	—	—	—	—	$\pm 20\%$

☐ **例 1-7** 当某四道色环电阻的 4 个色环依次是黄、橙、红、金色时，请确定该电阻的电阻值和允许误差。

解： 第一道环是黄色的，代表数字 4；第二道环是橙色的，代表数字 3；第三道环是红色的，代表乘数为 10^2；第四道环是金色的，代表误差是 $\pm 5\%$。因此，该电阻的阻值和允许误差为

$$R = 43 \times 10^2 \ \Omega \pm 5\% = 4\ 300 \ \Omega \pm 5\% = 4.3 \ k\Omega \pm 5\%$$

✎ **练一练：** 在某四道色环电阻的 4 个色环依次是红、紫、橙、银色时，请确定该电阻的电阻值和允许误差。

4. 电阻与温度的关系

电阻的阻值通常与温度有关，随温度变化而变化。设某电阻在温度为 t_1 时的电阻值为 R_1，在温度为 t_2 时的电阻值为 R_2，则电阻与温度的关系为

$$R_2 = R_1 + R_1 \alpha (t_2 - t_1) \qquad (1-13)$$

式中　R_1——温度为 t_1 时的电阻值，Ω；

　　　R_2——温度为 t_2 时的电阻值，Ω；

　　　α——电阻温度系数，$1/℃$；

　　　t_1，t_2——温度，$℃$。

对于电阻温度系数 α，如果温度上升时电阻增大，则称为正温度系数，α 为正值；如果温度上升时电阻减小，则称为负温度系数，α 为负值。温度系数大的，如半导体材料，可

用于制作热敏电阻；温度系数很小的，如锰铜丝、康铜丝等，可用于制作标准电阻、仪表中的分流电阻等。

📖 **例 1 – 8** 已知某线圈由线芯直径为 1 mm 的漆包线绕成，漆包线总长度为 100 m。20 ℃时铜的电阻率为 $\rho = 1.69 \times 10^{-8} \, \Omega \cdot m$，温度系数 $\alpha = 0.004 \, 3/℃$。试求线圈分别为 20 ℃和 50 ℃时的电阻值。

解：导线的截面积为

$$S = \pi r^2 = \pi \left(\frac{1 \times 10^{-3}}{2} \right)^2 \approx 7.85 \times 10^{-7} (m^2)$$

20 ℃时的电阻值 R_1 为

$$R_1 = \rho \frac{L}{S} = 1.69 \times 10^{-8} \times \frac{100}{7.85 \times 10^{-7}} \approx 2.15 (\Omega)$$

50 ℃时的电阻值 R_2 为

$$R_2 = R_1 + R_1 \alpha (t_2 - t_1) = 2.15 + 2.15 \times 0.004 \, 3 \times (50 - 20) \approx 2.43 (\Omega)$$

✏️ **练一练**：若例 1 – 8 中漆包线的长度变为 200 m，其他数据均不变。求线圈 20 ℃和 80 ℃时的电阻值。

5. 电阻的伏安特性

电阻元件可分为线性电阻和非线性电阻，如图 1 – 11（a）所示，在电阻两端电压、电流参考方向关联时，线性电阻伏安特性为一条直线，如图 1 – 11（b）所示；非线性电阻的伏安特性为曲线，如图 1 – 11（c）所示。如无特殊说明，本书所称电阻元件均指线性电阻元件。

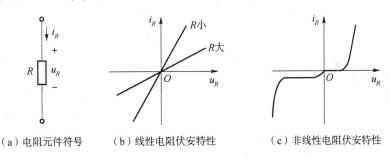

（a）电阻元件符号　　（b）线性电阻伏安特性　　（c）非线性电阻伏安特性

图 1 – 11　电阻元件及其伏安特性

6. 电导

电路中，电阻的倒数称为电导，用字母 G 表示。单位为西门子，简称西，符号为 S。

$$G = \frac{1}{R} \qquad\qquad (1 - 14)$$

式中　R——电阻，Ω；

　　　G ——电导，S。

1.3.3　电阻的种类

1. 按制造材料分类

电子设备的实际应用中，按照电阻制作的材料进行不同的分类。常见的种类与性能特点如表 1 – 3 所示。

表1-3 电阻的种类

电阻种类	外观	性能特点
碳膜电阻		较好的稳定性和适应性，并且价格便宜，不耐热
金属膜电阻		各方面性能比碳膜电阻更好，常用于精密设备，价格高
线绕电阻		阻值精确，承受功率大，不适合高频工作
水泥电阻		功率大、电阻小，耐很大的电流，体积一般也比较大

2. 按阻值特性分类

按照电阻的阻值特性分类：不能调节的，称为固定电阻；可以调节的，称为可调电阻。而常见的如收音机音量可调节的电阻元件，主要应用于电压分配，称之为电位器，如图1-12所示。

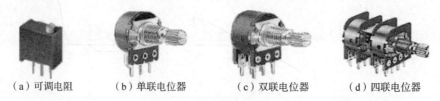

（a）可调电阻　　（b）单联电位器　　（c）双联电位器　　（d）四联电位器

图1-12　可调电阻和电位器

除了以上提到的电阻外，还会用到一些特殊的电阻元件，它们的阻值会随着外界因素的变化而变化，如光敏电阻、压敏电阻及热敏电阻等，如图1-13所示。

（a）光敏电阻　　（b）压敏电阻　　（c）热敏电阻

图1-13　特殊电阻

知识点归纳

（1）电阻是一种最常见的、用于反映电流热效应的二端电路元件。它由电阻体、骨架和引出端三部分构成，决定阻值的是电阻体。

（2）标称阻值即是用数字或色标在电阻器上标志的设计阻值，电阻的阻值标法通常有数字法和色环法。

（3）电阻的阻值通常与温度有关，随温度变化而变化，这个特性可以用电阻温度系数 α 来表征。

（4）电阻元件按伏安特性不同可分为线性电阻和非线性电阻；按制作的材料不同可分为碳膜电阻、金属膜电阻及线绕电阻等；按阻值特性可分为固定电阻和可调电阻等。

课后思考

（1）举例说明哪些电阻具有正温度系数？哪些电阻具有负温度系数？
（2）举例说明哪些电阻为线性电阻？哪些电阻为非线性电阻？

1.4 电源元件

组成电路的各种元件中，电源是提供电能或电信号的元件，常称为有源元件，如发电机和电池等。能够独立地向外电路提供电能的电源，称为独立电源；不能向外电路提供电能的电源称为非独立电源，又称为受控源。

1.4.1 独立电源

一个电源可用两种不同的电路模型表示。用电压形式表示的称为电压源；用电流形式表示的称为电流源。

1. 电压源

理想电压源是实际电源的一种抽象。它的端电压总能保持某一恒定值 U_S 或时间函数值 u_s，而与通过它们的电流无关。如果电压源的电压是恒定值 U_S，则该电压源为直流电压源。图 1-14（a）所示为理想电压源的一般电路符号，图 1-14（b）是直流电源符号，图 1-14（c）是直流电压源的伏安特性曲线。

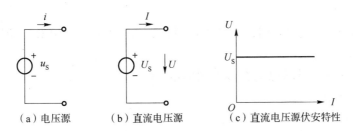

（a）电压源　　　　（b）直流电压源　　　　（c）直流电压源伏安特性

图 1-14　理想电压源及其伏安特性

2. 电流源

理想电流源也是实际电源的一种抽象。它提供的电流总能保持恒定值 I_S 或时间函数值 i_s，而与它两端所加的电压无关，也称为恒流源。图 1-15（a）所示为理想电流源的一般电路符号，图 1 – 15（b）是直流电流源符号，图 1 – 15（c）是直流电流源的伏安特性曲线。

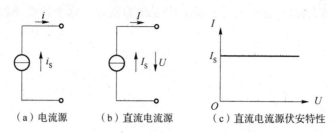

（a）电流源　（b）直流电流源　（c）直流电流源伏安特性

图 1 – 15　理想电流源及其伏安特性

📖 **例 1 – 9**　计算图 1 – 16 中各电源的功率，并判断电源是吸收功率还是发出功率。

解：对 30 V 的电压源，电压与电流实际方向关联，则

$$P_{U_S} = 30 \times 2 = 60 \text{（W）（电压源吸收功率）}$$

对 2 A 的电流源，电压与电流实际方向非关联，则

$$P_{I_S} = -(30 \times 2) = -60 \text{（W）（电流源发出功率）}$$

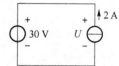

图 1 – 16　例 1 – 9 图

根据例 1 – 9 可知，电压源和电流源在电路中可能吸收功率，也可能发出功率。如果发出功率，起电源的作用；如果吸收功率，则作为电路的负载。例如，手机电池接在电源上充电，则为负载，而为手机的使用供电时，则为电源。

✏️ **练一练**：计算图 1 – 17 中各电源的功率，并判断电源是吸收功率还是发出功率。

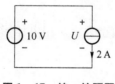

图 1 – 17　练一练题图

1.4.2　实际电源的两种模型及其等效变换

1. 实际电压源

实验：将一节 5 号电池分别并接在一个 100 Ω 的电阻和一个 10 Ω 的电阻两端，并用万用表测量电池两端的电压。

实验结果：万用表显示电池在接不同的电阻时，电池的端电压不同。

这是因为实际的电源总是有内部消耗的，只是内部消耗通常都很小。例如，电池可以看成一个实际的直流电压源，它可以用一个理想的直流电压源元件 U_S 与一个阻值较小的电阻（内阻）R_S 串联组合来等效，如图 1 – 18（a）虚线框内部分所示。

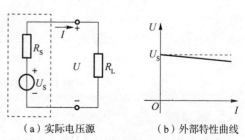

（a）实际电压源　　（b）外部特性曲线

图 1 – 18　实际直流电压源模型及其伏安特性

如图 1 - 18（a）所示，电压源两端接上负载 R_L 后，负载电阻成为电源的外电路，负载的电流 I 和电压 U，分别称为电压源的输出电流和输出电压。电压源的外特性方程为

$$U = U_S - IR_S \qquad (1-15)$$

式中　R_S——实际电压源内阻，Ω；

　　　U——实际电压源端电压，V；

　　　I——实际电压源端电流，A；

　　　U_S——理想电压源电压，V。

由此可画出电压源的外部特性曲线，如图 1 - 18（b）的实线部分所示，它是一条具有一定斜率的直线。

2. 实际电流源

实际直流电流源可以用一个理想电流源元件 I_S 并联一个阻值很大的电阻（内阻）R_S 来等效，如图 1 - 19（a）虚线框内部分所示。

电流源两端接上负载 R_L 后，负载电阻成为电源的外电路，负载的电流 I 和电压 U 分别称为电流源的输出电流和输出电压。电流源的外特性方程为

$$I = I_S - \frac{U}{R_S} \qquad (1-16)$$

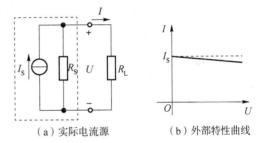

（a）实际电流源　　　（b）外部特性曲线

图 1 - 19　实际电流源模型及其外部特性曲线

式中　R_S——实际电流源内阻，Ω；

　　　U——实际电流源端电压，V；

　　　I——实际电流源端电流，A；

　　　I_S——理想电流源电流，A。

由此可画出电流源的外部特性曲线，如图 1 - 19（b）的实线部分所示，它是一条具有一定斜率的直线段，因内阻很大，所以外特性曲线较平坦。

3. 实际电压源与实际电流源的相互等效

图 1 - 20 所示为实际电压源、实际电流源的模型，它们之间可以进行等效变换。其中电源内阻 R_S 相同，U_S 与 I_S 的关系为 $U_S = I_S R_S$、$I_S = U_S/R_S$。电压源电压与电流源电流参考方向的关系为：电流源电流参考方向指向电压源电压正极，电压源电压正极为电流源电流参考方向流出端。

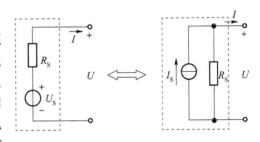

图 1 - 20　实际电压源与电流源等效变换

需要注意的是，理想电压源与理想电流源不能相互转换，因为两者的定义本身是相互矛盾的。

📖 **例 1 - 10**　已知电流源电路如图 1 - 21（a）所示，请将其等效变换为电压源。

解：等效电压源如图 1 - 21（b）所示。其中电压源电压为

$$U_S = I_S R = 3 \times 5 = 15 \ (\text{V})$$

电压源内阻与电流源内阻相等：$R_0 = 5 \ \Omega$

电流源电流参考方向指向 A 端，则 A 端为电压源正极。

练一练：已知电压源电路如图 1 – 22 所示，请将其等效变换为电流源。

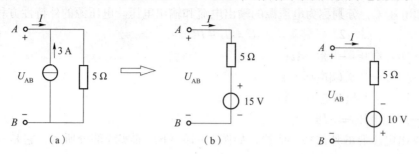

图 1 – 21　例 1 – 10 电路图　　　　图 1 – 22　练一练题图

1.4.3　受控电源

发电机和电池等电源，能够独立地为电路提供能量，所以称为独立电源。而晶体管、运算放大器等电路元件，虽不能独立地为电路提供能量，但在其他信号控制下可以提供一定的电压或电流，这类元件可以用受控电源模型来模拟。受控电源的输出电压或电流，与控制它们的电压或电流之间有正比例关系时，称为线性受控源。受控电源是一个二端口元件，由一对输入端钮施加控制量，称为输入端口；一对输出端钮对外提供电压或电流，称为输出端口。

按照受控变量的不同，受控电源可分为四类，即电压控制的电压源（VCVS）、电压控制的电流源（VCCS）和电流控制的电压源（CCVS）、电流控制的电流源（CCCS）。为区别于独立电源，用菱形符号表示受控源电源部分，以 u、i 表示控制电压、控制电流，受控电压源输出的电压及受控电流源输出的电流，在控制系数、控制电压和控制电流不变的情况下，都是恒定的或是一定的时间函数。四种电源的电路符号如图 1 – 23 所示。图 1 – 24 所示为含有受控源的电路。

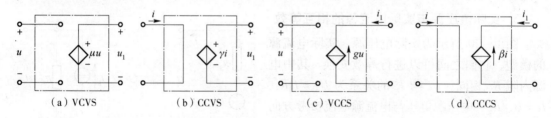

（a）VCVS　　　　（b）CCVS　　　　（c）VCCS　　　　（d）CCCS

图 1 – 23　受控电源模型

四种受控源的端钮伏安关系，即控制关系为

$$\begin{cases} \text{VCVS}: u_1 = \mu u \\ \text{CCVS}: u_1 = \gamma i \\ \text{VCCS}: i_1 = gu \\ \text{CCCS}: i_1 = \beta i \end{cases} \qquad (1-17)$$

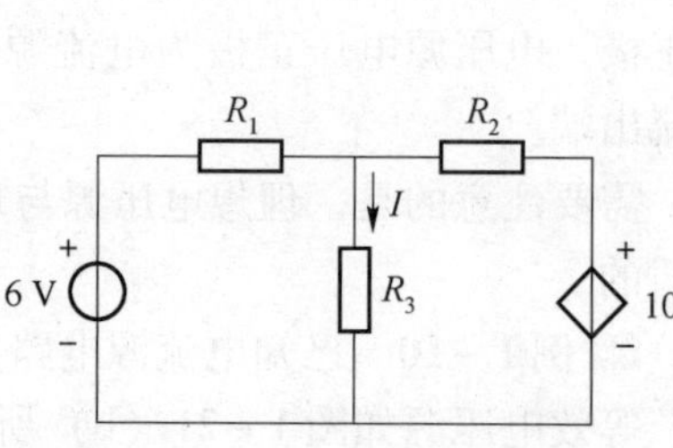

图 1 – 24　含有受控源的电路

式中　u——控制电压，V；

i——控制电流，A；

μ，β——控制系数，没有量纲的纯数；

γ——控制系数，具有电阻量纲，Ω；

g——控制系数，具有电导量纲，S。

📖 **例 1-11** 图 1-25 所示电路中 $I=5$ A，求各个元件的功率。

解： $P_1 = -20 \times 5 = -100$（W）　　　　　　发出功率

$P_2 = 12 \times 5 = 60$（W）　　　　　　消耗功率

$P_3 = 8 \times 6 = 48$（W）　　　　　　消耗功率

$P_4 = -8 \times 0.2I = -8 \times 0.2 \times 5 = -8$（W）　发出功率

✏️ **练一练：** 图 1-26 所示电路中 $I=2$ A，求各个元件的功率。

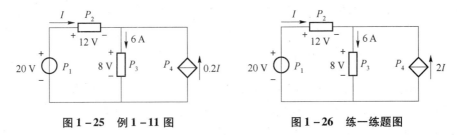

图 1-25　例 1-11 图　　　　　　　　图 1-26　练一练题图

🌀 知 识 点 归 纳

（1）电源是提供电能或电信号的元件，常称为有源元件。能够独立地向外电路提供电能的电源，称为独立电源；不能向外电路提供电能的电源称为受控源。

（2）一个电源可用电压源和电流源两种不同的电路模型表示。实际电压源、实际电流源的模型，它们之间可以进行等效变换。变换时其电源内阻 R_s 相同，U_s 与 I_s 的关系为 $U_s = I_s R_s$，$I_s = U_s / R_s$。

（3）受控电源可分为四类，即电压控制的电压源（VCVS）、电压控制的电流源（VCCS）和电流控制的电压源（CCVS）、电流控制的电流源（CCCS）。

🌀 课 后 思 考

理想电压源和理想电流源为什么不能相互等效？

本 章 小 结

（1）电路是电流流通的路径，由理想电路元件相互连接组成的电路称为电路模型，组成电路的四部分是电源、负载、连接导线和控制器件。电路在应用过程中，可能处于通路、断路、短路这 3 种状态。

（2）电荷为具有正电或负电的粒子，电荷的定向移动形成电流，正电荷的移动方向为电流的实际方向，电流的大小用电流强度来衡量，用公式表示为 $i = \dfrac{dq}{dt}$。

（3）电场力把单位正电荷从一点移到另一点所做的功，称为电压，用公式表示为

$u_{ab} = \dfrac{\mathrm{d}w}{\mathrm{d}q}$。

（4）单位时间内电场力所做的功，称为电功率，简称功率。用公式表示为 $p = \dfrac{\mathrm{d}w}{\mathrm{d}t} = \dfrac{\mathrm{d}w}{\mathrm{d}q} \times \dfrac{\mathrm{d}q}{\mathrm{d}t} = ui$。

（5）电路在一段时间内消耗或提供的能量称为电能。用公式表示为 $W = \displaystyle\int_{t_0}^{t} p\,\mathrm{d}t$ 。

（6）对同一元件或同一段电路，如果它们的电流和电压参考方向选为一致，这种情况称为关联参考方向；如果两者的参考方向相反，则称为非关联参考方向。

（7）电阻器简称为电阻，它由电阻体、骨架和引出端三部分构成，决定阻值的是电阻体。对于截面均匀的电阻体，电阻的计算表达式为 $R = \rho\dfrac{L}{S}$。

（8）一个电源可用两种不同的电路模型表示。用电压形式表示的称为电压源；用电流形式表示的称为电流源。实际电压源和实际电流源之间可以进行等效变换。其中电源内阻 R_S 相同，U_S 与 I_S 的关系为 $U_S = I_S R_S$、$I_S = U_S / R_S$。

（9）按照受控变量的不同，受控电源可分为四类，即电压控制的电压源（VCVS）、电压控制的电流源（VCCS）和电流控制的电压源（CCVS）、电流控制的电流源（CCCS）。

第2章

电路基本定律

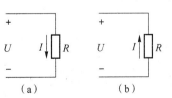

拓展阅读
科学家基尔霍夫

2.1 欧 姆 定 律

实验：找出一个 1 kΩ 的电阻，再将一个电压可调的直流电压源与电阻连接，将电压源从 0 V 开始逐渐升高，测量并记录电压源每次调整后电阻上的电压和电流。

实验结果：可以看到电流的增长变化与电压成正比。

流过电阻的电流与电阻两端的电压成正比，这就是欧姆定律。欧姆定律可以用数学方式描述电路中电压、电流与电阻之间的关系，表达式为

$$R = \pm \frac{U}{I} \qquad (2-1)$$

式中　R——所要求的电阻值，Ω；

$\qquad$ U——电阻上的电压，V；

$\qquad$ I——电阻上的电流，A。

式（2-1）中，当电流和电压的参考方向相同时取"+"号，当电流和电压的参考方向相反时取"-"号。

欧姆定律的另外两种表达形式分别为

$$I = \pm \frac{U}{R} \qquad (2-2)$$

$$U = \pm RI \qquad (2-3)$$

📖 例 2-1　电路如图 2-1 所示，已知电阻 $R = 5$ Ω，电流 $I = 3$ A，求电阻两端电压 U。

解：

图 2-1（a）：$U = RI = 5 \times 3 = 15$（V）

图 2-1（b）：$U = -RI = -5 \times 3 = -15$（V）

✏ 练一练：已知某 10 Ω 电阻上的电压为 10 V，求电阻上流过的电流值。

图 2-1　例 2-1 图

知识点归纳

(1) 流过电阻的电流与电阻两端的电压成正比，这就是欧姆定律。

(2) 欧姆定律可以用数学方式描述电路中电压、电流与电阻之间的关系，表达式为：

$$R = \pm \frac{U}{I}, \quad I = \pm \frac{U}{R}, \quad U = \pm RI$$

课后思考

(1) 用欧姆定律计算电流和电压时正负号如何确定？

(2) 二极管的电压与电流之比得到什么？

2.1.1　支路和节点

1. 支路

电路中至少有一个电路元件且通过同一个电流的分支，称为支路。如图 2-2 中共有 bd、bad、bcd 这 3 条支路，支路 bad 和 bcd 中含有电源，称为有源支路，支路 bd 中没有电源，则称为无源支路。

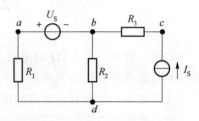

图 2-2　支路、节点和回路

2. 节点

电路中有 3 条或 3 条以上支路的连接点叫作节点。如图 2-2 中共有 b、d 两个节点。

2.1.2　回路和网孔

1. 回路

电路中任一闭合路径称为回路。如图 2-2 中共有 $abda$、$bcdb$ 和 $abcda$ 这 3 个回路。

2. 网孔

回路平面内不再含有其他支路的回路称为网孔。例如，图 2-2 中 $abda$、$bcdb$ 这两个回路是网孔，但回路 $abcda$ 不是网孔，因为在该回路平面内还有支路 bd。

网孔只在平面电路中有意义，所谓平面电路，就是将该电路画在一个平面上时，不会出现互相交叉的支路。网孔是回路，但回路不一定是网孔。

知识点归纳

(1) 电路中至少有一个电路元件且通过同一个电流的分支，称为支路。电路中有 3 条或 3 条以上支路的连接点叫作节点。

（2）电路中任一闭合路径称为回路，回路平面内不再含有其他支路的回路称为网孔。

课后思考

（1）一条支路中可以含有多个电路元件吗？

（2）一个平面电路网孔的数量和回路的数量相等吗？

2.2　基尔霍夫定律

基尔霍夫定律是集总电路的基本定律，包括基尔霍夫电流定律（Kirchhoff's Current Law，KCL）和基尔霍夫电压定律（Kirchhoff's Voltage Law，KVL），它是分析一切集总参数电路的根本依据。

2.2.1　基尔霍夫电流定律

基尔霍夫电流定律（KCL），也称为基尔霍夫第一定律，它用来反映电路中任意节点上各支路电流之间的关系。其内容为：对于任何电路中的任意节点，在任意时刻流过该节点的电流之和恒等于零。其数学表达式为

$$\sum i = 0 \tag{2-4}$$

式中　i——某节点的每条支路电流。

直流电路中可表达为

$$\sum I = 0 \tag{2-5}$$

式中　I——直流电路中某节点的每条支路电流。

实验：将两个电阻（如 330 Ω 和 470 Ω）并接到一个 10 V 直流电源上，连接电路如图 2-3（a）所示，测量流过电源的电流和两个电阻上的电流。

实验结果：电源电流的大小等于两个电阻上的电流大小相加。

对于图 2-3（b）中的 b 节点，如果选定电流流出节点为正，流入节点为负，有

$$I_1 - I_2 - I_3 = 0$$

将上式变换，得

$$I_1 = I_2 + I_3$$

所以，基尔霍夫电流定律（KCL）还可以表述为：对于电路中的任意节点，在任意时刻流入该节点的电流总和等于从该节点流出的电流总和，即

$$\sum I_入 = \sum I_出 \tag{2-6}$$

式中　$I_入$——直流电路中流入某节点的每条支路电流；

　　　$I_出$——直流电路中流出某节点的每条支路电流。

基尔霍夫电流定律（KCL）不仅适用于电路中的任一节点，也可推广应用于广义节点，即包围部分电路的任一闭合面。流入或流出任何一个闭合面的电流的代数和为 0。例如，在

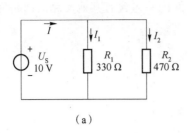 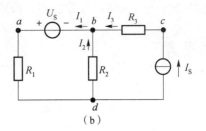

（a）　　　　　　　　　　　（b）

图 2 - 3　KCL 电路举例

图 2 - 4 中，对于虚线所包围的闭合面，有以下关系，即

$$I_A + I_B + I_C = 0$$

基尔霍夫电流定律体现了电流的连续性原理，即电荷守恒原理。在电路中流进某一地方多少电荷，必定同时从该地方流出多少电荷。

📖**例 2 - 2**　电路如图 2 - 5 所示，求电流 I_3。

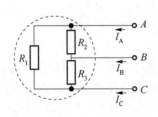 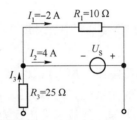

图 2 - 4　广义节点　　　　　图 2 - 5　例 2 - 2 图

解：由 KCL 定律得

$$I_3 = I_1 + I_2$$

代入数据得

$$I_3 = -2 + 4 = 2 \text{（A）}$$

✏️**练一练**：如图 2 - 6 所示电路，求出支路电流 I 的值。

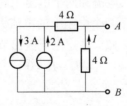

图 2 - 6　练一练题图

2.2.2　基尔霍夫电压定律

基尔霍夫电压定律（KVL）也称为基尔霍夫第二定律，它用来反映电路中各支路电压之间的关系。其内容为：对于任何电路中一个回路，在任一时刻，沿着顺时针方向或逆时针方向绕行一周，各段电压的代数和恒为零。其数学表达式为

$$\sum u = 0 \qquad\qquad (2-7)$$

式中　u——某一回路的各段电压。

在直流电路中可表达为

$$\sum U = 0 \qquad\qquad (2-8)$$

式中　U——直流电路中某一回路的各段电压。

实验：找 3 个电阻（如 330 Ω、470 Ω 和 220 Ω）首尾相连接到一个 10 V 直流电源上，连接电路如图 2-7（a）所示，测量并记录 3 个电阻上的电压。

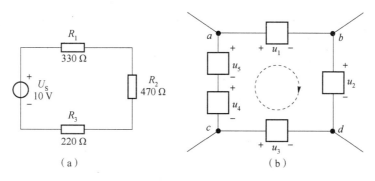

图 2-7　KVL 电路举例

实验结果：3 个电阻上的电压相加等于电源电压。

在图 2-7（b）所示闭合回路中，沿顺时针方向绕行一周，有

$$u_1 + u_2 - u_3 - u_4 - u_5 = 0$$

上式中，u_1、u_2 的参考方向与绕行方向相同，为电压降，这两项电压取正号。u_3、u_4、u_5 的参考方向与绕行方向相反，为电压升，这 3 项电压取负号。上式又可改写为

$$u_1 + u_2 = u_3 + u_4 + u_5$$

由该式含义可得基尔霍夫电压定律（KVL）另一表达方式：对于电路中任一回路，在任一时刻，沿着顺时针方向或逆时针方向绕行一周，电压降之和恒等于电压升之和。

KVL 不仅适用于闭合电路，也可推广到开口电路。例如，在图 2-8 中，有

$$U = 30 - 5I + U_S$$

　例 2-3　在图 2-9 中，$I_1 = 2\ \text{A}$，$I_2 = 1\ \text{A}$。试确定元件 3 的电流 I_3、器件两端电压 U_3 及电源 U_{S1} 的电压值。

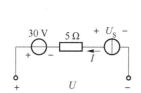

图 2-8　开口电路

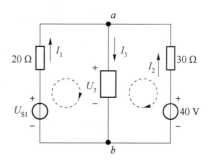

图 2-9　例 2-3 图

解：根据 KCL，对于节点 a 有

$$I_1 + I_2 = I_3$$

代入数值得

$$I_3 = 2 + 1 = 3 \ (\text{A})$$

根据 KVL 和图 2-9 右侧回路所示绕行方向，列写回路的电压方程式为

$$-U_3 - 30I_2 + 40 = 0$$

代入 $I_2 = 1$ A 数值，得

$$U_3 = 10 \ (\text{V})$$

根据 KVL 和图 2-9 左侧回路所示绕行方向，列写回路的电压方程式为

$$-U_{S1} + 20I_1 + U_3 = 0$$

代入 $I_1 = 2$ A、$U_3 = 10$ V，得

$$U_{S1} = 50 \ (\text{V})$$

通过例题求解过程可知，应用基尔霍夫电压定律时，首先要标出电路各部分的电流、电压的参考方向。列电压方程时，一般约定电阻的电流方向和电压方向一致。

✏ **练一练**：电路如图 2-10 所示，求电压 U_{ab} 以及每个元件的功率。

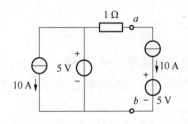

图 2-10　练一练题图

🌀 知识点归纳

（1）基尔霍夫电流定律（KCL），也称为基尔霍夫第一定律，其内容为：对于任何电路中的任意节点，在任意时刻流过该节点的电流之和恒等于零。其数学表达式为 $\sum i = 0$。

（2）基尔霍夫电压定律（KVL），也称为基尔霍夫第二定律，其内容为：对于任何电路中一个回路，在任一时刻沿着顺时针方向或逆时针方向绕行一周，各段电压的代数和恒为零。其数学表达式为 $\sum u = 0$。

🌀 课后思考

（1）用 KCL 和 KVL 分析电路，一个电路可以列出多少个独立方程？

（2）基尔霍夫定律可以应用于含有受控源的电路吗？

2.3　电阻的连接

在电路中，与外部连接只有两个端点的电路称为二端网络，又称为一端口网络。若一个二端网络的端口电压、电流与另一个二端网络的端口电压、电流相同，则这两个二端网络互为等效网络。由线性电阻组成的无源二端网络称为线性电阻网络。线性电阻网络总是可以用一个总电阻等效替代，这个总电阻也称为线性电阻网络的等效电阻。

2.3.1　电阻的串联

如图 2 – 11 所示，几个电阻首尾端依次相连且没有分岔支路，这种连接方式叫作电阻串联。

实验：将两个电阻（如 1 kΩ 和 2 kΩ）串联接到一个 10 V 直流电源上，依次测量电源以及两个电阻上的电流和电压并比较。

实验结果：电阻中流过的电流数值相同，每个电阻上的电压值均小于电源电压值，且两个电阻上的电压值相加等于电源电压。

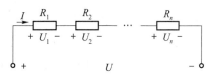

图 2 – 11　电阻串联

根据欧姆定律和基尔霍夫定律，可以推出串联电路的特点如下。

（1）串联电路中的电流处处相同。

（2）串联电路两端的总电压等于各个电阻上的电压的代数和，即

$$U = U_1 + U_2 + \cdots + U_n \tag{2-9}$$

式中　U——电路两端总电压；

　　　U_1，U_2，$\cdots$，U_n——各电阻上的电压。

（3）串联电路中的等效电阻 R 等于各电阻之和，即

$$R = R_1 + R_2 + \cdots + R_n \tag{2-10}$$

式中　R——等效电阻；

　　　R_1，R_2，$\cdots$，R_n——串联电路各电阻值。

（4）各个电阻上的电压和总电压 U 之间的关系为

$$U_1 = \frac{R_1 U}{R}, U_2 = \frac{R_1 U}{R}, \cdots, U_n = \frac{R_n U}{R} \tag{2-11}$$

式（2 – 11）表明，电压按各个串联电阻的大小进行分配，该公式称为分压公式。

（5）各电阻消耗的功率与电阻成正比，即

$$P_1 : P_2 : \cdots : P_n = R_1 : R_2 : \cdots : R_n \tag{2-12}$$

式中　R_1，R_2，$\cdots$，R_n——串联电路各电阻值；

　　　P_1，P_2，$\cdots$，P_n——各电阻消耗的功率。

　例 2 – 4　如图 2 – 12 所示电路，已知 $R_1 = 10\ \Omega$，$R_2 = 20\ \Omega$，$U = 30$ V，求电路的等效电阻 R 和 I、U_1、U_2 的值。

解：在图中，R_1 和 R_2 串联，所以

$$R = R_1 + R_2 = 10 + 20 = 30 \ (\Omega)$$

$$I = \frac{U}{R} = \frac{30}{30} = 1 \ (A)$$

$$U_1 = IR_1 = 1 \times 10 = 10 \ (V)$$

$$U_2 = -IR_2 = -1 \times 20 = -20 \ (V)$$

U_1、U_2 的值还可以应用分压公式求解，即

$$U_1 = \frac{R_1 U}{R} = \frac{10 \times 30}{30} = 10 \ (V)$$

$$U_2 = -\frac{R_2 U}{R} = -\frac{20 \times 30}{30} = -20 \ (V)$$

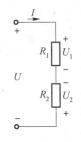

图 2 - 12　例 2 - 4 图

✐ **练一练**：电路如图 2 - 12 所示，如果 $R_1 = 30 \ \Omega$，$R_2 = 20 \ \Omega$，$U = 25 \ V$，求电路的等效电阻 R 和 I、U_1、U_2 的值。

📖 **例 2 - 5**　有一个万用表头，满偏电流 $I_g = 100 \ \mu A$，内阻 $R_g = 2 \ k\Omega$，要使万用表测量电压的量程分别扩大为 10 V、50 V。若按图 2 - 13 连接，试计算 R_1、R_2 各为多少？

解：

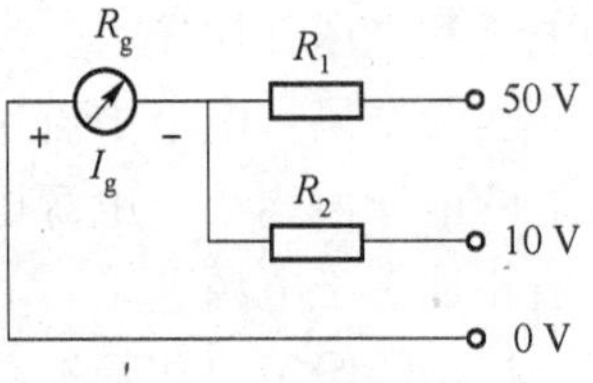

$$U_g = I_g R_g = 100 \times 10^{-6} \times 2 \times 10^3 = 0.2 \ (V)$$

$$U_{R_1} = 50 - U_g = 50 - 0.2 = 49.8 \ (V)$$

$$R_1 = \frac{U_{R_1}}{I_g} = \frac{49.8}{100 \times 10^{-6}} = 498 \ (k\Omega)$$

$$U_{R_2} = 10 - U_g = 10 - 0.2 = 9.8 \ (V)$$

$$R_2 = \frac{U_{R_2}}{I_g} = \frac{9.8}{100 \times 10^{-6}} = 98 \ (k\Omega)$$

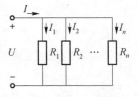

图 2 - 13　例 2 - 5 图

✐ **练一练**：电路如图 2 - 13 所示，若万用表头满偏电流 $I_g = 50 \ \mu A$，内阻 $R_g = 5 \ k\Omega$，要使万用表测量电压的量程分别扩大为 10 V、50 V。试计算 R_1、R_2 各为多少？

2.3.2　电阻的并联

如果把几个电阻的一端连接在电路的同一点上，而把它们的另一端共同连接在另一点上，这种连接方式叫作并联，图 2 - 14 表示电阻的并联。

实验：将两个电阻（如 1 kΩ 和 2 kΩ）并联接到一个 10 V 直流电源上，依次测量电源和两个电阻上的电流和电压。

实验结果：电压均相等，电阻中流过的电流值均小于电源中流过的电流值，且两个电阻上的电流值相加等于电源电流。

根据欧姆定律和基尔霍夫定律，可以推出并联电路的特点如下。

（1）各电阻两端的电压是同一电压 U。

（2）总电流 I 等于各并联电阻中电流的和，即

$$I = I_1 + I_2 + \cdots + I_n \tag{2-13}$$

图 2 - 14　电阻并联

式中　I——总电流；

I_1，I_2，$\cdots$，I_n——各并联电阻上的电流。

（3）并联电路的等值电阻的倒数等于各并联电阻的倒数之和，即

$$\frac{1}{R} = \frac{1}{R_1} + \frac{1}{R_2} + \cdots + \frac{1}{R_n} \tag{2-14}$$

式中　R——等效电阻；

R_1，R_2，$\cdots$，R_n——并联电路各电阻值。

电阻的倒数称为电导，用 G 表示，式（2-14）也可写成

$$G = G_1 + G_2 + \cdots + G_n \tag{2-15}$$

式中　G——等效电导；

G_1，G_2，$\cdots$，G_n——并联电路各电导值。

当两个电阻并联时，有

$$\frac{1}{R} = \frac{1}{R_1} + \frac{1}{R_2}$$

即

$$R = \frac{R_1 R_2}{R_1 + R_2} \tag{2-16}$$

（4）各并联电阻上的电流与总电流 I 的关系分别为

$$I_1 = \frac{G_1 I}{G}, I_2 = \frac{G_2 I}{G}, \cdots, I_n = \frac{G_n I}{G} \tag{2-17}$$

式（2-17）就是并联电阻的分流公式。若用电阻来表示，可写为

$$I_1 = \frac{RI}{R_1}, I_2 = \frac{RI}{R_2}, \cdots, I_n = \frac{RI}{R_n} \tag{2-18}$$

两个电阻并联时，有

$$I_1 = \frac{R_2 I}{R_1 + R_2}, I_2 = \frac{R_1 I}{R_1 + R_2} \tag{2-19}$$

如果 $R_1 = R_2$，则 $R = \dfrac{R_1}{2}$，$I_1 = I_2 = \dfrac{I}{2}$。

两个相等的电阻并联，流过每个电阻的电流是相等的，且是总电流的一半。在直流电路中可以通过电阻的并联达到分流的目的，电阻越大，分到的电流越小。

（5）并联电路中各电阻消耗的功率与电阻成反比，即

$$P_1 : P_2 : \cdots : P_n = G_1 : G_2 : \cdots : G_n = \frac{1}{R_1} : \frac{1}{R_2} : \cdots : \frac{1}{R_n} \tag{2-20}$$

式中　R_1，R_2，$\cdots$，R_n——并联电路各电阻值；

G_1，G_2，$\cdots$，G_n——并联电路各电导；

P_1，P_2，$\cdots$，P_n——并联电路各电阻消耗的功率。

📖 **例 2-6**　如图 2-15 所示电路，已知 $R_1 = 10\ \Omega$，$R_2 = 30\ \Omega$，$U = 15\ \text{V}$，求电路的等效电阻 R 和电流 I、I_1、I_2 的值。

解：在图 2-15 中，R_1 和 R_2 并联，所以

$$R = \frac{R_1 R_2}{R_1 + R_2} = \frac{10 \times 30}{10 + 30} = 7.5 \ (\Omega)$$

$$I = \frac{U}{R} = \frac{15}{7.5} = 2 \ (A)$$

$$I_1 = \frac{U}{R_1} = \frac{15}{10} = 1.5 \ (A)$$

$$I_2 = \frac{U}{R_2} = \frac{15}{30} = 0.5 \ (A)$$

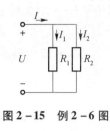

图 2-15 例 2-6 图

I_1、I_2 的值还可以应用分流公式求解，即

$$I_1 = \frac{R_2 I}{R_1 + R_2} = \frac{30 \times 2}{10 + 30} = 1.5 \ (A)$$

$$I_2 = \frac{R_1 I}{R_1 + R_2} = \frac{10 \times 2}{10 + 30} = 0.5 \ (A)$$

✎**练一练**：电路如图 2-15 所示，若 $R_1 = 30 \ \Omega$，$R_2 = 20 \ \Omega$，$U = 24 \ V$，求电路的等效电阻 R 和 I、I_1、I_2 的值。

2.3.3 电阻的混联

如图 2-16 所示，如果一个电路中既有电阻的串联，又有电阻的并联，这种形式的电路就称为电阻的混联电路。

📖**例 2-7** 电路如图 2-16 所示，求 I、I_1、I_2。

解：$R_总 = 10 + (40 + 20) // (10 + 20) = 30 \ (\Omega)$

$$I = \frac{60}{30} = 2 \ (A)$$

$$I_1 = \frac{30}{60 + 30} I = \frac{2}{3} \ (A)$$

$$I_2 = \frac{60}{60 + 30} I = \frac{4}{3} \ (A)$$

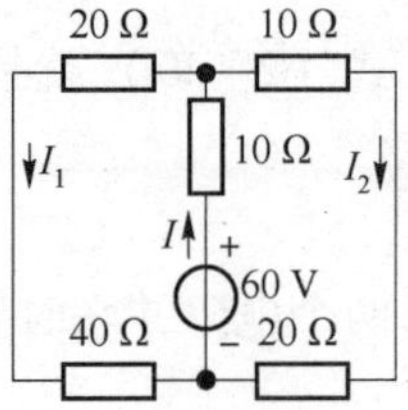

图 2-16 电阻混联电路

从例 2-7 中可以得出，在电阻混联电路中，若已知总电压 U，欲求各电阻上的电压和电流，其求解的一般步骤为：首先求出电路的等值电阻 R；其次利用欧姆定律求出总电流；最后用分流公式和分压公式求出各电阻上的电流和电压。

✎**练一练**：如图 2-17 所示，电路的总电压 U 为 16 V，各电阻的阻值已标明，求各电阻的电流和电压。

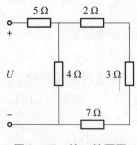

图 2-17 练一练题图

 **知识点归纳**

（1）几个电阻首尾端依次相连且没有分岔支路，这种连接方式叫作电阻串联。电阻串联的特点有：串联电路中的电流处处相等，串联电路两端的总电压等于各个电阻上的电压的代数和；串联电路中的等效电阻等于各电阻之和；电压按各个串联电阻的大小进行分配。

（2）如果把几个电阻的一端连接在电路的同一点上，而把它们的另一端共同连接在另一点上，这种连接方式叫作并联。并联电路的特点有：各电阻两端的电压是同一电压 U；总电流 I 等于各并联电阻中电流的和；并联电路的等值电阻的倒数等于各并联电阻的倒数之和，各电阻上的电流分配符合分流公式。

（3）如果一个电路中既有电阻的串联，又有电阻的并联，这种形式的电路就称为电阻的混联电路。

课后思考

（1）"上乘下加"适用于求几个电阻并联的等效电阻？

（2）混联电阻电路一般的分析步骤是什么？

2.4　电阻星形连接和三角形连接转换

电阻的连接方式，除了串联、并联和混联外，还有电阻的星形（Y）连接与三角形（△）连接，如图 2-18 所示，它们既非串联也非并联。在 Y 形连接中，如图 2-18（a）所示，3 个电阻的一端接于同一公共点，另一端接于 3 个端子上与外部连接；在△形连接中，如图 2-18（b）所示，3 个电阻分别接于 3 个端子的每两个之间。

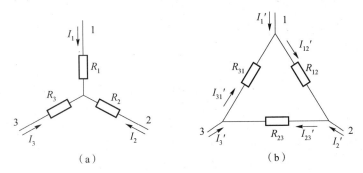

（a）　　　　　　　　　　　（b）

图 2-18　电阻的星形连接和三角形连接

Y 连接与△连接电路无法用电阻的串并联进行化简，但它们之间可以等效变换，变换的条件是它们的外部性能相同。根据等效变换概念，得到△连接与 Y 连接电阻电路进行等效变换的条件为

$$U_{12Y} = U_{12\triangle}，\quad U_{23Y} = U_{23\triangle}，\quad U_{31Y} = U_{31\triangle}，\text{且 } I_1 = I_1'，\ I_2 = I_2'，\ I_3 = I_3'$$

根据等效变换的条件，得到

$$\begin{cases} R_{12} = \dfrac{R_1R_2 + R_2R_3 + R_3R_1}{R_3} \\[3mm] R_{23} = \dfrac{R_1R_2 + R_2R_3 + R_3R_1}{R_1} \\[3mm] R_{31} = \dfrac{R_1R_2 + R_2R_3 + R_3R_1}{R_2} \end{cases} \quad (2-21)$$

$$\begin{cases} R_1 = \dfrac{R_{12}R_{31}}{R_{12} + R_{23} + R_{31}} \\[3mm] R_2 = \dfrac{R_{12}R_{23}}{R_{12} + R_{23} + R_{31}} \\[3mm] R_3 = \dfrac{R_{23}R_{31}}{R_{12} + R_{23} + R_{31}} \end{cases} \quad (2-22)$$

式中 R_{12}，R_{23}，R_{31}——三角形连接的 3 个电阻；

R_1，R_2，R_3——星形连接的 3 个电阻。

式（2-21）是从星形连接电路的电阻得到等效三角形连接电路的各电阻的公式；式（2-22）是从三角形连接电路的电阻得到等效星形连接电路的各电阻的公式。

若三角形连接的 3 个电阻相等，即 $R_{12} = R_{23} = R_{31} = R_\triangle$，则称为对称三角形连接。若星形连接的 3 个电阻相等，即 $R_1 = R_2 = R_3 = R_Y$，则称为对称星形连接。对称星形连接或对称三角形连接电路等效变换时，有

$$R_\triangle = 3R_Y \quad \text{或} \quad R_Y = \frac{1}{3}R_\triangle \quad (2-23)$$

注意：电阻 $\triangle - Y$ 电路的等效变换只对外（端钮以外）电路有效，对内不成立。

📖 例 2-8 求图 2-19（a）所示电阻电路的等效电阻 R_{ab}。

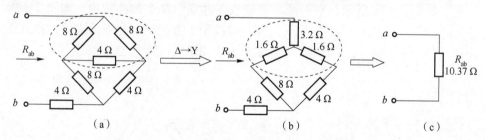

图 2-19 例 2-8 图

解：首先应用公式将虚线包围的三角形连接电路转换为星形连接，如图 2-19（b）所示；然后应用电阻的串并联等效即可求出等效电阻，如图 2-19（c）所示。

✏️ 练一练：如果图 2-20 中每个电阻均为 10 Ω，求电路的等效电阻 R_{ab}。

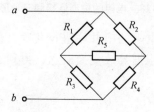

图 2-20 练一练题图

知识点归纳

（1）星形（Y）连接与三角形（△）连接电路无法用电阻的串并联进行化简，但它们之间可以等效变换，变换的条件是它们的外部性能相同。

（2）电阻△ - Y电路的等效变换只对外（端钮以外）电路有效，对内不成立。

课后思考

（1）电阻电路分析的一般步骤是什么？

（2）电阻的 Y 连接与△连接内部电压和电流等参数如何求解？

2.5　输　入　电　阻

对于一个不含独立电源的一端口电路，如图 2 - 21 所示，不论内部如何复杂，其端口电压 U 和端口电流 I 成正比，将这个比值定义为一端口电路的输入电阻 R_{in}。数学表达式为

$$R_{in} = \frac{U}{I} \qquad\qquad (2 - 24)$$

式中　R_{in}——端口电路输入电阻；

　　　U——端口电路端口电压；

　　　I——端口电路端口电流。

　　例 2 - 9　电路如图 2 - 22 所示，已知 $R_1 = 40\ \Omega$，$R_2 = R_3 = 60\ \Omega$，求该一端口电路的输入电阻。

图 2 - 21　一端口电路　　　　　图 2 - 22　例 2 - 9 图

解：输入电阻为

$$R_{in} = \frac{R_1 R_2}{R_1 + R_2} + R_3$$

代入数据得

$$R_{in} = \frac{40 \times 60}{40 + 60} + 60 = 84\ （\Omega）$$

由例 2 - 9 求解方法可知，如果一端口内部仅含电阻，则应用电阻的串、并联和△ - Y 变换等方法求它的等效电阻，输入电阻等于等效电阻。

例2-10 电路如图2-23（a）所示，已知 $R_1 = 20\ \Omega$，$R_2 = R_3 = 30\ \Omega$，$U_S = 30$ V，$I_S = 2$ A，求该一端口电路的输入电阻。

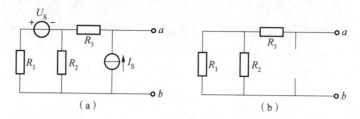

图2-23 例2-10图

解：因为图2-23（a）所示为有源一端口电阻网络，求输入电阻应先把独立源置零，即电压源短路，电流源断路，得到的图2-23（b）所示为一纯电阻电路。

根据电阻的串并联关系，求得输入电阻为

$$R_{in} = \frac{R_1 R_2}{R_1 + R_2} + R_3$$

代入数据得

$$R_{in} = \frac{20 \times 30}{20 + 30} + 30 = 42\ （\Omega）$$

由例2-10求解方法可知，对含有独立源的一端口电路，求输入电阻时，要先把独立源置零，即电压源短路，电流源断路，得到一个纯电阻一端口电路，然后求其等效电阻即为输入电阻。

练一练：求图2-24所示一端口电路的输入电阻。

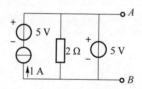

图2-24 练一练题图

例2-11 如图2-25（a）所示，$R_1 = 10\ \Omega$，$R_2 = 30\ \Omega$，$U_S = 30$ V。求该含有受控源的一端口电路的输入电阻。

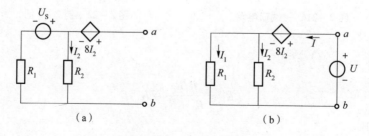

图2-25 例2-11图

解：因为电路中有受控源，求输入电阻时，先把独立源置零，然后在端口外加电压源，如图2-25（b）所示。

由 KCL 得

$$I = I_2 + I_1 = I_2 + \frac{R_2 I_2}{R_1} = I_2 + \frac{30 I_2}{10} = 4 I_2$$

由 KVL 得

$$U = 8 I_2 + R_2 I_2 = 8 I_2 + 30 I_2 = 38 I_2$$

求得一端口电路的输入电阻为

$$R_{in} = \frac{U}{I} = \frac{38 I_2}{4 I_2} = 9.5 \quad (\Omega)$$

由例 2 - 11 的求解过程可知，对含有受控源的一端口电路，求解输入电阻的方法是应用在端口加电源的方法求输入电阻。加电压源，求得电流；或加电流源，求电压。然后计算电压和电流的比值得输入电阻，这种计算方法称为电压 - 电流法。这种计算方法需要注意以下两点。

（1）对含有独立电源的一端口电路，求输入电阻时，要先把独立源置零，即电压源短路，电流源开路。

（2）应用电压 - 电流法时，端口电压、电流的参考方向对一端口电路来说是关联的。

✏️练一练：电路如图 2 - 26 所示，已知 $R_1 = 4 \ \Omega$，$R_2 = R_3 = 6 \ \Omega$，$U_S = 3 \ V$，$I_S = 2 \ A$，求一端口电路的输入电阻。

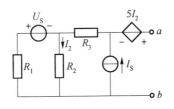

图 2 - 26　练一练题图

🌀 知 识 点 归 纳

（1）如果一端口内部仅含电阻，则应用电阻的串、并联和 △ - Y 变换等方法求它的等效电阻，输入电阻等于等效电阻。

（2）对含有受控源的一端口电路，求解输入电阻的方法是应用在端口加电源的方法求输入电阻。加电压源，求得电流；或加电流源，求电压。然后计算电压和电流的比值得输入电阻，这种计算方法称为电压 - 电流法。

🌀 课 后 思 考

（1）如果某一端口电路含有独立电源，输入电阻如何求解？

（2）如果某一端口电路既有独立电源又含有受控源，输入电阻如何求解？

本 章 小 结

（1）欧姆定律公式：$R = \pm\dfrac{U}{I}$。当电流和电压的参考方向相同时，取"＋"号；当电流和电压的参考方向相反时，取"－"号。

（2）电路中至少有一个电路元件且通过同一个电流的分支，称为支路。电路中有 3 条或 3 条以上支路的连接点叫作节点。电路中任一闭合路径称为回路，回路平面内不再含有其他支路的回路称为网孔。

（3）基尔霍夫电流定律（KCL）：对于任何电路中的任意节点，在任意时刻流过该节点的电流之和恒等于零。其数学表达式为 $\sum i = 0$。

（4）基尔霍夫电压定律（KVL）：对于任何电路中任一回路，在任一时刻沿着顺时针方向或逆时针方向绕行一周，各段电压的代数和恒为零。其数学表达式为 $\sum u = 0$。

（5）电阻串联。

等效电阻：$R = R_1 + R_2 + \cdots + R_n$。

分压公式：$U_1 = \dfrac{R_1 U}{R}$，$U_2 = \dfrac{R_2 U}{R}$，$\cdots$，$U_n = \dfrac{R_n U}{R}$。

两个电阻串联时分压公式：$U_1 = \dfrac{R_1 U}{R_1 + R_2}$，$U_2 = \dfrac{R_2 U}{R_1 + R_2}$。

（6）电阻并联。

等效电阻：$\dfrac{1}{R} = \dfrac{1}{R_1} + \dfrac{1}{R_2} + \cdots + \dfrac{1}{R_n}$。

两个电阻并联等效电阻：$R = \dfrac{R_1 R_2}{R_1 + R_2}$。

分流公式：$I_1 = \dfrac{RI}{R_1}$，$I_2 = \dfrac{RI}{R_2}$，$\cdots$，$I_n = \dfrac{RI}{R_n}$。

两个电阻并联时分流公式：$I_1 = \dfrac{R_2 I}{R_1 + R_2}$，$I_2 = \dfrac{R_1 I}{R_1 + R_2}$。

（7）电阻星形连接与三角形连接电路等效变换。

$$Y \to \triangle \begin{cases} R_{12} = \dfrac{R_1 R_2 + R_2 R_3 + R_3 R_1}{R_3} \\[2mm] R_{23} = \dfrac{R_1 R_2 + R_2 R_3 + R_3 R_1}{R_1} \\[2mm] R_{31} = \dfrac{R_1 R_2 + R_2 R_3 + R_3 R_1}{R_2} \end{cases} \qquad \triangle \to Y \begin{cases} R_1 = \dfrac{R_{12} R_{31}}{R_{12} + R_{23} + R_{31}} \\[2mm] R_2 = \dfrac{R_{12} R_{23}}{R_{12} + R_{23} + R_{31}} \\[2mm] R_3 = \dfrac{R_{23} R_{31}}{R_{12} + R_{23} + R_{31}} \end{cases}$$

（8）输入电阻。

对于一个不含独立电源的一端口电路，其端口电压 U 和端口电流 I 成正比，将这个比值定义为一端口电路的输入电阻 R_{in}。数学表达式为：$R_{in} = \dfrac{U}{I}$。

第3章

电阻电路的一般分析方法

拓展阅读
乔治·西蒙·欧姆

3.1 KCL 和 KVL 独立方程数

应用 KCL 和 KVL 分析复杂电路时，并不是所有的节点和回路列出的方程都是彼此独立的，因此确定 KCL 和 KVL 的独立方程数就是分析电路的第一步。

📖 **例 3-1** 设有 $n=4$ 个节点、$b=6$ 条支路的桥形电路如图 3-1 所示，列出电路中的独立 KCL 和 KVL 方程。

解：(1) 列出 KCL 方程。

电路有 4 个节点，可写出 4 个节点的 KCL 方程。

节点①：$I_1 - I_4 - I_6 = 0$

节点②：$-I_1 - I_2 + I_3 = 0$

节点③：$I_2 + I_5 + I_6 = 0$

节点④：$-I_3 + I_4 - I_5 = 0$

(2) KCL 方程分析。

可以看出，4 个方程之和等于零，即任一方程可由其余 3 个方程相加得到，故独立方程数为 $4-1=3$ 个。因此，可得出一般结论：对

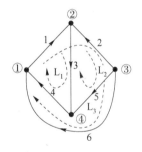

图 3-1 例 3-1 图

于 n 个节点、b 条支路的电路，由于每条支路关联两个节点，对其中一个节点电流为流入时，对另一个节点电流必为流出。所以，在 n 个 KCL 方程中 b 条支路的电流必然都出现正、负值各一次，故 n 个 KCL 方程之和恒等于零。因此，KCL 的独立方程数为 $n-1$ 个，且为任意的 $n-1$ 个。即求解电路问题时，只需选取 $n-1$ 个节点来列出 KCL 方程。相应的 $n-1$ 个节点称为独立节点，相应的方程也称为独立节点方程。

(3) 列出 KVL 方程。

电路有 3 个网孔，可写出 3 个网孔的 KVL 方程。

网孔 1：$U_1 + U_3 + U_4 = 0$

网孔 2：$-U_2 - U_3 + U_5 = 0$

网孔 3：$U_1 - U_2 + U_6 = 0$

（4）KVL 方程分析。

可以看出，每个方程所包含的支路电压不出现在其他方程中，所以这个方程不可能由其他两个方程的线性组合获得，因此这 3 个方程是独立的。

从上述电路的分析过程可以总结出电路中 KCL 和 KVL 独立方程数为：对于 n 个节点、b 条支路的电路中，应用 KCL 对 n 个节点可以列 $n-1$ 个独立的节点电流方程，而且是任意的 $n-1$ 个节点电流方程。应用 KVL 对电路中的闭合回路可列出 $b-(n-1)$ 个独立的 KVL 电压方程。因此，$n-1$ 个独立节点电流方程、$b-(n-1)$ 个独立回路电压方程和 b 条支路伏安关系方程，共有 $2b$ 个独立的电路方程。由这 $2b$ 个独立的电路方程，便可以解出 $2b$ 个待求支路电流和支路电压变量。称这种分析方法为 $2b$ 法。

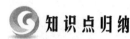 **知识点归纳**

对于 n 个节点、b 条支路的电路中，利用基尔霍夫定律，可列出的独立方程数如下。

（1）KCL 电流独立的方程数为 $n-1$ 个。

（2）KVL 电压独立的方程数为 $b-(n-1)$ 个。

3.2　支路电流法

以电路中各支路电流为变量，列出独立的 KVL 和 KCL 方程的解题方法称为支路电流法。

例 3-2　图 3-2 是两台直流发电机并联电路，试用支路电流法求解负载电流 I_3 及每台发电机的输出电流 I_1 和 I_2。

列写步骤如下。

（1）如果电路中未给出电流的参考方向，则先设置各支路电流方向，同时假设网孔回路绕行方向如图 3-2 所示。

（2）列出 KCL 方程。

电路中只有两个节点，均包含了同样的 3 条支路，因此只能列出一个 KCL 方程，即

$$I_1 + I_2 = I_3$$

（3）列出 KVL 方程。

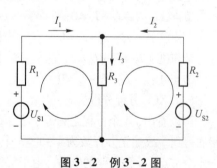

图 3-2　例 3-2 图

按照第（1）步设定的绕行方向，分别写出两个回路的 KVL 方程，即

$$\begin{cases} I_1R_1 + I_3R_3 - U_{S1} = 0 \\ -I_2R_2 - I_3R_3 + U_{S2} = 0 \end{cases}$$

（4）联立上述方程，代入电路物理量进行求解。

已知 $R_1 = 1\ \Omega$，$R_2 = 0.6\ \Omega$，$R_3 = 24\ \Omega$，$U_{S1} = 130\ \mathrm{V}$，$U_{S2} = 117\ \mathrm{V}$。代入方程，可解得各支路电流为

$$I_1 = 10\ \mathrm{A},\ I_2 = -5\ \mathrm{A},\ I_3 = 5\ \mathrm{A}$$

从上述电路的解题过程可以总结出支路电流法求解电路的一般步骤如下。

（1）首先确定电路的支路数 b、节点数 n 和网孔数 m；假设各支路电流的参考方向和网孔的绕行方向，如图 3 - 2 所示。

（2）列出 $n-1$ 个独立节点 KCL 电流方程。

（3）列出 $b-(n-1)$ 个独立回路 KVL 电压方程。

（4）代入数据，解出各支路电流，进一步求出其他所需电路物理量。

✐ 练一练：

电路如图 3 - 3 所示，已知 $U_{S1} = U_{S3} = 5$ V，$U_{S2} = 10$ V，$R_1 = R_2 = 5\ \Omega$，$R_3 = 15\ \Omega$，求各支路电流。

（1）假设支路电流参考方向和网孔绕行方向。

（2）列出 KVL 和 KCL 方程。

（3）将数据代入。

（4）求解方程组。

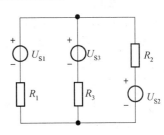

图 3 - 3　练一练题图

从上面的例题和练一练可以看出，当多个电源并联时，并不是每一个电源都会向负载提供电流和功率。当两个电源的电动势相差太大的时候，某些电源不仅不输出功率，反而会吸收功率。因此，在实际的供电系统中，应使两电源的电动势和内阻尽量相同。对于设备电池也是同样，更换时全部换新，避免一新一旧。

📖 例 3 - 3　求图 3 - 4 所示电路的各支路电流（电路参数已在图中标注）。

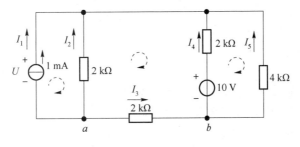

图 3 - 4　例 3 - 3 图

解题微课

电路分析 1：电路中有一条支路包含电流源，则该支路的电流为已知值，为了方便写出 KVL 方程，同时设电流源两端电压为 U，参考方向如图 3 - 4 中所示。

解：（1）标出电路中的节点，假设支路电流方向和网孔参考方向如图 3 - 4 中所示。

（2）列出节点 KCL 方程。

节点 a：$I_1 + I_2 + I_3 = 0$

节点 b：$I_3 - I_4 - I_5 = 0$

（3）列出网孔的 KVL 方程。

网孔 1：$-2 \times 10^3 I_2 - U = 0$

网孔 2：$2 \times 10^3 I_2 - 2 \times 10^3 I_4 - 2 \times 10^3 I_3 + 10 = 0$

网孔 3：$2 \times 10^3 I_4 - 4 \times 10^3 I_5 - 10 = 0$

电流源两端电压 U 为未知量，但是电流源所在支路电流 $I_1 = 1$ mA，因此未知量个数和方程数依然相对应。

（4）求解上述方程得各支路电流为

$$I_1 = 1 \text{ mA}, \quad I_2 = -\frac{15}{8} \text{ mA}, \quad I_3 = \frac{7}{8} \text{ mA}, \quad I_4 = \frac{9}{4} \text{ mA}, \quad I_5 = -\frac{11}{8} \text{ mA}$$

电路分析2：由于电路中含电流源支路的电流为已知值，因此实际待求支路电流只剩 4 个，除去两个节点 KCL 方程外，再针对两个不包含电流源的网孔列出 KVL 方程即可求出其余各支路电流。

✐ **练一练**：根据电路分析 2 的分析再对图 3-4 所示电路进行求解。

解：（1）标出电路中的节点，假设支路电流方向和网孔参考方向如图 3-4所示。

（2）列出两个节点 KCL 方程。

（3）列出两个网孔的 KVL 方程。

（4）求解上述方程得各支路电流。

解题微课

由上述例题，说明含有理想电流源的支路，将理想电流源电流作为已知量，可以有两种求解方法：一种是增补理想电流源两端电压为未知量，方程数目不变进行求解；另一种是列 KVL 方程时避开理想电流源所在支路，少列一个 KVL 方程进行求解。

📖 **例3-4** 求图 3-5 所示电路的各支路电流（电路参数已在图中标注）。

解：（1）标出电路中的节点，假设支路电流方向和网孔参考方向如图 3-5 所示。

（2）列出节点 KCL 方程。

节点 a：$I_1 + I_2 = I_3$

（3）列出网孔的 KVL 方程。

网孔 1：$7I_1 - 11I_2 = 21 - 5U$

网孔 2：$11I_2 + 7I_3 = 5U$

由于受控源的控制量 U 为未知量，因此增补方程 $7I_3 = U$，以使得未知量个数和方程数依然相对应。

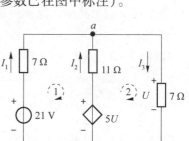

图3-5 例3-4图

（4）求解上述方程得各支路电流为

$$I_1 = \frac{17}{2} \text{ A}, \quad I_2 = -14 \text{ A}, \quad I_3 = -\frac{11}{2} \text{ A}$$

本例说明采用支路电流法解含有受控源的电路，需要将受控源先按照独立源处理，然后再将受控源的控制量用支路电流表示，增补一个方程，以求解支路电流。

🌀 知识点归纳

支路电流法是通过将支路电流作为待求量，利用基尔霍夫定律，列出相应的方程，对电路参数进行求解的方法。此方法的解题步骤如下。

（1）首先确定电路的支路数 b、节点数 n 和网孔数 m；假设各支路电流的参考方向和网孔的绕行方向。

（2）列 $n-1$ 个独立节点 KCL 电流方程。

（3）列出 m 个独立回路 KVL 电压方程。

（4）代入数据，解出各支路电流，进一步求出其他所需电路物理量。

如果电路中的支路过多，那么采用支路电流法求解就会比较复杂，因此后面给出了可以简化方程数量的其余的电路分析方法。

 **课 后 思 考**

（1）电路中如果包含有理想电流源，采用支路电流法时要如何求解？

（2）电路中的受控源要怎么处理？

（3）除了可以采用支路电流作为未知量外，还有没有别的电路参数可以做未知量？采用别的电路参数做未知量时能否简化求解的方程呢？

3.3　网孔电流法

当电路中的支路过多的时候，支路电流法分析电路所需的方程数会相应增加，计算的难度随之升级，因此对多网孔的电路，以电路中各网孔电流为变量，列出各个网孔的 KVL 方程的解题方法称为网孔电流法。网孔电流法与支路电流法相比，省去了 $n-1$ 个节点电流方程。

下面同样以支流电流法中的实用电路为例进行介绍。

📖 **例 3 - 5**　图 3 - 6 是两台直流发电机并联电路，试用网孔电流法求解负载电流 I_3 及每台发电机的输出电流 I_1 和 I_2。

列写步骤如下。

（1）先在电路中假设各网孔电流的方向，同时设网孔电流为 I_{m1} 和 I_{m2}。

（2）将各支路电流用网孔电流来表示，即

$$\begin{cases} I_1 = I_{m1} \\ I_2 = -I_{m2} \\ I_3 = I_{m1} - I_{m2} \end{cases}$$

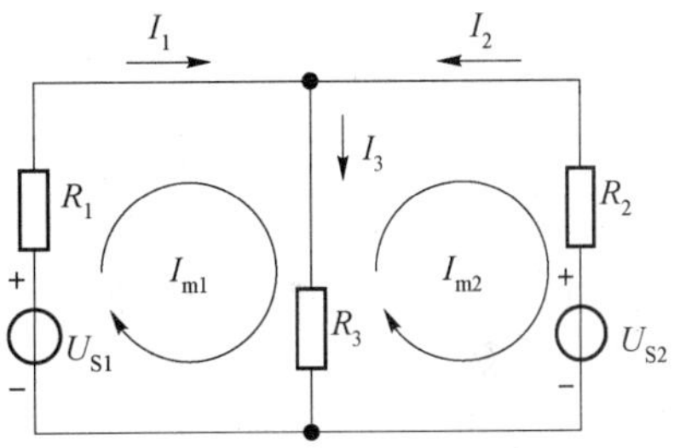

（3）列 KVL 方程。

图 3 - 6　例 3 - 5 图

按照第（1）步设定的绕行方向，分别写出两个网孔的 KVL 方程，即

$$\begin{cases} I_{m1}R_1 + (I_{m1} - I_{m2})R_3 - U_{S1} = 0 \\ I_{m2}R_2 - (I_{m1} - I_{m2})R_3 + U_{S2} = 0 \end{cases}$$

整理可得

$$\begin{cases} I_{m1}(R_1 + R_3) - I_{m2}R_3 = U_{S1} \\ I_{m2}(R_2 + R_3) - I_{m1}R_3 = -U_{S2} \end{cases}$$

（4）联立上述方程，代入电路物理量进行求解。

已知 $R_1 = 1\ \Omega$，$R_2 = 0.6\ \Omega$，$R_3 = 24\ \Omega$，$U_{S1} = 130\ \text{V}$，$U_{S2} = 117\ \text{V}$，代入方程，可解得各网孔电流为

$$I_{m1} = 10\ \text{A},\ I_{m2} = 5\ \text{A}$$

进一步解得各支路电流为

$$I_1 = 10\ \text{A},\ I_2 = -5\ \text{A},\ I_3 = 5\ \text{A}$$

上述解题过程中的网孔电流方程可以总结为

$$\begin{cases} I_{m1}R_{11} + I_{m2}R_{12} = U_{S11} \\ I_{m2}R_{22} + I_{m1}R_{21} = U_{S22} \end{cases} \qquad (3-1)$$

其中，电阻 R_{11} 和 R_{22} 都是各网孔的自电阻，大小为本网孔所有电阻之和。电阻 R_{12} 和 R_{21} 为网孔的互电阻，是两个网孔之间公共支路的电阻，当所有网孔电流方向均设为顺时针方向或者逆时针方向时，互阻项总是负的。U_{S11} 和 U_{S22} 为各网孔所有电压源电压的代数和。当电压源参考方向和网孔电流方向一致时取正；反之取负。

通过上述例题可以看到，采用网孔电流法分析多网孔的电路，可以比支路电流法有效地减少方程的数量，简化分析过程。

解题微课

从上述电路的解题过程可以总结出网孔电流法求解电路的一般步骤如下。

（1）首先确定电路的网孔数；假设各网孔电流的参考方向。

（2）以网孔电流为未知量，采用 KVL 列出网孔电流方程。

（3）代入数据，解出各网孔电流，进一步求出其他所需电路物理量。

练一练：电路如图 3-7 所示，电路参数如图所示。请用网孔电流法求解各支流电流。

解：（1）假设网孔电流参考方向。

（2）列出网孔电流方程。

（3）将数据代入，求解方程。

通过上述例题和练一练可以看到，采用网孔电流法分析多网孔的电路可以有效地减少方程的数量，从而简化电路分析的过程。

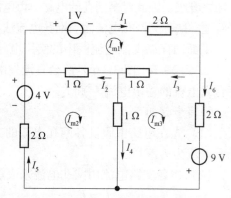

图 3-7　练一练题图

📖**例 3-6**　用网孔电流法求图 3-8 所示电路的各支路电流。已知 $R_1 = R_3 = 0.1\ \Omega$，$R_2 = 0.2\ \Omega$，$R_4 = R_5 = 2\ \Omega$，$R_6 = 6\ \Omega$，$U_{S1} = 12\ V$，$U_{S2} = 7.5\ V$，$U_{S3} = 1.5\ V$，$I_{S4} = -1\ A$。

解：（1）标出电路中的节点，假设网孔电流参考方向如图 3-8 所示。

（2）列出网孔电流方程。

网孔 1：$I_{m1}(R_1 + R_2 + R_5) - I_{m2}R_2 - I_{m3}R_5 = U_{S1} - U_{S2}$

网孔 2：$I_{m2}(R_2 + R_3 + R_6) - I_{m1}R_2 - I_{m3}R_6 = U_{S2} - U_{S3}$

网孔 3：$I_{m3} = -I_{S4}$

电流源所在支路电流为已知值，因此相对应的网孔电流也为已知值。

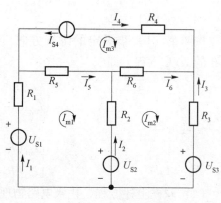

图 3-8　例 3-6 图

（3）求解上述方程得网孔电流为

$$I_{m1} = 3\ A,\ I_{m2} = 2\ A,\ I_{m3} = 1\ A$$

进一步求出各支路的电流，即

$I_1 = I_{m1} = 3\ (A)$，$I_2 = -I_{m1} + I_{m2} = -3 + 2 = -1\ (A)$，$I_3 = -I_{m2} = -2(A)$，$I_4 = I_{m3} = 1(A)$，

$I_5 = I_{m1} - I_{m3} = 3 - 1 = 2\ (A)$，$I_6 = I_{m2} - I_{m3} = 2 - 1\ A = 1\ (A)$

电路分析：通过上面的例题可以总结出，采用网孔电流法分析电路时，如果电路中包含理想电流源，且电流源所在支路位于电路的边界位置，则该网孔电流就等于电流源电流，电路分析更为简单。如果电流源所在支路处于某两个网孔的公共支路位置时，两个网孔电流之差即为该电流源电流，因此增补一个网孔电流差的方程，同时设电流源的电压为 U，列网孔电流方程。

解题微课

✏ **练一练**：根据电路分析再对图 3 - 9 所示电路进行求解（电路参数已在图中标注）。

解：（1）假设网孔电流参考方向。

（2）列出网孔电流方程。

（3）将数据代入，求解方程。

📖 **例 3 - 7**　求图 3 - 10 所示电路的各网孔电流（电路参数已在图中标注。）

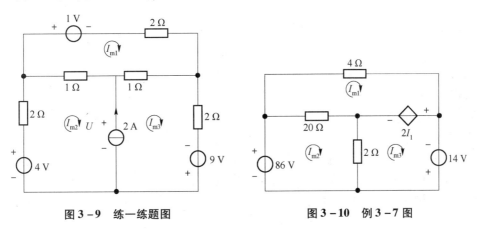

图 3 - 9　练一练题图　　　　　　　　　图 3 - 10　例 3 - 7 图

解：（1）标出网孔电流参考方向如图 3 - 10 所示。

（2）列出网孔电流方程。

网孔 1：$(20 + 4)I_{m1} - 20I_{m2} = -2I_1$

网孔 2：$(20 + 2)I_{m2} - 20I_{m1} - 2I_{m3} = 86$

网孔 3：$2I_{m3} - 2I_{m2} = 14 + 2I_1$

由于受控源是电压源，且控制量是 I_1，即网孔电流，因此不需要增补方程。

（3）求解上述方程得各网孔电流为

$I_{m1} = 25$ A，$I_{m2} = 32.5$ A，$I_{m3} = 64.5$ A

如果电路中含有受控电流源，可参照独立电流源电路的求解方法。先假定受控电流源两端电压，列出网孔电流方程；然后再根据受控源的控制量列出相关辅助方程来求解。

🌀 知识点归纳

网孔电流法是通过将网孔电流作为待求量，利用基尔霍夫定律，列出相应的方程，对电路参数进行求解的方法。此方法的解题步骤如下。

（1）首先确定电路的网孔数 m；假设各网孔电流的参考方向。

（2）列出 m 个网孔电流方程。

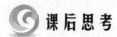

（3）代入数据，解出各网孔电流，进一步求出其他所需电路物理量。

课后思考

（1）电路中如果包含有理想电流源，采用网孔电流法时要如何求解？

（2）电路中的受控源要怎么处理？

（3）电路中如果节点数少于网孔数，那么除了网孔电流外，还可以有什么电路参数可以做未知量？

3.4　节点电压法

对于网孔数多于节点数的电路而言，以电路中各节点电压为变量，列出各个节点的 KCL 方程的解题方法称为节点电压法。相对于支路电流法，节点电压法可以少列 m 个方程。
下面同样以支流电流法中的实用电路为例进行介绍。

📖 **例 3-8**　图 3-11 是两台直流发电机并联电路，试用节点电压法求解负载电流 I_3 及每台发电机的输出电流 I_1 和 I_2。

列写步骤如下。

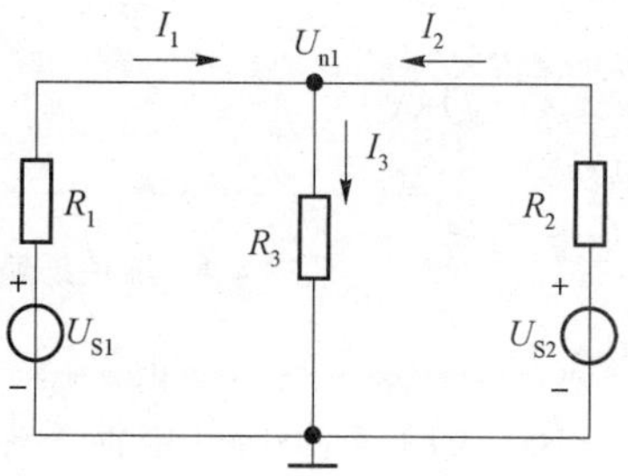

先在电路中假设各节点电压的符号，本例中有两个节点，选择其中一个节点作为电压参考点，因此只有一个有效节点，设这个节点的电压为 U_{n1}。

（1）将各支路电流用节点电压来表示，即

$$I_1 = -\frac{U_{n1} - U_{S1}}{R_1}$$

$$I_2 = -\frac{U_{n1} - U_{S2}}{R_2}$$

图 3-11　例 3-8 题图

$$I_3 = \frac{U_{n1}}{R_3}$$

（2）列出节点的 KCL 方程，即

$$I_3 - (I_1 + I_2) = 0$$

$$\frac{U_{n1}}{R_3} + \frac{U_{n1} - U_{S1}}{R_1} + \frac{U_{n1} - U_{S2}}{R_2} = 0$$

整理可得

$$\frac{U_{n1}}{R_1 + R_2 + R_3} = \frac{U_{S1}}{R_1} + \frac{U_{S2}}{R_2}$$

（3）联立上述方程，代入电路物理量进行求解。

已知 $R_1 = 1\ \Omega$，$R_2 = 0.6\ \Omega$，$R_3 = 24\ \Omega$，$U_{S1} = 130\ V$，$U_{S2} = 117\ V$。

代入方程，可解得节点电压为：$U_{n1} = 120\ V$。

进一步解得各支路电流为

$$I_1 = 10\ A,\ I_2 = -5\ A,\ I_3 = 5\ A$$

在上述解题过程中，如果电路中有多个节点，节点电压方程可以总结为

$$\begin{cases} U_{n1} G_{11} + U_{n2} G_{12} = I_{Sn1} \\ U_{n1} G_{21} + U_{n2} G_{22} = I_{Sn2} \end{cases} \qquad (2-2)$$

其中，电导 G_{11} 和 G_{22} 都是各节点的自电导，大小为本节点所包含各支路电导和。电导 G_{12} 和 G_{21} 为节点之间的互电导，是两个节点之间公共支路的电导和，互电导总是负的。I_{Sn1} 和 I_{Sn2} 为所在节点各支路电流源电流的代数和。当支路含有电压源时，采用电源转换的方式，转换成电流源的电流值，参考方向指向节点的电源取正，反之取负。

通过上述例题可以看到，采用节点电压法分析节点数少于网孔数的电路可以有效地减少方程的数量，简化分析过程。

从上述电路的解题过程可以总结出节点电压法求解电路的一般步骤如下。

（1）首先确定电路的节点数并选取合适的参考节点。

（2）以节点电压为未知量，采用 KCL 列出节点电压方程。

（3）代入数据，解出节点电压，进一步求出其他所需电路物理量。

解题微课

✎ 练一练：电路如图 3-12 所示，$R_1 = 1\ \Omega$，$R_2 = 2\ \Omega$，$I_{S1} = 5\ A$，$I_{S2} = 3\ A$，$U_{S1} = U_{S2} = 4\ V$。请用节点电压法求解各支路电流。

（1）确定电路节点并选取参考点。

（2）列出节点电压方程。

（3）将数据代入，求解方程。

通过上述例题和练一练可以看到，采用节点电压法分析节点数较少的电路可以有效地减少方程的数量，从而简化电路分析的过程。

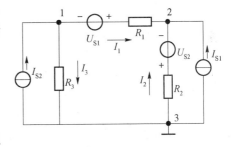

图 3-12　练一练题图

📖 例 3-9　用节点电压法求图 3-13 所示电路的各支路电流。电路参数 $R_1 = 1\ \Omega$，$R_2 = 2\ \Omega$，$I_{S1} = 5\ A$，$I_{S2} = 3\ A$，$U_S = 4\ V$。

解：（1）确定电路节点数，并选取参考点。电路中包含理想电压源，因此选取理想电压源所在支路的两个节点中的一个作为参考点，可以使得另一个节点的电压为理想电压源的电压值，从而简化电路的分析。因此本题中选取点 1 作为参考点。

（2）列出节点电压方程。

节点 2：$U_{n2} = U_S$

节点 3：$\left(\dfrac{1}{R_1} + \dfrac{1}{R_2} \right) U_{n3} - \dfrac{1}{R_2} U_{n2} = -I_{S1} - I_{S2}$

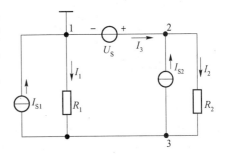

图 3-13　例 3-9 图

其中理想电压源所在支路节点为已知值，因此相对应的节点电压也为已知值。

（3）求解上述方程得节点电压为

$$U_{n2} = 4\ (V), \quad U_{n3} = -4\ (V)$$

进一步求出各支路的电流为

$$I_1 = -\frac{1}{R_1}U_{n3} = 4 \ (A), \quad I_2 = \frac{U_{n2} - U_{n3}}{R_2} = 4 \ (A)$$

电路分析：通过上面的例题可以总结出，采用节点电压法分析电路时，如果电路中包含理想电压源，且电压源所在支路连接在参考点上，则该支路另一节点电压就等于电压源电压，电路分析更为简单。如果电压源所在支路处于某两个待求节点之间时，两个节点电压之差即为该电压源电压，因此增补一个节点电压差的方程，同时设电压源的电流为 I，列节点电压方程。在实际电路求解过程中应尽可能选取理想电压源的一端作为参考点，以简化电路的分析过程。

📖 **例 3-10** 求图 3-14 所示电路的各节点电压（电路参数已在图中标注）。

解：（1）确定电路节点数，并选取节点 1 为参考点。电路中 $U = U_{n1}$。

（2）列出节点电压方程。

节点 1：$\left(\dfrac{1}{7} + \dfrac{1}{11} + \dfrac{1}{7}\right)U_{n1} = \dfrac{60}{7} + \dfrac{5U}{11}$

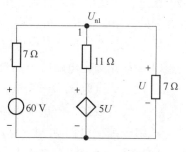

图 3-14　例 3-10 图

由于受控源是电压源，且控制量是 U，就是节点电压 U_{n1}，因此不需要增补方程。

（3）求解上述方程得节点电压为

$$U_{n1} = -110 \ (V)$$

如果电路中含有受控电压源，可参照独立电压源电路的求解方法，先列出节点电压电路方程，然后再根据受控源的控制量列出相关辅助方程来求解。

✏️ **练一练**：根据上述例题的分析，对图 3-15 所示电路的节点电压进行求解（电路参数已在图中标注）。

解：（1）确定电路节点数，并选取合适的参考点。

（2）列出节点电压方程。

（3）将数据代入，求解方程。

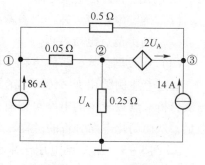

图 3-15　练一练题图

🌀 **知识点归纳**

节点电压法是通过将节点电压作为待求量，利用基尔霍夫定律列出相应的方程，对电路参数进行求解的方法。此方法的解题步骤如下。

（1）首先确定电路的节点数 n，并确定一个合适的参考点。

（2）列出 $n-1$ 个节点电压方程。

（3）代入数据，解出各节点电压，进一步求出其他所需电路物理量。

🌀 **课后思考**

（1）电路中如果包含理想电压源，采用节点电压法时要如何求解？

（2）电路中的受控源要怎么处理？

（3）在进行电路分析时，有 3 种分析方法可选，如何进行方法选取的判断呢？

本 章 小 结

（1）KCL 和 KVL 独立方程式数。

对于 n 个节点、b 条支路的电路中，利用基尔霍夫定律，可列出的独立方程数如下。

① KCL 电流独立的方程数为 $n-1$ 个。

② KVL 电压独立的方程数为 $b-(n-1)$ 个。

（2）支路电流法。

支路电流法求解电路的一般步骤如下。

① 首先确定电路的支路数 m、节点数 n 和网孔数；假设各支路电流的参考方向和网孔的绕行方向。

② 列出 $n-1$ 个独立节点 KCL 电流方程。

③ 列出 $m-n+1$ 个独立回路 KVL 电压方程。

④ 代入数据，解出各支路电流，进一步求出其他所需电路物理量。

（3）网孔电流法。

网孔电流法是通过将网孔电流作为待求量，利用基尔霍夫定律列出相应的方程，对电路参数进行求解的方法，此方法的解题步骤如下。

① 首先确定电路的网孔数 m；假设各网孔电流的参考方向。

② 列出 m 个网孔电流方程（以双网孔电路为例）为

$$\begin{cases} I_{m1}R_{11}+I_{m2}R_{12}=U_{S11} \\ I_{m2}R_{22}+I_{m1}R_{21}=U_{S22} \end{cases}$$

③ 代入数据，解出各网孔电流，进一步求出其他所需电路物理量。

（4）节点电压法。

节点电压法是通过将节点电压作为待求量，利用基尔霍夫定律列出相应的方程，对电路参数进行求解的方法，此方法的解题步骤如下。

① 首先确定电路的节点数 n，并确定一个合适的参考点。

② 列出 $n-1$ 个节点电压方程（以除参考点外，两个节点电路为例）为

$$\begin{cases} U_{n1}G_{11}+U_{n2}G_{12}=I_{Sn1} \\ U_{n1}G_{21}+U_{n2}G_{22}=I_{Sn2} \end{cases}$$

③ 代入数据，解出各节点电压，进一步求出其他所需电路物理量。

第4章

电 路 定 理

4.1 叠加定理

在数学中我们都知道，对于线性函数 $f(x)$，如果 $f(x_1 + x_2) = f(x_1) + f(x_2)$，$f(ax) = af(x)$，则 $f(ax_1 + bx_2) = af(x_1) + bf(x_2)$，其中 a、b 为任意常数。把这一原理运用到电路分析中，就形成了叠加定理。

叠加定理是线性电路中的一个重要定理。在有多个独立电源共同作用的线性电路中，任意一条支路的电流或者电压等于每个电源单独作用时，在该支路产生的电流或者电压的代数和。

📖 **例4-1** 图4-1是一个简单的数/模转换电路。当开关接于 U_S 时，为高电位，即为 1；当开关接于参考地时，为低电位，即为 0。现在电路的二进制状态为 1011。试用叠加定理分析该数字量对应的模拟电压 U_0。其中 $U_S = 16$ V。

列写步骤如下。

（1）电路分析。

图4-1所示的数/模转换器可以等效为图4-2，由4个电压源组成的电阻梯形电路。其中 d_i（$i = 0, 1, 2, 3$）的状态代表数字信号的输入状态。

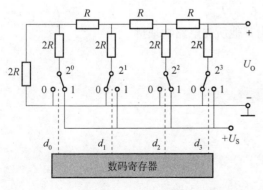

图 4-1 例4-1图

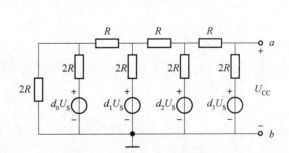

图 4-2 例4-1等效图

（2）改画电路图。

根据叠加定理可以得到：$U_0 = U_3 + U_2 + U_1 + U_0$，其中 U_i（$i = 0$，1，2，3）分别为电压源 $d_i U_S$（$i = 0$，1，2，3）单独作用时在输出端产生的电压。因此，先让电压源 $d_3 U_S$ 单独作用，其他电压源短路，则电路如图 4－3 所示。

（3）列出一个电源单独作用时的电路方程。

根据图 4－3 得到电路方程为

$$U_3 = \left(\frac{d_3 U_S}{2R + R + R} \right) \cdot (R + R) = \frac{1}{2} d_3 U_S$$

（4）列出另外各个电源单独作用时的电路方程。

按照上一步的分析过程，可以写出其余电压源单独作用所得到的输出电压方程。如图 4－4 所示，根据节点电压法可以写出 U_c，即

$$U_c = \frac{\dfrac{d_3 U_S}{2R}}{\dfrac{1}{2R} + \dfrac{1}{2R} + \dfrac{1}{3R}} = \frac{3}{8} d_2 U_S$$

$$U_2 = \left(\frac{2R}{2R + R} \right) \cdot U_c = \frac{1}{2^2} d_2 U_S$$

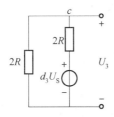
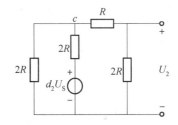

图 4－3 例 4－1 中 $d_3 U_S$ 单独作用图　　　图 4－4 例 4－1 中 $d_2 U_S$ 单独作用图

由此类推，有

$$U_1 = \frac{1}{2^3} d_1 U_S$$

$$U_0 = \frac{1}{2^4} d_0 U_S$$

（5）将每个电源单独作用得到的输出电压相加，即

$$U_0 = \frac{1}{2} d_3 U_S + \frac{1}{2^2} d_2 U_S + \frac{1}{2^3} d_1 U_S + \frac{1}{2^4} d_0 U_S$$

$$= \frac{U_S}{2^4} (2^3 \cdot d_3 + 2^2 \cdot d_2 + 2^1 \cdot d_1 + 2^0 \cdot d_0)$$

因为 $U_S = 16 \text{ V}$，所以 $\dfrac{U_S}{2^4} = 1$，二进制状态 $d_3 d_2 d_1 d_0 = 1011$，则模拟输出电压为

$$U_0 = (2^3 \cdot 1 + 2^2 \cdot 0 + 2^1 \cdot 1 + 2^0 \cdot 1) = 11 \text{ (V)}$$

最终可得经过图 4－2 所示的数/模转换电路，将二进制 1101 转换为 11 V 的模拟十进制电压。

从上述电路的解题过程可以总结出叠加定理求解电路的一般步骤如下。

（1）首先确定电路的独立电源数，并作出每个独立电源单独作用时的电路图。

（2）对每个独立电源单独作用的电路图进行电路分析，求解电路物理量。

（3）求各个独立源单独作用所得到的电路物理量的代数和。

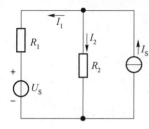

图 4 - 5　练一练题图

✍**练一练**：电路如图 4 - 5 所示，$R_1 = 200\ \Omega$，$R_2 = 100\ \Omega$，$U_S = 24$ V，$I_S = 1.5$ A，用叠加定理求支路电流 I_1 和 I_2。

解：（1）画出各个独立源单独作用的电路图。

（2）求解各个独立源单独作用时得到的 I_1 和 I_2。

（3）求代数和。

📖**例 4 - 2**　含受控源电路如图 4 - 6（a）所示，试用叠加定理求电流 I（电路参数已在图中标注）。

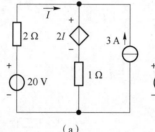

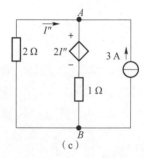

（a）　　　　　　　（b）　　　　　　　（c）

解题微课

图 4 - 6　例 4 - 2 图

解：（1）画出分电路图如图 4 - 6（b）和图 4 - 6（c）所示。

（2）分别求出各个独立源单独作用时得到的电流 I' 和 I''。

当 20 V 电压源单独作用时，3 A 电流源开路，根据 KVL 列出方程，得

$$(1 + 2)I' + 2I' = 20$$
$$I' = 4\ (A)$$

当 3 A 电流源单独作用时，20 V 电压源短路，选 B 为参考点可列出节点方程为

$$\left(\frac{1}{2} + 1\right)U_A = 3 + \frac{2I''}{1},\ U_A = -2I''$$
$$I'' = -0.6\ (A)$$

注意：受控源始终保留在分电路中。

解题微课

（3）求代数和，即

$$I = I' + I'' = 4 - 0.6 = 3.4\ (A)$$

本例说明采用叠加定理解含有受控源的电路时，需要将受控源始终保留在各分电路中。

✍**练一练**：电路如图 4 - 7 所示，用叠加定理求电路中的 U。

（1）画出各个独立源单独作用的电路图。

（2）求解各个独立源单独作用时得到的 U' 和 U''。

（3）求代数和，即 $U = U' + U''$。

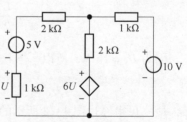

图 4 - 7　练一练题图

知识点归纳

叠加定理是指在有两个或两个以上的独立电源作用的线性电路中，任一支路电流或两点电压都可以认为是电路中各个独立电源单独作用而其他独立电源为零（电流源开路、电压源短路）时，在该支路中产生的电流或者该两点间电压的代数和。

叠加定理在使用时需要特别注意以下几点：

（1）叠加定理只适用于线性电路，不适用于非线性电路。

（2）电路中的受控源不是独立源，不能单独作用。

（3）叠加时需要注意电路参数的参考方向不可变化。

（4）叠加定理只能应用于电压和电流，不可以求解电路的功率。

课后思考

（1）电路中如果包含受控源，采用叠加定理时要如何求解？

（2）试证明为何不能用叠加定理求解电路的功率。

（3）叠加定理中非作用的独立电源应如何处理？

4.2　等效电源定理

前面曾经讨论过用电源变换法化简电路求解某些变量的问题。对一般电路，通常要经过多次电源互换才能得到最简电路。为了简化分析过程，这里介绍两个重要定理，即戴维南（也可译作戴维宁）定理和诺顿定理，它们合称为等效电源定理。

4.2.1　戴维南定理

任何一个有源线性二端网络，对其外部电路而言，都可以用电压源与电阻串联组合等效代替；该电压源的电压等于二端网络的开路电压，该电阻等于二端网络内部所有独立源置零时的等效电阻，这就是戴维南定理的内容。电压源与电阻串联的电路也称为戴维南等效电路。独立源置零是指网络内的电压源短路、电流源开路。

用戴维南定理求解电路时首先把待求支路从电路中移去，其他部分看成一个有源二端网络；然后求出有源二端网络的开路电压及等效电阻；最后把有源二端网络的等效电路与所求的支路连接起来，计算待求支路电流或电压等。

　　📖 例 4 − 3　晶体管放大器分析。图 4 − 8（a）所示为晶体管放大器的一种电路模型。设 $u_1 = 6$ V，$R_1 = 3$ kΩ，$R_2 = 6$ kΩ，$R_b = 2$ kΩ，$R_c = 2$ kΩ，$R_L = 8$ kΩ，$\beta = 50$，试确定输出电压 u_2。

列写步骤如下。

分析：研究放大器电路常用戴维南定理。

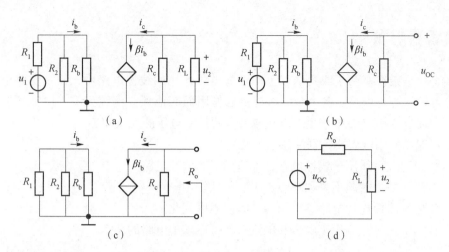

图4-8 例4-3题图

（1）求开路电压。

先把负载 R_L 断开，由图4-8（b）求开路电压 u_{OC}。从 R_b 以左简单电路分流可得 $i_b = 1$ mA，故 $\beta i_b = 50 \times 1$ mA $= 50$ mA，从而开路电压 $u_{OC} = -\beta i_b R_c = -50$ mA $\times 2$ kΩ $= -100$ V。

（2）求等效电阻。

再利用图4-8（c）求戴维南等效电阻 R_{eq}，由于独立源置零，因此观察可知 $i_b = 0$ mA，所以 $\beta i_b = 0$ mA，从输出端向左视看入的等效电阻 R_{eq} 为 $R_{eq} = R_c = 2$ kΩ。

（3）求输出电压。

最后利用图4-8（d），可得接入 R_L 后的输出电压为

$$u_2 = \frac{R_L}{R_L + R_{eq}} u_{OC} = \frac{8}{8+2} \times (-100) = -80 \, (\text{V})$$

从上述电路的解题过程可以总结出戴维南定理求解电路的一般步骤如下：

（1）断开所要求解的支路或局部网络，求出所余二端有源网络的开路电 U_{OC}。

（2）令二端网络内独立源为零，求等效电阻（输出电阻）R_{eq}。

（3）将待求支路或网络接入等效后的戴维南电源，求出解答。

解题微课

✎ 练一练：电路如图4-9（a）所示，电路参数在图中已经给出，用戴维南定理求电阻 R_x 为1.2 Ω 时的电流 I。

解：（1）断开待求元件 R_x，根据图4-9（b）求开路电压 U_{OC}：_____。

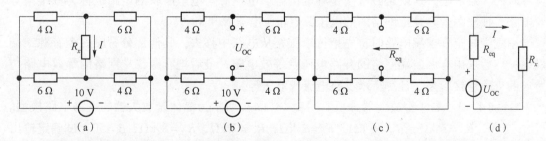

图4-9 练一练题图

（2）将图4-9（b）中独立源置零，按图4-9（c）所示求等效电阻 R_{eq}：_____。

（3）接回待求元件，画出等效电路，如图4-9（d）所示求电流I：＿＿＿＿＿＿＿＿＿。

📖 **例4-4** 含受控源电路如图4-10（a）所示，试用戴维南定理求电压U_o（电路参数已在图中标注）。

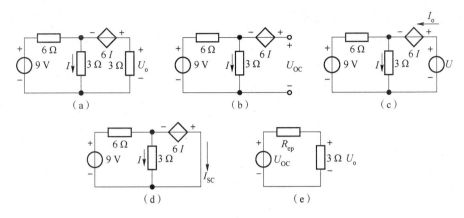

图4-10 例4-4题图

解：（1）根据图4-10（b），求开路电压U_{OC}。

$$U_{OC} = 6I + 3I = 9 \times \frac{9}{9} = 9 \ （V）$$

（2）求等效电阻R_{eq}。

由于电路中包含受控源，因此独立源置零后，电路不是纯电阻电路，所以不能直接求出等效电阻。

①方法1：外加电源电压法。

在待求端口上加入辅助电压源U，如图4-10（c）所示，求$\dot{U}$和I_o的比值即可得等效电阻。

$$U = 6I + 3I = 9I, \ I = \frac{2}{3}I_o$$

可得：$R_{eq} = 6 \ \Omega$。

②方法2：求开路电压和短路电流的比值。

保留图中的独立源，将待求元件或支路短路，如图4-10（d）所示，求出短路电流。

列出图4-10（d）右边网孔KVL方程，有

$$6I + 3I = 0, \ I = 0 \ （A）$$

因此：$I_{SC} = \frac{9}{6} = 1.5 \ （A）$

可得：$R_{eq} = \frac{U_{OC}}{I_{SC}} = 6 \ （\Omega）$

（3）画出等效电路如图4-10（e）所示，解得

$$U_o = \frac{9}{R_{eq} + 3} = \frac{9}{6 + 3} = 1 \ （V）$$

本例说明采用戴维南定理分析电路时，等效电阻计算时常用下列3种方法。

（1）当网络内部不含受控源时，可采用电阻串并联的方法计算等效电阻。

（2）外加电源法（加电压求电流或加电流求电压）。如图 4－11 所示，则 $R_{eq}=\dfrac{U}{I}$。

（3）开路电压、短路电流法。即求得网络端口间的开路电压后，将端口短路求得短路电流，如图 4－12 所示，则 $R_{eq}=\dfrac{U_{OC}}{I_{SC}}$。

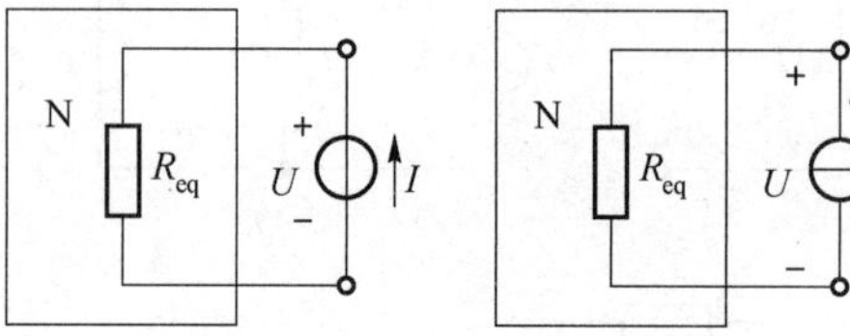

图 4－11　外加电源法

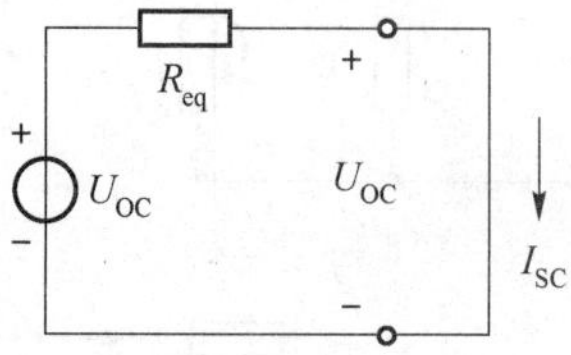

图 4－12　开路电压、短路电流法

以上方法中后两种方法更具有一般性。

✎**练一练**：电路如图 4－13 所示，用戴维南定理求电压 U。

解：（1）求开路电压 U_{OC}：＿＿＿＿＿＿＿＿＿＿＿＿＿。

（2）求等效电阻 R_{eq}：＿＿＿＿＿＿＿＿＿＿＿＿＿＿＿＿。

（3）画出等效电路并求电压 U：＿＿＿＿＿＿＿＿＿＿。

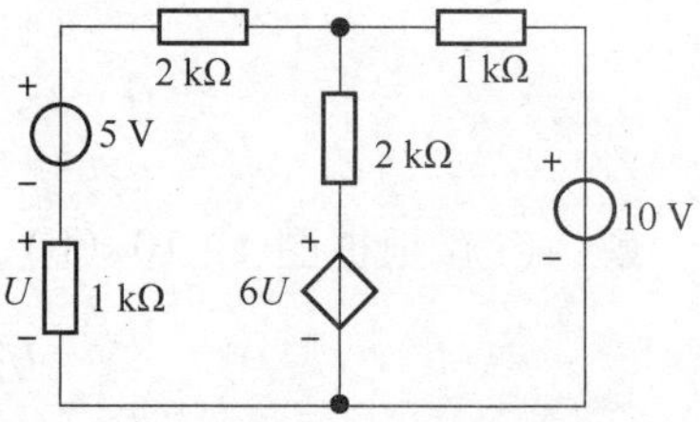

图 4－13　练一练题图

知识点归纳

解题微课

戴维南定理是等效电源定理的一种。其内容可表述为：任何一个线性含源一端口网络，对外电路来说，总可以用一个电压源和电阻的串联组合来等效替代；此电压源的电压等于外电路断开时一端口网络端口处的开路电压 U_{OC}，而电阻等于一端口的输出电阻（或等效电阻 R_{eq}）。

在使用戴维南定理时需要特别注意以下几点：

（1）含源一端口网络所接的外电路可以是任意的线性或非线性电路，外电路发生改变时，含源一端口网络的等效电路不变。

（2）当含源一端口网络内部含有受控源时，控制电路与受控源必须包含在被化简的同一部分电路中。

（3）常用下列 3 种方法计算等效电阻，后两种方法更具有一般性。

①电阻串并联的方法。

②外加电源法（加电压求电流或加电流求电压）。

③开路电压、短路电流法。

4.2.2　诺顿定理

任何一个有源线性二端网络，对其外部电路而言，都可以用电流源与电阻并联组合等效代替；该电流源的电流等于二端网络的短路电流，该电阻等于二端网络内部所有独立源置零时的等效电阻，这就是诺顿定理的内容。电流源与电阻并联的电路也称为诺顿等效电路。

📖 **例 4 – 5**　将图 4 – 14（a）所示的电路化为诺顿等效电路。

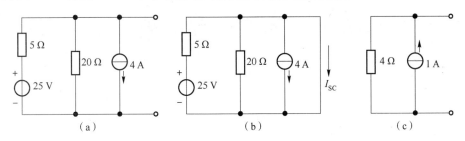

图 4 – 14　例 4 – 5 图

解：（1）求短路电流 I_{SC}。

将二端网络端口短路，如图 4 – 14（b）所示，可解得 $I_{SC} = \left(\dfrac{25}{5} - 4\right) = 1$（A）。

（2）求等效电阻 R_{eq}。

将独立源置零，可得：$R_{eq} = \dfrac{5 \times 20}{5 + 20} = 4$（Ω）。

（3）画出诺顿等效电路如图 4 – 14（c）所示。

用诺顿定理求解电路时首先把待求支路从电路中移去，其他部分看成一个有源二端网络；然后求出有源二端网络的短路电流及等效电阻；最后把有源二端网络的等效电路与所求的支路连接起来，计算待求支路电流或电压等。图 4 – 15 是诺顿定理的等效示意图。

✏️ **练一练**：电路如图 4 – 16 所示，用诺顿定理求电阻上的电流 I。

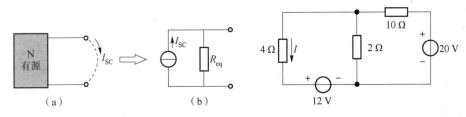

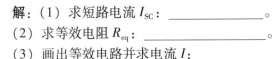

图 4 – 15　诺顿定理等效图　　　　图 4 – 16　练一练题图

解：（1）求短路电流 I_{SC}：＿＿＿＿＿＿＿＿＿＿。

（2）求等效电阻 R_{eq}：＿＿＿＿＿＿＿＿＿＿。

（3）画出等效电路并求电流 I：＿＿＿＿＿＿＿＿＿＿。

📖 **例 4 – 6**　求图 4 – 17（a）所示电路中的电压 U。

解：本题用诺顿定理求解比较方便。因 a、b 处的短路电流比开路电压容易求。

（1）求短路电流 I_{SC}。

把 ab 端短路。电路如图 4 – 17（b）所示，解得

$$I_{SC} = \frac{24}{6/\!/3 + 6/\!/6/\!/3} \times \frac{6/\!/3}{6/\!/6 + 6/\!/3} = 3 \text{（A）}$$

解题微课

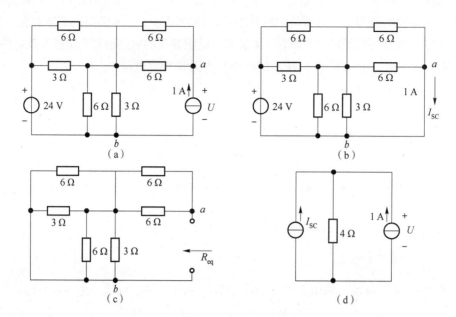

图 4-17 例 4-6 题图

（2）求等效电阻 R_{eq}。

把独立电源置零，电路如图 4-17（c）所示，为简单并联电路。

$$R_{eq} = 6 // 6 + 6 // 6 // 3 // 3 = 4 \ (\Omega)$$

（3）画出诺顿等效电路。

接上待求支路，如图 4-17（d）所示，得

$$U = (3 + 1) \times 4 = 16 \ (V)$$

知识点归纳

诺顿定理也是等效电源定理的一种，它是戴维南定理的对偶，其内容可表述为：任何一个线性有源二端网络 N，对其外部而言，都可以等效成一个诺顿电源。其电流源的取值等于网络 N 二端子短路线上的电流 I_{SC}，而等效内阻 R_{eq} 等于网络 N 内部独立源为零时二端子间的等效电阻。

诺顿定理的证明非常简单。因为任何线性有源二端网络都可以等效为戴维南电源，该电源又可以等效变换为诺顿电源，故诺顿定理只是戴维南定理的另一种形式而已。其中

$$I_{SC} = \frac{U_{OC}}{R_{eq}}$$

等效电源定理在使用时具体使用哪一种取决于线性二端网络内部的连接方式。

课后思考

（1）电路中如果包含受控源，采用诺顿定理时要如何求解？

（2）使用诺顿定理时，求解等效电阻有哪些方法？

4.3 最大功率传输

最大功率传输定理：设一负载 R_L 接于电压源上，若该电源的电压 U_S 保持规定值和串联电阻 R_S 不变，负载 R_L 可变，则当 $R_L = R_S$ 时，负载 R_L 可获得最大功率。

📖 例4–7 图4–18所示电路中负载 R_L 为多大时它可获得最大功率？此时最大功率 P_{max} 为多少？

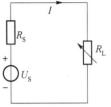

图4–18 例4–7图

解：（1）电路分析。

负载 R_L 消耗的功率为

$$P = R_L I^2 = R_L \left(\frac{U_S}{R_L + R_S} \right)$$

根据数学中求极值的方法，为了求出最大功率的条件，对上面的表达式取 R_L 的导数，并令它等于零，即 $\dfrac{dP}{dR_L} = 0$，可得到 $R_L = R_S$。

当 $R_L = R_S$ 时，负载获得的功率最大，且功率的最大值为

$$P_{max} = \frac{U_S^2}{4R_S}$$

（2）实验验证。

设负载 R_L 在 $0 \sim 1\,000\ \Omega$ 内变化，电源内阻 $R_S = 50\ \Omega$，$U_S = 10\ V$，负载消耗的功率记为 P_L，电源产生的功率记为 P_S，转换效率记为 η，取不同的 R_L 值，可得表4–1所示的数据结果。

表4–1 不同 R_L 的数据结果

R_L/Ω	I/A	P_L/W	P_S/W	$\eta = \left(\dfrac{P_L}{P_S} \right) \times 100\% / \%$
0	0.200	0.000	2.00	0.00
10	0.167	0.279	1.67	16.7
30	0.125	0.469	1.25	37.5
50	0.100	0.500	1.00	50.0
80	0.077	0.474	0.77	61.6
100	0.067	0.449	0.67	67.0
1 000	0.010	0.100	0.11	90.9

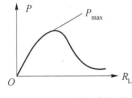

图4–19 输出功率随负载变化曲线

由上可知，当 $R_L = R_S = 50\ \Omega$ 时，负载获得最大功率 0.5 W，但此时的转换效率仅为 50%。图4–19所示为电路输出功率随负载 R_L 变化的曲线。

从上述电路的分析和验证过程可以总结出结论为：当负载获得最大功率，即 $R_L = R_S$ 时，称为负载与电源匹配或称为最大功率匹配。

✏练一练：图4-20（a）是把音频放大器等效为一个戴维南电源，图4-20（b）是将扬声器等效为8Ω电阻。若$U_{OC}=12$ V，并将8Ω负载接入ab端，问扬声器可获得多大功率？若将这样的扬声器串联使用，如图4-20（c）所示，则每个扬声器获得多大功率？若将两个扬声器并联，如图4-20（d）所示，所获功率又如何？

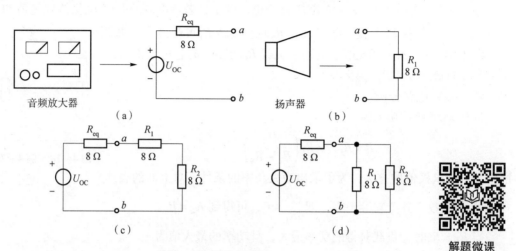

图4-20 练一练题图

解：（1）只接一个扬声器时得到的负载功率：_____。

（2）两个扬声器串联时负载的功率：_____。

（3）两个扬声器并联时负载的功率：_____。

🌀 知识点归纳

由有源线性二端网络传输给可变负载R_L的功率为最大的条件是负载R_L应等于戴维南（或诺顿）定理等效电路的等效电阻。最大功率为

$$P_{max} = \frac{U_{OC}^2}{4R_{eq}} \tag{4-1}$$

需要特别注意以下几点：

（1）功率最大时，$R_L = R_{eq}$，此时认为R_{eq}固定不变，R_L可调。

（2）若R_{eq}可调，R_L固定不变，则随着R_{eq}减小，R_L获得的功率增大，当$R_{eq}=0$时，负载获得的功率最大。

（3）理论上，传输的效率$\eta = \left(\dfrac{P_L}{P_S}\right) \times 100\% = 50\%$，但实际上二端网络和它的等效电路对内而言功率不等效，因此R_{eq}所得的功率一般不等于网络内部消耗的功率，即$\eta \neq 50\%$。

🌀 课后思考

（1）为何说二端网络和它的等效电路对内而言功率不等效？

（2）有源线性二端网络应如何等效才能求出负载的最大功率？

4.4 特勒根定理

特勒根定理是在基尔霍夫定律的基础上发展起来的一条重要的网络定理。与基尔霍夫定律一样，特勒根定理与电路元件的性质无关，适用于任何集中参数电路。

特勒根定理有以下两条。

1. 特勒根功率定理

对于一个具有 n 个节点和 b 条支路的电路，假设各支路电流和支路电压取关联参考方向，并令 $(i_1, i_2, \cdots, i_n)$ 和 $(u_1, u_2, \cdots, u_b)$ 分别为 b 条电路的电流和电压，则对任何时间 t，有

$$\sum_{k=1}^{b} u_k i_k = 0 \tag{4-2}$$

📖 **例 4-8**　图 4-21（a）是一个简单的电路，图 4-21（b）是图 4-21（a）的拓扑图。试证明特勒根定理。

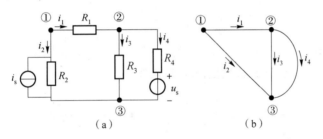

图 4-21　例 4-8 图

解： 设节点③为参考点，则 u_{n1}、u_{n2} 分别是节点①、②的节点电压。i_1、i_2、i_3、i_4 分别表示各支路电流。u_1、u_2、u_3、u_4 分别表示各支路电压。

根据 KVL 可得

$$u_1 = u_{n1} - u_{n2}$$
$$u_2 = u_{n1}$$
$$u_3 = u_{n2}$$
$$u_4 = u_{n2}$$

根据 KCL 可得

$$-i_1 - i_2 = 0$$
$$i_1 - i_3 - i_4 = 0$$
$$i_2 + i_3 + i_4 = 0$$

各支路的代数和为

$$\sum_{k=1}^{4} u_k i_k = u_1 i_1 + u_2 i_2 + u_3 i_3 + u_4 i_4$$

将支路电压用节点电压替代后，有

$$\sum_{k=1}^{4} u_k i_k = (u_{n1} - u_{n2})i_1 + u_{n1}i_2 + u_{n2}i_3 + u_{n2}i_4$$

整理可得

$$\sum_{k=1}^{4} u_k i_k = (i_1 + i_2)u_{n1} - (i_1 - i_3 - i_4)u_{n2} = 0$$

上述证明过程可推广到具有 n 个节点和 b 条支路的电路，由此可证明特勒根定理成立。

注意在证明过程中，只根据电路的拓扑性质应用了基尔霍夫定理，并不涉及电路的具体内容，因此可以总结出：特勒根定理对任何具有线性、非线性、时不变、时变元件的集总电路都适用。这个定理实质上是功率守恒的数学表达式，它表明任何一个电路的全部支路吸收的功率之和恒等于零。

2. 特勒根似功率定理

如果两个电路的支路数和节点数都相同，而且对应支路与节点的连接关系也相同，并具有相同的电压和电流方向，那么这两个电路具有相同的拓扑结构，即它们的拓扑图完全相同。它们的支路电流和支路电压分别用 $(i_1, i_2, \cdots, i_n)$ 和 $(u_1, u_2, \cdots, u_b)$ 以及 $(\hat{i}_1, \hat{i}_2, \cdots, \hat{i}_n)$ 和 $(\hat{u}_1, \hat{u}_2, \cdots, \hat{u}_b)$ 表示，则在任何时间 t 有

$$\sum_{k=1}^{b} u_k \hat{i}_k = \sum_{k=1}^{b} \hat{u}_k i_k = 0 \tag{4-3}$$

📖**例 4 - 9** 图 4 - 22（a）是一个和图 4 - 21（a）具有相同拓扑结构的电路，拓扑图如图 4 - 22（b）所示。试证明特勒根似功率定理。

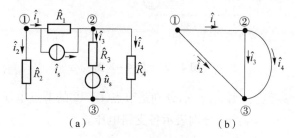

图 4 - 22 例 4 - 9 图

解： 同样设节点③为参考点，则 $\hat{u}_{n1}$、$\hat{u}_{n2}$ 分别是节点①、②的节点电压。$\hat{i}_1$、$\hat{i}_2$、$\hat{i}_3$、$\hat{i}_4$ 分别表示各支路的电流。$\hat{u}_1$、$\hat{u}_2$、$\hat{u}_3$、$\hat{u}_4$ 分别表示各支路电压。

根据 KVL 可得：

$$\hat{u}_1 = \hat{u}_{n1} - \hat{u}_{n2}$$
$$\hat{u}_2 = \hat{u}_{n1}$$
$$\hat{u}_3 = \hat{u}_{n2}$$
$$\hat{u}_4 = \hat{u}_{n2}$$

写出特勒根似功率定理的表达式可得

$$\sum_{k=1}^{4} \hat{u}_k i_k = \hat{u}_1 i_1 + \hat{u}_2 i_2 + \hat{u}_3 i_3 + \hat{u}_4 i_4$$

将支路电压用节点电压替代，并代入图 4-21 所示的支路电流后，有

$$\sum_{k=1}^{4} \hat{u}_k i_k = (i_1 + i_2)\, \hat{u}_{n1} - (i_1 - i_3 - i_4)\, \hat{u}_{n2} = 0$$

同理可证

$$\sum_{k=1}^{b} u_k \hat{i}_k = 0$$

特勒根定理的第二种表达式不能用功率守恒解释，它只是表明两个具有相同拓扑的电路中，一个电路的支路电压和另一个支路电流，或者可以是同一电路在不同时刻的相应支路电压和电流所必须遵守的数学关系。由于它仍具有功率之和的形式，所以又称为"似功率定理"。

📖 **例 4-10** 图 4-23 所示电路 N_R 是一个电阻网络，已知 $R_1 = 1\ \Omega$，$R_2 = 2\ \Omega$，$R_3 = 3\ \Omega$，$u_{S1} = 18\ V$。当 u_{S1} 作用，$u_{S2} = 0$ 时，测得 $u_1 = 9\ V$，$u_2 = 4\ V$；当 u_{S1} 和 u_{S2} 共同作用时，测得 $u_3 = -30\ V$。试求 u_{S2}。

解： 两次测量的是同一个电路，因此拓扑结构不变，可利用特勒根定理求解。

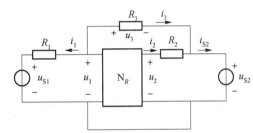

图 4-23 例 4-10 图

第一次测量得到的数据为

$$u_{S1} = 18\ V，\ u_{S2} = 0，\ u_1 = 9\ V，\ u_2 = 4\ V$$

可以求出：

$$i_1 = \frac{u_1 - u_{S1}}{R_1} = \frac{9 - 18}{1} = -9\ (\text{A})$$

$$u_3 = u_1 = 9\ (\text{V})$$

$$i_{S2} = i_2 + i_3 = \frac{u_2}{R_2} + \frac{u_3}{R_3} = \frac{4}{2} + \frac{9}{3} = 5\ (\text{A})$$

第二次测量得到的数据为

$$\hat{u}_{S1} = 18\ V，\ \hat{u}_3 = -30\ V$$

可以求出

$$\hat{i}_1 = \frac{\hat{u}_1 - \hat{u}_{S1}}{R_1} = \frac{-30 + \hat{u}_{S2} - 18}{1} = -48 + \hat{u}_{S2}$$

$$\hat{u}_1 = \hat{u}_3 + \hat{u}_{S2} = -30 + \hat{u}_{S2}$$

根据特勒根定理，有

$$u_1 \hat{i}_1 + u_{S2} \hat{i}_{S2} = \hat{u}_1 i_1 + \hat{u}_{S2} i_{S2}$$

代入数据，可得

$$9 \times (-48 + \hat{u}_{S2}) + 0 \times \hat{i}_{S2} = (-30 + \hat{u}_{S2}) \times (-9) + \hat{u}_{S2} \times 5$$

$$\hat{u}_{S2} = 54\ (\text{V})$$

✏ **练一练：** 电路如图 4-24 所示，当 $R_1 = R_2 = 2\ \Omega$，$U_S = 8\ V$ 时，$I_1 = 2\ A$，$U_2 = 2\ V$；当 $R_1 = 1.4\ \Omega$，$R_2 = 0.8\ \Omega$，$\hat{U}_S = 9\ V$ 时 $\hat{I}_1 = 3\ A$。求 $\hat{U}_2$。

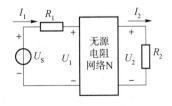

图 4-24 练一练题图

解： 利用特勒根定理求解。

61

解题微课

知识点归纳

任一具有 n 个节点、b 条支路的电路，特勒根定理的表达式为

$$\sum_{k=1}^{b} u_k i_k = 0$$

如果两个电路具有相同的拓扑结构，且电压和电流都取关联参考方向，则特勒根定理还可表示为

$$\sum_{k=1}^{b} u_k \hat{i}_k = \sum_{k=1}^{b} \hat{u}_k i_k = 0$$

特勒根定理在使用时需要注意以下几点：

（1）特勒根定理与元件性质无关。

（2）特勒根定理只要求 u_k、i_k 在数学上受到一定的约束（KVL、KCL 的约束），而并不要求它们代表某一物理量，所以特勒根定理不仅适用于同一网络的同一时刻，也适用于不同时刻不同的网络（但要求具有相同有向图）；不仅适用于电网络，也适用于非电网络。

（3）要求 u_k、i_k 方向相同；若方向相反，应为 $-u_k i_k$。

课后思考

1. 特勒根定理的两种表达形式的区别是什么？

2. 特勒根定理在使用时对电路参数的方向有无要求？

3. 特勒根定理可否用于非线性电路呢？

4.5 对偶定理

在对电路进行分析研究的过程中，可以看出某些电路元件、参数、结构、变量、定律和定理等都存在成对出现的一一对应关系。

图 4 - 25 是两个电阻的串联电路，图 4 - 26 所示为两个电导的并联电路。分别列出这两个电路的表达式，即

$$U_S = (R_1 + R_2) I_m$$
$$I_S = (G_1 + G_2) U_r$$

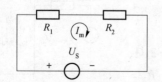

图 4 - 25　两个电阻的串联电路

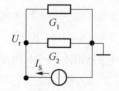

图 4 - 26　两个电导的并联电路

根据上面两组关系式可以得到：若将对应的参数、变量和相应的电路结构进行互换，即 R 与 G 互换、U 与 I 互换、串联与并联互换，则上述两组关系式可以彼此互换。即在两组关系式中，其数学表达式的形式完全相同，所不同的仅仅是式中的文字和符号，并且两组关系中的各元素都属于电路系统。这样两个通过对应元素互换能够彼此转换的关系式称为对偶关系式。关系式中能互换的对应元素称为对偶元素。符合对偶关系式的两个电路相互称为对偶电路。

由此可归纳出电路的对偶原理，其表述为：如果将一个网络 N 的关系式中各元素用它的对偶元素对应地置换后，所得到的新关系式一定满足与该网络相对偶的网络 $\overline{\text{N}}$。或者说，若两个电路对偶且对偶元件参数的数值相等，则两者对偶变量的关系式（方程）及对偶变量的值（响应）一定完全相同。

📖 **例 4 – 11**　网孔电路如图 4 – 27 所示，节点电路如图 4 – 28 所示，分别列出电路方程，并判断它们是否为对偶电路。

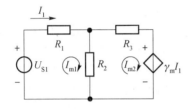

图 4 – 27　例 4 – 11 网孔电路图　　　　图 4 – 28　例 4 – 11 节点电路图

（1）列出图 4 – 27 所示电路的网孔方程，即

$$(R_1 + R_2)I_{m1} - R_2 I_{m2} = U_{S1}$$
$$-(R_2 - \gamma_m)I_{m1} + (R_2 + R_3)I_{m2} = 0$$

（2）列出图 4 – 28 所示电路的节点方程，即

$$(G_1 + G_2)U_{n1} - G_2 U_{n2} = I_{S1}$$
$$-(G_2 - g_m)U_{n1} + (G_2 + G_3)U_{n2} = 0$$

按照上面的分析过程，可以看出这两个电路的元件和电路的结构特点：将网孔各元素变成与其对偶的相应元素后，即得节点方程。因此，两电路为对偶电路。

从上述分析过程可以总结出电路中的对偶关系如表 4 – 2 所示。

表 4 – 2　电路总的对偶关系

项目	N	$\overline{\text{N}}$
对偶定律	$U = RI$	$I = GU$
	$\sum U = 0$	$\sum I = 0$
对偶元件	R	G
	L	C
对偶分析方法	网孔法	节点法

项目	N	$\overline{N}$
对偶结构	串联	并联
	网孔	节点
	星形连接	三角形连接
对偶状态	开路	短路
对偶结论	开路电流为零	短路电压为零
	理想电压源不能短路	理想电流源不能开路
对偶定理	戴维南定理	诺顿定理

知识点归纳

对偶定理的概念为：两个对偶电路 N、$\overline{N}$，如果对电路 N 有命题（或陈述）S 成立，则将 S 中所有元素分别以其对应的对偶元素替换，所得命题（或陈述）$\overline{S}$ 对电路 $\overline{N}$ 成立。

对偶原理的内容十分丰富。其应用价值在于，若已知原网络的电路方程及其解答，则可根据对偶关系直接写出其对偶网络的电路方程及其解答，收到了事半功倍的效果。此外，电路理论中的许多原理和结论，可以利用对偶原理予以分析、证明和掌握。

课后思考

（1）请列出大家学过的电路中的各种对偶关系。

（2）试用对偶定理证明诺顿定理。

本 章 小 结

（1）叠加原理：线性电路中，当几个电源同时作用时，任一支路的电流或电压等于电路中每个独立源单独作用时在此支路产生的电流或电压的代数和。

（2）戴维南定理：任何一个有源线性二端网络，对其外部电路而言，都可以用电压源与电阻串联组合等效代替；该电压源的电压等于二端网络的开路电压，该电阻等于二端网络内部所有独立源置零时的等效电阻。

（3）诺顿定理：任何一个有源线性二端网络，对其外部电路而言，都可以用电流源与电阻并联组合等效代替，该电流源的电流等于二端网络的短路电流，该电阻等于二端网络内部所有独立源置零时的等效电阻。

独立源置零是指网络内的独立源不起作用，即电压源短路、电流源开路。

（4）最大功率传输：由有源线性二端网络传输给可变负载 R_L 的功率为最大的条件是负载 R_L 应等于戴维南（或诺顿）等效电路的等效电阻。最大功率为

$$P_{\max} = \frac{U_{OC}^2}{4R_{eq}}$$

（5）特勒根定理：任一具有 n 个节点、b 条支路的电路，特勒根定理的表达式为

$$\sum_{k=1}^{b} u_k i_k = 0$$

如果两个电路具有相同的拓扑结构，且电压、电流都取关联参考方向，则特勒根定理还可表示为

$$\sum_{k=1}^{b} u_k \hat{i}_k = \sum_{k=1}^{b} \hat{u}_k i_k = 0$$

（6）对偶定理：两个对偶电路 N、$\overline{\text{N}}$，如果对电路 N 有命题（或陈述）S 成立，则将 S 中所有元素分别以其对应的对偶元素替换，所得命题（或陈述）$\overline{\text{S}}$ 对电路 $\overline{\text{N}}$ 成立。

第 5 章

动态电路分析

在生活中我们总能举出事物从一种状态变化到另一种状态的实例，最典型的是流动的河水遇到极寒以后，变成了静止的冰。可以把流动的水和静止的冰看成事物所处的两个相对稳定的状态，而把水遇冷变成冰的过程看作是在这两个稳定状态之间的过渡过程。

同样，在电路中也存在类似的状况。含有电容、电感等动态元件的电路，使得电路从一种稳定状态变化到另一种稳定状态时具有了这种过渡过程。相对于两种稳定状态，也把这一变化的过渡过程称为电路的暂态。

本章的重点就是分析含有动态元件的电路以及由它们产生的电路的暂态和稳态。

5.1 动 态 元 件

在电路中，某些元件上的参数关系不需要通过参数的变化量来表达，如电阻元件上的电压、电流关系满足欧姆定律，也无须知道电阻上的电压变化量或电流变化量，这样的元件为静态元件。

也有些元件，它们的参数约束关系要通过参数的变化量，也就是通过导数或微积分来表达，这些元件就称为动态元件。电容元件和电感元件上的电压、电流关系就是这种微积分关系，因而它们是动态元件。含有动态元件的电路称为动态电路。

5.1.1 电容元件

1. 电容器

电容器是由两个金属极板中间加上绝缘材料按照一定的工艺要求制作而成的。

金属极板间的绝缘材料也称为电介质，简称介质。介质在放入电场后，在电场力的作用下，介质中每个分子的正电荷顺着电场方向运动，负电荷则沿电场的反方向运动，整体上呈现出每一对正负电荷的规整排列，如图 5-1（a）所示。在介质内部，分子之间的正负电荷相互衔接，电效应相互抵消，只有在介质的两端出现了一端正电荷、另一端负电荷，如图 5 - 1（b）所示。把这种介质表面出现正、负电荷的现象叫作介质的极化。

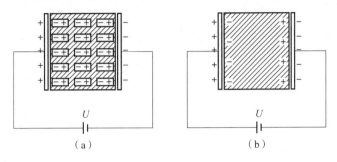

图 5 - 1 电介质的极化

电介质的极化使得在电介质内部产生附加电场。该电场与外电场方向相反，因而削弱了外电场。各种介质对电场产生不同程度的削弱作用，用介电常数 ε 来表示。在真空中，介电常数用 ε_0 表示，其数值的近似值为

$$\varepsilon_0 = 8.854 \times 10^{-12} \quad C^2/(N \cdot m^2)$$

其他介质的介电常数 ε 与真空介电常数之比称为相对介电常数，用 ε_r 来表示，即

$$\varepsilon_r = \frac{\varepsilon}{\varepsilon_0} \tag{5-1}$$

相对介电常数表示了电介质中电场比真空中电场削弱的倍数。表 5 - 1 列出了常见的几种介质的相对介电常数。

表 5 - 1 常见介质的相对介电常数

介质	ε_r	介质	ε_r
空气	1.000 6	石膏	1.8 ~ 2.5
石蜡	2.0 ~ 2.1	沥青	4 ~ 5
聚苯乙烯	2.4 ~ 2.6	橡胶	2 ~ 3
纸	2.5	甘油	46
蜡纸	4.3	玻璃	4.1
干砂	2.5	云母	6 ~ 8
瓷	5.8	人造云母	5.2
矿物油	2.2	二氧化钡	106
大理石	8.3	氧化铍	7.5

一个电容器即由两个金属极板中间隔以某种介质构成。当电容器的两个极板加上电源后，两个极板上聚集起等量的异种电荷。此时，在电介质中建立电场，存储电场能量。当外部电源断开后，由于电荷仍能在一定的时间内继续聚集在极板上，其内部电场继续存在，因此电容是一种能够存储电场能量的元件。

电容器存储电场能力的大小与电容器内部的介质材料及构造有关，用电容量 C 表示。当电容器是平行板结构时，它的容量取决于极板的有效面积、电介质材料的介电常数和极板间的距离，即

$$C = \frac{\varepsilon \cdot S}{d} = \frac{\varepsilon_r \varepsilon_0 \cdot S}{d} \qquad (5-2)$$

式（5-2）表明，平板电容器的容量与极板有效面积成正比，与极板间的距离成反比。

在国际单位制中，电容量 C 的单位是法拉（F），简称法；面积 S 的单位是平方米（m^2）；距离 d 的单位是米（m）。在实际应用中，C 的单位常用微法（μF）、纳法（nF）和皮法（pF），它们的换算关系为

$$1\ \mu F = 1 \times 10^{-6}\ F, \quad 1\ nF = 1 \times 10^{-9}\ F, \quad 1\ pF = 1 \times 10^{-12}\ F$$

📖 **例 5-1** 一个平行板电容器，两极板正对面积是 50 cm^2，两极间距离为 0.05 mm，当板间夹有云母片（$\varepsilon_r = 6$）时，它的电容量是多少？

解：$C = \dfrac{\varepsilon_r \varepsilon_0 \cdot S}{d} = \dfrac{6 \times 8.854 \times 10^{-12} \times 50 \times 10^{-4}}{0.05 \times 10^{-3}} = 5.31$（nF）

2. 电容的种类与参数

电容从内部介质的材料区分，有电解电容、涤纶电容、云母电容、瓷片电容、油浸电容和贴片电容等多种类型，其外形分别对应图 5-2 从左至右所示。绝大多数电容器的电容容量固定不变；而有的电容容量可以调节，称为可变电容。

图 5-2 电容的种类

图 5-3 电容直标法

电容容量的参数通常标注在电容器的表面，标注的方法有直标法、数字符号法、数码法和色标法 4 种。

直标法是一种直接在电容表面标注容量的方法，如图 5-3 所示。

数字符号法是一种用特殊规定的字母符号加上数字组合标注电容量的方法，它用电容的单位前缀字母 m、μ、n、p 隔开了电容容量的整数位和小数位，如 4μ7，表示 4.7 μF。有些还在末尾加上了标识容量允许误差的字母，如 2n2J，表示 2.2 nF ± 5%。末尾字母符号误差的含义如表 5-2 所示。

表 5-2 字母符号对应的允许误差

百分数/%	±0.1	±0.5	±1	±2	±5	±10	±20	±30
符号	B	D	F	G	J（I）	K（II）	M（III）	N

特例：一些进口电容器用字母 R 隔开整数位和小数位，却将单位前缀字母后置或省略，如 6R8μ 和 6R8，都表示 6.8 μF。

数码法的单位用 pF，由 3 位数码构成。前两位是有效数字，第三位是倍率。当用 n 表示第三位数时，则倍率为 10^n，如 102 表示 10×10^2 pF = 1 000 pF。第三位数 n 最大到 "8"，一旦第三位数为 9，则表示倍率为 10^{-1}，如 569 表示 56×10^{-1} pF = 5.6 pF。

色标法则是用电容表面的色带标注电容容量。色标法主要有 4 色、5 色标注法，两者都是最后一位为容量允许误差，倒数第二位为倍率，前几位为有效数字，单位一般为 pF。色标与数字及误差的对应关系如表 5-3 所示。

表 5-3　色标对应的数字及误差

色标	棕	红	橙	黄	绿	蓝	紫	灰	白	黑	金	银
数字	1	2	3	4	5	6	7	8	9	0	-1	-2
误差/%	±1	±2		±0.5	±0.25	±0.1					±5	±10

如图 5-4 中的色标电容，对应表 5-3，其容量为 47×10^0 pF ± 0.5 % = 47 pF ± 0.5%。而 3 色的电容色标除了没有最后一位允许误差外，其他读法与 4 色相同。例如，电容 3 个色带分别为绿、蓝、金色，则容量是 56×10^{-1} pF = 5.6 pF。

黄色（有效数字）
紫色（有效数字）
黑色（倍率）
绿色（误差）

图 5-4　电容色标法

✐ **练一练：**

几种电容的标注如图 5-5 所示，写出每个电容对应的电容容量及允许偏差。

需要关注的方法和步骤：

① 注意电容的标注法、小数点位置、倍率和允许偏差；

② 注意区分电容的单位。

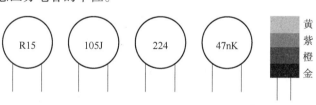

R15　105J　224　47nK
黄 紫 橙 金

图 5-5　练一练题图

解题微课

3. 电容元件

电容元件是一种反映电容器存储电场能量特征的理想元件。它的元件符号如图 5-6 所示。

当电容元件的两个极板加上电压 u 以后，它的两个极板上就会聚集电荷 q。聚集电荷数量的大小与电压 u 和电容量 C 正相关，三者的关系为

$$+q \quad \overset{C}{\vert\vert} \quad -q$$
$$+ \quad u \quad -$$

图 5-6　电容元件的符号

$$q = C \cdot u \quad \text{或者} \quad C = \frac{q}{u} \tag{5-3}$$

需要说明的是，对一般的线性电容元件而言，式（5-3）中的 C 是一个常数，C 不会随着外加电压的改变而改变；否则称为非线性电容元件。本书只研究线性电容元件。

电容元件和电容量都简称为电容，因此电容既可代表电容元件，也可表示电容的容量。

4. 电容上的电压与电流

电容连上电源后会在电容的极板上积聚电荷，根据式（5-3）可知，电容上的电压也将随之上升，这个过程称为电容充电；如果电容离开电源连上导线后，导线使两极板上已积聚的异种电荷正负抵消，电容两端电压随之下降，称为电容放电。

现有一个电容接上电源 u_S，则极板上开始聚集电荷，电路中就有了电荷的定向移动，形成了电流。设电容上的电压 u_C 与电流 i_C 为关联参考方向，如图 5-7 所示。则在一小段时间 dt 内，电容上的电荷量变化了 dq，此时电路中的电流为

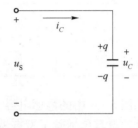

$$i_C = \frac{dq}{dt}$$

图 5-7　电容上的电压与电流

结合 $q = C \cdot u_C$，可得

$$i_C = C \cdot \frac{du_C}{dt} \tag{5-4}$$

式（5-4）表明了电容上电压与电流的关系，对电容充电和放电时的情况，都可以用式（5-4）来说明。

在电容充电时，电容上的电荷数量增加，$dq > 0$，因此 $i_C > 0$，电流的实际方向与参考方向一致。电容两端的电压也在充电时随电荷量上升而增加，即 $du_C > 0$。

在电容放电时，电容上的电荷数量减小，$dq < 0$，因此 $i_C < 0$，电流的实际方向与参考方向相反。电容两端的电压也在放电时随电荷量下降而减小，即 $du_C < 0$。

式（5-4）表明，电容上某一时刻的电流与电容在该时刻的电压变化率有关，与该时刻的电压无关。电容上的电压变化越快，即 $\frac{du_C}{dt}$ 越大，此时电流 i_C 就越大；反之 i_C 就越小。

如果电压不变化，则 $\frac{du_C}{dt} = 0$，此时即使电容两端有电压，电流 i_C 依然等于零。

通俗地讲，只有在电容充电和放电的过程中，电容上的电压才发生变化；也只有在电容电压发生变化时，才能形成电容上的电流。一旦电容上电压的变化消失，电容上就没有电流，这时电容相当于开路。

根据式（5-4）又可以得到电容上的电压，即

$$u_C = \frac{1}{C} \int i_C dt \tag{5-5}$$

📖 **例 5-2**　一个原来不带电的 100 μF 的电容器，现在充电，2 s 后电容两端的电压达到 20 V，求这 2 s 内的充电电流是多少？

解： $i_C = C \cdot \frac{du_C}{dt} = 100 \times 10^{-6} \times \frac{20-0}{2-0} = 1 \times 10^{-3} \ (\text{A}) \ = 1 \ (\text{mA})$

5. 电容中的能量存储

电容充电后就存储了一定的电场能。电场能 W_C 的单位是焦耳（J），它的大小与电容量 C 和电容两端的电压 u_C 的关系为

$$W_C = \frac{1}{2} C u_C^2 \tag{5-6}$$

5.1.2　电感元件

1. 电感

电感的基础是电磁场。当电流流经导体时，导体的周围会产生磁场。当该导体是缠绕的绕线线圈（图 5-8）时，在通电瞬间，导体回路包围面积中的磁通量就发生了变化。根据法拉第电磁感应定律，磁通量的变化会产生感应电动势。而该感应电动势产生的磁场又总是反抗磁通量的变化，这就是楞次定律对法拉第定律的补充。在图 5-8 中，开关 S 接通后，电源电流在线圈 L 包围面积中产生的磁场方向如实线箭头所示，而虚线箭头则是线圈感应电流产生的反抗磁通的方向，其效果是阻碍了电源电流的流过，使串接的灯泡 H 延迟点亮。

这种线圈内电流及磁通变化在线圈自身产生感应电动势的现象叫自感现象。其特征是阻碍电流变化。

自感产生感应电动势的能力通常与线圈的材料、匝数、长度、面积有关，被称为自感量或电感量，简称自感或电感。但电感这个名词还有另一层含义，就是指实物线圈。因此，电感既可以指实物，也可以指实物线圈具有的电感量，两者都用大写字母 L 表示。

常见的长螺线管电感的电感量满足以下条件，即

$$L = \frac{\mu N^2 S}{l} \tag{5-7}$$

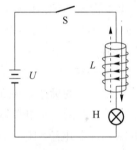

图 5-8　电感上的电磁感应

式中　μ——线圈材料的磁导率，反映材料的导磁能力；

$\quad\ N$——线圈缠绕的匝数；

$\quad\ S$——线圈横截面积；

$\quad\ l$——线圈长度。

式（5-7）表明，材料磁导率越高、匝数越多、横截面积越大，则电感越大。但在匝数、横截面积等相同的条件下，线圈长度越长电感越小。

在国际单位制中，电感的单位是亨利（H），简称亨。在实际应用中，电感的单位常用毫亨（mH）和微亨（μH），它们的换算关系为

$$1\ \text{mH} = 1 \times 10^{-3}\ \text{H}, \quad 1\ \mu\text{H} = 1 \times 10^{-6}\ \text{H}$$

2. 电感的种类与参数

电感种类繁多，常见的有无芯电感、带铁芯电感、带磁芯电感、贴片电感和色码电感等多种类型，其外形分别对应图 5-9 从左至右所示。有的电感的电感量可以调节，称为可调电感。

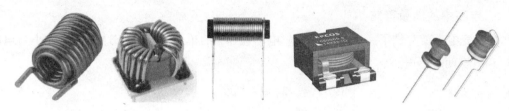

图 5-9　电感的种类

电感的参数通常标注在电感表面，标注方法也有直标法、数字符号法、数码法和色标法。

采用直标法的电感将电感量及允许误差直接标注在电感表面，如 390μH ±1%。

数字符号法标注与电容类似，用电感的单位前缀字母 m、μ、n 等隔开电感量的整数位和小数位，如 4μ7 表示 4.7 μH。有时也用字母 R 隔开整数位和小数位，此时的电感单位是μH，如 R33 表示 0.33μH。有时也在末尾等处加标识字母表示电感量的允许误差，这些加标字母的含义参见表 5-2，如 4R7M 表示 4.7μH ±20%。

数码法标注的电感单位为 μH，由 3 位数码构成。读法仍是前两位是有效数字，第三位是倍率。常见于贴片电感。例如，183K 表示 18×10^3 μH = 18 mH，其允许误差是 ±10%。

色标法也与电阻、电容等类似，其电感的单位为 μH。

需要指出的是，电感的表面也常用字母 A、B、C、D 和 E 分别对应 50 mA、150 mA、300 mA、700 mA 和 1 600 mA，表示电感的额定电流（最大工作电流）。例如，电感标注 BII390μH，表示该电感的电感量是 390 μH，额定电流是 150 mA，允许误差是 ±10%。

✎ 练一练：

几种电感的标注如图 5-10 所示，写出每个对应的电感量及允许误差。

需要关注的方法和步骤如下：

（1）注意电感的标注法、小数点位置、倍率和允许偏差。

（2）注意参数信息及电感单位。

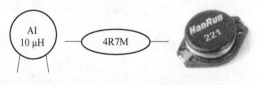

图 5-10　练一练题图

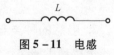

解题微课

3. 电感元件

电感元件是一个二端理想元件，假想它是由没有电阻的导线绕制而成的线圈，它反映了线圈存储磁场能量的特征。其元件符号如图 5-11 所示。

电感元件通上电流 i_L 时，元件内部产生磁通 Φ_L。当磁通 Φ_L 与线圈 N 匝都交链，则产生磁链 $\Psi_L = N\Phi_L$。规定产生的 Ψ_L 或 Φ_L 的方向与电流 i_L 的方向满足右手螺旋定则，则在此关联方向下，任何时刻电感元件的自感磁链 Ψ_L 与流过元件的电流 i_L 满足以下关系，即

图 5-11　电感元件的符号

$$\psi_L = L \cdot i_L \quad \text{或者} \quad L = \frac{\psi_L}{i_L} \tag{5-8}$$

在国际单位制中，磁链 Ψ_L 的单位是韦伯（Wb），电流 i 的单位是安培（A），电感 L 的单位是亨利（H）。当磁链与电流大小始终成正比时，式（5-8）中的 L 是一个常数，这样的电感元件称为线性电感元件；否则称为非线性电感元件。本书只研究线性电感元件。

4. 电感上的电压与电流

电感元件内的电流发生变化时，自感磁链也相应变化。根据法拉第电磁感应定律，自感磁链的变化将产生自感应电动势，该感应电动势与磁链的关系为

$$e_L = -\frac{\mathrm{d}\Psi_L}{\mathrm{d}t}$$

已知 Ψ_L 与 i_L 的关系为 $\Psi_L = L \cdot i_L$，因此能得出

$$e_L = -\frac{\mathrm{d}\psi_L}{\mathrm{d}t} = -\frac{\mathrm{d}(Li_L)}{\mathrm{d}t} = -L\frac{\mathrm{d}i_L}{\mathrm{d}t}$$

由于存在自感电动势，则使电感元件两端具有电压差，用 u_L 表示。当电感元件上的电压、自感电动势和电流三者参考方向一致时，如图 5-12 所示，则有

$$u_L = -e_L = L\frac{\mathrm{d}i_L}{\mathrm{d}t} \tag{5-9}$$

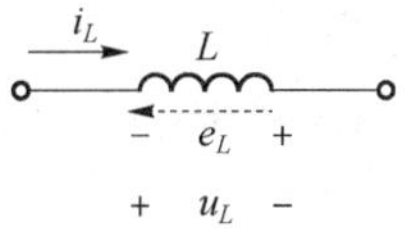

式（5-9）表明，只有当电感上的电流发生变化时，电感上才有电压。当电感元件中的电流增加时，$\frac{\mathrm{d}i_L}{\mathrm{d}t} > 0$，$u_L$ 为正电压；

当电感元件中的电流减小时，$\frac{\mathrm{d}i_L}{\mathrm{d}t} < 0$，$u_L$ 为负电压。在直流电路中，每次电路连通或断开时才会发生电流的变化。当电感元件上的电流不变时，$\frac{\mathrm{d}i_L}{\mathrm{d}t} = 0$，此时电感两端的电压为零，等同于零电阻没有电压，此时电感元件相当于短路。

图 5-12　u_L、e_L、i_L 三者的参考方向

根据式（5-9）又可以得到电感上的电流，即

$$i_L = \frac{1}{L}\int u_L \mathrm{d}t \tag{5-10}$$

5. 电感中的储能

电感元件中有电流流过，就会使电感本身和磁介质产生磁场，存储磁能，记为 W_L。磁场能的单位是焦耳（J），它的大小与自感量 L 和流过电感的电流 i_L 的关系为

$$W_L = \frac{1}{2}Li_L^2 \tag{5-11}$$

5.1.3　电容电感的串并联

1. 电容的并联

电容并联如图 5-13 所示。所有电容同处一个电压 u，则各极板上的电荷量为

$$q_1 = C_1 u, \quad q_2 = C_2 u, \quad \cdots, \quad q_n = C_n u$$

此时，极板上总的电荷量 $q = q_1 + q_2 + \cdots + q_n$。

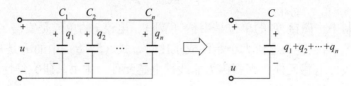

图 5 – 13　电容的并联等效

例如，有一电容，能在同样的电压下存储电荷量 q，则此电容 C 即为 n 个电容的等效电容。其等效关系为

$$C = \frac{q}{u} = \frac{q_1 + q_2 + \cdots + q_n}{u} = \frac{q_1}{u} + \frac{q_2}{u} + \cdots + \frac{q_n}{u}$$

进一步可得

$$C = C_1 + C_2 + \cdots + C_n \qquad (5 - 12)$$

即几个电容并联时，等效电容等于各个电容之和。

2. 电容的串联

电容串联如图 5 – 14 所示。由于仅有串联的首尾两块电容极板与电源相连，因此电源就使这两块极板带上等量的异种电荷，其他中间的极板则因静电感应才出现等量的异号电荷。因而每个电容上的电荷量均为 q。电路的总电压 $u = u_1 + u_2 + \cdots + u_n$。

图 5 – 14　电容的串联等效

此时，每个电容上的电压分别为

$$u_1 = \frac{q}{C_1}, \; u_2 = \frac{q}{C_2}, \; \cdots, \; u_n = \frac{q}{C_n}$$

总电压可写为

$$u = \frac{q}{C_1} + \frac{q}{C_2} + \cdots + \frac{q}{C_n}$$

由于总电压与串联等效电容满足 $u = \dfrac{q}{C}$，因此有 $\dfrac{q}{C} = \dfrac{q}{C_1} + \dfrac{q}{C_2} + \cdots + \dfrac{q}{C_n}$，可得

$$\frac{1}{C} = \frac{1}{C_1} + \frac{1}{C_2} + \cdots + \frac{1}{C_n} \qquad (5 - 13)$$

式（5 – 13）表明，电容串联时，等效电容的倒数等于各电容倒数之和。

由每个电容上的电压也可推出

$$u_1 : u_2 : \cdots : u_n = \frac{1}{C_1} : \frac{1}{C_2} : \cdots : \frac{1}{C_n} \qquad (5 - 14)$$

式（5 – 14）表明，电容串联时，各电容的电压与电容容量成反比，即电容小的承受较高的电压，电容大的反而承受较小的电压。

 例 5 - 3 已知 3 个电容器如图 5 - 15 所示连接，$C_1 = 60\ \mu F$，$C_2 = 20\ \mu F$，$C_3 = 10\ \mu F$，每个电容器的耐压均为 50 V。求：（1）等效电容；（2）电路端电压接上 75 V 时是否超出电容的耐压？

图 5 - 15 例 5 - 3 电路图

解：（1）C_2、C_3 并联后电容为

$$C_{23} = C_2 + C_3 = 20 + 10 = 30\ （\mu F）$$

C_1 与 C_{23} 串联，电容为

$$\frac{1}{C} = \frac{1}{C_1} + \frac{1}{C_{23}} = \frac{1}{60} + \frac{1}{30} = \frac{1}{20}$$

所以

$$C = 20\ （\mu F）$$

（2）记 C_1 上的电压为 u_1，C_2 和 C_3 并联后 C_{23} 两端的电压 u_{23}，则有

$$u_1 : u_{23} = \frac{1}{C_1} : \frac{1}{C_{23}} = \frac{1}{60} : \frac{1}{30} = 1 : 2$$

端电压为 75 V 时，$u_1 = 25$ V，$u_{23} = 50$ V。未超过电容耐压 50 V。

需要关注的方法和步骤如下。

（1）分别求串、并联等效电容。

（2）电容并联时，电压不允许超过并联电容中最低的耐压。

（3）电容串联时，电容较小的分得较大的电压。因此要首先满足小容量的电容不超过其耐压值。

解题微课

 练一练：

有两个电容器 $C_1 = 250\ \mu F$、$C_2 = 50\ \mu F$，耐压分别为 450 V 和 250 V。求：

（1）并联使用时的等效电容及允许的工作电压：＿＿＿＿＿＿＿＿＿。

（2）串联使用时的等效电容及允许接入的端电压：＿＿＿＿＿＿＿＿＿。

3. 电感的串并联

两个电感连入同一个电路，则不可避免地会发生其中一个电感线圈的磁链变化穿过另一个线圈，从而使另一个线圈产生感应电动势。这种现象称为互感。而一个线圈的磁链交链到另一个线圈则称为互耦。关于互感和互耦的详细分析将在后续章节论述。

在无互耦的理想情况下，或者在互耦影响可忽略不计的情况下，n 个电感串联，如图 5 - 16（a）所示，其等效电感 L 为各个电感的自感量之和，即

$$L = L_1 + L_2 + \cdots + L_n \tag{5-15}$$

n 个电感并联，如图 5 - 16（b）所示，等效电感 L 的倒数等于各电感的倒数之和，即

$$\frac{1}{L} = \frac{1}{L_1} + \frac{1}{L_2} + \cdots + \frac{1}{L_n} \tag{5-16}$$

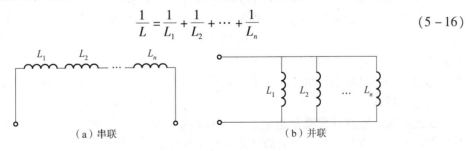

（a）串联　　　　　　　　　（b）并联

图 5 - 16 电感的串、并联

知识点归纳

（1）电容器可以存储电荷。电容器存储电荷的能力称为电容量，也简称电容，其定义为电荷量 q 与电容器两端电压 u 的比值，用 C 表示，即 $C = \dfrac{q}{u}$。

（2）电容元件上电压与电流的关系为：$i_c = C \cdot \dfrac{\mathrm{d}u_c}{\mathrm{d}t}$。电容上的电流与电容上电压的变化率有关。电容上电压变化越快，流过的电流越大；反之流过的电流越小。当电容上电压无变化时，流过电流为零，相当于开路。

（3）电容元件的储能为：$W_C = \dfrac{1}{2}Cu_C^2$。

（4）电容串联等效电容的倒数等于各电容倒数之和，即 $\dfrac{1}{C} = \dfrac{1}{C_1} + \dfrac{1}{C_2} + \cdots + \dfrac{1}{C_n}$；电容并联等效电容等于各个电容之和，即 $C = C_1 + C_2 + \cdots + C_n$。

（5）电感器可以存储磁场。电感器存储磁场的能力称为自感量或电感量，也简称电感，其定义为磁链 Ψ 与流过电感器的电流 i_L 的比值，用 L 表示，即 $L = \dfrac{\psi}{i_L}$。

（6）电感元件上电压与电流的关系为：$u_L = L\dfrac{\mathrm{d}i_L}{\mathrm{d}t}$。电感上的电压与电感电流的变化率有关。电感上电流变化越快，感应产生的电压越大；反之感应产生的电压越小。电感上电流无变化时，电感上的电压为零，相当于短路。

（7）电感元件的储能为：$W_L = \dfrac{1}{2}Li_L^2$。

（8）电感串联等效电感 L 为各个电感的自感量之和，即 $L = L_1 + L_2 + \cdots + L_n$；电感并联等效电感等于各个电感量的倒数之和，即 $\dfrac{1}{L} = \dfrac{1}{L_1} + \dfrac{1}{L_2} + \cdots + \dfrac{1}{L_n}$。

5.2 换 路 定 律

1. 过渡过程的概念

在本章开头提到过自然界普遍存在的过渡过程，如水遇冷变成冰的过程。

在电路中，电容或电感的充、放电也可以视作一个过渡过程。以电感线圈串联灯泡为例，在接通电源前，电路中无电流，灯泡不亮，处于一种稳定状态；合上电源开关后，灯泡被逐渐点亮，直至达到全亮程度，保持亮度不变，此时电路中具有一个恒定电流，使电路处于另一种稳定状态。而灯泡从不亮到全亮是经过了一段时间变化的，该变化过程即为电路的过渡过程。

由此可见，过渡过程就是指电路从一种稳定状态变化到另一种稳定状态的中间过程。电路的稳定状态简称稳态，中间的过渡过程简称暂态。

引起电路过渡过程的原因有两个，即外因和内因。外因是电路的接通或断开、电源及参数变化以及电路的改变等；内因是电路里含有可以储能的动态元件，即电容、电感等。

引起过渡过程的电路变化称为换路。

2. 换路定律

1）具有电容的电路

在电阻 R 与电容 C 串联接通直流电源 U_S 之前，设电容电压 $u_C = 0$，当合上电源开关后，电容上的电压不能跃变，从零逐渐变为 $u_C = U_S$。

电容上电压不能跃变的原因在于，接通电源前，电容的电场储能为零，在开关合上的一瞬间，如果 u_C 可以跃变，则电场能量 $W_C = \dfrac{1}{2}Cu_C^2$ 也要跃变，电路在这一瞬间的瞬时功率 $p = \dfrac{\mathrm{d}W_C}{\mathrm{d}t} = \infty$。也就是电路接通瞬间，电源要提供无穷大的功率，这对于实际电路而言是不可能的。从电容的充、放电实验中也能证明这一点。

在电路换路的一瞬间，如果将换路前的时刻记为 $t(0_-)$，将换路后的时刻记为 $t(0_+)$，则在换路后的一瞬间，电容上的电压保持换路前一瞬间的值而不能跃变，即

$$u_C(0_+) = u_C(0_-) \tag{5-17}$$

对原来不带电或尚未充电的电容而言，在换路瞬间 $u_C(0_+) = u_C(0_-) = 0$，相当于短路。

2）具有电感的电路

在电阻 R 与电感 L 串联接通直流电源 U_S 之前，电路中电流 $i_L = 0$，当合上电源开关后，电感中的电流不能跃变，必然从零逐渐变为 U_S/R。

电感上电流不能跃变的原因是，接通电源前，电感的磁场储能为零。当开关合上时，如果电流可以跃变，则磁场能量 $W_L = \dfrac{1}{2}Li_L^2$ 也跃变，电路中的瞬时功率 $p = \dfrac{\mathrm{d}W_L}{\mathrm{d}t} = \infty$。电源要在这一瞬间提供无穷大的功率，这在实际电路中也是不可能的。从与电感串联的灯泡被延迟点亮的现象中也能证明这一点。

因此，可得以下结论：在换路后的一瞬间，电感上的电流保持换路前一瞬间的值而不能跃变，即

$$i_L(0_+) = i_L(0_-) \tag{5-18}$$

对原来无电流的电感而言，在换路瞬间 $i_L(0_+) = i_L(0_-) = 0$，相当于开路。

5.3 初 始 条 件

在分析电路的过渡过程时，换路定律是一个重要依据，可依据它获取换路后电路的初始条件。其步骤：在换路前，含动态元件的电路已处于一个稳态，求解在该稳态下的 $u_C(0_-)$ 和 $i_L(0_-)$，然后依据换路定律得知换路后，电路中动态元件的初始值 $u_C(0_+)$ 和 $i_L(0_+)$，再根据基尔霍夫电流与电压定律、欧姆定律等获得其他相关的初始值。

5.3.1 电容元件的初始条件

电容在直流稳定状态下相当于开路。换路一瞬间电容上的电压不跃变。

📖 **例 5 – 4** 已知电路如图 5 – 17 所示，$U_s = 10$ V，$R_1 = 10$ kΩ，$R_2 = 20$ kΩ，且电路已处于稳态，$t = 0$ 时 S 开关从位置 1 合到位置 2，求合到位置 2 的瞬间，电容 C 以及电阻 R_1、R_2 上的电压、电流的初始值。

解：换路前：$u_C(0_-) = U_s = 10$（V）

换路后：$u_C(0_+) = u_C(0_-) = 10$（V）

因为 $u_C(0_+) + u_{R_2}(0_+) = 0$

所以 $u_{R_2}(0_+) = -10$（V）

$$i_{R_2}(0_+) = \frac{u_{R_2}(0_+)}{R_2} = \frac{-10}{20 \times 10^3} = -0.5\,(\text{mA})$$

$$i_C(0_+) = i_{R_2}(0_+) = -0.5\,(\text{mA})$$

对于 R_1，则 $i_{R_1}(0_+) = 0$

$$u_{R_1}(0_+) = i_{R_1}(0_+) \cdot R_1 = 0$$

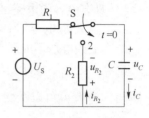

图 5 – 17　例 5 – 4 电路图

✏️ **练一练：**

已知电路如图 5 – 18 所示，$U_s = 5$ V，$R_1 = 6$ Ω，$R_2 = 4$ Ω，且电路已处于稳态，$t = 0$ 时 S 开关断开，求断开后的一瞬间电容 C 上的电压、电流的初始值。

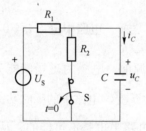

图 5 – 18　练一练题图

解题微课

需要关注的方法和步骤如下：

（1）换路前电容相当于开路。此时电容两端的电压就是电阻 R_2 上的电压。

（2）换路后利用换路定律求解电容电压初始值 $u_C(0_+)$。

（3）但要注意，换路后 S 已断开。此时流过电容 C 上的电流的初始值 $i_C(0_+)$ 要按换路后的电路求解。

（4）换路后一瞬间，电容上的电压为 $u_C(0_+)$，在 0_+ 时刻的电路中，它充当了一个临时的电压源。

（5）换路后，电容上的电流就是电阻 R_1 上的电流，根据基尔霍夫定律和欧姆定律求解 $i_{R_1}(0_+)$，即得 $i_C(0_+)$。

（6）你能否再拓展一下，求解换路后电阻 R_1 和 R_2 上的电压、电流初始值？

5.3.2　电感元件的初始条件

电感在直流稳定状态下相当于短路。换路一瞬间电感上的电流不跃变。

例 5 – 5　已知电路如图 5 – 19 所示，$U_S = 10$ V，$R_1 = 10$ kΩ，$R_2 = 20$ kΩ，且电路已处于稳态，$t = 0$ 时 S 开关从位置 1 合到位置 2。求合到位置 2 的瞬间电感 L 以及电阻 R_1、R_2 上的电压、电流的初始值。

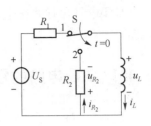

图 5 – 19　例 5 – 5 电路图

解：换路前：$i_L(0_-) = \dfrac{U_S}{R_1} = \dfrac{10}{10 \times 10^3} = 1$（mA）

换路后：$i_L(0_+) = i_L(0_-) = 1$（mA）

因为 $i_{R_2}(0_+) = i_L(0_+) = 1$（mA）

所以 $u_{R_2}(0_+) = i_{R_2}(0_+) \cdot R_2 = 1 \times 10^{-3} \times 20 \times 10^3 = 20$（V）

又因为 $u_L(0_+) + u_{R_2}(0_+) = 0$

所以 $u_L(0_+) = -u_{R_2}(0_+) = -20$（V）

对于 R_1，则：$i_{R_1}(0_+) = 0$

$u_{R_1}(0_+) = i_{R_1}(0_+) \cdot R_1 = 0$

练一练：

已知电路如图 5 – 20 所示，$U_S = 10$ V，$R_1 = 6$ Ω，$R_2 = 4$ Ω，S 未闭合前电路已处于稳态。求开关 S 闭合后一瞬间，电感 L 上的电压、电流的初始值。

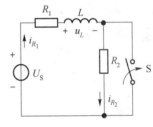

图 5 – 20　练一练题图

需要关注的方法和步骤如下：

（1）换路前电感相当于短路。此时电感 L 与电阻 R_1、R_2 串联，三者流过同一电流。

（2）换路后利用换路定律求解电感电流的初始值 $i_L(0_+)$。

（3）须注意，换路后 S 已闭合，此时 R_2 被短路。电感 L 上电压的初始值 $u_L(0_+)$ 要按换路后的电路求解。

（4）换路后一瞬间，电感上的电流为 $i_L(0_+)$，在 0_+ 时刻的电路中，它充当了一个临时的电流源，给电阻 R_1 提供电流。

（5）根据欧姆定律求解 $u_{R_1}(0_+)$，再根据基尔霍夫定律求解 $u_L(0_+)$。

解题微课

知识点归纳

（1）电容换路，$u_C(0_+) = u_C(0_-)$；电感换路，$i_L(0_+) = i_L(0_-)$。

（2）根据换路后的电路及 $u_C(0_+)$ 和 $i_L(0_+)$ 的值，可求解换路后电路的其他初始条件。

5.4　一阶 *RC* 电路

只含有一个动态元件的电路可用一阶微分方程来描述，这种电路称为一阶电路。由于动态元件可以储能，因此电路就有两种典型的动态响应模式：一种是电路不与电源相连，仅靠动态元件的原有储能产生过渡过程的响应，称为零输入响应；另一种是动态元件预先未储能（初始状态为零），电路须外加激励才产生响应，称为零状态响应。

如果电路含有的这个动态元件是电容，则它与电阻、电源等相连的电路称为一阶 RC 电路。

5.4.1 RC 电路的零输入响应

在图 5-21 所示电路中，电容 C 已被电压源充电充到电压 U_0。在 $t=0$ 时，开关 S 断开电源，电容上的电压就从初始电压 U_0 开始下降，最后降为零。

根据基尔霍夫定律，换路后有

$$u_C = Ri$$

而 $i = -C\dfrac{\mathrm{d}u_C}{\mathrm{d}t}$，式中的负号表示电流 i 与电压的参考方向相

反。将其代入上式，就得到以 u_C 为变量的微分方程，即

$$RC\frac{\mathrm{d}u_C}{\mathrm{d}t} + u_C = 0$$

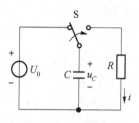

图 5-21　RC 零输入响应

这是一阶常系数线性齐次微分方程。令 $u_C = A\mathrm{e}^{pt}$，代入上式，可得相应的特征方程为

$$RCp + 1 = 0$$

其特征方程根为

$$p = -\frac{1}{RC}$$

所以

$$u_C = A\mathrm{e}^{-\frac{1}{RC}t}$$

已知换路前，电容已充满电 $u_C(0_-) = U_0$，换路后，电压初始值 $u_C(0_+) = u_C(0_-) = U_0$。代入上式，得

$$u_C(0_+) = A\mathrm{e}^0 = U_0$$
$$A = U_0$$

这样，就得到了满足初始值的微分方程的解，即

$$u_C = U_0\mathrm{e}^{-\frac{t}{RC}} \tag{5-19}$$

该式就是电容不与电源相连以后，放电过程的电压 u_C 表达式。

换路后，电路中的电流为电容的放电电流，可用 $i = -C\dfrac{\mathrm{d}u_C}{\mathrm{d}t}$ 求导法求得，也可用电路分析法，求得电流为

$$i = \frac{U_0}{R}\mathrm{e}^{-\frac{t}{RC}} \tag{5-20}$$

令 $\tau = RC$，则 τ 的单位是秒（s），τ 称为 RC 串联电路的时间常数，反映了电路过渡过程的快慢。这样式（5-19）和式（5-20）可以表示为

$$u_C = U_0\mathrm{e}^{-\frac{t}{\tau}} \tag{5-21}$$

$$i = \frac{U_0}{R}\mathrm{e}^{-\frac{t}{\tau}} \tag{5-22}$$

两式都表明，零输入响应时，电容上的电压和电流都是按指数规律衰减的。又由于在

该电路中，u_R 和 u_C 在数值上相等，因此换路后电阻 R 上的电压在数值上也衰减。当式中的时间常数 τ 越小时，衰减越快。理论上，当 $t = \infty$ 时，u_C 和 i 衰减至零，过渡过程结束，但实际上，经过 $(3 \sim 5)\tau$ 的时间，过渡过程就基本结束。表 5 - 4 给出了对应于不同时刻，u_C 电压的放电值。

表 5 - 4　t 为时间常数 τ 的整数倍时 u_C 放电的电压值

时间 t	0	τ	2τ	3τ	4τ	5τ	…	∞
$u_C(t)$	U_0	$0.368U_0$	$0.135U_0$	$0.050U_0$	$0.018U_0$	$0.007U_0$	…	0

u_C、i 随时间变化的曲线如图 5 - 22 所示。由该图或计算可知，电容电压或电流衰减至原来值的 36.8% 所需的时间恰巧等于时间常数 τ。时间常数 $\tau = RC$，它由电路中元件的参数决定。R 越大或者 C 越大，电容电压或电流衰减的时间就越长。

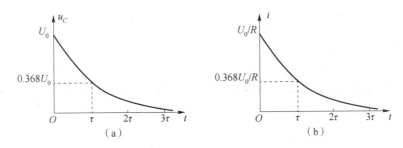

图 5 - 22　RC 零输入响应时 u_C 和 i 随时间的变化曲线

⚏ 例 5 - 6　RC 串联电路如图 5 - 23 所示。$R = 10\ \mathrm{k\Omega}$，$C = 30\ \mu\mathrm{F}$，$U_S = 10\ \mathrm{V}$，开关 S 在 1 位置时电容已充满电。在 $t = 0$ 时刻时，S 拨到 2 位置。求电路中 u_C 和 i 的零输入响应，并分别求换路后经过 300 ms 和 1.5 s 以后电容上的电压。

解： $\tau = RC = 10 \times 10^3 \times 30 \times 10^{-6} = 0.3$（s）

$u_C(t) = U_0 \mathrm{e}^{-\frac{t}{\tau}} = U_S \mathrm{e}^{-\frac{t}{\tau}} = 10\mathrm{e}^{-\frac{t}{0.3}}$（V）

因为 $u_R + u_C = 0$，即 $Ri + u_C = 0$

所以 $i = -\dfrac{u_C}{R}$，即

$i = -\dfrac{U_0}{R}\mathrm{e}^{-\frac{t}{\tau}} = -\dfrac{10}{10 \times 10^3}\mathrm{e}^{-\frac{t}{0.3}} = -0.001\mathrm{e}^{-\frac{t}{0.3}}$（A）

当 $t_1 = 300$ ms 时，有

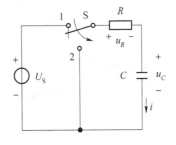

图 5 - 23　例 5 - 6 电路图

$$u_C(t_1) = 10\mathrm{e}^{-\frac{0.3}{0.3}} = 10\mathrm{e}^{-1} = 3.68\ (\mathrm{V})$$

当 $t_2 = 1.5$ s 时，有

$$u_C(t_2) = 10\mathrm{e}^{-\frac{1.5}{0.3}} = 10\mathrm{e}^{-5} = 0.07\ (\mathrm{V})$$

5.4.2　RC 电路的零状态响应

在图 5 - 24 所示电路中，开关 S 未合上前，如果电容上的电压为零，则电容处于零初

始状态。在 $t=0$ 时，S 闭合，电容 C 被电压源充电，电容上的电压就从零开始上升，最后上升到电源电压的值。

根据基尔霍夫定律，有

$$u_R + u_C = U_s$$

因为

$$u_R = Ri, \quad i = C\frac{\mathrm{d}u_C}{\mathrm{d}t}$$

则

$$RC\frac{\mathrm{d}u_C}{\mathrm{d}t} + u_C = U_s$$

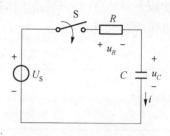

图 5-24　RC 零状态响应

该式为一阶常系数线性非齐次微分方程，它的解由特解和通解组成。由于电容充电充满这种状态，必然满足上式，因此可将它看作上式的一个特解，即 $u_C' = U_s$。而该方程的通解为：

$$u_C'' = Ae^{-\frac{1}{RC}t}$$

则微分方程的全解为

$$u_C = u_C' + u_C'' = U_s + Ae^{-\frac{1}{RC}t}$$

将电路换路一瞬间的电容初始电压 $u_C(0_+) = 0$ 代入该式，则

$$0 = U_s + A$$

得

$$A = -U_s$$

这样就能得到

$$u_C = U_s - U_s e^{-\frac{1}{RC}t} = U_s(1 - e^{-\frac{1}{RC}t})$$

令 $\tau = RC$ 为时间常数，该式可写为

$$u_C = U_s(1 - e^{-\frac{t}{\tau}}) \tag{5-23}$$

式（5-23）是电容在零状态接通电源以后，充电过程的电压 u_C 的表达式。

接通激励电源后，电路中的电流为电容的充电电流，可用 $i = C\frac{\mathrm{d}u_C}{\mathrm{d}t}$ 求导法求得，也可用电路分析法，求得电流，即

$$i = \frac{U_s}{R}e^{-\frac{t}{\tau}} \tag{5-24}$$

式（5-24）表明，在 $t=0$ 时刻电路接通瞬间，电流 i 为最大值 U_s/R。随着电容充电，电阻 R 上的电压逐渐减小，充电电流逐渐衰减，直到趋于零。此时电容处在稳定状态，相当于开路。

根据式（5-24），又有电阻上电压为

$$u_R = Ri = U_s e^{-\frac{t}{\tau}} \tag{5-25}$$

零状态响应时，u_C、u_R 和 i 随时间变化的曲线如图 5-25 所示。可以看出，充电时电容上的电压从零开始按指数规律上升直到趋向稳定值 U_s，而电阻上的电压则从 U_s 按指数规律衰减直到趋近于零（图 5-25（a））。充电电流也按同样规律衰减（图 5-25（b））。电

路的时间常数 $\tau = RC$，R 越大充电电流就越小，充电也就越慢；电容 C 容量越大，需要充电充满的时间也越长。表 5 – 5 给出了对应于不同时刻，u_C 电压达到的充电值。

表 5 – 5　t 为时间常数 τ 的整数倍时 u_C 充电达到的电压值

时间 t	0	τ	2τ	3τ	4τ	5τ	…	∞
$u_C(t)$	0	$0.632U_S$	$0.865U_S$	$0.950U_S$	$0.982U_S$	$0.993U_S$	…	U_S

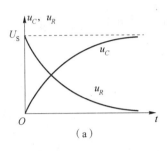 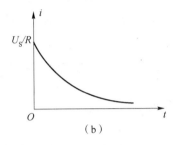

（a）　　　　　　　　　　　（b）

图 5 – 25　RC 零状态响应时 u_C、u_R 和 i 随时间的变化曲线

　　📖 例 5 – 7　图 5 – 26 是一种测速装置的原理电路。已知电源 $U_S = 10$ V，电阻 $R = 10$ Ω，电容 $C = 100$ μF。A、B 为金属导体，A、B 相距 $s = 1$ m，当射击的子弹匀速地先击断 A 再击断 B 时，测得电压 $u_C = 8$ V，求射击的子弹速度。

　　解题思路如下。

　　A、B 金属在没有被击断时，电源 U_S 只与电阻 R 和金属 A 构成回路，电容相当于开路，电容上的电压为零。

　　因此 $u_C(0_-) = 0$。

　　当金属 A 被击断时，电源 U_S 与电阻 R、电容 C 和金属 B 构成回路，电容被充电。电容的初始值为

$$u_C(0_+) = u_C(0_-) = 0$$

若充电充满，电容上的电压达到稳定值，即

$$u_C(\infty) = U_S = 10\ (\text{V})$$

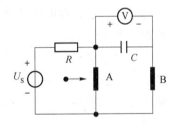

图 5 – 26　例 5 – 7 电路图
（应用电路：测速装置）

　　若电容未充满电，金属 B 就被击断，则电路断开。此时电压表显示的是电容已充电达到的值。

　　由此可知电路构成 RC 零状态响应。

　　解题步骤如下。

　　（1）电路充电的时间常数：$\tau = RC = 10 \times 100 \times 10^{-6} = 1$（ms）

　　（2）电压 u_C 的表达式：$u_C = U_S(1 - e^{-\frac{t}{\tau}}) = 10(1 - e^{-1\,000t})$ V

　　（3）设金属 B 被击断的时间为 t_1，则根据题意有

$$u_C(t_1) = 10(1 - e^{-1\,000t_1}) = 8\ \text{V}\quad 得\ e^{-1\,000t_1} = 0.2$$

解得：$t_1 = 1.6$ ms。

　　（4）计算速度为

$$v = \frac{s}{t} = \frac{1}{1.6 \times 10^{-3}} = 625\ (\text{m/s})$$

✎ 练一练：

在图 5 – 24 所示电路中，$R = 10 \text{ k}\Omega$，$C = 4 \text{ μF}$，$U_S = 250 \text{ V}$，电容初始电压为零。求：

（1）开关 S 合上后电容上电压和电流的零状态响应；（2）要经历多久电容电压可以充到 180 V？需要关注的方法和步骤如下。

（1）求出时间常数 τ：_____。

（2）写出充电电压 u_C 的表达式：_____。

（3）写出充电电流 i 的表达式：_____。

（4）根据式 $u_C = U_S(1 - e^{-\frac{t}{\tau}})$，在 τ、U_S 和 u_C 已知的条件下，求经过的时间 t，要使用 ln 函数：_____。

（5）对于 $e^{-\frac{t}{\tau}} = x$，用 $\ln x$ 函数线求得 t：_____。

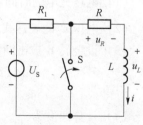
解题微课

🌀 知识点归纳

（1）RC 一阶电路零输入、零状态响应分别对应电容的放电、充电过程。

（2）利用电容电压不突变，可知零输入响应时电容电压的初始值。

（3）利用电容在稳定状态下相当于开路，可知零状态响应时电容电压的稳态值。

（4）时间常数 $\tau = RC$，它由换路后充、放电回路中的元件参数决定，它决定了过渡过程的快慢。

（5）在求得电容电压过渡过程的基础上，可根据电路分析或微分求导解出电流等其他参数的过渡过程表达式。

5.5　一阶 *RL* 电路

只含有一个动态元件的电路可用一阶微分方程来描述，当这个动态元件是电感时，则它与电阻、电源等相连的电路称为一阶 *RL* 电路。

5.5.1　*RL* 电路的零输入响应

在图 5 – 27 所示电路中，电感 L 已存储满电场，电路处于稳态。此时电感中的原有电流为

$$i(0_-) = \frac{U_S}{R_1 + R} = I_0$$

在 $t = 0$ 时，开关 S 闭合，电感上的电流就从初始值 I_0 开始下降，最后降为零。

根据基尔霍夫定律，换路后有

$$u_L + u_R = 0$$

而 $u_L = L \dfrac{\mathrm{d}i}{\mathrm{d}t}$，将其代入上式并整理，即得到以 i 为变量的微

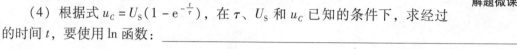

图 5 – 27　*RL* 零输入响应

分方程，即

$$L\frac{di}{dt} + Ri = 0$$

这也是一阶常系数线性齐次微分方程。令 $i = Ae^{pt}$，可得相应的特征方程为

$$Lp + R = 0$$

其特征方程根为

$$p = -\frac{R}{L}$$

所以，电流为

$$i = Ae^{-\frac{R}{L}t}$$

根据换路定律，换路后电感电流初始值 $i(0_+) = i(0_-) = I_0$。代入上式，得

$$i(0_+) = Ae^0 = I_0$$

$$A = I_0$$

这样就得到了积分常数，并且得到了电流的解，即

$$i = I_0 e^{-\frac{R}{L}t}$$

令 $\tau = L/R$，τ 的单位是 s，τ 称为 RL 串联电路的时间常数。这样上式可以表示为

$$i = I_0 e^{-\frac{t}{\tau}} \tag{5-26}$$

通过求导可得电感上的电压为

$$u_L = L\frac{di}{dt} = -RI_0 e^{-\frac{t}{\tau}} \tag{5-27}$$

式（5-26）说明电感上的电流在零输入响应时按指数规律衰减。此时根据楞次定律，电感上必然产生沿电流方向的感应电动势，与设定的 u_L 参考方向相反，因此在式（5-27）中出现了负号。而与电感串联的电阻 R 在换路后，其电压也随电流 i 的减小而下降，但方向与电感上的电压相反，有

$$u_R = Ri = RI_0 e^{-\frac{t}{\tau}} \tag{5-28}$$

在式（5-26）至式（5-28）中，$\tau = L/R$，反映了 RL 电路响应的快慢。L 越大，在同样大的初始电流 I_0 作用下，电感存储的磁场能量越多，释放能量所需的时间就越长；而电阻 R 越小，在同样大的初始电流 I_0 作用下，电阻消耗的功率就越小，暂态过程也就越长。

i 和 u_L、u_R 随时间变化的曲线如图 5-28 所示。

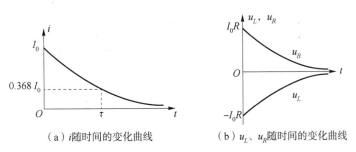

（a）i 随时间的变化曲线　　　　　（b）u_L、u_R 随时间的变化曲线

图 5-28　RL 零输入响应时 i 和 u_L、u_R 随时间的变化曲线

📖 **例 5-8**　RL 串联电路如图 5-29 所示。$U_S = 24$ V，$R = 1$ kΩ，$L = 0.1$ H，电路已处

于稳态。$t = 0$ 时开关从 1 拨到 2 位置。求电感电流 i 和电压 u_L 的零输入响应。

解：$i(0_+) = i(0_-) = \dfrac{U_S}{R} = \dfrac{24}{1 \times 10^3} = 0.024\,(\text{A})$

$\tau = \dfrac{L}{R} = \dfrac{0.1}{1 \times 10^3} = 0.1 \ (\text{ms}) = 1 \times 10^{-4} \ (\text{s})$

$i = I_0 e^{-\frac{t}{\tau}} = 0.024 e^{-\frac{t}{1 \times 10^{-4}}} = 0.024 e^{-10\,000t}\,\text{A}$

$u_L = -RI_0 e^{-\frac{t}{\tau}} = -24 e^{-10\,000t}\,\text{V}$

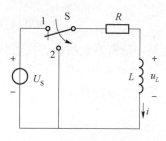

图 5 - 29　例 5 - 8 电路图

✏️ **练一练**：

RL 串联电路如图 5 - 30 所示。$U_S = 24 \text{ V}$，$R = 1 \text{ k}\Omega$，$L = 0.1 \text{ H}$，电感两端接有一个电压表，其内阻是 $R_V = 400 \text{ k}\Omega$。在电路已处于稳态情况下断开开关 S。求：（1）电感电流的零输入响应；（2）开关断开瞬间，电压表上的端电压是多少？此时电压表是否安全？

需要关注的方法和步骤如下。

（1）求电感电流初始值：＿＿＿＿＿＿＿＿＿＿＿＿＿＿＿＿＿＿＿＿＿。

（2）换路后电感释放能量的回路只经过电压表，此时要用内阻 R_V 求时间常数 τ：＿＿＿＿
＿＿＿＿＿＿＿＿＿＿＿＿＿＿＿＿＿＿＿＿＿＿＿＿＿＿＿＿＿＿＿＿＿＿＿＿＿。

（3）写出电流 i 的表达式：＿＿＿＿＿＿＿＿＿＿＿＿＿＿＿＿＿＿＿＿＿＿＿＿。

（4）用 $R_V \cdot i$ 求电压表在 $t = 0$ 时刻时两端的电压：＿＿＿＿＿＿＿＿＿＿＿＿＿＿＿
＿＿＿＿＿＿＿＿＿＿＿＿＿＿＿＿＿＿＿＿＿＿＿＿＿＿＿＿＿＿＿＿＿＿＿＿＿＿＿。

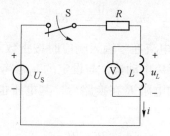

图 5 - 30　练一练题图

5.5.2　RL 电路的零状态响应

在图 5 - 31 所示电路中，开关 S 未合上前，如果电感上的电流为零，则电感处于零初始状态。在 $t = 0$ 时，S 闭合，电感 L 上的电流不能突变，将从零开始上升，直至达到稳态值。

根据基尔霍夫定律，有

$$u_R + u_L = U_S$$

因为

$$u_R = Ri, \quad u_L = L\frac{\mathrm{d}i}{\mathrm{d}t}$$

则

$$Ri + L\frac{\mathrm{d}i}{\mathrm{d}t} = U_S$$

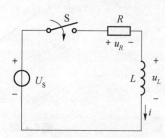

图 5 - 31　RL 零状态响应

该式的解可写成 $i = i' + i''$。

电感电流的稳态值可以满足上述微分方程，故可作为该方程的一个特解，即 $i' = \dfrac{U_S}{R}$。

而该方程的通解为

$$i'' = Ae^{-\frac{t}{\tau}}$$

其中 $\tau = L/R$。微分方程的全解为

$$i = i' + i'' = \frac{U_S}{R} + Ae^{-\frac{t}{\tau}}$$

将电路换路一瞬间的电感初始电流 $i(0_+) = 0$ 代入该式，可得

$$A = -\frac{U_S}{R}$$

这样就能得到

$$i = \frac{U_S}{R}\left(1 - e^{-\frac{t}{\tau}}\right) \tag{5 - 29}$$

接通激励电源后，电感上的电压可用 $u_L = L\dfrac{di}{dt}$ 求导法求得，也可用电路分析法求得，即

$$u_L = U_S e^{-\frac{t}{\tau}} \tag{5 - 30}$$

式（5 - 30）表明，在 $t = 0$ 时刻电路接通瞬间，电感上的电压为 U_S。随后逐渐衰减到零，即电感电压在稳态时为零，相当于短路。

根据式（5 - 29），又有电阻上电压为

$$u_R = Ri = U_S\left(1 - e^{-\frac{t}{\tau}}\right) \tag{5 - 31}$$

RL 零状态响应时，i 和 u_L、u_R 随时间变化的曲线如图 5 - 32 所示。开关合上以后，经过大约 τ 的时间，电流可达到最终稳定值的 63.2%。经过 3τ 的时间，该数值可达到 95%，并逐渐趋近于电流的稳定值 U_S/R。在工程上，一般认为经过（3~5）τ 的时间，过渡过程结束。同样地，电感电压以及电阻电压也随电流变化而变化，它们之间的关系既符合电磁感应定律，也满足电路的约束条件。

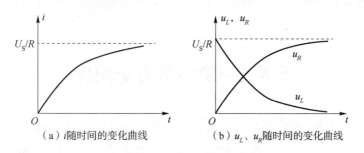

（a）i 随时间的变化曲线　　（b）u_L、u_R 随时间的变化曲线

图 5 - 32　RL 零状态响应时 u_L、u_R 和 i 随时间的变化曲线

📖 **例 5 - 9**　图 5 - 33 所示电路是一个直流发电机的励磁绕组电路模型。已知外加电压 $U_S = 200$ V，$R = 20$ Ω，$L = 20$ H。求开关 S 闭合后电路励磁部分的电感电流 i 的变化规律和电流达到 10 A 所需要的时间。

解：（1）稳定值：$i(\infty) = \dfrac{U_S}{R} = \dfrac{200}{20} = 10$（A）

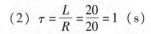
（2）$\tau = \dfrac{L}{R} = \dfrac{20}{20} = 1$ （s）

（3）电流的变化规律为

$$i = \dfrac{U_{\mathrm{S}}}{R}\left(1 - \mathrm{e}^{-\frac{t}{\tau}}\right) = 10\left(1 - \mathrm{e}^{-t}\right) \ \mathrm{A}$$

（4）大约经过 5τ 的时间，即 5 s，电流达到稳定值 10 A。

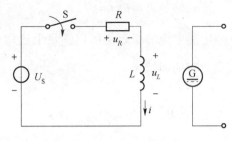

图 5-33　例 5-9 电路图

✏️ 练一练：

RL 串联电路如图 5-33 所示。$U_{\mathrm{S}} = 100$ V，$R = 50 \ \Omega$，$L = 10$ H，电感未储能。$t = 0$ 时开关闭合，求电感电流 i 和电压 u_L 的零状态响应。需要关注的方法和步骤如下。

（1）求出开关闭合后，电感电流的稳定值：＿＿＿＿＿＿＿＿＿＿＿＿＿＿＿。

（2）求出时间常数 τ：＿＿＿＿＿＿＿＿＿＿＿＿＿＿＿＿＿＿＿＿＿。

（3）写出电流 i 的表达式：＿＿＿＿＿＿＿＿＿＿＿＿＿＿＿＿＿。

（4）可以对电流 i 求导，解出电压 u_L 的表达式：＿＿＿＿＿＿＿＿。

（5）也可以根据电流 i 的表达式，用欧姆定律求出电阻电压 u_R，再用基尔霍夫定律写出电感电压 u_L：＿＿＿＿＿＿＿＿＿＿＿＿＿＿＿＿＿＿＿＿＿＿＿。

解题微课

知识点归纳

（1）RL 一阶电路零输入、零状态响应分别对应电感释放能量、存储能量的过程。

（2）利用电感电流不突变，可知零输入响应时电感电流的初始值。

（3）利用电感在稳定状态下相当于短路，可知零状态响应时电感电流的稳态值。

（4）时间常数 $\tau = L/R$，它由换路后电感能量交换回路中的元件参数确定，它决定了过渡过程的快慢。

（5）在求得电感电流过渡过程的基础上，可根据电路分析或微分求导解出电压等其他参数的过渡过程。

5.6　一阶电路的全响应

零输入响应和零状态响应是一阶电路在两种限定条件下的暂态响应过程。当限定条件不充分满足时，就会出现一个非零初始状态的一阶电路受到外加激励源的作用，这时的电路响应称为一阶电路的全响应。

5.6.1　全响应

对线性电路而言，一阶电路的全响应为其零输入响应和零状态响应的叠加，或者说是稳态分量和暂态分量的叠加。

以非零初始状态的 RC 电路在直流激励下的全响应为例。如图 5-34 所示，在开关闭合前电容电压为非零状态，设电压初始值 $u_C(0_-) = U_0$。在 $t = 0$ 时开关闭合接通直流电源 U_S，则此时 RC 电路的响应就是全响应。

开关闭合后，根据基尔霍夫定律，有

$$RC \frac{\mathrm{d}u_C}{\mathrm{d}t} + u_C = U_S$$

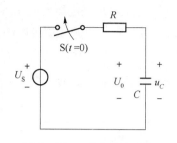

图 5-34　RC 全响应电路

u_C 的稳态值 U_S 可看作 u_C 的一个特解，即 $u_C' = U_S$，暂态分量对应方程通解 $u_C'' = A\mathrm{e}^{-\frac{1}{RC}t}$，则有

$$u_C = u_C' + u_C'' = U_S + A\mathrm{e}^{-\frac{1}{RC}t}$$

将电容初始电压 $u_C(0_+) = u_C(0_-) = U_0$ 代入该式，则

$$U_0 = U_S + A$$

得

$$A = U_0 - U_S$$

这样，就能得到电容的电压为

$$u_C = U_S + (U_0 - U_S)\mathrm{e}^{-\frac{1}{RC}t} \tag{5-32}$$

式（5-32）可描述为

$$全响应 = 稳态分量 + 暂态分量$$

式（5-32）经过整理，也可以表示成

$$u_C = U_0 \mathrm{e}^{-\frac{1}{RC}t} + U_S \left(1 - \mathrm{e}^{-\frac{1}{RC}t}\right) \tag{5-33}$$

由此可证明，全响应也等于零输入响应与零状态响应的叠加。

从式（5-32）可得电容上的电流为

$$i = C \frac{\mathrm{d}u_C}{\mathrm{d}t} = \frac{U_S - U_0}{R} \mathrm{e}^{-\frac{1}{RC}t} \tag{5-34}$$

式（5-34）表明，电流仅含暂态分量，其稳态分量为零。

式（5-34）经过整理，也可以写成

$$i = \frac{U_S}{R} \mathrm{e}^{-\frac{1}{RC}t} - \frac{U_0}{R} \mathrm{e}^{-\frac{1}{RC}t} \tag{5-35}$$

同样，电流全响应可视作两种响应的叠加，式（5-35）中第一项是零状态响应，第二项是零输入响应。

5.6.2　三要素法

1. 三要素法的一般形式

通过前面的分析可知，一阶电路的全响应由稳态分量和暂态分量组成。稳态分量是电路换路后达到新的稳态的解，暂态分量则是从初始值向新的稳定值的过渡过程，其中的初始值由电路的初始条件确定，过渡过程的快慢则由时间常数 τ 决定。

因此，求解一阶电路的过渡响应，就存在着一种方法，只要知道电路换路后的稳态值、初始值和时间常数，就能直接写出一阶电路过渡过程的解，这就是三要素法。

设 $f(\infty)$ 是电压或电流的新的稳态值，$f(0_+)$ 是电压或电流的初始值，τ 是电路的时间常数，则各类响应都可以用三要素法表示为

$$f(t) = f(\infty) + [f(0_+) - f(\infty)]e^{-\frac{t}{\tau}} \qquad (5-36)$$

将前几节所述的各类响应用三要素法表示，可列出表 5-6。

表 5-6　各类响应的三要素表示法

名称	微分方程解	三要素法表示
RC 零输入响应	$u_C = U_0 e^{-\frac{t}{\tau}} \quad \tau = RC$	$f(t) = f(0_+)e^{-\frac{t}{\tau}}$
	$i = \dfrac{U_0}{R}e^{-\frac{t}{\tau}}$	
RC 零状态响应	$u_C = U_S(1 - e^{-\frac{t}{\tau}})$	$f(t) = f(\infty)(1 - e^{-\frac{t}{\tau}})$
	$i = \dfrac{U_S}{R}e^{-\frac{t}{\tau}}$	$f(t) = f(0_+)e^{-\frac{t}{\tau}}$
RL 零输入响应	$i = I_0 e^{-\frac{t}{\tau}} \quad \tau = \dfrac{L}{R}$	$f(t) = f(0_+)e^{-\frac{t}{\tau}}$
	$u_L = -RI_0 e^{-\frac{t}{\tau}}$	
RL 零状态响应	$i = \dfrac{U_S}{R}(1 - e^{-\frac{t}{\tau}})$	$f(t) = f(\infty)(1 - e^{-\frac{t}{\tau}})$
	$u_L = U_S e^{-\frac{t}{\tau}}$	$f(t) = f(0_+)e^{-\frac{t}{\tau}}$
以非零初始状态 为例的 RC 全响应	$u_C = U_S + (U_0 - U_S)e^{-\frac{1}{\tau}t}$	$f(t) = f(\infty) + [f(0_+) - f(\infty)]e^{-\frac{t}{\tau}}$
	$i = \dfrac{U_S - U_0}{R}e^{-\frac{1}{\tau}t}$	$f(t) = f(0_+)e^{-\frac{t}{\tau}}$

从表 5-6 中可以看出，零输入响应和零状态响应是全响应的特例。

2. 三要素法的求解步骤

应用三要素法求解一阶电路，不仅适用于较普遍的非零初始状态的全响应，也包含了零输入响应和零状态响应特例，使一阶电路的过渡过程分析更为简明。具体方法如下。

（1）确定初始值 $f(0_+)$：利用在直流稳态情况下，电容 C 相当于开路，电感 L 相当于短路，求出在换路前 $t = 0_-$ 时的 $u_C(0_-)$、$i_L(0_-)$，并由换路定律得到 $u_C(0_+)$、$i_L(0_+)$；再根据 $t = 0_+$ 时换路后的电路，求解其他电压或电流的初始值 $f(0_+)$。

（2）确定稳态值 $f(\infty)$：根据新直流稳态下的电路，求 $f(\infty)$。

（3）求时间常数 τ：在 RC 电路中，$\tau = RC$；在 RL 电路中，$\tau = L/R$。其中 R 应理解为换路后将电路中所有独立电源置零后，从 C 或 L 两端看进去的等效电阻。

（4）由三要素公式写出电路中电压或电流的过渡响应表达式。

📖**例 5 – 10**　已知电路如图 5 – 35（a）所示，$R_1 = R_2 = 1 \text{ k}\Omega$，$U_S = 10 \text{ V}$，$C = 10 \text{ μF}$，电路已达稳态。$t = 0$ 时，S 开关断开。试用三要素法求开关断开后的 u_C、i_C，并画出 u_C 过渡响应曲线。

解：（1）求解电压 u_C，有

$$u_C(0_+) = u_C(0_-) = \frac{U_S}{R_1 + R_2} \cdot R_2 = \frac{10 \times 1}{1 + 1} = 5 \text{（V）}$$

$$u_C(\infty) = U_S = 10 \text{（V）}$$

$$\tau = R_1 C = 1 \times 10^3 \times 10 \times 10^{-6} = 1 \times 10^{-2} \text{（s）}$$

$$u_C(t) = u_C(\infty) + [u_C(0_+) - u_C(\infty)]e^{-\frac{t}{\tau}} = 10 + (5 - 10)e^{-\frac{t}{1 \times 10^{-2}}} = 10 - 5e^{-100t} \text{（V）}$$

电压 u_C 过渡响应的波形如图 5 – 35（b）所示。

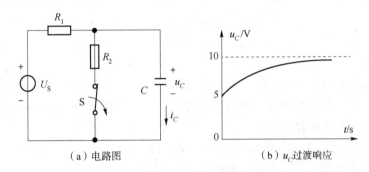

（a）电路图　　　　　　　　（b）u_C 过渡响应

图 5 – 35　例 5 – 10 图

（2）求解电流 i_C 有两种方法。

①求导法，即

$$i_C = C\frac{\mathrm{d}u_C}{\mathrm{d}t} = 10 \times 10^{-6} \times \frac{\mathrm{d}(10 - 5e^{-100t})}{\mathrm{d}t} = 10 \times 10^{-6} \times 500e^{-100t} = 5e^{-100t} \text{（mA）}$$

②电路分析法，即

$$i_C = \frac{U_S - u_C}{R_1} = \frac{10 - (10 - 5e^{-100t})}{1 \times 10^{-3}} = 5e^{-100t} \text{（mA）}$$

📖**例 5 – 11**　已知电路如图 5 – 36（a）所示，$R_1 = 8 \text{ Ω}$，$R_2 = 5 \text{ Ω}$，$L = 4 \text{ H}$，$U_{S1} = 20 \text{ V}$，$U_{S2} = 10 \text{ V}$，S 处于中间位置，电路已达稳态。$t = 0$ 时，S 合于位置 1，$t = 1 \text{ s}$ 时，又将 S 合于位置 2，试求 i_L，并画出电流的响应曲线。

解：（1）S 合于位置 1 时，有

$$i_L(0_+) = i_L(0_-) = 0, \quad i_L(\infty_1) = \frac{U_{S1}}{R_1} = \frac{20}{8} = 2.5 \text{（A）}, \quad \tau = \frac{L}{R_1} = \frac{4}{8} = 0.5 \text{（s）}$$

$$i_L(t) = i_L(\infty_1) + [i_L(0_+) - i_L(\infty_1)]e^{-\frac{t}{\tau}} = 2.5 + (0 - 2.5)e^{-\frac{t}{0.5}} = 2.5(1 - e^{-2t}) \text{（A）}$$

（2）$t = 1 \text{ s}$ 时，S 合于位置 2，有

$$i_L(1s_+) = i_L(1s_-) = 2.5(1 - e^{-2}) = 2.16 \text{（A）}, \quad i_L(\infty_2) = \frac{U_{S2}}{R_1} = \frac{10}{8} = 1.25 \text{（A）}$$

$$i_L(t) = i_L(\infty_2) + [i_L(1s_+) - i_L(\infty_2)]e^{-\frac{t-1}{\tau}} = 1.25 + (2.16 - 1.25)e^{-\frac{t-1}{0.5}}$$

$$= 1.25 + 0.91e^{-2(t-1)} \text{（A）}$$

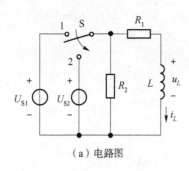

（a）电路图

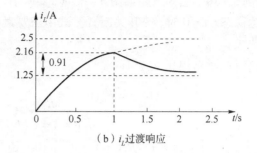

（b）i_L 过渡响应

图 5-36　例 5-11 用图

综上，电流 i_L 过渡响应的波形如图 5-36（b）所示。电感上电流总的响应则可以写成

$$i_L(t) = \begin{cases} 2.5(1 - \mathrm{e}^{-2t}) \text{ A}, & 0 \leqslant t \leqslant 1 \text{ s} \\ 1.25 + 0.91\mathrm{e}^{-2(t-1)} \text{ A}, & t \geqslant 1 \text{ s} \end{cases}$$

✎ 练一练：

已知电路如图 5-37 所示，$R_1 = R_3 = 10$ Ω，$R_2 = 5$ Ω，$U_s = 20$ V，$C = 10$ μF，电路已达稳态。在 $t = 0$ 时刻，S 开关闭合。试用三要素法求 u_C，并画出电容电压的过渡响应曲线。

需要关注的方法和步骤如下。

（1）根据 S 未闭合前电路及换路定律求得初始值 $u_C(0_+)$：_____。

（2）根据新直流稳态下的电路求得稳态值 $u_C(\infty)$：_____。

（3）求时间常数 $\tau = RC$。其中 R 是换路后电路从电容 C 端看进去的戴维南等效电阻：

_____。

（4）写出 u_C 全响应表达式，并画出过渡响应曲线：_____

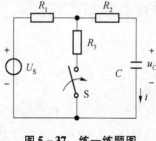

图 5-37　练一练题图

解题微课

🌀 知识点归纳

（1）一阶电路的全响应可以分解为暂态分量和稳态分量，也可以分解为零输入响应和零状态响应。

（2）一阶电路的三要素法：$f(t) = f(\infty) + [f(0_+) - f(\infty)]\mathrm{e}^{-\frac{t}{\tau}}$。确定电路的稳态值、初始值和时间常数即可根据该式写出电路的过渡响应。

（3）RC 电路的时间常数是 $\tau = RC$，RL 电路的时间常数 $\tau = L/R$。R 为换路后动态元件两端看进去的戴维南等效电阻。

5.7　阶　跃　响　应

1. 阶跃函数

前几节所述的一阶电路，都是通过开关动作产生的动态响应。开关动作可以用阶跃函数来表示其数学模型。

单位阶跃函数是一种奇异函数，如图 5-38（a）所示。函数在 $t=0$ 时发生了从"0"到"1"的阶跃，相当于开关发生了闭合动作。可定义为

$$\varepsilon(t)=\begin{cases}0, & t<0 \\ 1, & t>0\end{cases} \tag{5-37}$$

若在 $t=t_0$ 时刻发生了阶跃，如图 5-38（b）所示，称为延迟单位阶跃函数，定义为

$$\varepsilon(t-t_0)=\begin{cases}0, & t<t_0 \\ 1, & t>t_0\end{cases} \tag{5-38}$$

阶跃函数本身并没有量纲，它在表示电流时量纲为 A，表示电压时量纲为 V。利用阶跃函数可以方便地表示各种信号。比如：一个幅值为 A 的矩形脉冲信号就可以认为是由阶跃函数 $A\varepsilon(t)$ 和 $-A\varepsilon(t-t_0)$ 叠加组成，如图 5-39 所示，其表达式为

$$f(t)=A\varepsilon(t)-A\varepsilon(t-t_0)$$

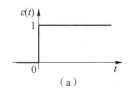 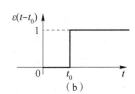 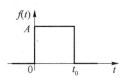

图 5-38　阶跃函数　　　　　**图 5-39　矩形脉冲**

2. 阶跃响应

阶跃响应可以看作电路在阶跃函数的激励下产生的零状态响应。

在图 5-40 所示的电路中，电压源为一个幅度为 A 的阶跃函数。RC 电路接通这一激励源后，电容 C 上的电压阶跃响应为

$$u_C(t)=A\varepsilon(t)(1-\mathrm{e}^{-\frac{t}{\tau}}) \tag{5-39}$$

电流阶跃响应为

$$i(t)=\frac{A\varepsilon(t)}{R}\mathrm{e}^{-\frac{t}{\tau}} \tag{5-40}$$

如果上述激励在 $t=t_0$ 时加入，则两者可表示为

$$u_C(t)=A\varepsilon(t-t_0)(1-\mathrm{e}^{-\frac{t-t_0}{\tau}}) \tag{5-41}$$

$$i(t)=\frac{A\varepsilon(t-t_0)}{R}\mathrm{e}^{-\frac{t-t_0}{\tau}} \tag{5-42}$$

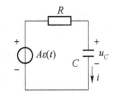

图 5-40　RC 阶跃响应

📖 **例 5-12**　已知电路如图 5-41（a）所示，$R_1=R_2=10\ \mathrm{k\Omega}$，$C=100\ \mathrm{\mu F}$，$u_S$ 为阶跃电压，其波形如图 5-41（b）所示。试求 u_C、i_C，并画出 u_C、i_C 的阶跃响应曲线。

解：方法一。

将 u_S 信号分成 $0 < t < 0.5$ s 和 $t > 0.5$ s 两个时间段。在 $0 < t < 0.5$ s 时间段视作电源接通，电路产生零状态响应；在 $t > 0.5$ s 时间段视作电源断开，电路产生零输入响应。求解方法与前同，此处省略。

方法二。

u_S 可看作两个阶跃函数的叠加：$u_S(t) = 10\varepsilon(t) - 10\varepsilon(t - 0.5)$。

为方便求解，将图 5 – 41（a）先转化成图 5 – 42 所示的戴维南等效电路，则等效激励源和电阻是：

$$u_{Sd} = \frac{u_S R_2}{R_1 + R_2} = \frac{u_S \times 10}{10 + 10} = 5\varepsilon(t) - 5\varepsilon(t - 0.5)\,\text{V}, \quad R_d = \frac{R_1 R_2}{R_1 + R_2} = \frac{10 \times 10}{10 + 10} = 5 \ (\text{k}\Omega)$$

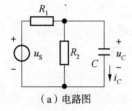 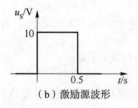 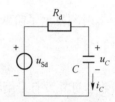

（a）电路图　　（b）激励源波形

图 5 – 41　例 5 – 12 电路图与激励源波形　　　**图 5 – 42　例 5 – 12 等效电路**

时间常数为：

$$\tau = R_d C = 5 \times 10^3 \times 100 \times 10^{-6} = 0.5 \ (\text{s})$$

按照叠加定理，将 u'_C、i'_C 和 u''_C、i''_C 视作 $5\varepsilon(t)$ 和 $-5\varepsilon(t - 0.5)$ 这两个阶跃电压分别作用时的电压、电流响应，则有

$$u'_C(t) = 5\varepsilon(t)(1 - e^{-\frac{t}{\tau}}) = 5\varepsilon(t)(1 - e^{-2t})\,\text{V}$$

$$i'_C(t) = \frac{5\varepsilon(t) - u'_C(t)}{R_d} = \frac{5\varepsilon(t) - 5\varepsilon(t)(1 - e^{-2t})}{5 \times 10^3} = \varepsilon(t)e^{-2t}\,\text{mA}$$

$$u''_C(t) = -5\varepsilon(t - 0.5)(1 - e^{-\frac{t - 0.5}{\tau}}) = -5\varepsilon(t - 0.5)[1 - e^{-2(t - 0.5)}]\,\text{V}$$

$$i''_C(t) = \frac{-5\varepsilon(t - 0.5) - u''_C(t)}{R_d} = \frac{-5\varepsilon(t - 0.5) - [-5\varepsilon(t - 0.5)(1 - e^{-2(t - 0.5)})]}{5 \times 10^3}$$

$$= -\varepsilon(t - 0.5)e^{-2(t - 0.5)}\,\text{mA}$$

因此，有

$$u_C(t) = u'_C + u''_C = 5\varepsilon(t)(1 - e^{-2t}) - 5\varepsilon(t - 0.5)[1 - e^{-2(t - 0.5)}]\,\text{V}$$

$$i_C(t) = i'_C + i''_C = \varepsilon(t)e^{-2t} - \varepsilon(t - 0.5)e^{-2(t - 0.5)}\,\text{mA}$$

电压与电流的波形响应如图 5 – 43（a）和图 5 – 43（b）所示。

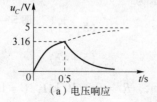 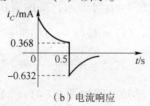

（a）电压响应　　　　（b）电流响应

图 5 – 43　例 5 – 13 题解波形响应

3. 微分电路与积分电路

当 RC 一阶电路受到一个方波脉冲激励时，则这个方波脉冲就相当于一个阶跃信号。若电路受到周期性的方波激励，则 RC 一阶电路将产生周期性的阶跃响应。

在这种周期响应中，当 RC 电路的输入输出信号构成微分关系时，此时的电路就称为微分电路；若输入输出构成的是积分关系，则称为积分电路。

1）微分电路

RC 串联电路，如图 5－44 所示，取电阻端为输出端。

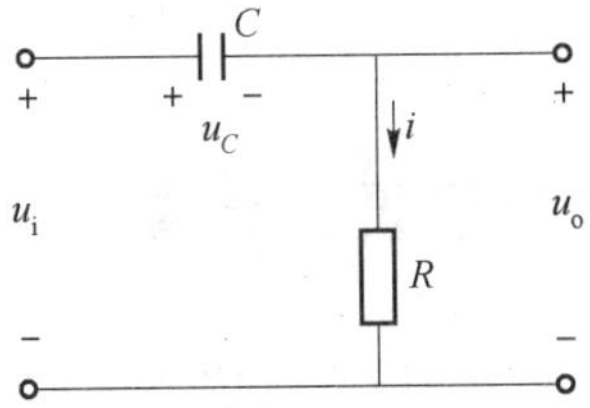

当输入电压 u_i 是幅度为 U_a、脉冲宽度为 τ_a 的周期性方波信号时，电路中的电容就被周期性地充、放电，充、放电的时间常数 $\tau = RC$。

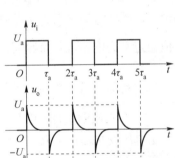

图 5－44　微分电路

若满足 $\tau \ll \tau_a$，则电容充、放电能很快达到方波电压的幅度 U_a 或达到零值，这就使电容电压 $u_C \approx u_i$，则输出电压为

$$u_o = Ri = RC\frac{du_C}{dt} \approx RC\frac{du_i}{dt} \qquad (5-43)$$

式（5－43）表明，满足条件 $\tau \ll \tau_a$ 时，电路的输入和输出电压构成微分关系，是微分电路。

此时电阻电压 $u_R = u_o = u_i - u_C$，则在 $t = 0_+$ 时刻，有

$$u_R(0_+) = u_o(0_+) = u_i(0_+) - u_C(0_+) = U_a - 0 = U_a$$

之后电阻电压随电容充电而下降。

在 $t = \tau_{a+}$ 时刻，电容已充满电，因而有

$$u_R(\tau_{a+}) = u_o(\tau_{a+}) = u_i(\tau_{a+}) - u_C(\tau_{a+}) = 0 - U_a = -U_a$$

之后电阻电压随电容放电又逐步回到零值。因此，微分电路在电阻上的输出波形响应如图 5－45 所示，呈尖脉冲。

2）积分电路

RC 串联电路如图 5－46 所示，取电容为输出端。输入周期性方波信号同上。电路的时间常数仍是 $\tau = RC$。

若满足 $\tau \gg \tau_a$，则电容充电很慢，尚未充满时，输入信号变零，电容转入放电。同理，电容放电也慢，则未放电趋零时，输入信号跳变至 U_a，电容又转为充电。如此往复，电容端的输出波形如图 5－47 所示。

若时间常数 τ 进一步减小，则电容上电压的充、放电波形将变得更小，此时电阻电压 $u_R \approx u_i$，则输出电压为

图 5－45　微分电路输入输出波形

$$u_o = u_C = \frac{1}{C}\int i\,dt = \frac{1}{C}\int \frac{u_R}{R}dt \approx \frac{1}{C}\int \frac{u_i}{R}dt \qquad (5-44)$$

式（5－44）表明，满足条件 $\tau \gg \tau_a$ 时，电路的输入和输出电压构成积分关系，是积分电路。

积分电路的输出波形为锯齿波。

当积分电路与有源放大器件组合，则能放大锯齿波信号的幅度，呈现清晰的三角波形的形态，广泛应用于扫描电路中。

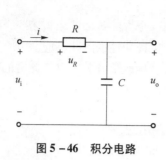

图 5-46 积分电路

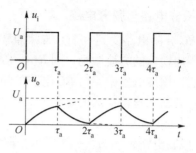

图 5-47 积分电路输入输出波形

知识点归纳

（1）阶跃函数是开关动作的数学模型，单位阶跃函数用 $\varepsilon(t)$ 或 $\varepsilon(t-t_0)$ 表示。

（2）阶跃响应可看作电路在阶跃函数的激励下产生的零状态响应。

（3）RC 串联电路输入脉冲宽度为 τ_a 的方波信号，当满足 $\tau \ll \tau_a$ 时，电阻端输出尖脉冲，构成微分电路；在满足 $\tau \gg \tau_a$ 时，电容端输出锯齿波，构成积分电路。

本 章 小 结

（1）电容元件或电感元件上的电压、电流关系须通过电压的变化量或电流的变化量来描述，这类元件称为动态元件。

（2）电容器可以存储电荷。两金属极板中间隔以绝缘介质就构成了电容器。当电容器的金属极板两端加上电压 u 以后，它的极板上就会聚集并存储电荷 q。电荷量 q 与电压 u 的比值被定义为电容量，简称电容，用 C 表示，即 $C = \dfrac{q}{u}$，它反映了电容器存储电荷的能力。

（3）电容元件上电压与电流的关系为：$i_C = C \cdot \dfrac{\mathrm{d}u_C}{\mathrm{d}t}$。

（4）对直流电而言，电容上电压无变化，流过电流为零，相当于开路；对交流电而言，电容上电压变化越快，流过的电流值越大，反之流过的电流值越小。电容元件有"隔直流、通交流"的作用。

（5）电容元件的储能为：$W_C = \dfrac{1}{2}Cu_C^2$，它和电压的平方成正比，表明电容的储能只与电容上电压的大小有关。

（6）电容串联等效电容的倒数等于各电容倒数之和：$\dfrac{1}{C} = \dfrac{1}{C_1} + \dfrac{1}{C_2} + \cdots + \dfrac{1}{C_n}$；电容并联等效电容等于各个电容之和：$C = C_1 + C_2 + \cdots + C_n$。

（7）电感器可以存储磁场。一般导体缠绕成绕线线圈，中间或穿以铁芯、磁芯就构成了电感器。当电感线圈通上电流 i 时，电感线圈产生磁链 Ψ。磁链 Ψ 与流过电感的电流 i 的比值被定义为自感量，也称电感，用 L 表示，即 $L = \dfrac{\Psi}{i}$，它反映了电感器存储磁场的能力。

（8）电感元件上电压与电流的关系为：$u_L = L \dfrac{\mathrm{d}i}{\mathrm{d}t}$。

（9）对直流电而言，电感上电流无变化，电感上的电压为零，相当于短路；对交流电而言，电感上电流变化越快，感应产生的电压值越大，反之感应产生的电压值越小。电感元件有"通直流、阻交流"的作用。

（10）电感元件的储能为：$W_L = \dfrac{1}{2} L i_L^2$，它和电流的平方成正比，表明电感存储磁能只与电感上电流的大小有关。

（11）电感串联等效电感 L 为各个电感的自感量之和：$L = L_1 + L_2 + \cdots + L_n$；电感并联等效电感等于各个电感量的倒数之和：$\dfrac{1}{L} = \dfrac{1}{L_1} + \dfrac{1}{L_2} + \cdots + \dfrac{1}{L_n}$。

（12）电路的过渡过程：指电路从一种稳定状态变化到另一种稳定状态的中间过程。电路的稳定状态简称稳态，中间的过渡过程简称暂态。

（13）引起电路过渡过程的原因有两个：电路换路；电路中有动态储能元件。

（14）换路定律：电容换路，$u_C(0_+) = u_C(0_-)$；电感换路，$i_L(0_+) = i_L(0_-)$。表示在换路瞬间，电容两端电压不能跃变，电感上的电流不能跃变。

（15）在换路前，若电容两端电压为零，则在换路瞬间电容相当于短路；在换路前，若电感上流过的电流为零，则在换路瞬间电感相当于开路。

（16）根据换路后的电路及 $u_C(0_+)$ 和 $i_L(0_+)$ 的值，可求解换路后电路中的各项初始值。

（17）在稳定状态下，电容相当于开路，电感相当于短路。

（18）RC 一阶电路零输入、零状态响应分别对应电容的放电、充电过程。

（19）RL 一阶电路零输入、零状态响应分别对应电感释放能量、存储能量的过程。

（20）一阶电路的全响应可以分解成暂态分量和稳态分量，也可以分解成零输入响应和零状态响应。

（21）一阶电路的三要素法表达式：$f(t) = f(\infty) + [f(0_+) - f(\infty)] e^{-\frac{t}{\tau}}$。确定电路的稳态值、初始值和时间常数即可根据该式写出电路的过渡响应。

①RC 电路根据三要素法的全响应表达式为

$$u_C(t) = u_C(\infty) + [u_C(0_+) - u_C(\infty)] e^{-\frac{1}{\tau}t}$$

或

$$u_C(t) = u_C(0_+) e^{-\frac{1}{\tau}t} + u_C(\infty)(1 - e^{-\frac{1}{\tau}t})$$

②RL 电路根据三要素法的全响应表达式为

$$i_L(t) = i_L(\infty) + [i_L(0_+) - i_L(\infty)] e^{-\frac{1}{\tau}t}$$

或

$$i_L(t) = i_L(0_+) e^{-\frac{1}{\tau}t} + i_L(\infty)(1 - e^{-\frac{1}{\tau}t})$$

（22）时间常数 τ 反映了电路过渡过程的快慢。一般认为经过 $(3 \sim 5)\tau$ 的时间，过渡过程就基本结束。

（23）在 RC 电路中，时间常数 $\tau = RC$；在 RL 电路中，时间常数 $\tau = L/R$。时间常数 τ 由换路后回路中的元件参数 C、L 和 R 确定，其中 R 为换路后动态元件两端看进去的戴维南等效电阻。

（24）阶跃函数是开关动作的数学模型，单位阶跃函数用 $\varepsilon(t)$ 或 $\varepsilon(t - t_0)$ 表示。阶跃响应可看作电路在阶跃函数的激励下产生的零状态响应。

（25）RC 串联电路输入方波信号时，如果满足方波电压的周期 $T \gg \tau$，且在电阻端输出，则构成微分电路；如果满足方波电压的周期 $T \ll \tau$，且在电容端输出，则构成积分电路。

（26）微分电路和积分电路也称为波形变换电路。微分电路能将方波信号变成尖脉冲信号；积分电路能将方波信号变成锯齿波信号。

第 6 章

正弦交流电路

拓展阅读
施泰因梅茨

在前几章里，电路施加的激励都是直流激励，电路中流过的电流是直流电流。但在日常生活及生产中，更为广泛使用的是交变电流。交变电流是一种大小和方向随时间按一定规律周期性变化，且在一个周期内平均值为零的电流，简称交流。如果这种交变电流随时间按正弦函数变化，就称为正弦电流，流过该电流的电路就叫作正弦交流电路。

6.1 相量法基础

6.1.1 复数及其运算

对正弦交流电路进行分析，就需要对正弦量进行加、减、乘、除运算。用一般的运算方法比较烦琐，但用数学中的复数概念，可以方便地解决正弦量之间的计算问题。

1. 复数的表示

1）代数表示

复数在数学中的代数形式用 $A = a + bi$ 表示。其中 a 为实部，b 为虚部，$i = \sqrt{-1}$，称为虚单位。但在电工学中，i 已表示电流，为避免混淆，复数常用 $A = a + jb$ 表示。

2）图形表示

取一个直角坐标系，横轴称实轴，用来表示复数的实部；纵轴称虚轴，用来表示复数的虚部。两轴所在的平面称为复平面。对每一个复数而言，都可以在这个复平面上找到唯一对应的点；反过来，每一个复平面上的点可以对应唯一的一个复数。

复数还可以用复平面上的矢量来表示。

📖 **例 6 – 1** 在图 6 – 1 中标出复数 $5 + j4$ 对应复平面上的点 P_1，以及复数 $-4 + j3$ 对应的点 P_2 和复数 $-3 - j2$ 对应的点 P_3。同时用复矢量来表示复数 $5 + j4$ 和 $-4 + j3$。

标注方法：

在横轴上找对复数的实部分量，在纵轴上找对复数的虚部分量，并分别作虚线，如 $5 +$

j4 示例。两线的交点即复数在复平面上唯一对应的点（请读者自行标注 3 个点于图 6-1 中）。从原点 0 指向该点的矢量即为复矢量。

由以上示例可知，任意一个复数 $A = a + jb$ 都可以对应一个复矢量 OP，如图 6-2 所示。矢量的长度 r 称为复数的模，模总取正值。矢量与实轴正方向的夹角 θ，称为复数 A 的幅角。它们和复数的实部、虚部分量之间满足

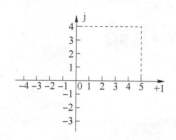

图 6-1 复数与复平面上对应的点　　　图 6-2 复矢量表示复数

$$r = |A| = \sqrt{a^2 + b^2} \tag{6-1}$$

$$\theta = \arctan \frac{b}{a} \tag{6-2}$$

根据三角函数关系，可知

$$\begin{aligned} a &= r\cos\theta \\ b &= r\sin\theta \end{aligned} \tag{6-3}$$

a 是复数 A 的实部，也是复数 A 的模在实轴上的投影；b 则是它的虚部，也是该复数的模在虚轴上的投影。

因而复数也可以写成

$$A = a + jb = |A|\cos\theta + j|A|\sin\theta = r\cos\theta + jr\sin\theta \tag{6-4}$$

式（6-4）指出，复数除了有代数表示形式外，还有三角函数的表示形式，它与代数形式的转换关系满足式（6-1）和式（6-2）及式（6-3）。

2. 复数的形式

复数除了代数形式、三角函数形式外，根据欧拉公式，即

$$e^{j\theta} = \cos\theta + j\sin\theta$$

式（6-4）又可以写成

$$A = r\cos\theta + jr\sin\theta = re^{j\theta} \tag{6-5}$$

该形式称为复数的指数形式。

对应于极坐标，复数还可以写成

$$A = r\underline{/\theta} \tag{6-6}$$

📖 **例 6-2**　写出复数 $5 + j4$ 和复数 $-3 - j2$ 的三角函数形式、指数形式和极坐标形式。

解：（1）$5 + j4$ 的模 $r = \sqrt{5^2 + 4^2} = 6.4$

$5 + j4$ 的幅角 $\theta = \arctan \dfrac{4}{5} = 38.7°$

则其三角函数形式为：$6.4\cos 38.7° + j6.4\sin 38.7°$

指数形式为：$6.4\mathrm{e}^{\mathrm{j}38.7°}$

极坐标形式为：$6.4\underline{/38.7°}$

（2）$-3-\mathrm{j}2$ 的模 $r=\sqrt{(-3)^2+(-2)^2}=3.6$

$-3-\mathrm{j}2$ 的幅角 $\theta=\arctan\dfrac{-2}{-3}$

直接求反函数可得角度 33.7°。由于复数 $-3-\mathrm{j}2$ 的矢量位于第三象限，如例 6-1 中应标注的位置，因此利用 $\tan(\pi+\alpha)=\tan\alpha$，以及三角函数中正负角度的概念，将幅角写成 $|\theta|\leqslant180°$ 的形式，最终确定幅角 $\theta=-146.3°$

则其三角函数形式为：$3.6\cos(-146.3°)+\mathrm{j}3.6\sin(-146.3°)$

指数形式为：$3.6\mathrm{e}^{\mathrm{j}(-146.3°)}$

极坐标形式为：$3.6\underline{/-146.3°}$

📖 **例 6-3**　写出 -1、j、$-2\mathrm{j}$ 的极坐标形式。

解：-1 的虚部为零，对应的矢量与复平面上横轴的负半轴重合，其极坐标形式为：$1\underline{/180°}$。

同理，j 的实部为零，其矢量与复平面上纵轴的正半轴重合，其极坐标形式为：$1\underline{/90°}$。

$-2\mathrm{j}$ 的矢量与复平面上纵轴的负半轴重合，模为 2，其极坐标形式为：$2\underline{/-90°}$。

✏️ **练一练：**

写出复数 $-4+\mathrm{j}3$ 的三角函数形式和极坐标形式。

（1）计算复数的模。

（2）计算复数的幅角，注意复矢量所在的象限。

（3）写出复数的三角函数形式。

（4）写出复数的极坐标形式。

解题微课

3. 复数的运算

1）复数的加、减法

📖 **例 6-4**　有两复数 $A=8\underline{/120°}$、$B=10\underline{/-30°}$，求 $A-B$。

解题步骤如下。

（1）两个极坐标形式的复数之间做减法。如果直接按极坐标反映的矢量形式相减，则并不简便。因而要先将复数化作代数形式。

$$8\underline{/120°}=8\cos120°+\mathrm{j}8\sin120°=-4+\mathrm{j}6.93$$

$$10\underline{/-30°}=10\cos(-30°)+\mathrm{j}10\sin(-30°)=8.66-\mathrm{j}5$$

（2）两者代数相减。

$$8\underline{/120°}-10\underline{/-30°}=-4+\mathrm{j}6.93-(8.66-\mathrm{j}5)=-12.66+\mathrm{j}11.93$$

（3）将代数形式的结果转换回极坐标形式。

$$-12.66+\mathrm{j}11.93=\sqrt{(-12.66)^2+(11.93)^2}\underline{\bigg/\arctan\dfrac{11.9}{-12.66}}=17.4\underline{/136.7°}$$

通过上述举例可知，复数要化为代数形式相加减。现设有两个复数：

$$A=a_1+\mathrm{j}b_1=r_1\mathrm{e}^{\mathrm{j}\theta_1}=r_1\underline{/\theta_1}$$

$$B=a_2+\mathrm{j}b_2=r_2\mathrm{e}^{\mathrm{j}\theta_2}=r_2\underline{/\theta_2}$$

在复数相加减时，将实部与实部相加减，虚部与虚部相加减。因此，有

$$A\pm B=(a_1\pm a_2)+\mathrm{j}(b_1\pm b_2) \tag{6-7}$$

2）复数的乘、除法

📖例6-5 有两复数 $A = 8 + j6$，$B = 6 - j8$。求 $A \cdot B$ 与 A/B。

解题步骤如下。

（1）两个代数形式的复数做乘除法。若直接乘除，则不简便，因而先将复数化作极坐标形式。

$$8 + j6 = \sqrt{8^2 + 6^2} \underline{/\arctan \frac{6}{8}} = 10\underline{/36.9°}$$

$$6 - j8 = \sqrt{(6)^2 + (-8)^2} \underline{/\arctan \frac{-8}{6}} = 10\underline{/-53.1°}$$

（2）复数相乘：模相乘，幅角相加。

$$A \cdot B = 10\underline{/36.9°} + 10\underline{/-53.1°} = 10 \times 10\underline{/36.9° - 53.1°} = 100\underline{/-16.2°}$$

（3）复数相除：模相除，幅角相减。

$$\frac{A}{B} = \frac{10\underline{/36.9°}}{10\underline{/-53.1°}} = \frac{10}{10}\underline{/36.9° - (-53.1°)} = 1\underline{/90°}$$

通过上述举例可知，复数要化为极坐标形式相乘除。在乘除时，模与模相乘除，幅角与幅角相加减。如式（6-8）和式（6-9），即

$$A \cdot B = r_1\underline{/\theta_1} \cdot r_2\underline{/\theta_2} = r_1 r_2 \underline{/\theta_1 + \theta_2} \tag{6-8}$$

$$\frac{A}{B} = \frac{r_1\underline{/\theta_1}}{r_2\underline{/\theta_2}} = \frac{r_1}{r_2}\underline{/\theta_1 - \theta_2} \tag{6-9}$$

📖例6-6 复数 $A = 10\underline{/36.9°}$，$B = j$，$C = -j$。求 $A \cdot B$ 与 $A \cdot C$，并且在复平面上画出三者的矢量图。

解：$B = j = 1\underline{/90°}$，$C = -j = 1\underline{/-90°}$

$A \cdot B = 10\underline{/36.9°} \times 1\underline{/90°} = 10\underline{/126.9°}$

$A \cdot C = 10\underline{/36.9°} \times 1\underline{/-90°} = 10\underline{/-53.1°}$

三者的矢量图如图6-3所示。

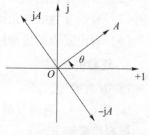

图6-3 例6-6矢量图

通过该例题可知，一个复数乘以 j，相当于把这个复数矢量在复平面逆时针方向旋转了90°；而乘以 -j，则相当于把该矢量顺时针方向旋转了90°。同理可知，当一个复数乘以 -1 时，相当于将该复数矢量旋转了180°。

像这样模等于1、幅角为 θ 的复数，当它与其他任意复数相乘时，都不会改变模的值，但能改变幅角。实际上就是将该任意复数的复矢量从原来位置逆时针方向旋转了 θ 角。用 $e^{j\theta} = 1\underline{/\theta}$ 来表示这种模为1的复数，并称它们为旋转因子。

✏️练一练：

有两复数 $I_1 = 10\underline{/36.9°}$，$I_2 = 5\underline{/-53.1°}$，求 $I_1 + I_2$ 和 $I_1 I_2$。

（1）将两复数转换成代数形式。

（2）复数相加。

（3）复数相乘。

解题微课

6.1.2 正弦量

按正弦函数规律变化的电压或电流称为正弦交流电。

以电流为例，正弦量一般的表达式为

$$i = I_m \sin(\omega t + \varphi_i) \qquad (6-10)$$

式（6-10）也称为解析式，反映了电流 i 随时间 t 变化的函数关系。I_m 是正弦量的振幅值，表征了正弦交流电流变化幅度的大小。ω 是角频率（单位是 rad/s），表征了电流变化的快慢。φ_i 是初相位，能够表征正弦电流变化的初始值。这三者是正弦量必备的三要素。当一个正弦量知道了这三要素，也就能确定在任意时间 t 时正弦电流的瞬时值 i。

📖 例 6-7　一个正弦交流电流的解析式是 $i = 10\sin\left(100\pi t + \dfrac{\pi}{6}\right)$ A，从该式中确定电流的振幅值、角频率和初相位这三要素。确定在 $t_1 = 0$ 和 $t_2 = 3.33$ ms 时刻该电流达到的瞬时值。

解题步骤如下。

（1）将该电流的解析式与正弦量的一般表达式 $i = I_m \sin(\omega t + \varphi_i)$ 作比较，可得

振幅值：$I_m = 10$ A；　　角频率：$\omega = 100\pi = 314$ rad/s

初相位：$\varphi_i = \dfrac{\pi}{6}$ 或者 $\varphi_i = 30°$

（2）将 $t_1 = 0$ 代入解析式，记此时的电流瞬时值为 i_1，则

$$i_1 = 10\sin\left(100\pi t_1 + \frac{\pi}{6}\right) = 10\sin\frac{\pi}{6} = 5 \;(\text{A})$$

（3）将 $t_2 = 3.33$ ms 代入解析式，记此时的电流瞬时值为 i_2，则

$$i_2 = 10\sin\left(100\pi t_2 + \frac{\pi}{6}\right) = 10\sin\left(100\pi \times 3.33 \times 10^{-3} + \frac{\pi}{6}\right) = 10\sin\frac{\pi}{2} = 10 \;(\text{A})$$

由此可知，该正弦电流在 0 时刻的电流为 5 A，是该正弦量的初始值。而在 3.33 ms 时，达到了它的振幅值 10 A。

如果将上例中的正弦电流在不同时刻的电流瞬时值逐一算出，且在以时间 t 为横坐标、电流 i 为纵坐标的坐标轴上描点，则可得到形态及位置如图 6-4 所示的一般正弦电流波形。

1. 正弦量的三要素

1）振幅值

振幅值是正弦量瞬时值能达到的最大值，简称幅值。在图 6-4 中，振幅值 I_m 即是从零到波形顶峰的数值，因此也叫峰值。

标注振幅值时，正弦量带有下标 m，如电流 I_m 或者电压 U_m。

2）角频率

角频率 ω 表示在单位时间内正弦量经历的电角度，单位是弧度/秒（rad/s）。

在图 6-4 中，角频率 ω 虽然不能被直观反映，但通过其他变量可知它们之间的关系。

在图 6-4 中，电流值从 t_1 到 t_2 时刻，实现了一次完整的按正弦规律的变换。从 t_2 时刻起，又将重复原先的规律变化。像这样周期性交变量循环一次的时间就叫作周期，用 T 表示，单位是秒（s）。

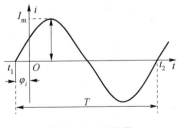

图 6-4　正弦量

交流量每秒钟完成循环的次数称为频率，用 f 表示，单位是赫兹（Hz）。如果交流量在

1 s 内完成的周期循环次数是 1 次，那么其频率为 1 Hz。周期与频率的关系为

$$f = \frac{1}{T} \tag{6-11}$$

在一个周期 T 内，正弦量经历的电角度是 2π 个弧度，因此角频率 ω 与周期 T 以及频率 f 的关系为

$$\omega = \frac{2\pi}{T} = 2\pi f \tag{6-12}$$

3）初相位

正弦量在任一时刻的瞬时值都和电角度（$\omega t + \varphi_i$）有关，这个电角度称为正弦量的相位。而 φ_i 则是正弦量在计时起点时刻 $t = 0$ 时的相位，称初相位，简称初相。相位及初相一般用弧度表示，工程上也允许用角度表示。规定：初相 $|\varphi_i| \leqslant \pi$，即 $|\varphi_i| \leqslant 180°$，要以正弦值由负变正时的零点作为确定初相位的零点。

📖 **例 6 - 8** 例 6 - 7 中的电流也可写作 $i = 10\sin(314t + 30°)$ A，求它的周期、频率。如果该电流的参考方向取反，请写出它的函数式，并以 ωt 为横坐标画出电流 i 的波形图。

解题步骤如下。

（1）从表达式已知电流的角频率 $\omega = 314$ rad/s，则

$$f = \frac{\omega}{2\pi} = \frac{314}{2 \times 3.14} = 50 \ （Hz），\ T = \frac{1}{f} = \frac{1}{50} = 0.02 \ （s）$$

（2）若电流的参考方向取反，则交流电流的瞬时值皆反，其解析式也异号，写成

$$i = -10\sin(314t + 30°) = 10\sin(314t + 30° + \pi)$$

（3）根据三角函数的诱导公式，改写该式后发现，改变参考方向的结果是将正弦量的初相加上（或减去）π，振幅与角频率等都不变。

（4）将取反后的解析式初相（$\pi + 30°$）转变成 $-150°$，并画波形图如图 6 - 5 所示。

改变参考方向后的函数解析式为

$$i = 10\sin(314t - 150°)$$

比较例 6 - 7 和例 6 - 8 的波形图，两者的初相位相差 π，且因为是同频率，因此无论在任何时刻，两者的相位差始终不变。

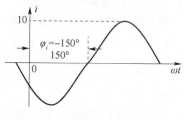

图 6 - 5 例 6 - 8 波形图

2. 相位差

两个同频率正弦量之间的相位之差，即相位差。

设有两个同频率的正弦量 u 和 i，分别为 $u = U_m\sin(\omega t + \varphi_u)$、$i = I_m\sin(\omega t + \varphi_i)$，则两者的相位差为

$$\varphi_{ui} = (\omega t + \varphi_u) - (\omega t + \varphi_i) = \varphi_u - \varphi_i \tag{6-13}$$

式（6 - 13）表明，同频率正弦量之间的相位差就是初相之差，是一个常数。如果两个正弦量不同频率，则相位差将不断地随时间变化，两者没有比较的意义。

从式（6 - 13）可得出同频率正弦量的相位差一般有以下几种关系。

（1）超前：$\varphi_{ui} > 0$，电压 u 超前电流 i 一个 φ_{ui} 相位（或称电流 i 滞后电压 u）。

（2）滞后：$\varphi_{ui} < 0$，电压 u 滞后电流 i 一个 φ_{ui} 相位（或称电流 i 超前电压 u）。

图 6 - 6（a）和图 6 - 6（b）分别描绘了超前、滞后关系。一个正弦量比另一个正弦量

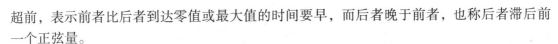

超前，表示前者比后者到达零值或最大值的时间要早，而后者晚于前者，也称后者滞后前一个正弦量。

（3）同相：$\varphi_{ui}=0$，电压 u 和电流 i 之间没有相位差，两者到达零值或最大值的时间总是相同的，如图 6-6（c）所示。

（4）正交：$\varphi_{ui}=\pm90°$，电压 u 与电流 i 的相位差为 $90°$，表示一个正弦量超前另一个正弦量 $90°$，如图 6-6（d）所示。

（5）反相：$\varphi_{ui}=\pm180°$，电压 u 与电流 i 的相位差为 $180°$。两个正弦量反相，则一个正弦量达到正的最大值时，另一个正弦量达到负的最大值。改变参考方向的正弦量也与原正弦量反相，如例 6-7 和例 6-8 两个波形所示。

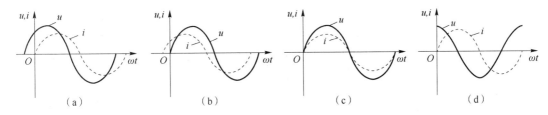

图 6-6　同频率正弦量的相位关系示例

3. 有效值与平均值

1）有效值的定义

描述正弦交流电的大小除了用振幅值外，还常用有效值。

电路从能量的观点看，可以实现能量的转换。如果正弦交流电流 i 通过电阻在一个周期内产生的热量，与相同时间内直流电流 I 通过电阻 R 产生的热量相等，就称这个直流电流 I 的数值为交流电 i 的有效值。

设直流电流 I 在时间 T 内通过电阻 R 产生的热量为 Q，则有

$$Q = I^2RT$$

交流电流 i 通过同样的电阻 R，在一个周期 T 内产生的热量为

$$Q = \int_0^T i^2R\mathrm{d}t$$

由于两者的热量相等，因此有 $I^2RT = \int_0^T i^2R\mathrm{d}t$，可得

$$I = \sqrt{\frac{1}{T}\int_0^T i^2\mathrm{d}t} \tag{6-14}$$

式（6-14）中的 I 就是交流电 i 的有效值，也叫均方根值。其根号前只取正号，负值无意义。

2）正弦量的有效值

对一个正弦交流电流 $i = I_\mathrm{m}\sin\omega t$ 而言，其有效值为

$$I = \sqrt{\frac{1}{T}\int_0^T (I_\mathrm{m}\sin\omega t)^2\mathrm{d}t} = \frac{I_\mathrm{m}}{\sqrt{2}} = 0.707I_\mathrm{m} \tag{6-15}$$

它表示振幅值为 1 A 的正弦电流，在电路能量转换上的实际效果与 0.707 A 的直流相当。

同理，正弦电压的有效值为

$$U = \frac{U_{\mathrm{m}}}{\sqrt{2}} = 0.707 U_{\mathrm{m}} \tag{6-16}$$

测量交流电压和电流的常用仪表，其显示的数字均为有效值。电机及电器铭牌上标注的也都是有效值。例如，电视机标注电压 220 V，是有效值，该交流电压的最大值为 311 V。

3）平均值

工程上有时也用到周期性交流电流的平均值。对正弦量而言，平均值是指从零点开始的半个周期内的平均值，而非一个周期内交变量的平均值。根据该定义，一个 $i = I_{\mathrm{m}}\sin \omega t$ 的正弦量，其平均值为

$$I_{\mathrm{av}} = \frac{\int_0^{\frac{T}{2}} I_{\mathrm{m}}\sin \omega t \mathrm{d}t}{T/2} \approx 0.637 I_{\mathrm{m}} \tag{6-17}$$

✒ 练一练：

已知 $i_1 = 20\sin(314t - 120°)$ A，$i_2 = 10\sin(314t + 30°)$ A，分别求出两电流的振幅值、有效值和初相位以及两者的相位差，并且在同一坐标内画出两电流的波形图。

(1) 电流 i_1 的振幅值 I_{m1}、有效值 I_1 和初相位

φ_1：_____。

(2) 电流 i_2 的振幅值 I_{m2}、有效值 I_2 和初相位 φ_2：_____。

(3) 两者相位差：_____。

(4) 画两电流的波形图。

解题微课

6.1.3　基尔霍夫定律的相量形式

一个正弦量可以用函数解析式来描述，也可以用波形图来描述。如果在一个并联电路中存在两条支路，两条支路上的电流分别为 $i_1 = I_{\mathrm{m1}}\sin(\omega t + \varphi_1)$ 和 $i_2 = I_{\mathrm{m2}}\sin(\omega t + \varphi_2)$。如何求解该电路的总电流 i？

众所周知，交流电路的电流、电压的瞬时值也受基尔霍夫定律约束。假设这两个电流的参考方向一致，则总电流 $i = i_1 + i_2 = I_{\mathrm{m1}}\sin(\omega t + \varphi_1) + I_{\mathrm{m2}}\sin(\omega t + \varphi_2)$。不难看出，如果用波形图来求解，就需要把两电流在各时刻的瞬时值逐点相加，十分烦琐。如果采用函数法，则要利用三角函数和差化积的方法计算，才可以确定两个同频率正弦量之和的模和初相角，即

$$I = \sqrt{(I_1\sin \varphi_1 + I_2\sin \varphi_2)^2 + (I_1\cos \varphi_1 + I_2\cos \varphi_2)^2}$$

$$\tan \varphi_i = \frac{I_1\sin \varphi_1 + I_2\sin \varphi_2}{I_1\cos \varphi_1 + I_2\cos \varphi_2} \tag{6-18}$$

式（6-18）的求解过程也十分烦琐困难，从实用角度说，需要其他更简便的方法。

这里就介绍描述正弦量的第 3 种方法，即德国科学家施泰因梅茨提出的相量法。

1. 正弦量的相量法

设有一个正弦量 $i = I_m \sin(\omega t + \varphi_i)$，在复平面上作一个矢量，如图 6-7 所示。

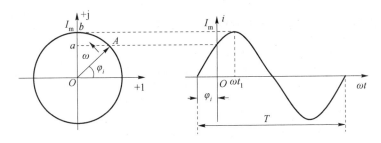

图 6-7　正弦量的相量法

使矢量长度 OA 等于振幅值 I_m，矢量与横轴的夹角等于初相 φ_i，矢量以 ω 的角速度绕坐标原点 O 沿逆时针方向旋转。在 $t = 0$ 时刻，矢量在复平面虚轴上的投影是 $oa = I_m \sin \varphi_i$，对应了正弦量在 $t = 0$ 时刻的瞬时值。经过 t_1 时间后，矢量转到了与虚轴重合的位置，此时它在虚轴上的投影即 $ob = I_m \sin(\omega t_1 + \varphi_i)$ 就等于矢量自身的长度，也就是达到了最大值，该值也等于正弦量在 $t = t_1$ 时刻的瞬时值。由此可见，这一旋转矢量每时每刻在虚轴上的投影都和正弦量的瞬时值对应，如此一来，该旋转矢量就能完整地表示一个正弦量。

复平面上的矢量可以用复数表示。我们用指数形式表示在起点位置时的这一矢量为 $I_m e^{j\varphi_i}$，乘上旋转因子 $e^{j\omega t}$，可将任意时刻的矢量用复数表示出来，即

$$I_m e^{j\varphi_i} \cdot e^{j\omega t} = I_m e^{j(\omega t + \varphi_i)}$$

将该形式写成三角函数形式，即

$$I_m \cos(\omega t + \varphi_i) + j I_m \sin(\omega t + \varphi_i)$$

该复数的虚部为正弦函数，对应了旋转矢量在虚轴上的投影。

由于在正弦交流电路中所有的激励和响应都是同频率的正弦量，使得旋转矢量的角速度 ω 一致，因此可以不考虑旋转，只考虑初始位置。也就是，在表示同频率的正弦量时，可以省去旋转因子 $e^{j\omega t}$，只用起始位置的复数 $I_m e^{j\varphi_i}$ 来表示。

这种与正弦量相对应的复数就称为相量，用 $\dot{A}$ 表示，它是一个时间函数，但其本身并不等于正弦函数，而是能对应地表示一个正弦量。这就是正弦量的相量法。

一个正弦量 $i = I_m \sin(\omega t + \varphi_i)$，它的相量可以写成

$$\dot{I}_m = I_m e^{j\varphi_i} = I_m \underline{/\varphi_i} \tag{6-19}$$

相量 $\dot{I}_m$ 的模是正弦量的振幅，是振幅相量。如果写成有效值相量，则可以写成

$$\dot{I} = I e^{j\varphi_i} = I \underline{/\varphi_i} \tag{6-20}$$

一般未经特别说明的相量都指有效值相量。

如果将正弦量对应的复数画在复平面上，则这种表示相量的图就称为相量图。用相量表示的正弦量进行交流电路运算的方法就称为相量法。

📖 **例 6-9**　一并联电路中，两条支路上流过的电流分别为 $i_1 = 8\sqrt{2} \sin(\omega t + 60°)$ A、$i_2 = 6\sqrt{2} \sin(\omega t - 30°)$ A。写出两电流的相量，并画相量图。

解题步骤如下。

（1）从解析式可知两电流的有效值分别为

$$I_1 = 8 \text{ A}, \quad I_2 = 6 \text{ A}$$

（2）写出电流 i_1 的相量：$\dot{I}_1 = 8\underline{/60°}$

写出电流 i_2 的相量：$\dot{I}_2 = 6\underline{/-30°}$

（3）画相量图。由相量的模和初相角确定两电流的位置，如图 6-8 所示。

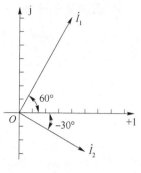

图 6-8 例 6-9 相量图

对极坐标形式的相量而言，还可以利用三角函数关系，分别求出相量的模在横轴与纵轴上的投影，从而将极坐标形式的相量改写成代数形式，即

$$\dot{I}_1 = 8\underline{/60°} = 8\cos 60° + j8\sin 60° = 4 + j6.93$$

$$\dot{I}_2 = 6\underline{/-30°} = 6\cos(-30°) + j6\sin(-30°) = 5.2 - j3$$

两相量的代数形式数值，可在图 6-8 中的实轴和虚轴上找到，它与极坐标形式是对应一致的。

📖 **例 6-10** 求例 6-9 中并联电路的总电流 i。

解题步骤如下。

方法一：

（1）在复平面上作出相量 $\dot{I}_1 = 8\underline{/60°}$，$\dot{I}_2 = 6\underline{/-30°}$，如图 6-8 所示。两相量之和为总电流，可用作图法。按平行四边形法则作平行四边形，取对角线，画出总电流的相量 $\dot{I} = \dot{I}_1 + \dot{I}_2$（请读者自行在图 6-8 中画出）。

（2）根据相量图与勾股定理可知，相量 $\dot{I}$ 的模：$I = \sqrt{I_1^2 + I_2^2} = \sqrt{8^2 + 6^2} = 10$

相量 $\dot{I}$ 的初相角：$\varphi_i = \arctan \dfrac{I_1}{I_2} - |\varphi_{i_1}| = \arctan \dfrac{8}{6} - 30° = 53.13° - 30° = 23.13°$

得总电流 i 的相量为：$\dot{I} = 10\underline{/23.13°}$

（3）根据相量与正弦量的对应关系，可以得出总电流的解析式为

$$i = 10\sqrt{2}\sin(\omega t + 23.13°) \text{ A}$$

由于两电流相量可以写成复数的代数形式，因此就有了另一种解法。

方法二：

（1）通过代数形式计算 $\dot{I}$，则有

$$\dot{I} = \dot{I}_1 + \dot{I}_2 = 8\underline{/60°} + 6\underline{/-30°} = 4 + j6.93 + 5.2 - j3 = 9.2 + j3.93$$

（2）进一步将代数形式转换回极坐标形式，则有

$$\dot{I} = 9.2 + j3.93 = \sqrt{9.2^2 + 3.93^2}\underline{/\arctan \dfrac{3.93}{9.2}} = 10\underline{/23.13°}$$

该结果与按平行四边形作图法得出的结果一致。

在实际情况下，两个同频率正弦量相加减，它们的振幅和相位差并不一定都满足勾股定理，因而后一种解法更为普遍，也更加简便。

将例 6-10 中后一种解法的解题过程与式（6-18）相比较，可以看出用相量的代数

形式计算，再把计算结果转换成相量的极坐标形式，与采用三角函数和差化积法解出的式（6-18）的结果是完全一致的，但相量法明显简洁了很多。

通过上例也证明了正弦量和的相量等于正弦量的相量之和，即

$$\dot{i} = \dot{i}_1 + \dot{i}_2 \tag{6-21}$$

同理，两个同频率正弦量之差也可以用相量法求解。求解时，可看作一个相量加上另一个取反后的负相量。取反后的负相量在相量图上与原相量方向相反。

2. 基尔霍夫定律的相量形式

如前几章所述，基尔霍夫定律在交流电路中也同样适用。也就是说，在任意时刻，对任一电路节点而言，流过该节点的各电流瞬时值的代数和等于零，即 $\sum i = 0$；对任一闭合回路而言，回路内各段电压瞬时值的代数和等于零，即 $\sum u = 0$。

由于描述正弦量按时间规律变化的解析式，表达的也是交流电路中电流或电压瞬时值的变化，因此基尔霍夫定律也可以描述成：在任一时刻，任一节点上各支路电流的解析式的代数和等于零。同理，在任一时刻，任一回路内各段电压解析式的代数和等于零。

在正弦交流电路中各电流和各段电压都是与电源同频率的正弦量，同频率三角函数形式的运算如前所述，都可以用对应的相量运算来替代。因而将这些同频率的正弦量用相量表示，可得

$$\sum \dot{I} = 0 \tag{6-22}$$

式（6-22）表示，流过正弦交流电路中的任一节点电流的相量代数和等于零。电流的正负号由参考方向决定。这就是基尔霍夫电流定律（KCL）的相量形式。

同理，将同频率的电压正弦量用相量表示，可得

$$\sum \dot{U} = 0 \tag{6-23}$$

式（6-23）表示，正弦交流电路中，任一回路内各段电压的相量的代数和等于零。这就是基尔霍夫电压定律（KVL）的相量形式。

✎ **练一练：**

已知在一串联回路中，电源 $u = 10\sqrt{2}\sin(\omega t + 36.9°)$ V 施加在两个元件上。其中一个元件电压是 $u_1 = 5\sqrt{2}\sin(\omega t - 53.1°)$ V，求另一个元件上的电压 u_2，并画出相量图。

（1）根据 KVL 的相量形式，可写出 $\dot{U}_1 + \dot{U}_2 - \dot{U} = 0$。

（2）写出电源电压 u 的相量并转换成 $a + jb$ 的形式：_____。

（3）写出电压 u_1 的相量并转换成 $a + jb$ 的形式：_____。

解题微课

（4）计算 $\dot{U}_2 = \dot{U} - \dot{U}_1$ 并画相量图。

（5）写出 u_2 的解析式：_____。

🌀 **知 识 点 归 纳**

（1）正弦量的三要素：振幅值 I_m 或 U_m、角频率 ω、初相位 φ。角频率与频率 f 及周期 T 的关系是：$\omega = \dfrac{2\pi}{T} = 2\pi f$。

（2）正弦量的有效值与振幅值之间的关系是：$I = 0.707 I_m$，$U = 0.707 U_m$。

（3）同频率的正弦量之间有超前、滞后、同相、正交、反相等相位关系。

（4）正弦量有函数解析式，如 $i = I_m\sin(\omega t + \varphi_i)$，以及波形图和相量 $\dot{I}$ 或 $\dot{U}$ 三种表示法。

（5）正弦量的相量法一般可以写成极坐标形式 $\dot{I} = I\angle\varphi$ 或者代数形式 $\dot{I} = a + jb$。它们之间的转换关系是：$I = \sqrt{a^2 + b^2}$、$\varphi = \arctan\dfrac{b}{a}$ 和 $a = I\cos\varphi$、$b = I\sin\varphi$。

（6）当同频率正弦量进行加减运算时，可以将相量写成代数形式，再将实部与实部相加减，虚部与虚部相加减；当正弦量进行乘除运算时，可以将相量写成极坐标形式，再进行模的相乘或相除，幅角的相加或相减。

（7）基尔霍夫电流定律和电压定律的相量形式分别是：$\sum \dot{I} = 0$ 和 $\sum \dot{U} = 0$。

6.2　阻抗和导纳

6.2.1　分立元件的阻抗和导纳

如前文所述，线性电路在同一频率的正弦激励下，电路全部的稳态响应也将是同一频率的正弦函数。这类电路泛称正弦稳态交流电路。在这类电路中，电阻元件、电感元件和电容元件上的电压和电流也都是同频率的正弦波。掌握这 3 种基本元件上正弦量的相量形式，是进一步用相量法分析正弦稳态电路的基础。

1. 3 种基本元件伏安关系的相量形式

1）纯电阻电路

纯电阻电路是只有电阻负载的交流电路，常见的荧光灯、电烙铁等交流电路都是纯电阻交流电路。

如图 6 – 9 所示，设通过电阻 R 的电流为 $i = \sqrt{2} I\sin \omega t$，则该电阻两端的电压依据欧姆定律为

$$u = Ri = \sqrt{2} RI\sin \omega t = \sqrt{2} U\sin \omega t \qquad (6 – 24)$$

根据式（6 – 24）可知，电阻上的电压和电流是同频率、同相位的关系。用波形图表示电压 – 电流关系如图 6 – 10（a）所示。

图 6 – 9　流过正弦电流的电阻

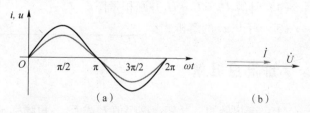

图 6 – 10　纯电阻正弦交流电路的波形图和相量图

用相量法表示该电流和电压，则电流相量 $\dot{I} = I\underline{/0°}$，电压的相量根据式（6-24）得出 $\dot{U} = RI\underline{/0°} = U\underline{/0°}$。再将电流相量代入，则可以写成

$$\dot{U} = R\dot{I} \qquad (6-25)$$

该式表达了电阻上电压和电流之间的相量关系，即在数值上，符合欧姆定律 $U = RI$，在相位上，电阻上的电压与电流同相。电流和电压的相量图如图 6-10（b）所示。

📖 **例 6-11** 纯电阻电路中，电阻为 22 kΩ，交流电压 $u = 311\sin(314t + 30°)$ V，求通过电阻的电流多大？写出电流的函数解析式，并画出电阻上电压和电流的相量图。

解题步骤如下。

（1）计算交流电压的有效值：$U = \dfrac{U_{\mathrm{m}}}{\sqrt{2}} = \dfrac{311}{\sqrt{2}} = 220$（V）。

（2）写出交流电压的相量式：$\dot{U} = 220\underline{/30°}$。

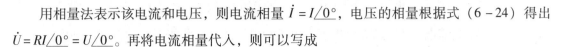

图 6-11　例 6-11 相量图

（3）根据 $\dot{U} = R\dot{I}$，解得电阻上电流的相量式，即

$$\dot{I} = \frac{\dot{U}}{R} = \frac{220\underline{/30°}}{22 \times 10^3} = 110 \times 10^{-3}\underline{/30°}\text{（A）} = 110\underline{/30°}\text{（mA）}$$

（4）根据相量式写出电流的函数解析式：$i = 110\sqrt{2}\sin(314t + 30°)$ mA。

（5）相量图如图 6-11 所示。

2）纯电感电路

如图 6-12 所示，设通过电感 L 的电流为 $i = \sqrt{2}I\sin\omega t$，则电感两端的电压为

图 6-12　流过正弦电流的电感

$$\begin{aligned}
u &= L\frac{\mathrm{d}i}{\mathrm{d}t} = L\frac{\mathrm{d}(\sqrt{2}I\sin\omega t)}{\mathrm{d}t} = \omega LI\sqrt{2}\cos\omega t \\
&= \omega LI\sqrt{2}\sin(\omega t + 90°) \\
&= \sqrt{2}U\sin(\omega t + 90°)
\end{aligned} \qquad (6-26)$$

从式（6-26）可知，电感施加正弦交流电以后，电感上的电压与电流同频率、但不同相。电感上的电压超前电流 90°。用波形图表示电压-电流关系如图 6-13（a）所示。

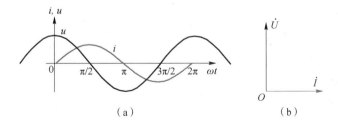

（a）　　　　　　　　　　　　　（b）

图 6-13　纯电感正弦交流电路的波形图和相量图

用相量表示该电流和电压，则电流相量 $\dot{I} = I\underline{/0°}$，电压的相量是 $\dot{U} = \omega LI\underline{/90°}$。由于 $1\underline{/90°}$ 为旋转因子，一个复数乘以该旋转因子，就相当于乘以 j，表示把这个复数矢量在复平面沿逆时针方向旋转了 90°，因此，电压的相量可写成

$$\dot{U} = \mathrm{j}\omega L\dot{I} \qquad (6-27)$$

式（6－27）表明，电感元件上的电压与电流的有效值关系是 $U = \omega LI$，相位关系是电感上的电压 $\dot{U}$ 超前电流 $\dot{I}$ 为 90°。电感上电流和电压的相量图如图 6－13（b）所示。

进一步用一个物理量 X_L 来表征电感元件对交流电流的阻碍作用，则有

$$X_L = \omega L = 2\pi f L \qquad (6-28)$$

X_L 称为感抗，单位为 Ω。式（6－28）表明，角频率 ω 越大，感抗越大。对直流电而言，$\omega = 0$，此时感抗 $X_L = 0$，因此电感对直流电相当于短路。

用感抗这一物理量，则式（6－27）也可写为

$$\dot{U} = \mathrm{j} X_L \dot{I} \qquad (6-29)$$

📖 **例 6－12**　一个电阻可忽略的纯电感电路，电感线圈 $L = 127$ mH，接在正弦交流电压为 $u = 311\sin(314t + 30°)$ V 的电源上。求：（1）感抗；（2）写出电压及电流的相量式，并绘出它们的相量图；（3）流过电感的电流解析式。

解题步骤如下。

（1）计算感抗：$X_L = \omega L = 314 \times 127 \times 10^{-3} = 40$（Ω）。

（2）写出电压的相量式：$\dot{U} = 220\underline{/30°}$（V）。

（3）用相量法计算电流：

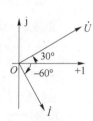

$$\dot{I} = \frac{\dot{U}}{\mathrm{j} X_L} = \frac{220\underline{/30°}}{1\underline{/90°} \times 40} = \frac{220}{40}\underline{/30° - 90°} = 5.5\underline{/-60°} \text{ (A)}$$

（4）绘出相量图如图 6－14 所示。

图 6－14　例 6－12 相量图

（5）写出电流的函数解析式为

$$i = 5.5\sqrt{2}\sin(314t - 60°) \text{ A}$$

✏️ **练一练：**

一个电感量为 0.1 H 的电感线圈，分别接到电压为 $u_1 = 100\sqrt{2}\sin(100t)$ V 和 $u_2 = 100\sqrt{2}\sin(1\,000t)$ V 交流电路中。（1）试分别求出在两个电压下的工作电流；（2）从结果可归纳出什么结论？

（1）求出电感在两个不同角频率下的感抗 X_{L1} 和 X_{L2}：_____。

（2）用相量法求电流 $\dot{I}_1$ 和 $\dot{I}_2$：_____。

（3）写出两个电流的解析式：_____。

（4）结论归纳：_____。

解题微课

3）纯电容电路

如图 6－15 所示，设一个电容元件 C 外接的正弦交流电压为 $u = \sqrt{2}U\sin\omega t$，则流过电容的电流为

$$i = C\frac{\mathrm{d}u}{\mathrm{d}t} = C\frac{\mathrm{d}(\sqrt{2}U\sin\omega t)}{\mathrm{d}t} = \omega CU\sqrt{2}\cos\omega t$$

$$= \omega CU\sqrt{2}\sin(\omega t + 90°)$$

$$= \sqrt{2}I\sin(\omega t + 90°) \qquad (6-30)$$

图 6－15　外接正弦电压的电容

从式（6－30）可知，电容外接正弦交流电以后，电容上的电

压与电流也不同相。电容上的电流超前电压 90°。用波形图表示电压 – 电流关系，如图 6 – 16（a）所示。

若用相量表示则电压相量为 $\dot{U} = U\underline{/0°}$，电流相量为 $\dot{I} = \omega CU\underline{/90°}$。由于 $1\underline{/90°}$ 是旋转因子，相当于乘以 j，因此电流相量又可写成 $\dot{I} = j\omega C\dot{U}$。将该式改写成伏安关系，则

$$\dot{U} = \frac{1}{j\omega C}\dot{I} = -j\frac{1}{\omega C}\dot{I} \tag{6-31}$$

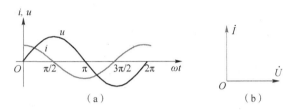

图 6 – 16　纯电容正弦交流电路的波形图和相量图

式（6 – 31）中的 – j 表示将复平面上的电流相量沿顺时针方向旋转 90°，可得电压相量的位置，如图 6 – 16（b）所示。式（6 – 31）表明，电容元件上的电压与电流的有效值关系是 $U = \frac{1}{\omega C}I$，相位关系是电容上的电流 $\dot{I}$ 超前电压 $\dot{U}$ 为 90°。

进一步用物理量 X_C 来表征电容器在充、放电时对交流电流的阻碍作用，则有

$$X_C = \frac{1}{\omega C} = \frac{1}{2\pi fC} \tag{6-32}$$

X_C 称为容抗，单位为 Ω。式（6 – 32）表明，角频率 ω 越大，容抗越小。对直流电而言，$\omega = 0$，此时容抗 $X_C \to \infty$，因此电容对直流电相当于开路。

用容抗这一物理量，则式（6 – 31）也可写为

$$\dot{U} = -jX_C\dot{I} \tag{6-33}$$

📖 **例 6 – 13**　一个 $C = 63\ \mu F$ 的电容器接到 $\dot{U} = 220\underline{/45°}$ V、频率 $f = 50$ Hz 的电源上。求：（1）容抗；（2）写出电容器上电流的相量式，并绘出电压和电流的相量图；（3）写出电流的解析式。

解题步骤如下。

（1）计算容抗，即

$$X_C = \frac{1}{\omega C} = \frac{1}{2\pi fC} = \frac{1}{2 \times 3.14 \times 50 \times 63 \times 10^{-6}} = 50\ (\Omega)$$

（2）用相量法计算电流，即

$$\dot{I} = \frac{\dot{U}_C}{-jX_C} = \frac{220\underline{/45°}}{50\underline{/-90°}} = 4.4\underline{/135°}\ (A)$$

（3）绘出相量图如图 6 – 17 所示。

（4）写出电流的函数解析式：$i = 4.4\sqrt{2}\sin(314t + 135°)$ A。

✏️ **练一练：**

流过 50 μF 电容器的电流 $i = 100\sqrt{2}\sin(300t + 60°)$ mA。试

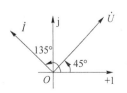

图 6 – 17　例 6 – 13 相量图

求电容两端的电压 u，并绘出相量图。

(1) 求出电容的容抗 X_C：_____。

(2) 用相量法求电压 $\dot{U}$：_____。

(3) 写出电压的解析式：_____。

(4) 画相量图。

解题微课

2. 3 种基本元件的阻抗和导纳

电阻、电感和电容元件在关联参考方向下，它们的伏安关系及相量式分别为

$$\dot{U} = R\dot{I} , \quad \dot{U} = \mathrm{j}X_L\dot{I} , \quad \dot{U} = -\mathrm{j}X_C\dot{I}$$

如果把元件在正弦稳态时电压相量与电流相量之比定义为该元件的阻抗，记为 Z，则 3 种基本元件的相量关系都可以归结为

$$\dot{U} = Z\dot{I} \tag{6-34}$$

这就是相量形式的欧姆定律。对电阻、电感和电容元件而言，它们的阻抗分别为

$$Z_R = R , \quad Z_L = \mathrm{j}X_L = \mathrm{j}\omega L , \quad Z_C = -\mathrm{j}X_C = -\mathrm{j}\frac{1}{\omega C}$$

它们阻抗的单位都是欧姆（Ω）。

阻抗的倒数定义为导纳，记为 Y，则有

$$Y = \frac{1}{Z} \tag{6-35}$$

结合式（6-34），元件的相量关系也可以归结为

$$\dot{I} = Y\dot{U} \tag{6-36}$$

根据式（6-35）的定义，电阻、电感和电容的导纳分别为

$$Y_R = \frac{1}{R} = G , \quad Y_L = \frac{1}{\mathrm{j}X_L} = -\mathrm{j}\frac{1}{\omega L} , \quad Y_C = \frac{1}{-\mathrm{j}X_C} = \mathrm{j}\omega C$$

由于电感的阻抗就是感抗 X_L，电容的阻抗就是容抗 X_C。将感抗的倒数称为感纳，专门记为 B_L，则有

$$B_L = \frac{1}{X_L} = \frac{1}{\omega L} \tag{6-37}$$

将容抗的倒数称为容纳，专门记为 B_C，则有

$$B_C = \frac{1}{X_C} = \omega C \tag{6-38}$$

感纳、容纳等所有导纳的单位都是西门子（S）。

6.2.2　阻抗和导纳的串并联

相量形式的欧姆定律 $\dot{U} = Z\dot{I}$ 不仅对单一的分立元件适用，对多个元件的组合也同样适用。图 6-18（a）是一个由多个元件构成的无源线性二端网络。当它在角频率为 ω 的正弦电源激励下处于稳定状态时，端口的电压相量和电流相量的比值就是该端口的阻抗 Z，定义为

$$Z = \frac{\dot{U}}{\dot{I}} = \frac{U}{I}\angle\varphi_u - \varphi_i = |Z|\angle\varphi \qquad (6-39)$$

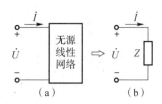

其中的 $|Z|$ 称为阻抗模，$\varphi = \varphi_u - \varphi_i$ 称为阻抗角。这样图 6 - 18（a）所示的无源二端网络就可以等效成图 6 - 18（b）所示的电路，所以 Z 也称为无源二端网络的等效阻抗或输入阻抗。

图 6 - 18　无源线性二端
网络与等效电路

当这一阻抗是纯电阻时，$Z = R$，是纯实数；当这一阻抗是纯电感或者纯电容时，$Z = \mathrm{j}X_L$ 或 $Z = -\mathrm{j}X_C$，是纯虚数。

1. RLC 串联电路

📖 **例 6 - 14**　一个 RLC 串联电路如图 6 - 19（a）所示。电阻 $R = 4\ \Omega$，电感 $L = 19.11\ \mathrm{mH}$，电容 $C = 1\,062\ \mu\mathrm{F}$，该电路中通过的电流为 $i = 10\sqrt{2}\sin 314t\ \mathrm{A}$。求：（1）电路的总电压；（2）各元件上的分电压；（3）绘出电压和电流的相量图。

解题思路：

一个 RLC 串联电路，已知流过的电流为 $i = \sqrt{2}I\sin \omega t$ 的形式，则该电路是一个正弦交流响应电路。当电压 u 与电流 i 取关联参考方向时，按照瞬时值表达的电压关系，则总电压有

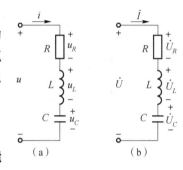

$$u = u_R + u_L + u_C = Ri + L\frac{\mathrm{d}i}{\mathrm{d}t} + \frac{1}{C}\int i\mathrm{d}t \qquad (6-40)$$

式（6 - 40）是传统的微积分方程，尽管通过解方程也能求出总电压和各元件上的分电压，但很烦琐。

图 6 - 19　例 6 - 14 电路图
（RLC 串联）

学习了相量法以后，就可以将图 6 - 19（a）转换成图 6 - 19（b）的形式，依照相量形式的基尔霍夫电压定律，有

$$\dot{U} = \dot{U}_R + \dot{U}_L + \dot{U}_C = R\dot{I} + \mathrm{j}X_L\dot{I} + (-\mathrm{j}X_C\dot{I}) = R\dot{I} + \mathrm{j}(X_L - X_C)\dot{I}$$

$$= (R + \mathrm{j}X)\dot{I} = Z\dot{I} \qquad (6-41)$$

式（6 - 41）中复数的虚数部分 X 称为电抗，$X = X_L - X_C$，式中的 $Z = R + \mathrm{j}X$。Z 是一个复数，因此也称为复阻抗。图 6 - 19（b）所示电路的复阻抗可归纳为

$$Z = R + \mathrm{j}(X_L - X_C) = R + \mathrm{j}X = |Z|\angle\varphi \qquad (6-42)$$

其中的复阻抗模为

$$|Z| = \sqrt{R^2 + X^2} = \sqrt{R^2 + (X_L - X_C)^2} \qquad (6-43\mathrm{a})$$

阻抗角为

$$\varphi = \arctan\frac{X}{R} = \arctan\frac{X_L - X_C}{R} \qquad (6-43\mathrm{b})$$

通过上述分析，可以按相量法进行解题。

解题步骤如下。

（1）以电流为参考相量，写出电流相量式：$\dot{I} = 10\angle 0°$

（2）计算感抗：$X_L = \omega L = 314 \times 19.11 \times 10^{-3} = 6\ (\Omega)$

（3）计算容抗：$X_C = \dfrac{1}{\omega C} = \dfrac{1}{314 \times 1\,062 \times 10^{-6}} = 3$（Ω）

（4）计算复阻抗：$Z = R + \mathrm{j}(X_L - X_C) = 4 + \mathrm{j}(6-3) = 4 + \mathrm{j}3 = 5\underline{/36.9^\circ}$（Ω）

（5）相量法计算总电压：$\dot{U} = \dot{I} \cdot Z = 10\underline{/0^\circ} \times 5\underline{/36.9^\circ} = 50\underline{/36.9^\circ}$（V）

写出总电压解析式：$u = 50\sqrt{2}\sin(314t + 36.9^\circ)$ V。

（6）计算各元件的分电压为

$$\dot{U}_R = \dot{I} \cdot R = 10\underline{/0^\circ} \times 4 = 40\underline{/0^\circ} \text{（V）}$$

$$\dot{U}_L = \mathrm{j}X_L\dot{I} = 6\underline{/90^\circ} \times 10\underline{/0^\circ} = 60\underline{/90^\circ} \text{（V）}$$

$$\dot{U}_C = -\mathrm{j}X_C\dot{I} = 3\underline{/-90^\circ} \times 10\underline{/0^\circ} = 30\underline{/-90^\circ} \text{（V）}$$

写出各分电压解析式，即

$$u_R = 40\sqrt{2}\sin(314t) \text{ V}$$

$$u_L = 60\sqrt{2}\sin(314t + 90^\circ) \text{ V}$$

$$u_C = 30\sqrt{2}\sin(314t - 90^\circ) \text{ V}$$

（7）画出相量图如图 6-20 所示。

如果将图 6-20 中的 $\dot{U}_X$ 矢量向右平移，则得到图 6-21 中的电压三角形。$\dot{U}_X$ 是 $\dot{U}_L$ 与 $\dot{U}_C$ 的矢量和，由于 $\dot{U}_L$ 和 $\dot{U}_C$ 反相，因此若在数值上取有效值，则 $U_X = U_L - U_C$。根据勾股定理，有

$$U^2 = U_R^2 + U_X^2 = U_R^2 + (U_L - U_C)^2 \tag{6-44a}$$

按三角函数关系也可得出

$$\varphi = \arctan\frac{U_X}{U_R} = \arctan\frac{U_L - U_C}{U_R} \tag{6-44b}$$

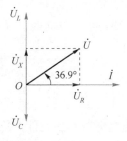

图 6-20　例 6-14 相量图

由于是串联电路，因此将电压三角形中的所有相量同除以电流的有效值，可得图 6-21 中的阻抗三角形。同理有

$$|Z| = \sqrt{R^2 + X^2} = \sqrt{R^2 + (X_L - X_C)^2}$$

$$\varphi = \arctan\frac{X}{R} = \arctan\frac{X_L - X_C}{R}$$

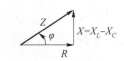

图 6-21　电压三角形与阻抗三角形

此处得出的结论与式（6-43）一致。

例 6-14 中的总电压超前总电流 36.9°，说明该电路对外呈电感性的特征。

在 RLC 串联正弦交流电路中，根据相量图 $\dot{U}_L$ 和 $\dot{U}_C$ 的大小，可分为 3 种情况，即 $U_L > U_C$、$U_L < U_C$ 和 $U_L = U_C$。

①当 $U_L > U_C$ 时，$U_L - U_C > 0$，即两者的矢量和 $\dot{U}_L + \dot{U}_C$ 为正，如图 6-22（a）所示。此时阻抗角 $\varphi > 0$，总电压超前总电流。此时电抗 $X = X_L - X_C > 0$，电路对外呈感性。

②当 $U_L < U_C$ 时，$U_L - U_C < 0$，即两者的矢量和 $\dot{U}_L + \dot{U}_C$ 为负，如图 6-22（b）所示。此时阻抗角 $\varphi < 0$，总电压滞后总电流。此时电抗 $X = X_L - X_C < 0$，电路对外呈容性。

③当 $U_L = U_C$ 时，两者的矢量和 $\dot{U}_L + \dot{U}_C$ 为零，如图 6 – 22（c）所示。此时阻抗角 $\varphi = 0$，总电压与总电流同相。此时电抗 $X = X_L - X_C = 0$，电路对外呈阻性。

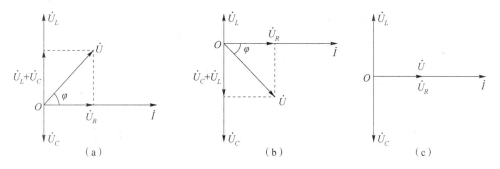

图 6 – 22　*RLC* 串联电路的相量图

从上述电路的解题过程可以总结出 *RLC* 串联电路求解的一般步骤如下。

（1）求出电路中的各个阻抗参数。

（2）当电路中有多个电感和电容时，需对电感和电容分别进行等效计算。

（3）复阻抗 Z 的实部 R 是串联电路中的等效电阻部分；虚部 X 是感抗和容抗的代数和，运算时感抗取正、容抗取负。

（4）已知电路电流时，以电流为参考相量，求出各元件上的电压和总电压的相量式，再写出各电压的解析式。

（5）若已知电源电压时，则以电压为参考相量，先求电路中的电流，再求各元件上的电压，最后根据解得的相量式，写出电流及各电压的解析式。

✎练一练：

一个 *RLC* 串联电路的电阻 $R = 30\ \Omega$，感抗 $X_L = 100\ \Omega$，容抗 $X_C = 60\ \Omega$。该电路外加电压 $u = 220\sqrt{2}\sin(314t)$ V。试求：电路的总阻抗 Z、总电流 I 和 i 的瞬时解析表达式，并且说明该电路对外呈电感性还是电容性。

（1）计算复阻抗：＿＿＿＿＿＿＿＿＿＿＿＿＿＿＿＿＿＿＿＿

（2）写出总电压的相量并计算总电流的相量式：＿＿＿＿＿＿＿＿＿＿＿

（3）写出电流 i 的解析式：＿＿＿＿＿＿＿＿＿＿＿＿＿＿＿＿

（4）判断电路的性质并给出判断依据：＿＿＿＿＿＿＿＿＿＿＿＿＿

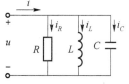

解题微课

2. *RLC* 并联电路

📖 **例 6 – 15**　一个 *RLC* 并联电路如图 6 – 23 所示。电阻 $R = 20\ \Omega$，电感 $L = 50\ \text{mH}$，电容 $C = 80\ \mu\text{F}$，加在该电路两端的电压为 $u = 110\sqrt{2}\sin 314t$ V。求：（1）电路的总电流；（2）各元件上的分电流；（3）绘出电压和电流的相量图。

解题思路如下。

一个 *RLC* 并联电路，已知施加的电压为 $u = \sqrt{2}\,U\sin\omega t$ 的形式，则该电路是正弦交流响应电路。当电压 u 与电流 i 取关联参考方向时，按照瞬时值表达的电流关系，则总电流有

图 6 – 23　例 6 – 15 电路图
（*RLC* 并联）

$$i = i_R + i_L + i_C = \frac{u}{R} + \frac{1}{L}\int u\mathrm{d}t + C\frac{\mathrm{d}u}{\mathrm{d}t} \tag{6-45}$$

解式（6-45）这样的微积分方程，也很烦琐。

将电路参数换成相量形式，依照相量形式的 KCL，有

$$\dot{I} = \dot{I}_R + \dot{I}_L + \dot{I}_C = \frac{\dot{U}}{R} + \frac{\dot{U}}{\mathrm{j}X_L} + \frac{\dot{U}}{-\mathrm{j}X_C} = \left[\frac{1}{R} + \mathrm{j}\left(\frac{1}{X_C} - \frac{1}{X_L}\right)\right]\dot{U}$$

$$= \left[G + \mathrm{j}(B_C - B_L)\right]\dot{U} = (G + \mathrm{j}B)\dot{U} = Y\dot{U} \tag{6-46}$$

式（6-46）中复数的实数部分 G 称为电导；虚数部分 B 称为电纳，$B = B_C - B_L$。由前文的式（6-37）和式（6-38）可知，$B_C = \omega C$，$B_L = \dfrac{1}{\omega L}$。$Y$ 是一个复数，因此也称复导纳。复导纳可归纳为

$$Y = G + \mathrm{j}(B_C - B_L) = G + \mathrm{j}B = |Y|\underline{/\varphi_y} \tag{6-47}$$

$|Y|$ 称复导纳模，即

$$|Y| = \sqrt{G^2 + B^2} = \sqrt{G^2 + (B_C - B_L)^2} \tag{6-48a}$$

导纳角为

$$\varphi_y = \arctan\frac{B}{G} = \arctan\frac{B_C - B_L}{G} \tag{6-48b}$$

通过上述分析，可以用导纳法进行解题。

解题步骤（导纳法）如下。

（1）以电压为参考相量，写出电压相量式：$\dot{U} = 110\underline{/0°}$

（2）计算电导：$G = \dfrac{1}{R} = \dfrac{1}{20} = 0.05$（S）

（3）计算容纳：$B_C = \omega C = 314 \times 80 \times 10^{-6} = 0.0251$（S）

计算感纳：$B_L = \dfrac{1}{\omega L} = \dfrac{1}{314 \times 50 \times 10^{-3}} = 0.0637$（S）

（4）计算复导纳：$Y = G + \mathrm{j}(B_C - B_L) = 0.05 + \mathrm{j}(0.0251 - 0.0637)$

$$= 0.05 - \mathrm{j}0.0386 = 0.0632\underline{/-37.7°}\,(\mathrm{S})$$

（5）相量法计算总电流：$\dot{I} = Y\dot{U} = 0.0632\underline{/-37.7°} \times 110\underline{/0°} = 6.95\underline{/-37.7°}$（A）

写出总电流解析式：$i = 6.95\sqrt{2}\sin(314t - 37.7°)$ A

（6）计算流过各元件的分电流，即

$$\dot{I}_R = G\dot{U} = 0.05 \times 110\underline{/0°} = 5.5\underline{/0°}\,(\mathrm{A})$$

$$\dot{I}_L = -\mathrm{j}B_L\dot{U} = 0.0637\underline{/-90°} \times 110\underline{/0°} = 7.01\underline{/-90°}\,(\mathrm{A})$$

$$\dot{I}_C = \mathrm{j}B_C\dot{U} = 0.0251\underline{/90°} \times 110\underline{/0°} = 2.76\underline{/90°}\,(\mathrm{A})$$

写出各分电流解析式，即

$$i_R = 5.5\sqrt{2}\sin(314t)\,\mathrm{A}$$

$$i_L = 7.01\sqrt{2}\sin(314t - 90°)\,\mathrm{A}$$

$$i_C = 2.76\sqrt{2}\sin(\omega t + 90°)\,\mathrm{A}$$

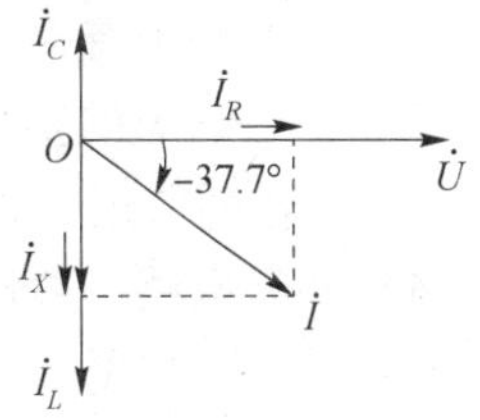

（7）画出相量图，如图 6 - 24 所示。

同样，将例 6 - 15 中 $\dot{I}_L$ 与 $\dot{I}_C$ 的矢量和 $\dot{I}_X$ 平移，得到图 6 - 25 所示的电流三角形。由于 $\dot{I}_L$ 和 $\dot{I}_C$ 反相，因此在数值上根据勾股定理，有

$$I^2 = I_R^2 + I_X^2 = I_R^2 + (I_C - I_L)^2 \qquad (6-49a)$$

图 6 - 24　例 6 - 15 相量图

按三角函数关系，也可得出

$$\varphi = \arctan \frac{I_X}{I_R} = \arctan \frac{I_C - I_L}{I_R} \qquad (6-49b)$$

由于是并联电路，因此将电流三角形中的所有相量同除以电压的有效值，可得图 6 - 25 中的导纳三角形。通过导纳三角形可得出与式（6 - 48）一致的结论。

图 6 - 25　电流三角形与导纳三角形

例 6 - 15 也可以用阻抗法求解。

解题步骤（阻抗法）如下。

（1）计算感抗：$X_L = \omega L = 314 \times 50 \times 10^{-3} = 15.7$（Ω）

计算容抗：$X_C = \dfrac{1}{\omega C} = \dfrac{1}{314 \times 80 \times 10^{-6}} = 39.81$（Ω）

（2）计算流过各元件的分电流，即

$$\dot{I}_R = \frac{\dot{U}}{R} = \frac{110\underline{/0°}}{20} = 5.5\underline{/0°} \text{（A）}, \quad \dot{I}_L = \frac{\dot{U}}{\mathrm{j}X_L} = \frac{110\underline{/0°}}{15.7\underline{/90°}} = 7.01\underline{/-90°} \text{（A）}$$

$$\dot{I}_C = \frac{\dot{U}}{-\mathrm{j}X_C} = \frac{110\underline{/0°}}{39.81\underline{/-90°}} = 2.76\underline{/90°} \text{（A）}$$

（3）计算总电流：$\dot{I} = \dot{I}_R + \dot{I}_L + \dot{I}_C$

$$= 5.5\underline{/0°} + 7.01\underline{/-90°} + 2.76\underline{/90°}$$

$$= 5.5 - \mathrm{j}7.01 + \mathrm{j}2.76$$

$$= 5.5 - \mathrm{j}4.25 = 6.95\underline{/-37.7°}$$

根据相量式画相量图，并写出各电流的解析式。此处省略。

比较导纳法和阻抗法，尽管在只有单个电容、电感的情况下，两种方法看不出太大区别，但当并联电路中有多个电容、电感及电阻时，导纳法就相对而言更为简便。

在应用时，技术人员一般根据实际电路情况及已知条件，选择导纳法或阻抗法。

根据 $Z = \dfrac{\dot{U}}{\dot{I}}$，对例 6 - 15 作进一步计算，可得 $Z = \dfrac{110\underline{/0°}}{6.95\underline{/-37.7°}} = 15.83\underline{/37.7°}$（Ω），将该结果与导纳法求得的复导纳 $Y = 0.063\,2\underline{/-37.7°}$ S 相比较，可印证出：复导纳与复阻抗互为倒数，即

①复导纳模 $|Y|$ 与复阻抗模 $|Z|$ 的关系是：$|Y| = \dfrac{1}{|Z|}$。

②阻抗角 φ 与导纳角 φ_y 的关系是：$\varphi = -\varphi_y$。

从上述电路的解题过程可以总结出 RLC 并联电路求解的一般步骤为：

（1）求出电路中的各个导纳参数。

（2）当电路中有多个电感和电容时，需对电感和电容分别进行等效计算。

（3）复导纳 Y 的实部 G 是并联电路中的等效电导部分；虚部 B 是感纳和容纳的代数和，运算时容纳取正、感纳取负。

（4）并联电路一般以总电压为参考相量，求出各元件上的电流和总电流的相量式，再写出各电流的解析式。

（5）若已知总电流，则通过复导纳（或复阻抗）先求出电路中的总电压（即各元件并联端的电压）；再求流过各元件的电流；最后根据解得的相量式，写出电压及各电流的解析式。

✏ **练一练：**

一个 RLC 并联电路外加电压 $u = 220\sqrt{2}\sin\omega t$ V，电阻 $R = 27.5\ \Omega$，感抗 $X_L = 22\ \Omega$，容抗 $X_C = 55\ \Omega$。试求：

（1）求各支路电流：＿＿＿＿＿＿＿＿＿＿＿＿＿＿＿＿＿＿＿＿＿。

（2）求总电流：＿＿＿＿＿＿＿＿＿＿＿＿＿＿＿＿＿＿＿＿＿＿＿。

（3）绘出相量图：＿＿＿＿＿＿＿＿＿＿＿＿＿＿＿＿＿＿＿＿＿。

（4）计算复阻抗和复导纳：＿＿＿＿＿＿＿＿＿＿＿＿＿＿＿＿。

解题微课

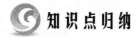 **知识点归纳**

（1）纯电阻正弦交流电路中其电压与电流的相量关系：$\dot{U} = R\dot{I}$，电压与电流同相。

（2）纯电感正弦交流电路中其电压与电流的相量关系：$\dot{U} = jX_L\dot{I}$，电压超前电流 $90°$。其中感抗 $X_L = \omega L$，频率越高，感抗越大；在直流电中感抗趋于零。

（3）纯电容正弦交流电路中其电压与电流的相量关系：$\dot{U} = -jX_C\dot{I}$，电流超前电压 $90°$。其中容抗 $X_C = \dfrac{1}{\omega C}$，频率越高，容抗越小；在直流电中容抗趋于无穷大。

（4）$\dot{U} = Z\dot{I}$ 是相量形式的欧姆定律。复阻抗 $Z = R + j(X_L - X_C) = R + jX = |Z|\underline{/\varphi}$。其中：复阻抗的模 $|Z| = \sqrt{R^2 + X^2} = \sqrt{R^2 + (X_L - X_C)^2}$。

阻抗角 $\varphi = \varphi_u - \varphi_i = \arctan\dfrac{X}{R} = \arctan\dfrac{X_L - X_C}{R}$。

（5）电导 $G = \dfrac{1}{R}$；感纳 $B_L = \dfrac{1}{X_L}$；容纳 $B_C = \dfrac{1}{X_C}$；复导纳 $Y = \dfrac{1}{Z}$。

（6）$\dot{I} = Y\dot{U}$ 也是相量形式的欧姆定律。复导纳 $Y = G + j(B_C - B_L) = G + jB = |Y|\underline{/\varphi_y}$。其中：复导纳模 $|Y| = \sqrt{G^2 + B^2} = \sqrt{G^2 + (B_C - B_L)^2}$；

导纳角 $\varphi_y = \arctan\dfrac{B}{G} = \arctan\dfrac{B_C - B_L}{G}$。

6.3 无源二端网络的等效复阻抗和复导纳

如前所述，正弦交流电路引入复阻抗 Z 以后，一个无源线性二端网络的端口电压和电流的关系，就可以通过 Z 用相量形式的欧姆定律来描述。复阻抗 Z 就是这个端口的等效阻抗。

6.3.1　复阻抗和复导纳的串联和并联

1. 复阻抗的串联

📖 **例 6 – 16**　图 6 – 26（a）所示的无源二端网络有两个负载，$Z_1 = 5 + j5\ \Omega$ 和 $Z_2 = 6 -$
j8 Ω 相串联，接外部正弦电压 $u = 220\sqrt{2}\sin(\omega t + 30°)$ V。求该二端网络对外的等效复阻抗
Z、两负载上的电压和电流 i。

解题思路如下。

两个复阻抗串联，则 Z_1 上的电压为 $\dot{U}_1$，Z_2
上的电压为 $\dot{U}_2$，根据 KVL 的相量形式，有

$$\dot{U} = \dot{U}_1 + \dot{U}_2 = \dot{I}(Z_1 + Z_2) = \dot{I}Z$$

可见，两个复阻抗串联，可以等效成一个复
阻抗，如图 6 – 26（b）所示。该等效复阻抗为两
复阻抗之和，即

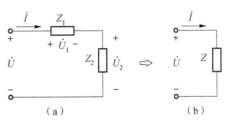

图 6 – 26　例 6 – 16 电路图
（复阻抗串联）

$$Z = Z_1 + Z_2$$

不难证明，当多个复阻抗 Z_1、Z_2、Z_3、…、Z_n 串联时，等效复阻抗等于各复阻抗之和，即

$$Z = Z_1 + Z_2 + Z_3 + \cdots + Z_n \tag{6 – 50}$$

通过该分析，该题即能求解。

解题步骤如下。

（1）求等效复阻抗：$Z = Z_1 + Z_2 = 5 + j5 + 6 - j8 = 11 - j3 = 11.4\underline{/-15.3°}$（$\Omega$）

（2）计算电流：$\dot{I} = \dfrac{\dot{U}}{Z} = \dfrac{220\underline{/30°}}{11.4\underline{/-15.3°}} = 19.3\underline{/45.3°}$（A）

写出电流的解析式：$i = 19.3\sqrt{2}\sin(\omega t + 45.3°)$ A

（3）计算两负载上的电压，即

$$\dot{U}_1 = Z_1\dot{I} = (5 + j5) \times 19.3\underline{/45.3°} = 7.07\underline{/45°} \times 19.3\underline{/45.3°} = 136.5\underline{/90.3°}\ (V)$$

$$\dot{U}_2 = Z_2\dot{I} = (6 - j8) \times 19.3\underline{/45.3°} = 10\underline{/-53.1°} \times 19.3\underline{/45.3°} = 193\underline{/-7.8°}\ (V)$$

写出电压的解析式：$u_1 = 136.5\sqrt{2}\sin(\omega t + 90.3°)$　V

$$u_2 = 193\sqrt{2}\sin(\omega t - 7.8°) V$$

2. 复导纳的并联

图 6 – 27（a）所示为两个复导纳并联，则流过 Y_1 的电流为 $\dot{I}_1$，流过 Y_2 的电流为 $\dot{I}_2$，
根据 KCL 的相量形式，有

$$\dot{I} = \dot{I}_1 + \dot{I}_2 = \dot{U}(Y_1 + Y_2) = \dot{U}Y$$

可见，两复导纳并联后可等效成一个导纳 Y，如图 6 – 27（b）所示。等效导纳的数值
是 $Y = Y_1 + Y_2$。

不难证明，当多个复导纳 Y_1、Y_2、Y_3、…、Y_n 并联时，等效复导纳等于各复导纳之和，即

$$Y = Y_1 + Y_2 + Y_3 + \cdots + Y_n \qquad (6-51)$$

由于导纳是阻抗的倒数，因此式（6-51）也可以写成

$$\frac{1}{Z} = \frac{1}{Z_1} + \frac{1}{Z_2} + \frac{1}{Z_3} + \cdots + \frac{1}{Z_n} \qquad (6-52)$$

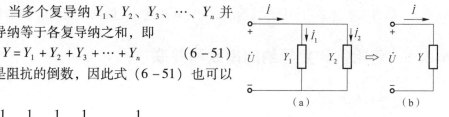

图 6-27　复导纳并联

对两个并联的阻抗而言，经过式（6-52）的换算，可得

$$Z = \frac{Z_1 Z_2}{Z_1 + Z_2} \qquad (6-53)$$

式（6-53）与两电阻并联方法类似。可以进一步证明，复阻抗的串、并联计算及分压、分流计算，都与电阻的计算方法相同，只是在正弦交流激励下，计算都采用相量法。

📖 **例 6-17**　一个无源二端网络由两个负载并联。一个负载是电阻为 3 Ω、感抗 X_L 为 4 Ω 的电感线圈，另一个负载由一个 8 Ω 的电阻与容抗 X_C 为 6 Ω 的电容器串联构成。两负载并联后接外部正弦电压 $u = 220\sqrt{2}\sin(\omega t + 10°)$ V。求该二端网络对外的等效复导纳、电路端口上的总电流 $\dot I$。

解题思路如下。

该题有多种解题方法，两个复阻抗的并联最常见的是利用式（6-53）计算出等效复阻抗，它的倒数就是等效复导纳。随后可用相量形式的欧姆定律，获得端口电流 $\dot I$。

也可直接用复导纳并联的方法求解（读者可用不同的方法互相验证）。

解题步骤如下。

（1）根据题意，并联的两个阻抗分别为 $Z_1 = R + jX_L = 3 + j4$，$Z_2 = R - jX_C = 8 - j6$

（2）计算两导纳：$Y_1 = \dfrac{1}{Z_1} = \dfrac{1}{3 + j4} = \dfrac{1}{5\underline{/53.1°}} = 0.2\underline{/-53.1°}$ (S)

$$Y_2 = \frac{1}{Z_2} = \frac{1}{8 - j6} = \frac{1}{10\underline{/-36.9°}} = 0.1\underline{/36.9°} \text{ (S)}$$

3）计算等效复导纳：$Y = Y_1 + Y_2 = 0.2\underline{/-53.1°} + 0.1\underline{/36.9°}$

$$= 0.12 - j0.16 + 0.08 + j0.06$$

$$= 0.2 - j0.1 = 0.224\underline{/-26.6°} \text{ (S)}$$

（4）计算总电流：$\dot I = Y\dot U = 0.224\underline{/-26.6°} \times 220\underline{/10°} = 49.28\underline{/-16.6°}$ (A)

✏️ **练一练：**

已知一个二端网络如图 6-28 所示，$R_1 = 30$ Ω、$R_2 = 100$ Ω，$L = 1$ mH，$C = 0.1$ μF。在 $\omega = 10^5$ rad/s 时，求该电路的端口等效阻抗 Z。

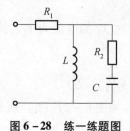

图 6-28　练一练题图

解题微课

📖 **例 6 – 18**　图 6 – 29 所示电路是音频信号发生器中常用的选频电路。选频是指当这个二端网络的输入电源 u_1 为某一频率时，u_2 电压能达到最大值，且 $\dot{U}_1$ 与 $\dot{U}_2$ 同相。已知 R、C，试用等效阻抗的方法确定 $\dot{U}_1$ 与 $\dot{U}_2$ 的比值以及同相的条件。

解题步骤如下。

（1）设 RC 串联部分的阻抗为 Z_1，有 $Z_1 = R - jX_C$；

并联部分的阻抗为 Z_2，有 $Z_2 = \dfrac{-jRX_C}{R - jX_C}$。

（2）两阻抗串联，则有分压

$$\dot{U}_2 = = \frac{Z_2}{Z_1 + Z_2}\dot{U}_1$$

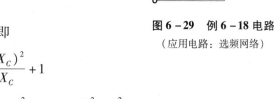

图 6 – 29　例 6 – 18 电路
（应用电路：选频网络）

（3）代入阻抗值，并得两电压比值，即

$$\frac{\dot{U}_1}{\dot{U}_2} = \frac{Z_1 + Z_2}{Z_2} = \frac{Z_1}{Z_2} + 1 = \frac{(R - jX_C)^2}{-jRX_C} + 1$$

$$= \frac{R^2 - j2RX_C - X_C^2}{-jRX_C} + 1 = \frac{R^2 - X_C^2}{-jRX_C} + 2 + 1 = \frac{R^2 - X_C^2}{-jRX_C} + 3$$

（4）分析可知，当 $R = X_C$ 时，有

$$\frac{\dot{U}_1}{\dot{U}_2} = 3 \text{ 且同相}$$

通过该例题，可知选频网络输入及输出电压同相且输出达到最大值的条件是 $R = X_C$。由于 $X_C = \dfrac{1}{2\pi f C}$，因此可得获取这一条件的端口输入电压频率为

$$f = \frac{1}{2\pi RC}$$

6.3.2　复阻抗和复导纳的等效变换

复导纳与复阻抗等效变换即利用两者互为倒数的关系。前文通过例 6 – 15 已印证并归纳了复阻抗模与复导纳模，以及阻抗角 φ 与导纳角 φ_y 之间分别满足

$$|Y| = \frac{1}{|Z|} \qquad (6 - 54\text{a})$$

$$\varphi = -\varphi_y \qquad (6 - 54\text{b})$$

若设复阻抗 $Z = R + jX$ 与复导纳 $Y = G + jB$ 等效，则根据两者定义，就相当于一个电阻与一个电抗的串联电路等效成一个电导与一个电纳的并联，如图 6 – 30 所示。

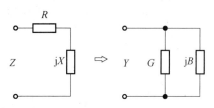

图 6 – 30　复阻抗与复导纳的等效变换

在实际应用中，往往在得出等效复阻抗或复导纳后，再利用电导与电阻之间、感纳与感抗之间，以及容纳与容抗之间的倒数关系，获得等效的 R、L、C 参数。

📖 **例 6 – 19**　RL 串联电路如图 6 – 31（a）所示，已知 $R = 50\ \Omega$、$L = 0.06\ \text{mH}$。求在 $\omega = 10^6\ \text{rad/s}$ 时，等效并联电路图 6 – 31（b）中的 R' 和 L'。

解题步骤如下。

(1) 计算图 6-31（a）中的感抗，有

$$X_L = \omega L = 10^6 \times 0.06 \times 10^{-3} = 60 \ (\Omega)$$

(2) 写出图 6-31（a）中的复阻抗，有

$$Z = R + jX_L = 50 + j60$$

$$= 78.1 \underline{/50.2°} \ (\Omega)$$

(3) 计算图 6-31（a）中的等效复导纳，有

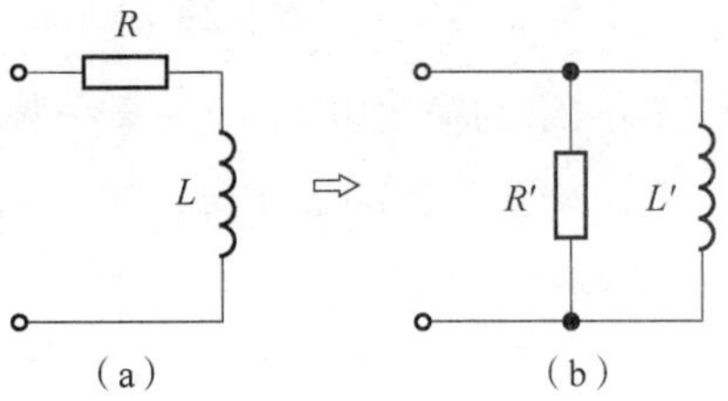

图 6-31　例 6-19 电路图

$$Y = \frac{1}{Z} = \frac{1}{78.1 \underline{/50.2°}} = 0.0128 \underline{/-50.2°}$$

$$= 0.0082 - j0.0098 \ (S)$$

由该式可知，等效复导纳可视作一个 $G = 0.0082$ S 的电导和一个 $B = -j0.0098$ S 的电纳并联。通过 $Y = G + j(B_C - B_L)$ 可进一步确定该电纳就是一个感纳 B_L。

(4) 根据电导与电阻之间、感纳与感抗之间的倒数关系，得图 6-31（b）中的等效参数，即

$$R' = \frac{1}{G} = \frac{1}{0.0082} = 122 \ (\Omega), \qquad X_L' = \frac{1}{B_L} = \frac{1}{0.0098} = 102 \ (\Omega)$$

则：

$$L' = \frac{X'}{\omega} = \frac{102}{10^6} = 102 \ (\mu H)$$

🌀 知识点归纳

(1) 多个复阻抗串联，等效复阻抗 $Z = Z_1 + Z_2 + Z_3 + \cdots + Z_n$。

(2) 多个复阻抗并联，等效复阻抗的倒数 $\dfrac{1}{Z} = \dfrac{1}{Z_1} + \dfrac{1}{Z_2} + \dfrac{1}{Z_3} + \cdots + \dfrac{1}{Z_n}$。当仅有两个复阻抗并联时，等效复阻抗 $Z = \dfrac{Z_1 Z_2}{Z_1 + Z_2}$。

(3) 多个复阻抗并联也可视作多个复导纳并联，等效复导纳 $Y = Y_1 + Y_2 + Y_3 + \cdots + Y_n$。

(4) 一个电阻与一个电抗的串联，即 $Z = R + jX$，可以等效成一个电导与一个电纳的并联，即 $Y = G + jB$。两者的等效关系满足 $Y = \dfrac{1}{Z}$。

(5) 复阻抗与复导纳互为倒数关系。其含义包括：

复阻抗模与复导纳模之间有 $|Y| = \dfrac{1}{|Z|}$；阻抗角 φ 与导纳角 φ_y 之间有 $\varphi = -\varphi_y$。

6.4　相量法分析正弦交流电路

在正弦交流电路中只要正弦电源都是同频率，且构成电路的电阻、电感、电容元件都是线性的，则不仅直流电路中的欧姆定律、基尔霍夫定律能以相量形式适用于正弦交流电路，其他所有在直流电路中讨论过的网络分析法、原理和定理等也都完全适用。

将直流电路中的电阻用复阻抗替代，电导用复导纳替代，所有正弦量都用相量表示，

就可以实现相量法分析线性正弦交流电路。

1. 网孔电流法

如图 6-32 所示，若图中的电压相量及容抗 X_C、感抗 X_L 和电阻都已知，则可以设定 $\dot{I}_a$、$\dot{I}_b$ 为两个网孔的网孔电流。对 $\dot{I}_a$ 绕行的网孔而言，其自阻抗就是 $R-jX_C$；对 $\dot{I}_b$ 绕行的网孔而言，它的自阻抗为 $R+jX_L$。电阻 R 则是两个网孔的互阻抗。与直流分析相同，自阻抗总取正值。互阻抗则因设定的 $\dot{I}_a$、$\dot{I}_b$ 两网孔电流在互阻 R 上的方向不一致，因此取负。电源电压也按是否与网孔电流方向一致取负号或正号。因此就有网孔方程组，即

$$\begin{cases}(R-jX_C)\dot{I}_a - R\dot{I}_b = \dot{U}_{S1} \\ -R\dot{I}_a + (R+jX_L)\dot{I}_b = -\dot{U}_{S2}\end{cases}$$

通过解方程得 $\dot{I}_a$、$\dot{I}_b$，然后可求出各支路上的电流。

📖 **例 6-20** 如图 6-32 所示电路，已知 $\dot{U}_{S1} = 100\underline{/0°}$ V，$\dot{U}_{S2} = 100\underline{/90°}$ V，$R = 10\ \Omega$，$X_L = 10\ \Omega$，$X_C = 4\ \Omega$，求各支路上的电流。

解：选定网孔电流 $\dot{I}_a$、$\dot{I}_b$ 的参考方向，按顺时针绕行方向列出网孔方程，即

$$\begin{cases}(10-j4)\dot{I}_a - 10\dot{I}_b = 100 & (1)\\ -10\dot{I}_a + (10+j10)\dot{I}_b = -j100 & (2)\end{cases}$$

由式（1）得

$$\dot{I}_b = \frac{(10-j4)\,\dot{I}_a - 100}{10}$$

代入式（2），得

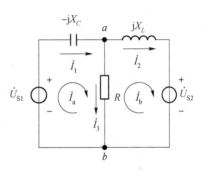

图 6-32 正弦交流的网孔电流法
（例 6-20 和例 6-21 电路图）

$$-10\dot{I}_a + (10+j10)\times\frac{(10-j4)\dot{I}_a - 100}{10} = -j100$$

经整理，得

$$\dot{I}_a = \frac{100}{4+j6} = \frac{100}{7.21\underline{/56.3°}} = 13.87\underline{/-56.3°}\text{A}$$

又得：$\dot{I}_b = \dfrac{(10-j4)\times 13.87\underline{/-56.3°} - 100}{10}$

$$= \frac{10.77\underline{/-21.8°}\times 13.87\underline{/-56.3°} - 100}{10}$$

$$= \frac{149.4\underline{/-78.1°} - 100}{10}$$

$$= 14.94\underline{/-78.1°} - 10$$

$$= -6.92 - j14.62$$

$$= 16.18\underline{/-115.3°}\ (\text{A})$$

则各支路电流为

$$\dot{I}_1 = \dot{I}_a = 13.87\underline{/-56.3°}\ (\text{A})$$

$$\dot{I}_2 = \dot{I}_b = 16.18 \underline{/-115.3°} \ (A)$$

$$\dot{I}_3 = \dot{I}_a - \dot{I}_b = 13.87 \underline{/-56.3°} - 16.18 \underline{/-115.3°}$$

$$= 7.7 - j11.54 - (-6.92 - j14.62)$$

$$= 14.62 + j3.08 = 14.94 \underline{/11.9°} \ (A)$$

2. 节点电压法

用相量形式的节点电压法也可对电路进行求解。

例 6 – 21 试用节点电压法求例 6 – 20 中图 6 – 32 中各支路的电流。

解题思路如下。

设图中 b 点的电位为零，则 a 点与参考点之间的电压 $\dot{U}_{ab}$ 即为节点电压。

设支路电流 $\dot{I}_1$、$\dot{I}_2$、$\dot{I}_3$ 经过的 3 个导纳分别是 Y_1、Y_2、Y_3，则节点 a 的自导纳是 $Y_1 + Y_2 + Y_3$。则节点电压为

$$\dot{U}_{ab} = \frac{\dot{U}_{S1} Y_1 + \dot{U}_{S2} Y_2}{Y_1 + Y_2 + Y_3}$$

其中

$$Y_1 = \frac{1}{-jX_C}, \quad Y_2 = \frac{1}{jX_L}, \quad Y_3 = \frac{1}{R}$$

而 $\dot{U}_{S1} Y_1$ 和 $\dot{U}_{S2} Y_2$ 则是流入节点 a 的电流源电流。

解得该节点电压后，各支路电流即为

$$\dot{I}_1 = (\dot{U}_{S1} - \dot{U}_{ab}) Y_1, \quad \dot{I}_2 = (\dot{U}_{ab} - \dot{U}_{S2}) Y_2, \quad \dot{I}_3 = \dot{U}_{ab} Y_3$$

解题步骤如下。

(1) 求各支路上元件的导纳：$Y_1 = \dfrac{1}{-jX_C} = \dfrac{1}{-j4} = j0.25 \ (S)$

$$Y_2 = \frac{1}{jX_L} = \frac{1}{j10} = -j0.1 \ (S)$$

$$Y_3 = \frac{1}{R} = \frac{1}{10} = 0.1 \ (S)$$

(2) 求节点电压：

$$\dot{U}_{ab} = \frac{\dot{U}_{S1} Y_1 + \dot{U}_{S2} Y_2}{Y_1 + Y_2 + Y_3} = \frac{100 \times j0.25 + j100 \times (-j0.1)}{j0.25 - j0.1 + 0.1} = \frac{10 + j25}{0.1 + j0.15} = \frac{26.9 \underline{/68.2°}}{0.18 \underline{/56.3°}}$$

$$= 149.4 \underline{/11.9°} = 146.2 + j30.8 \ (V)$$

(3) 求支路电流：

$$\dot{I}_1 = (\dot{U}_{S1} - \dot{U}_{ab}) Y_1 = [100 - (146.2 + j30.8)] \times j0.25$$

$$= 55.53 \underline{/-146.3°} \times 0.25 \underline{/90°}$$

$$= 13.88 \underline{/-56.3°} \ (A)$$

$$\dot{I}_2 = (\dot{U}_{ab} - \dot{U}_{S2}) Y_2 = (146.2 + j30.8 - j100) \times (-j0.1)$$

$$= 161.8 \underline{/-25.3°} \times 0.1 \underline{/-90°}$$

$$= 16.18 \underline{/-115.3°} \ (A)$$

$$\dot{I}_3 = \dot{U}_{ab} Y_3 = (146.2 + j30.8) \times 0.1 = 14.62 + j3.08$$
$$= 14.94 \underline{/11.9°} \text{ (A)}$$

3. 戴维南定理

求正弦交流电路中某一条支路上的电流，同样可用戴维南定理求解。比如，求解图 6 - 33（a）中流过电阻 R_2 上的电流，就可以将其视作一个线性含源二端网络连接了电阻 R_2 的支路。

将图 6 - 33（a）所示电路中的 R_2 支路断开，可求得该线性含源二端网络的开路电压，即

$$\dot{U}_{oc} = \frac{\dot{U}_S}{R_1 - jX_C} \times (-jX_C)$$

把该二端网络内的电源置零，则端口等效复阻抗为

$$Z_o = jX_L + \frac{R_1 \times (-jX_C)}{R_1 - jX_C}$$

随后就可以将该二端网络等效成一个电压为 $\dot{U}_{oc}$ 的电源与复阻抗 Z_o 串联，如图 6 - 33（b）中虚线框所示。将这个等效二端电路连回 R_2 支路，就可求得 R_2 支路上的电流。

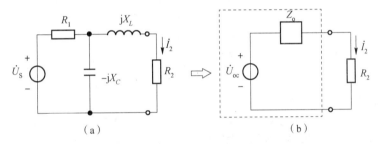

（a）   （b）

图 6 - 33 正弦交流电路的戴维南定理

📖 **例 6 - 22** 如图 6 - 33（a）所示电路，已知 $\dot{U}_S = 10 \underline{/0°}$ V，$R_1 = R_2 = 100 \ \Omega$，$X_L = 200 \ \Omega$，$X_C = 50 \ \Omega$，求电路相量模型中的电流 $\dot{I}_2$。

解：由图 6 - 33（a）得等效电源和等效复阻抗：

$$\dot{U}_{oc} = \frac{10 \underline{/0°}}{100 - j50} \times (-j50) = \frac{10 \underline{/0°} \times 50 \underline{/-90°}}{50 \times (2-j)} = \frac{10 \underline{/-90°}}{2.236 \underline{/-26.6°}}$$
$$= 4.47 \underline{/-63.4°} \text{ (V)}$$

$$Z_o = j200 + \frac{100 \times (-j50)}{100 - j50} = j200 + \frac{-j100}{2-j} = j200 + \frac{-j100(2+j)}{5}$$
$$= j200 - j40 + 20 = 20 + j160 \text{ (}\Omega\text{)}$$

获得等效电路如图 6 - 33（b）所示，由此可得

$$\dot{I}_2 = \frac{\dot{U}_{oc}}{Z_o + R_2} = \frac{4.47 \underline{/-63.4°}}{20 + j160 + 100} = \frac{4.47 \underline{/-63.4°}}{200 \underline{/53.13°}} = 0.022 \ 4 \underline{/-116.53°} \text{(A)}$$

✏️ **练一练**：

试用戴维南定理求解图 6 - 32 中电阻 R 上的电流。

解题微课

(1) 整理电路，使电路为一个含源二端网络与 R 支路相连。

(2) 移开 R 支路，求端口电压：_____。

(3) 再求入端复阻抗：_____。

(4) 得出等效电路后连回 R 支路，求流过 R 的电流：_____。

6.5　正弦稳态电路的功率

正弦交流电压及电流随时间而变化，因而正弦交流电路的功率和能量也是随时间变化的。由于交流电路中还有电感、电容这些动态元件，这就使其功率、能量关系比直流电更加复杂。要分析交流电路中消耗的功率和存储的能量，必须引入一些重要的概念。

6.5.1　瞬时功率

设有一个二端网络如图 6-34 所示，其端口输入电压为 $u = \sqrt{2}\,U\sin\omega t$，端口输入电流为 $i = \sqrt{2}\,I\sin(\omega t - \varphi)$，$\varphi$ 为电压 u 与电流 i 的相位差角。u、i 在关联参考方向下，二端网络的瞬时功率为

$$
\begin{aligned}
p &= ui = \sqrt{2}\,U\sin(\omega t) \times \sqrt{2}\,I\sin(\omega t - \varphi) = 2UI\sin(\omega t) \times \sin(\omega t - \varphi) \\
&= 2UI\sin(\omega t) \times \left[\sin(\omega t)\cos\varphi - \cos(\omega t)\sin\varphi\right] \\
&= UI\cos\varphi - UI\cos(2\omega t)\cos\varphi - UI\sin(2\omega t)\sin\varphi \\
&= UI\cos\varphi - UI\cos(2\omega t - \varphi) \tag{6-55}
\end{aligned}
$$

式（6-55）表明，瞬时功率由两部分组成：一部分为恒定分量 $UI\cos\varphi$；另一部分是 2 倍频的正弦分量 $\left[-UI\cos(2\omega t - \varphi)\right]$。由于正弦分量的角频率为 2ω，它在整个循环周期内的平均值为零，因此瞬时功率的恒定量即它的平均功率，如图 6-35 所示。

图 6-34　二端口网络

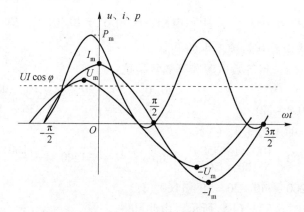

图 6-35　正弦稳态的瞬时功率波形

当 u、i 同号时，瞬时功率 $p > 0$，表示二端网络从电源吸收能量；当 u、i 异号时，瞬时功率 $p < 0$，表示网络向电源放出能量。u、i 的相位差越小，$p > 0$ 的部分就越大，平均值 $UI\cos\varphi$ 也越大；反之，则平均值越小。

当相位差 $\varphi = 0°$ 时，电压和电流同相，此时相当于纯电阻网络，u、i 始终同号，瞬时功率 p 在整个循环内都大于零，全在吸收能量；当相位差 $\varphi = 90°$ 时，此时电压和电流为正交关系，相当于纯电感或纯电容网络，u、i 在同一个周期内有一半时间同号，另一半时间异号，因此 $p > 0$ 吸收能量与 $p < 0$ 放出能量的时间相等，瞬时功率的平均值 $UI\cos\varphi = 0$。

在工程上，瞬时功率中的恒定分量 $UI\cos\varphi$ 更具实用意义。

📖 **例 6-23**　流过 20 Ω 电阻的电流为 $i = 2\sqrt{2}\sin(314t + 30°)$，求电阻消耗的平均功率。

解：方法一

因为 $u = Ri = 20 \times 2\sqrt{2}\sin(314t + 30°) = 40\sqrt{2}\sin(314t + 30°)\ (\text{V})$

所以 $p = ui = 40\sqrt{2}\sin(314t + 30°) \times 2\sqrt{2}\sin(314t + 30°)$

$$= 80 \times 2\sin^2(314t + 30°) = 80[1 - \cos(2 \times (314t + 30°))]$$

$$= 80 - 80\cos(628t + 60°)$$

通过瞬时功率的计算可以得到恒定量，即电阻消耗的平均功率为 80 W，但方法较烦琐。

方法二

有效值：$I = 2\ \text{A}$，$U = RI = 20 \times 2 = 40\ (\text{V})$

已知电阻上的电流与电压的相位差 $\varphi = 0°$，则根据式（6-55）得恒定量（即平均功率）

$$P = UI\cos\varphi = UI\cos 0° = UI = 40 \times 2 = 80\ (\text{W})$$

通过该例题可知，在正弦交流电路中，电阻消耗的平均功率用有效值计算，则算法与直流电一致。

6.5.2　有功功率

瞬时功率在一个周期内的平均值，称为平均功率，也称有功功率，用大写字母 P 表示，单位为瓦特（W）。根据定义，有

$$P = \frac{1}{T}\int_0^T p(t)\,\mathrm{d}t \tag{6-56}$$

将式（6-55）代入，可得

$$P = UI\cos\varphi \tag{6-57}$$

式中　U，I——二端网络端口电压和电流的有效值；

φ——端口电压 u 与电流 i 的相位差。

由于图 6-34 所示的线性二端网络，端口的总电压和总电流有 $\dot{U} = Z\dot{I}$，$Z = |Z|\underline{/\varphi_Z}$ 是这个二端网络的等效输入阻抗，阻抗角 $\underline{/\varphi_Z}$ 在数值上就等于 $\dot{U}$ 与 $\dot{I}$ 的相位差，即 $\varphi_Z = \varphi$。式（6-57）中的 $\cos\varphi$ 也称为功率因数，表明 u、i 的相位差也决定了有功功率的大小。

对纯电阻而言，$\varphi = 0°$，$\cos\varphi = 1$，它的有功功率 $P = UI$，电路恒定吸收的功率最大。

对纯电感而言，$\varphi = 90°$，$\cos\varphi = 0$，它的有功功率 $P = 0$，电路恒定吸收的功率为零。

对纯电容而言，$\varphi = -90°$，$\cos\varphi = 0$，它的有功功率 $P = 0$，电路恒定吸收的功率也为零。

这与对电感、电容这样的储能元件仅与电源交换能量，而不会吸收能量的认识一致。

对一个一般的二端网络而言，电路中既有电阻元件，也有储能元件，阻抗角介于 $0° \sim \pm90°$ 之间，则功率因数 $0 < \cos\varphi < 1$，表示电路既有恒定吸收的功率，也有和电源交换的功率。电路总体越接近电阻性质，则功率因数越高，电路吸收功率也越大；反之越接近电抗性，则功率因数越低，电路吸收的能量越低。由于电感、电容这类储能元件不产生有功功率，因此有功功率就等于网络内部各电阻消耗的平均功率的总和。

例 6 – 24 一个二端网络由 RL 串联电路构成，已知 $R = 3\ \Omega$，$L = 12.74\ \text{mH}$，输入电压为 $u = 100\sqrt{2}\sin 314t\ \text{V}$。求该电路的有功功率及功率因数。

解：方法一

（1）计算感抗：$X_L = \omega L = 314 \times 12.74 \times 10^{-3} = 4$（$\Omega$）

（2）计算电路阻抗：$Z = R + \text{j}X_L = 3 + \text{j}4 = 5\underline{/53.13°}$（$\Omega$）

（3）计算电流：$\dot{I} = \dfrac{\dot{U}}{Z} = \dfrac{100\underline{/0°}}{5\underline{/53.13°}} = 20\underline{/-53.13°}$（A）

（4）计算有功功率：$P = UI\cos\varphi = 100 \times 20 \times \cos 53.13° = 1\,200$（W）

（5）计算功率因数：$\cos\varphi = \cos 53.13° = 0.6$

方法二

求有功功率时，由于有功功率是二端网络内电阻消耗的平均功率总和，因此电路中电阻上的功率就是该二端网络的有功功率。

已求得电阻上的电流为 $\dot{I} = 20\underline{/-53.13°}$ A，则

$$P = I^2 R = 20^2 \times 3 = 1\,200\ (\text{W})$$

该结果与方法一一致。

✏ **练一练**：

一个线性二端网络，当输入端口的电压是 $\dot{U} = 10\underline{/0°}$ V 时，端口电流为 $\dot{I} = 1.24\underline{/29.7°}$ A，求该二端网络的等效输入阻抗、有功功率和功率因数。

（1）求电路阻抗 Z：_____。

（2）写出电压和电流的有效值：_____。

解题微课

（3）求有功功率及功率因数：_____。

6.5.3　无功功率

如果对式（6 – 55）作另一种分析，还可以将瞬时功率分成由电阻 R 引起的功率变化和由储能元件 L、C 引起的功率变化这两部分，此时式（6 – 55）瞬时功率经另一种整理可写成

$$p = UI\cos\varphi(1 - \cos 2\omega t) - UI\sin\varphi\sin 2\omega t \tag{6 – 58}$$

式（6 – 58）中的前一项为在平均值 $UI\cos\varphi$ 上进行上下波动的功率，向上波动时顶峰可达 $2UI\cos\varphi$，向下波动时谷底为 0，是一个功率始终为正、吸收能量的元件引起的，也就是电阻元件。式中的后一项则是一个振幅值为 $UI\sin\varphi$、角频率为 2ω，但平均值为零的正弦波，是储能元件与电源能量交换引起的。这一表明电源与储能元件之间能量往返的分量，就将它的振幅定义为无功功率，用字母 Q 表示，即

$$Q = UI\sin \varphi \qquad (6-59)$$

式中 U，I——有效值；

φ——u、i 的相位差，也是二端网络的阻抗角。

无功功率的单位为乏（Var）。无功功率的大小反映了电源参与储能交换的程度。

对纯电阻而言，$\sin \varphi = 0$，无功功率为零，没有与电源能量交换。

对纯电感而言，电压超前电流 90°，因此 $\varphi = 90°$。由于电感元件 $U = X_L I$，因此有

$$Q_L = UI\sin 90° = UI = \frac{U^2}{X_L} = I^2 X_L \qquad (6-60)$$

对纯电容而言，电压滞后电流 90°，因此 $\varphi = -90°$。由于电容元件 $U = X_C I$，因此有

$$Q_C = UI\sin(-90°) = -UI = -\frac{U^2}{X_C} = -I^2 X_C \qquad (6-61)$$

当一个二端网络中，既有电感元件又有电容元件时，该网络的无功功率为这两类元件上无功功率的代数和，即

$$Q = Q_L + Q_C \qquad (6-62)$$

📖 **例 6-25** 一个容量为 100 μF 的电容器与一个电感量为 0.1 H 的电感并联，外接交流电源 $u = 100\sqrt{2}\sin(100t)\text{ V}$，求电路的无功功率。

解：$X_C = \dfrac{1}{\omega C} = \dfrac{1}{100 \times 100 \times 10^{-6}} = 100\ (\Omega)$，$Q_C = -\dfrac{U^2}{X_C} = -\dfrac{100^2}{100} = -100\ (\text{Var})$

$X_L = \omega L = 100 \times 0.1 = 10\ (\Omega)$，$Q_L = \dfrac{U^2}{X_L} = \dfrac{100^2}{10} = 1\,000\ (\text{Var})$

$Q = Q_L + Q_C = 1\,000 - 100 = 900\ (\text{Var})$

✏️ **练一练**：

一个无源线性二端网络的电压为 $u = 300\sqrt{2}\sin(314t + 10°)\text{ V}$，电流为 $i = 70.7\sin(314t - 45°)\text{ A}$，两者关联参考方向，求该网络的有功功率、无功功率。

（1）写出端口电压和电流的有效值：_____

（2）求出电压、电流相位差：_____

（3）求有功功率：_____

（4）求无功功率：_____

解题微课

6.5.4　视在功率

视在功率定义为电压和电流有效值的乘积，即

$$S = UI \qquad (6-63)$$

它的单位是伏安（VA）。视在功率反映电气设备的容量。

如此，有功功率和无功功率也可写为

$$P = S\cos \varphi \qquad (6-64)$$

$$Q = S\sin \varphi \qquad (6-65)$$

显而易见，三者之间满足

$$S = \sqrt{P^2 + Q^2} \qquad (6-66a)$$

$$\varphi = \arctan \frac{Q}{P} \qquad\qquad (6-66b)$$

它们之间构成了一个满足勾股定理的功率三角形关系，如图 6-36 所示。对同一个电路而言，功率三角形与电压三角形、电流三角形及阻抗三角形都是相似三角形。

📖 **例 6-26** 已知一个 RLC 串联电路，电阻 $R = 30\ \Omega$，感抗 $X_L = 40\ \Omega$，容抗 $X_C = 80\ \Omega$，接电源电压 $\dot{U} = 220\underline{/60°}$。求电路的有功功率、无功功率、视在功率以及电路的功率因数。

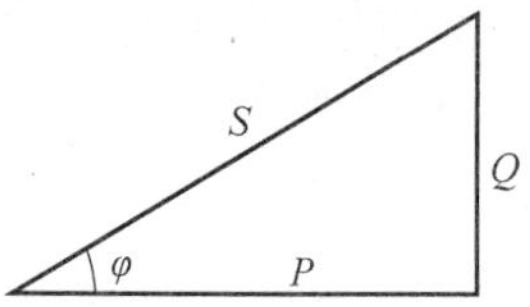

图 6-36 功率三角形

解：$Z = R + \mathrm{j}(X_L - X_C) = 30 + \mathrm{j}(40 - 80) = 50\underline{/-53.13°}\ (\Omega)$

$$\dot{I} = \frac{\dot{U}}{Z} = \frac{220\underline{/60°}}{50\underline{/-53.13°}} = 4.4\underline{/113.13°}\ (A)$$

$$P = UI\cos\varphi = 220 \times 4.4 \times \cos(-53.13°) = 580.8\ (W)$$

$$Q = UI\sin\varphi = 220 \times 4.4 \times \sin(-53.13°) = -774.4\ (Var)$$

$$S = UI = 220 \times 4.4 = 968\ (VA)$$

$$\cos\varphi = \cos(-53.13°) = 0.6$$

📖 **例 6-27** 一个实际的电感线圈往往由一个线圈电阻和电感构成，如图 6-37 所示。对未知的线圈测量它的参数，常使用三表法。已知图中电路的输入端是工频变压器产生的电压，连上电路后，现电压表测得 50 V，电流表测得 1 A，功率表测得 30 W。求电感线圈的 R 和 L 参数。

解题思路如下。

在交流电路中，电压表、电流表和功率表测得的数据都是有效值。而功率表显示的又是电路中消耗的有功功率。

分析电路中实际所含元件可知，有功功率由线圈内部电阻产生。而电压表和电流表显示的则是端口网络的输入电压和输入电流。

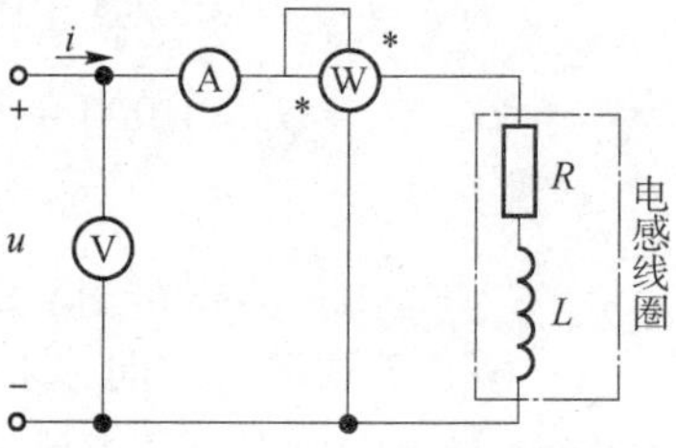

图 6-37 例 6-27 电路
（应用电路：三表法测元件参数）

解题步骤如下。

(1) 视在功率：$S = UI = 50 \times 1 = 50$ （VA）

(2) 无功功率：$Q = \sqrt{S^2 - P^2} = \sqrt{50^2 - 30^2} = 40$ （Var）

(3) 计算电阻：$R = \dfrac{P}{I^2} = \dfrac{30}{1} = 30$ （Ω）

(4) 计算感抗：$X_L = \dfrac{Q}{I^2} = \dfrac{40}{1} = 40$ （Ω）

(5) 计算电感：因为 $X_L = \omega L = 2\pi fL$

所以 $L = \dfrac{X_L}{2\pi f} = \dfrac{40}{2\pi \times 50} = 0.127$ （H）

6.5.5 复功率

如果已知二端网络电压和电流的相量形式，即

$$\dot{U} = U\underline{/\varphi_u}, \quad \dot{I} = I\underline{/\varphi_i}$$

且可知电流相量的共轭复数为 $\dot{I}^* = I\underline{/-\varphi_i}$，则

$$\dot{U}\dot{I}^* = UI\underline{/\varphi_u - \varphi_i} = UI\underline{/\varphi} \tag{6-67}$$

式中的 φ 不仅是端口电压和电流的相位差，也是二端网络等效复阻抗的阻抗角。将复数 $\dot{U}\dot{I}^*$ 定义为复功率，用 $\tilde{S}$ 表示，单位为 VA。显然，复功率的模就是视在功率 S。

将式（6-67）进一步展开，则

$$\tilde{S} = \dot{U}\dot{I}^* = UI\underline{/\varphi} = UI\cos\varphi + jUI\sin\varphi = P + jQ \tag{6-68}$$

式（6-68）中复功率的实部 P 就是网络中各电阻消耗功率的总和，虚部 Q 则是网络中所有动态储能元件无功功率的代数和。

需注意的是，复功率 $\tilde{S}$ 仅仅是一个复数，并不对应任何正弦量。

📖 **例 6-28**　电路如图 6-38 所示，电流源电流 $\dot{I} = 10\underline{/0°}$ A，容抗 $X_C = 15$ Ω，感抗 $X_L = 25$ Ω，电阻 $R_1 = 5$ Ω，$R_2 = 10$ Ω。求各支路的复功率。

解题步骤如下。

（1）计算电路总阻抗：

因为 $Z_1 = R_1 - jX_C = 5 - j15 = 15.8\underline{/-71.57°}$ （Ω）

$Z_2 = R_2 + jX_L = 10 + j25 = 26.93\underline{/68.2°}$ （Ω）

所以 $Z = \dfrac{Z_1 Z_2}{Z_1 + Z_2} = \dfrac{15.8\underline{/-71.57°} \times 26.93\underline{/68.2°}}{5 - j15 + 10 + j25}$

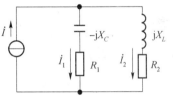

图 6-38　例 6-28 电路

$= \dfrac{425.5\underline{/-3.37°}}{15 + j10} = \dfrac{425.5\underline{/-3.37°}}{18.03\underline{/33.69°}}$

$= 23.6\underline{/-37.1°}$（Ω）

（2）计算电路总电压：$\dot{U} = \dot{I}Z = 10\underline{/0°} \times 23.6\underline{/-37.1°} = 236\underline{/-37.1°}$（V）

（3）计算支路电流：$\dot{I}_1 = \dfrac{\dot{U}}{Z_1} = \dfrac{236\underline{/-37.1°}}{15.8\underline{/-71.57°}} = 14.94\underline{/34.47°}$（A）

$$\dot{I}_2 = \dfrac{\dot{U}}{Z_2} = \dfrac{236\underline{/-37.1°}}{26.93\underline{/68.2°}} = 8.76\underline{/-105.3°}（A）$$

（4）计算两支路上的复功率：

$\tilde{S}_1 = \dot{U}\dot{I}_1^* = 236\underline{/-37.1°} \times 14.94\underline{/-34.47°} = 3\,525.84\underline{/-71.57°}$（VA）

$\tilde{S}_2 = \dot{U}\dot{I}_2^* = 236\underline{/-37.1°} \times 8.76\underline{/105.3°} = 2\,067.36\underline{/68.2°}$（VA）

（5）计算电流源支路上的复功率：

$\tilde{S} = \dot{U}\dot{I}^* = 236\underline{/-37.1°} \times 10\underline{/0°} = 2\,360\underline{/-37.1°}$（VA）

若进一步将步骤（4）与步骤（5）中的结果作矢量图，或者换算成复数的代数形式，可得

$$\tilde{S} = \tilde{S}_1 + \tilde{S}_2 \tag{6-69}$$

式（6-69）说明了在同一个正弦交流电路中，电路输出的复功率之和等于电路吸收的

复功率之和，符合能量守恒。这与在直流电路中讨论的能量守恒结果是一致的。

✏️ **练一练：**

电源电压 $u = 100\sqrt{2}\sin(314t + 30°)$ V 施加在一个二端网络上，测得端口的输入电流为 $i = 50\sqrt{2}\sin(314t + 60°)$ A。电压、电流为关联参考方向，求该网络的容量和吸收的复功率。

（1）写出电压和电流的相量式：_____。

（2）求电流相量的共轭复数：_____。

（3）求容量：_____。

（4）求复功率：_____。

解题微课

🌀 **知 识 点 归 纳**

（1）正弦交流电路的瞬时功率为：$p = ui = UI\cos\varphi - UI\cos(2\omega t - \varphi)$。

（2）有功功率 P：瞬时功率在一个周期内的平均值，单位为瓦特（W）。

（3）一个无源线性二端网络的有功功率为 $P = UI\cos\varphi$。一个电路中仅电阻性元件产生有功功率。电阻有功功率为 $P = UI = \dfrac{U^2}{R} = I^2 R$。

（4）无功功率 Q：储能元件与外部电源进行能量交换的最大规模，单位为乏（Var）。

（5）一个无源线性二端网络的无功功率为 $Q = UI\sin\varphi$。一个电路中仅储能元件与电源交换能量，产生无功功率。电感的无功功率为 $Q_L = U_L I_L = \dfrac{U^2}{X_L} = I^2 X_L$；电容的无功功率为

$Q_C = -U_C I_C = -\dfrac{U^2}{X_C} = -I^2 X_C$。

（6）一个二端网络端口电压和电流有效值的乘积称为视在功率：$S = UI$，单位为伏安（VA）。视在功率反映交流电气设备的容量。

（7）视在功率与有功功率、无功功率三者的关系是：$S = \sqrt{P^2 + Q^2}$，$\varphi = \arctan\dfrac{Q}{P}$。

（8）二端网络的端口电压相量与端口电流相量的共轭复数的乘积被定义为复功率：

$\tilde{S} = \dot{U}\dot{I}^* = UI\underline{/\varphi} = P + jQ$。

（9）在同一个正弦交流电路中，电路输出的复功率之和等于电路吸收的复功率之和。

6.6 正弦稳态电路最大功率传输

负载获得最大功率的条件在直流电路中已讨论过。本节将讨论在正弦交流电路中，什么样的负载可以从电源获得最大功率。

在图 6-39 所示电路中，$\dot{U}_S$ 为电源电压的相量，$Z_i = R_i + jX_i$ 为交流电源的内阻抗，$Z = R + jX$ 为负载阻抗，则电路所标参考方向的电流相量为

$$\dot{I} = \frac{\dot{U}_S}{Z_i + Z} = \frac{\dot{U}_S}{(R_i + R) + j(X_i + X)}$$

电流的有效值为

$$I = \frac{U_S}{\sqrt{(R_i + R)^2 + (X_i + X)^2}}$$

则负载吸收的有功功率为

$$P = I^2 R = \frac{U_S^2 R}{(R_i + R)^2 + (X_i + X)^2} \qquad (6-70)$$

对式（6-70）求最大值，即可得到负载获得最大功率
的条件：

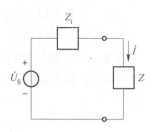

图 6-39　求最大功率示意图

分析式（6-70），当负载中的电抗 X 与电源内的电抗 X_i 大小相等、性质相反时，
式（6-70）才有条件获得一个最小的分母。比如：电源内的电抗为电感感抗 2 Ω，则负载
可连入一个容抗为 2 Ω 的电容，实现 $X_i + X = 0$。这时，式（6-70）的功率就变为

$$P = I^2 R = \frac{U_S^2 R}{(R_i + R)^2} \qquad (6-71)$$

对式（6-71）进行对 R 的求导并使其为零，可以获得使 R 为最大功率的条件：

$$\frac{\mathrm{d}P_{max}}{\mathrm{d}R} = \frac{\mathrm{d}}{\mathrm{d}R}\left[\frac{U_S^2 R}{(R_i + R)^2}\right] = \frac{U_S^2 (R_i + R)^2 - 2U_S^2 R(R_i + R)}{(R_i + R)^4} = 0$$

则
$$(R_i + R)^2 - 2R(R_i + R) = 0$$

得
$$R = R_i$$

综合两个分析，可得当负载阻抗中的电阻等于电源内电阻，而负载阻抗中的电抗与电
源内电抗数值相等、性质相反时，负载可获得最大功率，即负载获得最大功率的条件为

$$R + jX = R_i - jX_i \quad \text{或者} \quad Z = Z_i^* \qquad (6-72)$$

式（6-72）中的 Z_i^* 是 Z_i 的共轭复数。换句话说，当负载阻抗与电源内阻抗为一对共
轭复数时，负载吸收的功率最大。此时，称负载与交流电源阻抗匹配。

在匹配状态下，负载获得的最大功率为

$$P_{max} = \frac{U_S^2}{4R_i} \qquad (6-73)$$

6.7　功率因数的提高

功率因数是电气设备一个十分重要的参数。其定义为有功功率与视在功率的比值，用
λ 表示，即

$$\lambda = \frac{P}{S} = \cos\varphi \qquad (6-74)$$

功率因数恒小于 1。功率因数 λ 越大，有功功率占视在功率的比例越大。

6.7.1　功率因数提高的意义

在交流电力系统中，常见的发电设备都是按照一定的额定电压和额定电流值来设计和

使用的，因而也都是以额定的视在功率来表示它的容量。但这个设备能给负载提供多大的平均功率，也就是有功功率，还要看负载的功率因数 λ 有多大。

 📖**例 6 – 29** 容量为 117 500 kVA 的发电机，接一个 λ 为 0.85 的设备时，能提供的有功功率是多少？如果接一个 λ 为 0.6 的设备，又能提供多大的功率？

 解：
$$P_1 = S \cdot \lambda_1 = 117\,500 \times 0.85 \approx 100\,000 \quad (\text{kW})$$
$$P_2 = S \cdot \lambda_2 = 117\,500 \times 0.6 = 70\,500 \quad (\text{kW})$$

从例 6 – 29 可见，负载的功率因数 λ 过低，会使发电机的容量得不到充分利用。因此，提高功率因数也就能提高电源设备容量的利用率。

提高功率因数的第二点意义体现在减小电能在传输线路中的损耗。

在线路阻抗一定时，电能在传输线路中的损耗取决于传输线路中的电流。一旦电流增大，则线路上的电压将增大；一旦线路上的电压增大，则在提供的电源电压一定的条件下，会降低负载的端电压，影响负载正常工作。

由于 $I = \dfrac{P}{U\cos\varphi}$，因此在一定的电压下向负载输送一定的有功功率时，如果 λ 过低，则会使整条线路上的电流上升，不仅增加了线路中的功率损耗，也造成线路输出电压降的损失。线路损耗带来的经济损失将由各级供电部门承担，而输出电压降的损失则会影响生产设备及民用设备的正常使用。因此，提高功率因数对国民经济有着重要的意义。

6.7.2 功率因数提高的方法

一般而言，交流电力系统中的负载多为感性负载，比如常用的感应电动机接上电源后要建立磁场，磁场能量将与电源做周期性的能量交换。家庭中使用的带有变压器和电动机的用电器如电冰箱、洗衣机、空调和电视机等，也都是感性负载。

由于在同一电源作用下，电感元件和电容元件上的无功功率总是处于互补状态。因此，感性负载网络可以使用电容器进行无功补偿来提高功率因数。

由此可知，提高功率因数最简便的方法是用电容器与感性负载并联，如图 6 – 40（a）所示。

未加电容前，流过图 6 – 40（a）中感性阻抗的电流为 $\dot{I}_1$，阻抗两端的电压为 $\dot{U}$，阻抗角为 φ_1。此时总电流 $\dot{I}$ 即 $\dot{I}_1$，它滞后总电压 φ_1 阻抗角。并联电容以后，电容端的电压同为 $\dot{U}$，但电容上的电流 $\dot{I}_C$ 超前电压 90°，由于此时的总电流 $\dot{I}$ 为 $\dot{I}_1$ 和 $\dot{I}_C$ 的相量和，这就使得 $\dot{I}$ 滞后 $\dot{U}$ 的角度比之前减小，变成 φ，如图 6 – 40（b）所示。因为 $\cos\varphi > \cos\varphi_1$，所以并联电容以后，电路的功率因数提高了。

这个能实现功率因数提高的电容称为补偿电容。

补偿电容 C 可以根据电压 U、有功功率 P、补偿前电路功率因数 $\cos\varphi_1$、补偿后期望达到的功率因数 $\cos\varphi$ 来确定补偿电容的容量。

从图 6 – 40（b）可知，补偿电容 C 上流过的电流，其数值就等于总电流 $\dot{I}$ 与电流 $\dot{I}_1$ 在虚轴上的投影之差，即

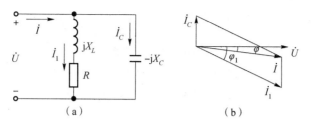

图 6 – 40　提高功率因数的电路图与相量图

$$I_C = I_1 \sin \varphi_1 - I \sin \varphi$$

因为

$$I_1 = \frac{P}{U \cos \varphi_1}, \quad I = \frac{P}{U \cos \varphi}$$

代入前式，则

$$I_C = \frac{P \sin \varphi_1}{U \cos \varphi_1} - \frac{P \sin \varphi}{U \cos \varphi} = \frac{P}{U}(\tan \varphi_1 - \tan \varphi)$$

又因为

$$I_C = \frac{U}{X_C} = \omega C U$$

则有

$$\omega C U = \frac{P}{U}(\tan \varphi_1 - \tan \varphi)$$

整理可得

$$C = \frac{P}{\omega U^2}(\tan \varphi_1 - \tan \varphi) \qquad\qquad (6 - 75)$$

📖 **例 6 – 30**　一感性负载接在电压为 220 V、频率为 50 Hz 的交流电路中，其额定功率为 50 kW，功率因数为 0.7。现要求把功率因数提高到 0.9，请选择合适的并联补偿电容器。

解：$\cos \varphi_1 = 0.7$，则 $\varphi_1 = 45.6°$，$\tan \varphi_1 = 1.02$；
$\cos \varphi = 0.9$，则 $\varphi = 25.8°$，$\tan \varphi = 0.484$

$$C = \frac{P}{\omega U^2}(\tan \varphi_1 - \tan \varphi) = \frac{50 \times 10^3}{2\pi \times 50 \times 220^2}(1.02 - 0.484) = 1\ 763\ (\mu F)$$

在实际应用中，选择补偿电容还应注意以下几点。

（1）实际选用电容器的电容量应大于补偿电容的计算值。

（2）电容器的额定电压应大于电路电压的最大值，即 $U_{CN} > \sqrt{2}\,U_N$。

本 章 小 结

（1）大小和方向随时间按一定规律周期性变化，且在一个周期内平均值为零的电流称为交变电流，简称交流。

（2）交流电压或电流周期性循环一次的时间称为周期，用 T 表示，单位为秒（s）。交流

137

量每秒钟完成循环的次数称为频率，单位为赫兹（Hz），用 f 表示。两者的关系是：$f = \dfrac{1}{T}$。

（3）按正弦函数规律周期性变化的电压或电流称为正弦交流电。正弦量一般的表达式是：$i = I_m \sin(\omega t + \varphi_i)$，该式也称为解析式，反映了电流 i 随时间 t 变化的函数关系。

（4）正弦量的三要素：振幅值 I_m 或 U_m、角频率 ω、初相位 φ_i 或 φ_u。

（5）振幅值是正弦电压或电流幅度能达到的最大值，也称为峰值。在实际中，也常用有效值表示正弦量幅度的大小。

（6）有效值是指：在一个周期的时间内，交流电流 i 通过电阻 R 产生的热量与直流电流 I 通过同一个电阻产生的热量相等，则此直流电流 I 的数值就是该交流电流的有效值。对正弦量而言，有效值与振幅值之间的关系是：$I = \dfrac{I_m}{\sqrt{2}}$ 或 $I = 0.707 I_m$。

（7）正弦量的角频率与频率 f 的关系是：$\omega = 2\pi f$。

（8）两个同频率正弦量的初相位之差即相位差。根据相位差的数值，同频率正弦量之间有超前、滞后、同相、正交、反相等相位关系。

（9）正弦量的相量法一般可以写成极坐标形式 $\dot{I} = I\underline{/\varphi}$。其中 I 即正弦量的有效值，φ 则是正弦量的初相位。

（10）正弦量的相量法也可以写成复数的代数形式 $\dot{I} = a + jb$。它与极坐标形式之间的转换关系是：$I = \sqrt{a^2 + b^2}$、$\varphi = \arctan \dfrac{b}{a}$ 和 $a = I\cos\varphi$、$b = I\sin\varphi$。

（11）正弦相量在做加、减运算时，宜采用复数的代数形式，将实部与实部相加减，虚部与虚部相加减；在做乘除运算时，宜采用极坐标形式，将模与模相乘或相除，幅角与幅角相加或相减。

（12）交流正弦电路中，任一节点电流相量的代数和等于零，用 $\sum \dot{I} = 0$ 表示；且任一回路内各段电压相量的代数和等于零，用 $\sum \dot{U} = 0$ 表示。这就是基尔霍夫电流定律和电压定律的相量形式。

（13）纯电阻正弦交流电路的电压与电流的相量关系：$\dot{U} = R\dot{I}$，电压与电流同相。

（14）纯电感正弦交流电路的电压与电流的相量关系：$\dot{U} = jX_L\dot{I}$，电压超前电流 $90°$。其中 $X_L = \omega L$，称为感抗。频率越高，感抗越大；在直流电中感抗趋于零。

（15）纯电容正弦交流电路电压与电流的相量关系：$\dot{U} = -jX_C\dot{I}$，电流超前电压 $90°$。其中 $X_C = \dfrac{1}{\omega C}$，称容抗。频率越高，容抗越小；在直流电中容抗趋于无穷大。

（16）一个线性无源二端网络的端口总电压与总电流的相量之比，被定义为复阻抗：$Z = \dfrac{\dot{U}}{\dot{I}} = |Z|\underline{/\varphi}$。端口电压与电流的关系 $\dot{U} = Z\dot{I}$，被称为相量形式的欧姆定律。

（17）在 RLC 串联电路中，$\dot{U} = \dot{U}_R + \dot{U}_L + \dot{U}_C = [R + j(X_L - X_C)]\dot{I} = Z\dot{I}$。复阻抗 $Z = R + j(X_L - X_C) = R + jX = |Z|\underline{/\varphi}$。

其中：复阻抗的模 $|Z| = \sqrt{R^2 + X^2} = \sqrt{R^2 + (X_L - X_C)^2}$；

阻抗角 $\varphi = \varphi_u - \varphi_i = \arctan \dfrac{X}{R} = \arctan \dfrac{X_L - X_C}{R}$。

（18）若线性无源端口网络的阻抗角 $\varphi > 0$，表明电路的总电压超前总电流，电路呈感性；若阻抗角 $\varphi < 0$，表明电路的总电压滞后总电流，电路呈容性。

（19）一个线性无源二端网络的端口总电流与总电压的相量之比，被定义为复导纳：
$Y = \dfrac{\dot{I}}{\dot{U}} = |Y| \underline{/\varphi_y}$。端口电流与电压的关系 $\dot{I} = Y\dot{U}$，也是相量形式的欧姆定律。

（20）阻抗与导纳之间的关系是：复导纳 $Y = \dfrac{1}{Z}$。感抗的倒数称为感纳：$B_L = \dfrac{1}{X_L} = \omega L$；
容抗的倒数称为容纳：$B_C = \dfrac{1}{X_C} = \omega C$。

（21）在 RLC 并联电路中，$\dot{I} = \dot{I}_R + \dot{I}_L + \dot{I}_C = \left(\dfrac{1}{R} + \dfrac{1}{\mathrm{j}X_L} + \dfrac{1}{-\mathrm{j}X_C} \right)\dot{U} = Y\dot{U}$。复导纳 $Y = G + \mathrm{j}(B_C - B_L) = G + \mathrm{j}B = |Y|\underline{/\varphi_y}$。

其中：复导纳模 $|Y| = \sqrt{G^2 + B^2} = \sqrt{G^2 + (B_C - B_L)^2}$；

导纳角 $\varphi_y = \arctan \dfrac{B}{G} = \arctan \dfrac{B_C - B_L}{G}$。

（22）复阻抗模与复导纳模之间有 $|Y| = \dfrac{1}{|Z|}$；阻抗角 φ 与导纳角 φ_y 之间有 $\varphi = -\varphi_y$ 关系。

（23）多个复阻抗串联，等效复阻抗 $Z = Z_1 + Z_2 + Z_3 + \cdots + Z_n$。

（24）多个复阻抗并联，等效复阻抗的倒数 $\dfrac{1}{Z} = \dfrac{1}{Z_1} + \dfrac{1}{Z_2} + \dfrac{1}{Z_3} + \cdots + \dfrac{1}{Z_n}$。

（25）一个电阻与一个电抗的串联阻抗 $Z = R + \mathrm{j}X$，可以等效成一个电导与一个电纳的并联导纳 $Y = G + \mathrm{j}B$。

（26）用相量法分析线性正弦交流电路时，原先直流电路中的电阻用复阻抗替代，电导用复导纳替代，所有正弦量都用相量表示。采用相量表示后，网孔电流法、节点电压法、戴维南定理等所有直流电路的分析方法在正弦交流电路中依然适用。

（27）正弦交流电路的瞬时功率为：$p = ui = UI\cos\varphi - UI\cos(2\omega t - \varphi)$。

（28）有功功率 P 是指：瞬时功率在一个周期内的平均值，单位为瓦特（W）。

一个无源线性二端网络的有功功率为：$P = UI\cos\varphi$。

纯电阻元件的有功功率为：$P = UI = \dfrac{U^2}{R} = I^2 R$。

纯电感或纯电容元件的有功功率为：$P = 0$。

（29）无功功率 Q 是指：电路内的电感、电容等储能元件与外部电源进行能量交换的规模的最大值，单位为乏（Var）。

一个无源线性二端网络的无功功率为：$Q = UI\sin\varphi$。

电阻的无功功率：$Q = 0$；储能元件电感的无功功率：$Q_L = U_L I_L = \dfrac{U^2}{X_L} = I^2 X_L$。

储能元件电容的无功功率：$Q_C = -U_C I_C = -\dfrac{U^2}{X_C} = -I^2 X_C$。

（30）视在功率 S 是指：一个二端网络端口电压和电流有效值的乘积，即 $S = UI$，单位为伏安（VA）。它反映交流电气设备的容量。

（31）视在功率与有功功率、无功功率三者的关系是：$S = \sqrt{P^2 + Q^2}$，$\varphi = \arctan \dfrac{Q}{P}$。

（32）复功率 $\tilde{S}$ 是指：二端网络的端口电压相量与端口电流相量的共轭复数的乘积，即 $\tilde{S} = \dot{U}\dot{I}^* = UI\underline{/\varphi} = P + jQ$。在同一个正弦交流电路中，电路输出的复功率之和等于电路吸收的复功率之和。

（33）功率三角形和电压三角形、电流三角形、阻抗三角形都是相似三角形。各相量三角形及勾股关系如表 6–1 所示。

表 6–1　各相量三角形及勾股关系

电路形式	三角形名称	相量式	相量三角形	相量的勾股关系
串联	电压三角形	$\dot{U} = \dot{U}_R + \dot{U}_L + \dot{U}_C$ $= Z\dot{I}$		$U^2 = U_R^2 + U_X^2$ $= U_R^2 + (U_L - U_C)^2$ $\varphi = \arctan \dfrac{U_X}{U_R}$
	阻抗三角形	$Z = R + j(X_L - X_C)$ $= R + jX$		$Z^2 = R^2 + X^2$ $= R^2 + (X_L - X_C)^2$ $\varphi = \arctan \dfrac{X}{R}$
并联	电流三角形	$\dot{I} = \dot{I}_R + \dot{I}_L + \dot{I}_C$ $= Y\dot{U}$		$I^2 = I_R^2 + I_X^2$ $= I_R^2 + (I_C - I_L)^2$ $\varphi = \arctan \dfrac{I_X}{I_R}$
	导纳三角形	$Y = G + j(B_C - B_L)$ $= G + jB$		$Y^2 = G^2 + B^2$ $= G^2 + (B_C - B_L)^2$ $\varphi_y = \arctan \dfrac{B}{G}$
串或并联	功率三角形	$\tilde{S} = P + jQ$		$S^2 = P^2 + Q^2$ $\varphi = \arctan \dfrac{Q}{P}$

（34）功率因数定义为：有功功率与视在功率的比值，即 $\lambda = \dfrac{P}{S} = \cos \varphi$。

（35）提高功率因数的意义：充分利用电源设备的功率容量，并且减小电能的传输损耗。提高功率因数的方法：在感性负载两端并联电容器进行无功功率的补偿。补偿电容容量的计算：$C = \dfrac{P}{\omega U^2}(\tan \varphi_1 - \tan \varphi)$。

（36）正弦交流电路负载获得最大功率的条件：当负载阻抗与电源内阻抗为一对共轭复数，即 $Z = Z_i^*$ 时，负载吸收的功率最大。此时负载获得的最大功率为：$P_{\max} = \dfrac{U_S^2}{4R_i}$。

第7章

三相正弦交流电路

拓展阅读
法拉第

7.1　三相交流电源

目前电力工程上普遍采用三相交流电供电，即由 3 个幅值相等、频率相同，彼此之间相位互差 120° 的正弦电压所组成的供电系统。三相交流电之所以被普遍使用，是由于三相交流电相比于单相交流电有以下主要优点。

（1）在发电方面，三相发电机和三相变压器比同容量的单相发电机和单相变压器输出功率高，体积小、用料少，且运行平稳。

（2）在输电方面，在输电距离、输送功率、功率因数、电压损失和功率损失都相同的条件下，三相输电比单相输电经济，节省金属材料可达 25%。

（3）在配电方面，在同等容量的条件下，三相变压器比单相变压器造价低且便于接入负载。

（4）在运行方面，三相交流电动机比单相交流电动机的振动小、性能优良、结构简单、运行可靠、维护方便。

因而，除电力机车、地铁及生活用电外，在工农业生产等各方面，通常都使用三相交流电，而且我们使用的单相交流电多数也是从三相电源获得的。

7.1.1　三相交流电源的产生

电能可以由水能、风能、核能、化学能、太阳能等转换而得。而各种电站、发电厂，其能量的转换由三相发电机来完成。例如，三峡电站的三相水轮发电机将水能转换为电能；火电站的三相汽轮发电机将燃烧煤炭产生的热能转换为电能。

三相交流发电机是利用电磁感应原理将机械能转变为电能。图 7 – 1 是三相交流发电机的示意图，它主要由定子和转子组成。定子由定子铁芯和定子绕组构成，定子铁芯的内圆表面加工有均匀分布的槽，槽内嵌放有 U_1U_2、V_1V_2、W_1W_2 三相绕组，这三相绕组的大小、形状、匝数等参数完全相同，且彼此在空间相隔 120°，称为对称三相绕组，其首端用 U_1、

V_1、W_1 表示，末端用 U_2、V_2、W_2 表示。转子铁芯上装有励磁绕组，极面做成适当形状，通电之后会在定子与转子之间产生按正弦规律分布的磁场。当转子由原动机拖动以一定的角速度旋转时，定子上的 3 个绕组都因切割磁力线而产生按正弦规律变化的感应电动势，因此在绕组两端也就产生了电源。由于这 3 个正弦交流电源频率相同、幅值相等，在相位上彼此相差 120°，所以称为对称三相电源。

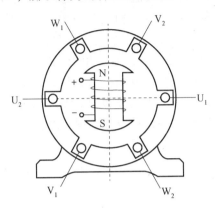

图 7 - 1　三相交流发电机示意图

交流发电机工作原理

若以 U_1U_2 绕组中的电压作为参考正弦量，则三相对称电源瞬时值的三角函数表示式分别为

$$\begin{cases} u_U(t) = U_m \sin \omega t \\ u_V(t) = U_m \sin(\omega t - 120°) \\ u_W(t) = U_m \sin(\omega t - 240°) = U_m \sin(\omega t + 120°) \end{cases} \qquad (7-1)$$

三相对称电源的波形如图 7 - 2（a）所示。

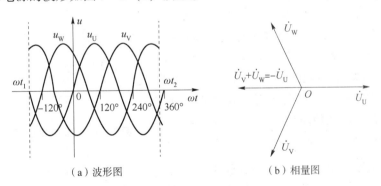

（a）波形图　　　　　　　　　　　（b）相量图

图 7 - 2　三相对称电源的波形图和相量图

因为对称三相电源是正弦量，所以也可以用相量表示，即

$$\dot{U}_U = U\underline{/0°}, \dot{U}_V = U\underline{/-120°}, \dot{U}_W = U\underline{/120°} \qquad (7-2)$$

其对应的相量图如图 7 - 2（b）所示。

由对称三相电源的波形图和相量图可以看出，任意瞬间对称三相交流电的瞬时值之和恒等于零，即

$$u_U(t) + u_V(t) + u_W(t) = 0 \qquad (7-3)$$

对称三相交流电的相量之和也恒等于零，即

$$\dot{U}_U + \dot{U}_V + \dot{U}_W = 0 \qquad (7-4)$$

这是对称三相交流电源的一个重要特性。

从波形图中可以看出，3 个电源 u_U 超前 u_V 达到最大值，而 u_V 又超前 u_W 达到最大值，通常把三相电压到达振幅值或零值的先后次序称为相序。三相电源的相序有两种，若到达振幅值的先后次序按 U→V→W→U 排列，则称三相电源的相序为正相序；反之称为逆相序。在实际工业应用中，三相交流电的相序问题千万要重视，如三相交流电动机接入电源时，若相序变反则电动机将由正转变为反转；为保证工业供电系统可靠性、经济性，只有同相序的三相变压器才能并联运行等。若无特殊说明，三相电源通用的相序均为正相序，在工业生产中一般用相序检测器来对电源的相序进行检测，且以黄、绿、红 3 种颜色分别作为 U、V、W 三相正相序的标志。

7.1.2　三相交流电源的连接

在电力工程中，三相交流电源的 3 个绕组都是连接起来向负载供电的，通常三相电源的连接方式有两种：一种是星形（Y）连接；另一种是三角形（△）连接。

1. 三相电源的星形（Y）连接

1）相关名词

将三相交流发电机绕组的 3 个末端 U_2、V_2、W_2 连接在一起，形成一个公共点 N，从首端 U_1、V_1、W_1 分别引出 3 根导线作为输出端，这种连接方式称为三相电源的星形（Y）连接，如图 7-3 所示。

在三相电源的星形连接中，三相绕组末端的连接点 N 称为电源的中性点或零点，从中性点引出的导线称为中性线或零线，中性线通常和大地相接，故中性线又俗称地线。从三相绕组首端 U_1、V_1、W_1 引出的导线称为端线或相线，俗称火线。三相电源的这种供电方式称为三相四线制。电力系统的低压配电线路大都采用三相四线制。

三相电源任意端线（或相线）与中性线间的电

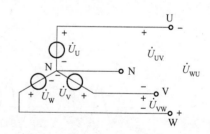

图 7-3　三相电源的星形（Y）连接

压称为电源相电压，用 u_{UN}、u_{VN}、u_{WN} 或用 $\dot{U}_U$、$\dot{U}_V$、$\dot{U}_W$ 表示，常以 u_{UN} 作为参考电压，且各相电压的正方向规定从绕组的首端指向末端，即分别由相线 U、V、W 指向中性线 N，如图 7-3 所示。

端线与端线之间的电压称为线电压，用 u_{UV}、u_{VW}、u_{WU} 表示。规定线电压的方向分别是由 U 线指向 V 线，V 线指向 W 线，W 线指向 U 线。

由于电源是对称三相电源，所以一般用 U_P 表示相电压，U_L 表示线电压，工程上三相电压一般是指线电压。

2）线电压与相电压的关系

根据基尔霍夫电压定律可得

$$u_{UV} = u_U - u_V, \quad u_{VW} = u_V - u_W, \quad u_{WU} = u_W - u_U$$

写成相量形式为

$$\begin{cases} \dot{U}_{UV} = \dot{U}_U - \dot{U}_V \\ \dot{U}_{VW} = \dot{U}_V - \dot{U}_W \\ \dot{U}_{WU} = \dot{U}_W - \dot{U}_U \end{cases} \tag{7-5}$$

由于电源是对称三相电源，即

$$\dot{U}_U = U\underline{/0°}, \quad \dot{U}_V = U\underline{/-120°}, \quad \dot{U}_W = U\underline{/120°}$$

代入式（7-5）可得

$$\dot{U}_{UV} = \dot{U}_U - \dot{U}_V = U\underline{/0°} - U\underline{/-120°} = U\left[1 - \left(-\frac{1}{2} - j\frac{\sqrt{3}}{2}\right)\right]$$

$$= U\left(\frac{3}{2} + j\frac{\sqrt{3}}{2}\right) = \sqrt{3}\,U\left(\frac{\sqrt{3}}{2} + j\frac{1}{2}\right) = \sqrt{3}\,U\underline{/30°} = \sqrt{3}\,\dot{U}_U\underline{/30°} \tag{7-6}$$

同理可得，

$$\dot{U}_{VW} = \dot{U}_V - \dot{U}_W = \sqrt{3}\,\dot{U}_V\underline{/30°}$$

$$\dot{U}_{WU} = \dot{U}_W - \dot{U}_U = \sqrt{3}\,\dot{U}_W\underline{/30°}$$

由此可知，三相对称电源作星形连接时，3 个相电压对称，3 个线电压也是对称的，且线电压的有效值 U_L 是相电压有效值 U_P 的 $\sqrt{3}$ 倍，即 $U_L = \sqrt{3}\,U_P$。在相位方面，3 个线电压分别超前对应的相电压30°。对称三相电源星形连接的相量关系如图 7-4 所示，根据相量图也可以看出线电压与相电压之间的关系。

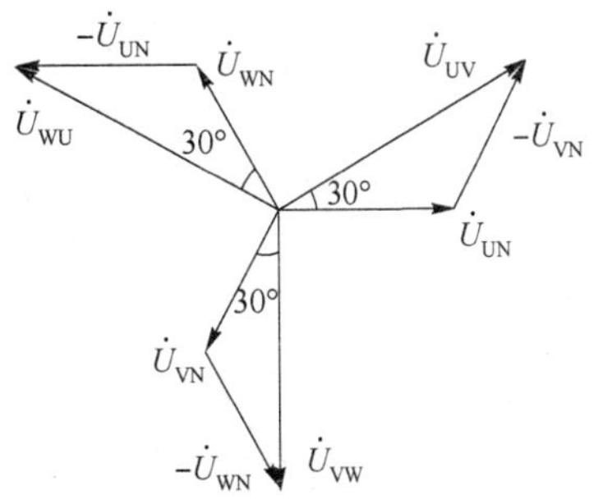

根据以上分析可知，三相对称电源星形连接时可提供两种电压，即线电压和相电压，于是在实际应用中三相电源星形连接的供电方式有两种，即三相四线制和三相三线制供电方式。例如，在照明系统一般用三相四线制供电，动力系统用三相三线制供电。实际生活中常用三相电源的线电压是 380 V，相电压是 220 V，表示为 380 V/220 V。

图 7-4 三相电源星形连接的相量图

2. 三相电源的三角形（△）连接

将交流发电机的三相绕组依次首尾相连，即将绕组的 3 个始端和 3 个末端分别按 U_1 与 W_2、V_1 与 U_2、W_1 与 V_2 相连接，构成一个回路，并从连接点处分别引出 3 根输电线，这种连接方法称为三相电源的三角形（△）连接，如图 7-5 所示。

由图 7-5 可以看出，三相电源三角形连接时采用三相三线制，且线电压与相电压相同，给负载只能提供一种电压，即

$$\dot{U}_{UV} = \dot{U}_U, \dot{U}_{VW} = \dot{U}_V, \dot{U}_{WU} = \dot{U}_W \tag{7-7}$$

其对应的相量图如图 7-6 所示。

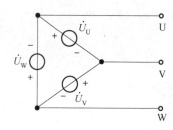

图7-5 三相电源的三角形连接

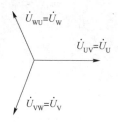

图7-6 三相电源三角形连接的相量图

因为三相电源作三角形连接时，三相绕组连接成一个闭合的回路，于是有

$$\dot{U}_U + \dot{U}_V + \dot{U}_W = 0 \tag{7-8}$$

所以空载时，闭合回路内没有电流。必须注意，电源三角形连接时，如果三相绕组中任何一相绕组接反，3 个相电压之和将不为零，其对应相量图如图 7-7 所示，则

$$\dot{U} = \dot{U}_U + \dot{U}_V + \dot{U}_W = -2\dot{U}_W \tag{7-9}$$

由于三相绕组阻抗很小，将在绕组闭合回路中产生很大的环流而烧坏绕组，造成严重后果。所以，三相电源作三角形连接时，为避免相线接错，常先将绕组接成一个开口三角形，如图 7-8 所示，在开口处接一电压表进行检测，若测出电压为零时说明接线正确，再接成封闭三角形。

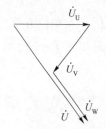

图7-7 三相绕组的一相接反连接

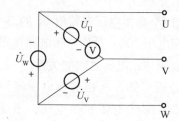

图7-8 开口三角形的电压检测电路

由以上分析可知，三相对称电源三角形连接时没有中性点，只可提供一种电压，供电方式只能采用三相三线制方式。

📖 **例7-1** 一台异步发电机三相绕组星形连接，向外输出对称三相电源，若 U 相绕组线电压为 $\dot{U}_{UV} = 380\underline{/70°}$，请写出其他两相绕组线电压和相电压分别为多少？

电路分析1：由于异步发电机输出的是对称三相电源，在未指明情况下都是正相序，则根据对称三相电源的定义，可直接写出其他两相的线电压；又由于是星形连接，根据其相电压与线电压的大小和相位关系可直接得出各相电压。

解：根据对称三相电源的定义，可写出其他两个线电压分别为

$$\dot{U}_{VW} = 380\underline{/70° - 120°} = 380\underline{/-50°}$$

$$\dot{U}_{WU} = 380\underline{/70° + 120°} = 380\underline{/190°} = 380\underline{/-170°}$$

根据星形连接相电压与线电压的关系，可以写出对应的相电压为

$$\dot{U}_U = \frac{380}{\sqrt{3}}\underline{/70° - 30°} = 220\underline{/40°}$$

根据对称关系，可写出其他两个相电压分别为

$$\dot{U}_{\mathrm{V}} = 220\underline{/40° - 120°} = 220\underline{/-80°}$$

$$\dot{U}_{\mathrm{W}} = 220\underline{/40° + 120°} = 220\underline{/160°}$$

✏ **练一练：**

正序对称三相三角形连接电源，若 $\dot{U}_{\mathrm{UV}} = 380\underline{/30°}$ V，则 $\dot{U}_{\mathrm{VW}} =$ _____ V，$\dot{U}_{\mathrm{WU}} =$ _____ V；$\dot{U}_{\mathrm{UV}} + \dot{U}_{\mathrm{VW}} + \dot{U}_{\mathrm{WU}} =$ _____ V。

解题微课

从上面的例题和练一练可以看出，无论是三角形连接还是星形连接，对称三相电源的相电压对称，线电压也对称；星形连接时线电压大小是相电压的 $\sqrt{3}$ 倍，相位超前对应相电压 30°；三角形连接时没有中性点，线电压与相电压相等。

🌀 课后思考

（1）什么是对称三相电源？它有何特点？试写出它们的解析式，并绘制波形图和相量图。

（2）什么是相序？在工业生产中用何仪器可以对电源的相序进行检测？

（3）三相发电机（或变压器）绕组怎样正确连接成三角形？其中一相接反会造成什么后果？

7.2　三相负载

交流用电设备的种类很多，从用电的相数可分为单相和三相两大类。由三相电源供电的负载称为三相负载，如三相交流电动机、三相变压器等；由单相电源供电的负载称为单相负载，如风扇、日光灯、电冰箱等家用电器。各种单相负载实际上也是按照一定方式连接在三相电源上的，所以从整体来说，它们也可以看成三相负载。

若三相负载中各相负载的大小和性质不同，这样的三相负载称为不对称三相负载。若3个单相负载的大小和性质完全相同，即 $Z_{\mathrm{U}} = Z_{\mathrm{V}} = Z_{\mathrm{W}}$，称为对称三相负载，如三相变压器、三相电炉、三相电动机等。

三相负载的连接方式有两种，即星形（Y）连接和三角形（△）连接。三相负载究竟采用哪种连接方法，要根据电源电压、负载的额定电压和负载的特点而定。

7.2.1　三相负载的星形（Y）连接

若将每相负载的末端连接在一起，用 N′ 表示，将每相负载的首端分别接到三相电源的3根相线上，这种接法像一个星形，故称为星形连接。若把负载的 N′ 点与三相电源的中性点 N 用导线连接起来，就构成了三相四线制电路，如图 7 – 9 所示。一般负载不对称时都采用这种接法。

1. 负载电压

在三相四线制电路中，若忽略输电线路的阻抗，则有

$$\dot{U}_{N'N} = 0 \qquad (7-10)$$

即电源中性点与负载中性点等电位。每相负载的相电压等于电源的相电压。因此，同对称三相电源一样，三相负载的线电压和相电压之间也是$\sqrt{3}$倍的关系，即 $U_L = \sqrt{3} U_P$。

不论负载对称与否，若电源对称则负载端的电压总是对称的，这是三相四线制电路的一个重要特点。因此，在三相四线制供电系统中，可以将各种单相负载，如电风扇、微波炉等家用电器接入其中的一相使用。

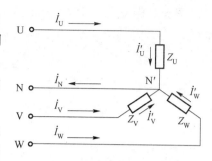

图 7-9　三相四线制负载星形连接

2. 相电流和线电流

在三相电路中，通过每根端线上的电流叫作线电流，用 $\dot{I}_U$、$\dot{I}_V$、$\dot{I}_W$ 表示，泛指用 I_L 表示。通过每相负载的电流叫作相电流，用 $\dot{I}'_U$、$\dot{I}'_V$、$\dot{I}'_W$ 表示，泛指用 I_P 表示，从图 7-9 中可以看出，三相负载星形连接时，线电流等于相电流，即

$$\dot{I}_U = \dot{I}'_U = \frac{\dot{U}_U}{Z_U}, \dot{I}_V = \dot{I}'_V = \frac{\dot{U}_V}{Z_V}, \dot{I}_W = \dot{I}'_W = \frac{\dot{U}_W}{Z_W} \qquad (7-11)$$

中性线的电流称为中性线电流，用 $\dot{I}_N$ 表示，根据基尔霍夫电流定律，可得

$$\dot{I}_N = \dot{I}_U + \dot{I}_V + \dot{I}_W \qquad (7-12)$$

其相量图如图 7-10 所示。由于中性线电流是各相电流相量之和，所以在大多数情况下，中性线电流比线电流小，因此中性线所用导线的截面一般比相线的截面小。

若三相对称负载星形连接时，中线上的电流为零，则中性线可以取消，电路为三相三线制星形连接，如图 7-11 所示。

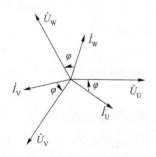

图 7-10　三相四线制负载星形连接的相量图

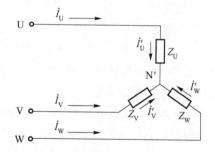

图 7-11　负载三相三线制星形连接

三相电路互成回路，于是每一瞬时流向负载中性点的电流中必然有正、有负，其代数和总是为零。

例 7-2　现有一台星形连接的三相异步电动机，其每相绕组的电阻 $R = 12\ \Omega$，电抗 $X_L = 16\ \Omega$，所加的三相对称电源线电压为 380 V。求异步电动机各相绕组的电压、电流。

电路分析：因为三相异步电动机属于对称三相负载，星形连接时每相绕组所加的电压等于电源的相电压，因此根据各相绕组的电压及复阻抗可求出每相绕组的电流。

解：由三相对称电源线电压可得电源的相电压为

$$U_P = \frac{U_L}{\sqrt{3}} = \frac{380}{1.732} = 220 \ (V)$$

设 U 相电压为

$$\dot{U}_U = 220\underline{/0°} \ (V)$$

则　　　　　　　$\dot{U}_V = 220\underline{/-120°} \ (V)$　　　　$\dot{U}_W = 220\underline{/120°} \ (V)$

因每相绕组复阻抗为

$$Z = 12 + j16 = 20\underline{/53.1°} \ (\Omega)$$

由此可得每相绕组的电流为

$$\dot{I}_U = \frac{\dot{U}_U}{Z} = \frac{220\underline{/0°}}{20\underline{/53.1°}} = 11\underline{/-53.1°} \ (A)$$

$$\dot{I}_V = \frac{\dot{U}_V}{Z} = 11\underline{/-173.1°} \ (A) \quad = \dot{I}_U\underline{/-120°} \ (A)$$

$$\dot{I}_W = \frac{\dot{U}_W}{Z} = 11\underline{/66.9°} \ (A) \quad = \dot{I}_U\underline{/120°} \ (A)$$

由例 7 - 2 可以看出，对称三相负载星形连接时，若电源对称，则各相负载的电压对称，流过各相负载的电流也对称。

✐ **练一练**：

如图 7 - 9 所示的三相四线制电路，三相负载连接成星形，已知对称三相电源相电压为 220 V，负载电阻 $Z_U = 5 \ \Omega$，$Z_V = 10 \ \Omega$，$Z_W = 20 \ \Omega$。试求：各相负载电流和中性线电流。

解：

(1) 各负载相电压分别为：＿＿＿＿＿＿＿＿＿＿＿＿＿＿＿＿＿。

(2) 各相负载电流分别为：＿＿＿＿＿＿＿＿＿＿＿＿＿＿＿＿＿。

(3) 中性线电流为：＿＿＿＿＿＿＿＿＿＿＿＿＿＿＿＿＿＿＿。

解题微课

从上面例题和练一练可以得出，三相四线制电路中，三相负载星形连接时，无论负载对称与否，只要电源对称，负载端的电压也对称，但对于不对称负载，其各相电流不对称，且中性线电流不为零，因而中性线不能去除。

7.2.2　三相负载的三角形（△）连接

如图 7 - 12 所示，把三相负载依次首尾相连，使三相负载组成一封闭的三角形，再由三角形 3 个连接点分别引出 3 根导线，连接到电源的 U、V、W 这 3 根相线上，就构成了三相负载的三角形（△）连接。

若忽略线路阻抗，三相负载三角形连接时，每相负载两端接在电源两根相线之间，所以，各相负载两端的相电压与电源的线电压相等，在图中参考方向下，根据基尔霍夫 KCL 定律，可得

$$\dot{I}_U = \dot{I}_{UV} - \dot{I}_{WU}, \dot{I}_V = \dot{I}_{VW} - \dot{I}_{UV}, \dot{I}_W = \dot{I}_{WU} - \dot{I}_{VW} \qquad (7-13)$$

式 (7 - 13) 对应的相量图如图 7 - 13 所示。

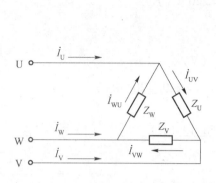

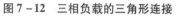

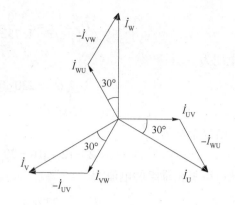

图 7-12 三相负载的三角形连接　　图 7-13 负载三相三线制对应的相量图

从图中可以看出，当三相负载对称时，$I_{\mathrm{L}} = \sqrt{3} I_{\mathrm{P}}$，即接在对称三相电源上的对称三相负载为三角形连接时，线电流是相电流的$\sqrt{3}$倍，其相位滞后对应的相电流为30°。

📖 **例 7-3** 在图 7-12 所示的电路中，设对称三相电源线电压为 380 V，三角形连接时对称负载每相阻抗 $Z = 4 + \mathrm{j}3\ \Omega$。试求各相负载的相电流和线电流。

电路分析：由于对称三相负载采用三角形连接，各相负载两端的电压为电源线电压，因而利用每相负载的端电压和复阻抗就可以求出对应的相电流，最后由 KCL 定理可求出线电流。

解：设 $\dot{U}_{\mathrm{UV}} = 380\underline{/0°}$ V，则

$$\dot{U}_{\mathrm{VW}} = 380\underline{/-120°}\ (\mathrm{V}), \qquad \dot{U}_{\mathrm{WU}} = 380\underline{/120°}\ (\mathrm{V})$$

而 U 相负载相电流为

$$\dot{I}_{\mathrm{UV}} = \frac{\dot{U}_{\mathrm{UV}}}{Z} = \frac{380\underline{/0°}}{4 + \mathrm{j}3} = \frac{380\underline{/0°}}{5\underline{/36.9°}} = 76\underline{/-36.9°}\ (\mathrm{A})$$

同理，其余两相负载相电流分别为

$$\dot{I}_{\mathrm{VW}} = \frac{\dot{U}_{\mathrm{VW}}}{Z} = 76\underline{/-156.9°} = \dot{I}_{\mathrm{UV}}\underline{/-120°}\ (\mathrm{A})$$

$$\dot{I}_{\mathrm{WU}} = \frac{\dot{U}_{\mathrm{WU}}}{Z} = 76\underline{/83.1°} = \dot{I}_{\mathrm{UV}}\underline{/120°}\ (\mathrm{A})$$

根据基尔霍夫 KCL 定律，可得各负载线电流为

$$\dot{I}_{\mathrm{U}} = \dot{I}_{\mathrm{UV}} - \dot{I}_{\mathrm{WU}} = 76\underline{/-36.9°} - 76\underline{/83.1°} = 60.7 - \mathrm{j}45.6 - 9.1 - 75.4\mathrm{j}$$

$$= 51.6 - \mathrm{j}121 = 131.5\underline{/-66.9°} = \sqrt{3}\,\dot{I}_{\mathrm{UV}}\underline{/-30°}\ (\mathrm{A})$$

同理，可得

$$\dot{I}_{\mathrm{V}} = \dot{I}_{\mathrm{VW}} - \dot{I}_{\mathrm{UV}} = 131.5\underline{/-186.9°} = \sqrt{3}\,\dot{I}_{\mathrm{VW}}\underline{/-30°}\ (\mathrm{A})$$

$$\dot{I}_{\mathrm{W}} = \dot{I}_{\mathrm{WU}} - \dot{I}_{\mathrm{VW}} = 131.5\underline{/53.1°} = \sqrt{3}\,\dot{I}_{\mathrm{WU}}\underline{/-30°}\ (\mathrm{A})$$

通过计算进一步证明，三相负载作三角形连接时，若电源对称，则三相负载的电压对称，电流也对称，且线电流大小是对应相电流的$\sqrt{3}$倍，相位滞后对应相电流30°。

7.2.3　三相电路的接线方式

三相电路是由三相电源、三相负载以及连接这些电源和负载的导线所组成。根据三相电源与三相负载的基本连接方式，可分为 Y – Y、Y – △、△ – Y、△ – △ 四种连接方式。而从三相电源和三相负载之间的连接形式看，三相电路又可以分为两类，即三相四线制和三相三线制。如三相电源和三相负载之间仅由 3 根端线连接起来，这种三相系统称为三相三线制，如图 7 – 14 和图 7 – 15 所示。

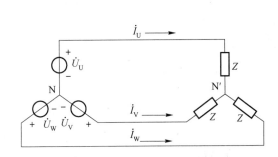

图 7 – 14　三相三线制 Y – Y 连接电路

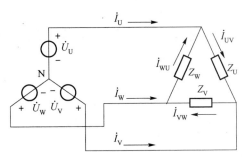

图 7 – 15　三相三线制 Y – △ 连接电路

例如，星形连接的三相电源与三相负载的中性点之间由导线连接，则构成三相四线制电路，如图 7 – 16 所示。采用三相四线制可以使负载得到两种不同的电压，即线电压和相电压，提供线电压给三相负载使用，如电动机等，提供相电压给单相负载使用，如照明、家用电器等。由中性点引出的导线连接某些测量、保护和信号电路，可以使不对称星形负载的相电压对称，以保证用电设备正常工作。

在工程实际应用中，一个三相负载究竟是采用星形接法还是采用三角形接法，要根据负载额定电压和电源线电压的大小而定。当负载额定电压等于电源线电压时，采用三角形连接，当负载额定电压等于电源相电压时，采用星形连接，这样才能确保负载正常工作。例如，对于线电压为 380 V 的三相电源，当三相电动机每相绕组的额定电压是 380 V 时，则应接成三角形，当三相电动机每

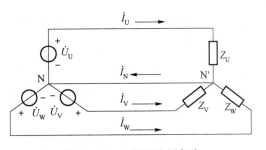

图 7 – 16　三相四线制电路

相绕组的额定电压是 220 V 时，应接成星形，若误接成三角形则将导致设备损坏。

![课后思考] **课后思考**

（1）只要阻抗大小相等的三相负载就是对称三相负载吗？

（2）线电流和相电流有何区别？什么情况下中性线电流为零？

（3）三相电动机每相绕组的额定电压为 220 V，现欲接至线电压为 220 V 的三相电源上，此电动机应如何连接？

7.3 三相电路的分析与计算

由于三相电源提供的电压一般是对称的，但电路中的三相负载可以是对称的也可以是不对称的，因此构成的三相电路也分为对称三相电路和不对称三相电路两大类。其中，电源、负载和线路都对称的电路称为对称三相电路，若其中有一相不对称，则构成的电路为不对称三相电路。下面分别讨论。

7.3.1 对称三相电路的分析与计算

三相电源和三相负载对称，且3根端线的线路阻抗也相同的三相电路，称为对称三相电路，如图 7-17 所示。

以 N 点为参考点，对 N′点列写节点方程，可得

$$\dot{U}_{N'N} = \cfrac{\cfrac{\dot{U}_U}{Z_U + Z_1} + \cfrac{\dot{U}_V}{Z_V + Z_1} + \cfrac{\dot{U}_W}{Z_W + Z_1}}{\cfrac{1}{Z_U + Z_1} + \cfrac{1}{Z_V + Z_1} + \cfrac{1}{Z_W + Z_1} + \cfrac{1}{Z_N}}$$

$$= \cfrac{\cfrac{1}{Z_1 + Z}(\dot{U}_U + \dot{U}_V + \dot{U}_W)}{\cfrac{3}{Z_1 + Z} + \cfrac{1}{Z_N}} \qquad (7-14)$$

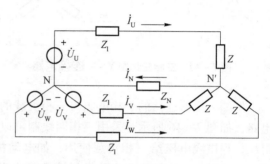

图 7-17 星形连接对称三相电路

由于是对称三相电路，$\dot{U}_U + \dot{U}_V + \dot{U}_W = 0$，因而可进一步推导出

$$\dot{U}_{N'N} = 0 \qquad\qquad (7-15)$$

表明 N 和 N′两点等电位，可将其短路，因而对称三相电路中性点电压和中性线电流都等于0，中性线不起作用，Z_N 的大小对电路工作状态没有影响，甚至可以不用连线，从而节约导线。这样便可将三相电路化为单相电路计算，计算出其中的一相参数，其余两相均可按对称关系直接写出。

📖 **例 7-4** 一对称三相电路如图 7-18（a）所示，其线电压为 380 V，对称三相负载星形连接，$Z_U = Z_V = Z_W = Z = 3 + j4\ \Omega$。求各相负载中的相电压、相电流、线电流及中线电流，并画出相电压和电流相量图。

电路分析：由于是三相对称电路，N 和 N′等电位，便可将三相电路化为单相电路，计算其中一相的电压、电流，其他两相则可以根据对称关系直接写出。

解：绘出一相等效电路如图 7-18（b）所示。

由于对称三相负载星形连接，每相负载两端电压为电源的相电压，即

$$U_P = \frac{U_L}{\sqrt{3}} = \frac{380}{1.732} = 220\ （V）$$

设

$$\dot{U}_U = 220\underline{/0°}\ V$$

则 $\dot{U}_V = 220\underline{/-120°}$ （V） $\dot{U}_W = 220\underline{/120°}$ （V）

因每相负载阻抗为

$$Z = 3 + j4 = 5\underline{/53.1°} \ （\Omega）$$

负载作星形连接时线电流等于相电流，即

$$\dot{I}_U = \dot{I}_{U'} = \frac{\dot{U}_U}{Z} = \frac{220\underline{/0°}}{5\underline{/53.1°}} = 44\underline{/-53.1°} \ （A）$$

根据对称关系可得

$$\dot{I}_V = \dot{I}_{V'} = 44\underline{/-173.1°} \ （A） \qquad \dot{I}_W = \dot{I}_{W'} = 44\underline{/66.9°} \ （A）$$

中性线电流为

$$\dot{I}_N = \dot{I}_U + \dot{I}_V + \dot{I}_W = 44\underline{/-53.1°} + 44\underline{/-173.1°} + 44\underline{/66.9°} = 0 \ （A）$$

相电压和电流相量图如图7-18（c）所示。

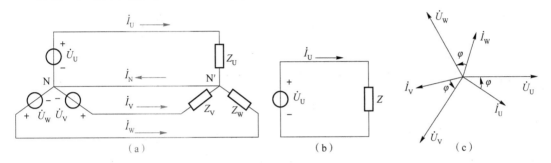

图7-18 Y对称三相电路

✐ **练一练**：如图7-19所示，有一三相对称感性负载电路，采用星形连接，接入的线电压为380 V，$f = 50$ Hz，已知负载 $Z = 6.4 + j4.8$ Ω、$Z_1 = 3 + j4.0$ Ω。求各相负载 Z 的相电流和相电压。

解：

（1）画出一相计算图。

（2）假设 U 相电路相电压为：_____。

（3）各负载的相电流为：_____。

（4）各负载的相电压为：_____。

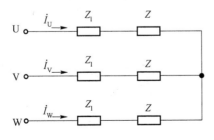

图7-19 三相对称感性电路

解题微课

从上面例题和练一练可以看出，对称三相电路Y连接时，无论端线阻抗是否考虑，计算时都只需计算一相，其余两相可按对称关系直接写出。

📖 **例 7-5** 对称负载接成三角形电路，如图 7-20 所示，接入线电压为 380 V 的三相对称电源，若每相阻抗 $Z = 3 + j4$ Ω，求负载各相电流及各线电流。

电路分析：由于是三相对称电路，只需计算其中一相电压、电流，其他两相则可以根据对称关系直接写出，且因是三角形连接，因而负载两端的相电压为电源线电压。

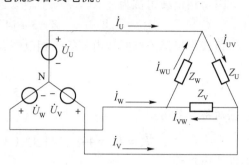

解：设线电压为 $\dot{U}_{UV} = 380\underline{/0°}$ V，则负载 U 相电流为

$$\dot{I}_{UV} = \frac{\dot{U}_{UV}}{Z} = \frac{380\underline{/0°}}{3 + j4} = \frac{380\underline{/0°}}{5\underline{/53.1°}}$$
$$= 76\underline{/-53.1°} \text{ (A)}$$

图 7-20 三相对称负载三角形连接电路

根据对称关系，直接写出其他两相电流为

$$\dot{I}_{VW} = \dot{I}_{UV}\underline{/-120°} = 76\underline{/-173.1°} \text{ (A)}$$

$$\dot{I}_{WU} = \dot{I}_{UV}\underline{/120°} = 76\underline{/66.9°} \text{ (A)}$$

因为是三角形连接对称电路，根据线电流与相电流的关系，可得各线电流为

$$\dot{I}_U = \sqrt{3}\,\dot{I}_{UV}\underline{/-30°} = \sqrt{3} \times 76\underline{/-53.1° - 30°} = 131.6\underline{/-83.1°} \text{ (A)}$$

$$\dot{I}_V = \dot{I}_U\underline{/-120°} = 131.6\underline{/-83.1° - 120°} = 131.6\underline{/156.9°} \text{ (A)}$$

$$\dot{I}_W = \dot{I}_U\underline{/120°} = 131.6\underline{/-83.1° + 120°} = 131.6\underline{/36.9°} \text{ (A)}$$

比较例 7-4 和例 7-5 的结果可以看出，Y 连接时用相电压计算较方便，△ 连接时用线电压计算较方便。而且在电源线电压相同的情况下，对称三相负载 △ 连接时相电流的大小是 Y 连接的 $\sqrt{3}$ 倍，因而异步电动机在启动时为了减小启动电流通常采用 Y 连接，达到正常转速后才改为 △ 连接，这就是异步电动机采用 Y-△ 降压启动的原因。

📖 **例 7-6** 对称负载接成三角形电路如图 7-21（a）所示，接入线电压为 380 V 的三相电源，若每相阻抗 $Z = 19.2 + j14.4$ Ω，端线阻抗 $Z_1 = 3 + j4.0$ Ω，求负载各相电流及各线电流。

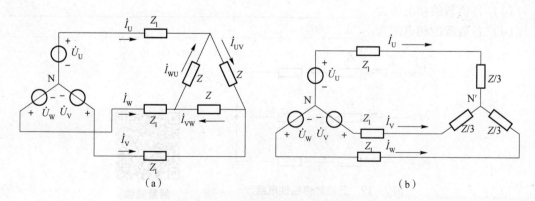

（a）　　　　　　　　　　　　　　（b）

图 7-21 三相对称负载 △ 连接电路

电路分析：由于存在端线阻抗，且对称负载 △ 连接，不能简单地计算一相。可将 △ 负

载等效为 Y 负载, 然后按 Y 对称电路计算其中一相, 求出线电流, 最后再折算成 △ 形负载相电流。

解: 将图 7-21 所示 △ 连接负载电路等效为 Y 负载电路, 如图 7-21 (b) 所示, 设相电压为 $\dot{U}_U = 220\underline{/0°}$ V, 则负载各线电流为

$$\dot{I}_U = \frac{\dot{U}_U}{Z_1 + Z/3} = \frac{220\underline{/0°}}{(3+j4)+(19.2+14.4j)/3}$$

$$= \frac{220\underline{/0°}}{9.4+j8.8} = \frac{220\underline{/0°}}{12.8\underline{/43.2°}} = 17.1\underline{/-43.2°}(\text{A})$$

$$\dot{I}_V = \dot{I}_U\underline{/-120°} = 17.1\underline{/-163.2°}(\text{A})$$

$$\dot{I}_W = \dot{I}_U\underline{/120°} = 17.1\underline{/76.8°}(\text{A})$$

根据三角形负载连接电路的特点, 可得负载各相电流为

$$\dot{I}_{UV} = \frac{\dot{I}_U\underline{/30°}}{\sqrt{3}} = \frac{17.1\underline{/-43.2°+30°}}{\sqrt{3}} = 9.9\underline{/-13.2°}\ (\text{A})$$

$$\dot{I}_{VW} = \dot{I}_{UV}\underline{/-120°} = 9.9\underline{/-133.2°}\ (\text{A})$$

$$\dot{I}_{WU} = \dot{I}_{UV}\underline{/120°} = 9.9\underline{/-106.8°}\ (\text{A})$$

由以上例题分析可以看出, 若忽略端线阻抗, 对称三相负载不管是 Y 连接还是 △ 连接, 都可直接计算一相负载的电压或电流, 然后利用对称关系写出其他两相。若考虑端线阻抗, 则对于 △ 连接的三相负载必须转换成 Y 连接负载, 然后按 Y 连接电路计算一相, 求出各线电流之后再折算为 △ 负载的相电流。

📖 **例 7-7**　在图 7-22 所示的三相三线制电路中, 若线电压为 380 V, 感性负载 Z_1 的功率因数 $\cos\varphi_1 = 0.6$, 且 $|Z_1| = 5\ \Omega$, 负载 $Z_2 = -j25\ \Omega$, 试求线电流、相电流, 并画出相量图 (以 A 相为例)。

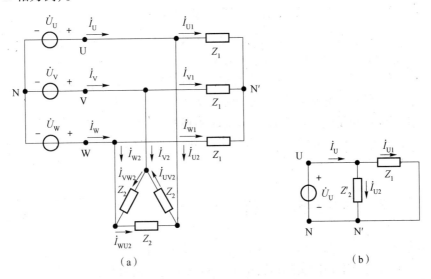

（a）　　　　　　　　　　　　　　（b）

图 7-22　复杂三相对称负载电路

解：画出其中一相等效电路如图 7-22（b）所示。

设

$$\dot{U}_{UN} = 220\underline{/0°}\ \text{V}$$

$$\dot{U}_{UV} = 380\underline{/30°}\ \text{V}$$

因是感性负载，因而由 $\cos\varphi_1 = 0.6$，可得

$$\varphi_1 = 53.13°$$

$$Z_1 = 5\underline{/53.13°} = 3 + j4\ (\Omega) \qquad Z_2' = \frac{1}{3}Z_2 = -j\frac{25}{3}\ (\Omega)$$

$$\dot{I}_{U1} = \frac{\dot{U}_{UN}}{Z_1} = \frac{220\underline{/0°}}{5\underline{/53.13°}} = 44\underline{/-53.13°} = 26.4 - j35.2\ (A)$$

$$\dot{I}_{U2} = \frac{\dot{U}_{UN}}{Z_2^*} = \frac{220\underline{/0°}}{-j25/3} = -j26.4\ (A)$$

$$\dot{I}_U = \dot{I}_{U1} + \dot{I}_{U2} = 26.4 - j8.8 = 27.8\underline{/-18.4°}\ (A)$$

根据对称关系可得 V、W 两相的线电流为

$$\dot{I}_V = 27.8\underline{/-138.4°}\ (A), \qquad \dot{I}_W = 27.8\underline{/101.6°}\ (A)$$

第一组负载的相电流为

$$\dot{I}_{U1} = 44\underline{/-53.13°}\ (A)$$

$$\dot{I}_{V1} = 44\underline{/-173.13°}\ (A)$$

$$\dot{I}_{W1} = 44\underline{/66.87°}\ (A)$$

第二组负载的相电流为

$$\dot{I}_{UV2} = \frac{1}{\sqrt{3}}\dot{I}_{U2}\underline{/30°} = 15.2\underline{/120°}\ (A)$$

$$\dot{I}_{VW2} = 15.2\underline{/0°}\ (A)$$

$$\dot{I}_{WU2} = 15.2\underline{/-120°}\ (A)$$

画出 U 相的电压与电流相量图如图 7-23 所示。

从上面例题可以看出，对于由多组对称三相负载组成的复杂对称三相电路，可将三相电源和负载均等效为 Y-Y 连接电路，然后计算其中一相的电压与电流，其余两相根据对称关系直接写出，最后对于 △ 连接的电路还要再转换成原电路中的相应电流。

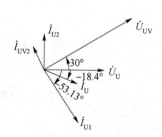

图 7-23　复杂三相对称
负载电路的相量图

7.3.2　不对称三相电路的分析与计算

在三相电路中，若电源电压、端线阻抗或三相负载中只要有一部分不对称，则这样的电路就称为不对称三相电路。实际运行中不对称三相电路大量存在，首先有许多单相负载，且开和关又很频繁，很难把它们配成对称情况；其次，对称三相电路发生故障时，如断线、短路等，也就成为不对称三相电路。不对称三相电路因为没有对称性，不能像对称电路一

样按一相计算，然后推出其他两相；而应按照复杂交流电路的方法进行分析计算。

　　📖**例7-8**　已知三相不对称负载带中性线电路如图7-24所示，已知三相电源线电压$U_L = 380$ V，$Z_U = 11$ Ω，$Z_V = 22$ Ω，$Z_W = 22$ Ω，中性线阻抗$Z_N = 0$，求 U、V、W 各相负载的电压、电流及中性线电流。

　　电路分析：由于电路为带中性线的三相不对称电路，且中性线阻抗为0，即 N 与 N′ 等电位，因此各负载两端电压为电源相电压，然后根据各负载端电压及阻抗可分别计算它们的电流。

　　解：由电源的线电压可得相电压为

$$U_P = \frac{U_L}{\sqrt{3}} = \frac{380}{1.732} = 220 \ (\text{V})$$

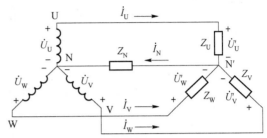

设　　　　　　　$\dot{U}_U = 220\underline{/0°}$ V

则　　　　　　　$\dot{U}_V = 220\underline{/-120°}$ V

　　　　　　　　$\dot{U}_W = 220\underline{/120°}$ V

图7-24　Y 连接不对称三相电路

各负载相电流分别为：

$$\dot{I}_U = \frac{\dot{U}'_U}{Z_U} = \frac{\dot{U}_U}{Z_U} = \frac{220\underline{/0°}}{11} = 20\underline{/0°} \ (\text{A})$$

$$\dot{I}_V = \frac{\dot{U}'_V}{Z_V} = \frac{\dot{U}_V}{Z_V} = \frac{220\underline{/-120°}}{22} = 10\underline{/-120°} \ (\text{A})$$

$$\dot{I}_W = \frac{\dot{U}'_W}{Z_W} = \frac{\dot{U}_W}{Z_W} = \frac{220\underline{/120°}}{22} = 10\underline{/120°} \ (\text{A})$$

中性线电流为

$$\dot{I}_N = \dot{I}_U + \dot{I}_V + \dot{I}_W = 20\underline{/0°} + 10\underline{/-120°} + 10\underline{/120°} = 10\underline{/0°} \ (\text{A})$$

相量图如图7-25所示。

　　由此可以看出，不对称三相负载电路有中性线连接的电路，若中性线阻抗为零时，则各相负载的电压仍对称，但电流不对称，且中性线中有电流流过。

　　📖**例7-9**　若在例7-8中无中性线，如图7-26所示，求负载相电压及中性点电压。

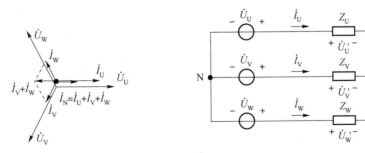

图7-25　三相不对称电路相量图　　　**图7-26　无中性线的三相不对称电路**

　　电路分析：由于三相负载不相等，且中性线不存在，相当于阻抗无穷大，因而中性点 N 和 N′ 不等电位，可以利用节点电压法计算该电位，然后分别计算各负载上电压。

解：由于该电路有两个节点，根据弥尔曼定理可得

$$\dot{U}_{N'N} = \frac{\dfrac{\dot{U}_U}{Z_U} + \dfrac{\dot{U}_V}{Z_V} + \dfrac{\dot{U}_W}{Z_W}}{\dfrac{1}{Z_U} + \dfrac{1}{Z_V} + \dfrac{1}{Z_W}} = \frac{\dfrac{220\underline{/0°}}{11} + \dfrac{220\underline{/-120°}}{22} + \dfrac{220\underline{/120°}}{22}}{\dfrac{1}{11} + \dfrac{1}{22} + \dfrac{1}{22}} = 55\underline{/0°} \text{ （V）}$$

负载相电压为

$$\dot{U}'_U = \dot{U}_U - \dot{U}_{N'N} = 220\underline{/0°} - 55\underline{/0°} = 165\underline{/0°} \text{ （V）}$$

$$\dot{U}'_V = \dot{U}_V - \dot{U}_{N'N} = 220\underline{/-120°} - 55\underline{/0°} = -165 - j190 \text{ （V）}$$

$$\dot{U}'_W = \dot{U}_W - \dot{U}_{N'N} = 220\underline{/120°} - 55\underline{/0°} = -165 + j190 \text{ （V）}$$

由此可以看出，不对称三相负载电路中若没有中性线，此时即使三相电源电压对称，由于两中性点 N 与 N′ 的电位不同，造成加在各负载上的电压不同，且从相量图中可以看出 N 与 N′ 不重合，这种现象称为负载中性点位移。

当中性点位移较大时，势必引起负载中有的相电压过高，而有的相电压过低。因此，可能造成某相负载由于过压而损坏，某相负载由于欠压而不能正常工作。因此，在三相制供电系统中，总是尽量使各相负载对称分配。在民用低压电网中，由于大量单相负载的存在（如照明设备、家用电器等），而负载用电又经常变化，不可能使三相完全对称，因此一般采用三相四线制连接方式。

📖 **例 7 - 10** 在图 7 - 26 无中性线三相不对称电路中：（1）当 U 相短路时求各相电压和电流；（2）当 W 相断路时求其他两相的电压和电流。

解：（1）当 U 相短路时其等效电路如图 7 - 27（a）所示。

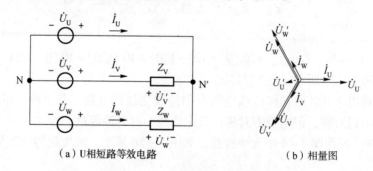

（a）U相短路等效电路　　　　　　　（b）相量图

图 7 - 27　三相不对称电路

此时　　　　　　　　　　　　　$\dot{U}_{N'N} = \dot{U}_U = 220\underline{/0°} \text{ （V）}$

负载相电压为

$$\dot{U}'_U = 0$$

$$\dot{U}'_V = \dot{U}_V - \dot{U}_{N'N} = 220\underline{/-120°} - 220\underline{/0°} = -330 - j110\sqrt{3} \text{ V} = 380\underline{/-150°} \text{ （V）}$$

$$\dot{U}'_W = \dot{U}_W - \dot{U}_{N'N} = 220\underline{/120°} - 220\underline{/0°} = -330 + j110\sqrt{3} = 380\underline{/150°} \text{ （V）}$$

负载各相电流为

$$\dot{I}_V = \frac{\dot{U}'}{Z_V} = \frac{380\underline{/-150°}}{22} = 17.3\underline{/-150°} \text{ （A）}$$

$$\dot{I}_W = \frac{\dot{U}'_W}{Z_W} = \frac{380\underline{/150°}}{22} = 17.3\underline{/150°} \ (A)$$

$$\dot{I}_U = -(\dot{I}_V + \dot{I}_W) = 30\underline{/0°}(A)$$

相量图如图7-27（b）所示。

由此可以看出，若没有中性线时，不对称三相负载电路中任何一相电路短路，短路相负载的电压为0，其线电流增大到原来的1.5倍，其他两相负载上的电压和电流都增大到原来的$\sqrt{3}$倍，造成设备不能正常运行，甚至损坏或烧毁负载设备。

（2）当W相断路时，三相电路如图7-28（a）所示。

根据节点电压法可得

$$\dot{U}_{N'N} = \frac{\dfrac{\dot{U}_U}{Z_U} + \dfrac{\dot{U}_V}{Z_V}}{\dfrac{1}{Z_U} + \dfrac{1}{Z_V}} = \frac{\dfrac{220\underline{/0°}}{11} + \dfrac{220\underline{/-120°}}{22}}{\dfrac{1}{11} + \dfrac{1}{22}} = 110 - j\frac{110\sqrt{3}}{3} = 127\underline{/-30°} \ (V)$$

另外两相负载的相电压为

$$\dot{U}'_U = \dot{U}_U - \dot{U}_{N'N} = 220\underline{/0°} - 110 + j\frac{110\sqrt{3}}{3} = 110 + j\frac{110\sqrt{3}}{3} = 127\underline{/30°} \ (V)$$

$$\dot{U}'_V = \dot{U}_V - \dot{U}_{N'N} = 220\underline{/-120°} - 110 + j\frac{110\sqrt{3}}{3}$$

$$= -220 - j\frac{220\sqrt{3}}{3} = 254\underline{/-150°} \ (V)$$

相电流为

$$\dot{I}_U = \frac{\dot{U}'_U}{Z_U} = \frac{127\underline{/30°}}{11} = 11.5\underline{/30°} \ (A)$$

$$\dot{I}_V = \frac{\dot{U}'_V}{Z_V} = \frac{254\underline{/-150°}}{22} = 11.5\underline{/-150°} \ (A)$$

若不对称三相负载电路中任何一相电路断路，则剩下的两相负载串联起来分配电源线电压，使得阻值低的U相负载低于正常工作电压，阻值高的V相负载高于正常工作电压，从而导致两相负载都不能正常工作。

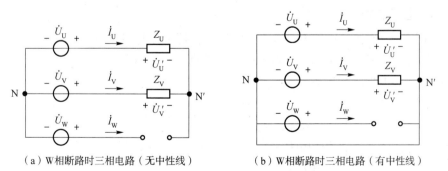

（a）W相断路时三相电路（无中性线）　　　（b）W相断路时三相电路（有中性线）

图7-28 三相不对称电路

✎练一练:

带中性线不对称三相负载电路如图 7 - 28（b）所示，若 W 相断路时，求其他两相的电压和电流。

解:

（1）另外两相负载相电压：_____。

（2）另外两相负载相电流：_____。

解题微课

由以上例题和练一练分析可知，当中性线存在时，负载的相电压始终对称并总是等于电源的相电压，这里中性线起着使负载相电压对称和基本不变的作用。因此，使得各相负载的工作彼此独立、互不影响，即使负载不对称或某一相负载发生断路故障，其他两相上的负载照常可以正常工作。

因此，为防止中性线中断，在中性线上绝不允许装开关和熔断器，同时为增大它的机械强度，中性线一般较粗，在干线上的中性线有时还采用钢线或钢芯铝线或钢芯铜线制成。为了消除或减少中性点的位移，尽量减少中性线阻抗，然而从经济的观点来看，中性线不可能做得很粗，应适当调整负载，使其接近对称情况。

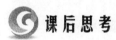 课后思考

（1）对称三相电路星形连接时，中性线阻抗对各相电流有无影响？

（2）三相不对称负载电路有中性线和无中性线时有何区别？

（3）什么是中性点位移？中性点位移会给电力系统造成什么影响？为什么中性线上不允许装设熔断器和开关？

7.4 三相电路的功率

7.4.1 三相电路功率的分析计算

1. 三相电路的功率

在三相交流电路中，无论三相负载对称与否、是星形连接还是三角形连接，其每一相负载功率的计算方法与单相交流电路是完全相同的，而三相电路总的有功功率一般情况下等于各相负载有功功率之和，即

$$P = P_U + P_V + P_W = U_U I_U \cos\varphi_U + U_V I_V \cos\varphi_V + U_W I_W \cos\varphi_W$$
$$= I_U^2 R_U + I_V^2 R_V + I_W^2 R_W \tag{7-16}$$

式中　U_U，U_V，U_W——各相相电压；

　　I_U，I_V，I_W——各相相电流；

　　$\cos\varphi_U$，$\cos\varphi_V$，$\cos\varphi_W$——各相电路的功率因数。

同理，三相电路的总无功功率等于各相负载无功功率之和，即

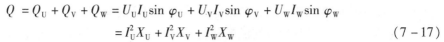

$$Q = Q_U + Q_V + Q_W = U_U I_U \sin\varphi_U + U_V I_V \sin\varphi_V + U_W I_W \sin\varphi_W$$

$$= I_U^2 X_U + I_V^2 X_V + I_W^2 X_W \qquad\qquad (7-17)$$

三相电路总的视在功率为

$$S = \sqrt{P^2 + Q^2} \qquad\qquad (7-18)$$

应该注意，在计算三相电路总视在功率时，假若三相电路为不对称负载，虽然三相电压对称，但三相负载电流是不对称的，此时有

$$S \neq S_U + S_V + S_W \qquad\qquad (7-19)$$

因此，一般情况下，计算三相电路总的视在功率不能像计算三相电路总有功功率那样，用求代数和的方法。

三相电路总的功率因数为

$$\cos\varphi = \lambda = \frac{P}{S} \qquad\qquad (7-20)$$

2. 对称三相电路的功率

若三相负载是对称的，由于每相功率都相等，则可用相电压、相电流计算三相电路总的有功功率，即

$$P = P_U + P_V + P_W = 3U_P I_P \cos\varphi_P \qquad\qquad (7-21)$$

式中　U_P，I_P——负载上的相电压和相电流。

当负载为星形连接时，有

$$U_P = \frac{U_L}{\sqrt{3}}, I_P = I_L, P = \sqrt{3}\, U_L I_L \cos\varphi_P \qquad\qquad (7-22)$$

当负载为三角形连接时，有

$$U_P = U_L, I_P = \frac{I_L}{\sqrt{3}}, P = \sqrt{3}\, U_L I_L \cos\varphi_P \qquad\qquad (7-23)$$

由式（7-22）和式（7-23）可看出，对称三相电路总的有功功率计算公式为

$$P = \sqrt{3}\, U_L I_L \cos\varphi_P \qquad\qquad (7-24)$$

与负载的连接方式无关。但应注意，φ_P 由负载的阻抗角决定，它仍然是相电压与相电流之间的相位差，而不是线电压与线电流的相位差。

实际上，由于测量三相负载电路中的线电压和线电流比测量相电压、相电流容易，因此，在三相电路负载对称时，用线电压、线电流计算三相电路的总功率更具有实用意义。

同理，若三相负载对称，则无论负载接成星形还是三角形，都有

$$Q = Q_U + Q_V + Q_W = 3U_P I_P \sin\varphi_P = \sqrt{3}\, U_L I_L \sin\varphi_L \qquad\qquad (7-25)$$

而对称三相电路总的视在功率为

$$S = \sqrt{P^2 + Q^2} = \sqrt{3}\, U_L I_L = 3U_P I_P \qquad\qquad (7-26)$$

对称三相负载总的功率因数为

$$\cos\varphi = \frac{P}{S} = \frac{\sqrt{3}\, U_L I_L \cos\varphi_P}{\sqrt{3}\, U_L I_L} = \cos\varphi_P \qquad\qquad (7-27)$$

式中　$\cos\varphi_P$——每相负载的功率因数。

上式表明，在对称情况下，三相负载总的功率因数就是每相负载的功率因数。在不对

称负载中，各相功率因数不同，三相负载的功率因数值无实际意义。

例 7-11 有一台异步交流电动机，其每相绕组的复阻抗 $Z = 80 + j60\ \Omega$，对称三相电源线电压 $U_L = 380\ V$。求当电动机三相绕组分别连接成星形和三角形时电路的有功功率、无功功率、视在功率和功率因数。

电路分析：由于异步交流电动机是对称三相负载，与对称三相电源构成的是对称三相电路，因而可以先计算不同连接方式下的电压和电流，然后利用对称三相电路功率公式直接对各功率进行计算。

解：由于是对称三相电路，电动机总的功率因数为每相绕组的功率因数，即

$$\cos\varphi = \cos\varphi_P = \frac{R}{|Z|} = \frac{80}{\sqrt{80^2 + 60^2}} = 0.8$$

$$\sin\varphi_P = 0.6$$

（1）电动机三相绕组为星形连接时，有

$$U_P = \frac{U_L}{\sqrt{3}} = \frac{380}{\sqrt{3}} = 220\ (V)，\ I_P = I_L = \frac{U_P}{|Z|} = \frac{220}{\sqrt{80^2 + 60^2}} = 2.2\ (A)$$

因此，可求得电动机各功率分别为

$$P = \sqrt{3}\,U_L I_L \cos\varphi_P = \sqrt{3} \times 380 \times 2.2 \times 0.8 = 1.16\ (kW)$$

$$Q = \sqrt{3}\,U_L I_L \sin\varphi_P = \sqrt{3} \times 380 \times 2.2 \times 0.6 = 0.87\ (kVar)$$

而视在功率为

$$S = \sqrt{3}\,U_L I_L = \sqrt{3} \times 380 \times 2.2 = 1\,447.9\ (VA)$$

（2）电动机三相绕组为三角形连接时，有

$$U_P = U_L = 380\ V，\ I_L = \sqrt{3}\,I_P = \sqrt{3} \times \frac{380}{\sqrt{80^2 + 60^2}} = 6.6\ (A)$$

$$P = \sqrt{3}\,U_L I_L \cos\varphi_P = \sqrt{3} \times 380 \times 6.6 \times 0.8 = 3.48\ (kW)$$

$$Q = \sqrt{3}\,U_L I_L \sin\varphi_P = \sqrt{3} \times 380 \times 6.6 \times 0.6 = 2.61\ (kVar)$$

视在功率为

$$S = \sqrt{3}\,U_L I_L = \sqrt{3} \times 380 \times 6.6 = 4\,343.8\ (VA)$$

由上题分析可以看出，在电源线电压一定时，异步电动机三相绕组作 Y 连接时的线电流是 △ 连接时线电流的 1/3，即可以减少启动电流，而作 △ 连接时的功率是 Y 连接时功率的 3 倍，可以提高异步电动机正常运行时的输出功率，这就是异步电动机启动时采用 Y 连接，而正常运行时通常采用 △ 连接的原因。

例 7-12 已知三相电路连接的负载如图 7-29 所示，阻抗 $Z_1 = 30 + j40\ \Omega$，电动机负载的功率 $P = 1\,700\ W$，电路线电压 $U_L = 380\ V$，$\cos\varphi = 0.8$（感性）。求线电流和电源发出的总功率。

电路分析：由于该电路连接有两相对称负载，可以分别计算每相负载的电流，然后计算总电流，而电源发出的总功率为电路总的有功功率，因而最后可以利用电路总的有功功率公式进行计算。

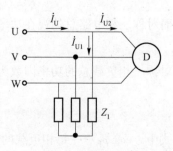

图 7-29　三相电路负载连接

解：（1）设电源电压

$$\dot{U}_{UN} = 220 \underline{/0°} \text{（V）}$$

则

$$\dot{U}_{U1} = \frac{\dot{U}_{UN}}{Z_1} = \frac{220 \underline{/0°}}{30 + j40} = 4.41 \underline{/-53.1°} \text{（A）}$$

电动机负载功率为

$$P = \sqrt{3} U_L I_{U2} \cos \varphi = 1\ 700 \text{（W）}$$

所以

$$I_{U2} = \frac{P}{\sqrt{3} U_L \cos \varphi} = \frac{P}{\sqrt{3} \times 380 \times 0.8} = 3.23 \text{（A）}$$

根据 $\cos \varphi = 0.8$，得出

$$\varphi = 36.9°$$

$$\dot{I}_{U2} = 3.23 \underline{/-36.9°} \text{（A）}$$

因此，总电流为

$$\dot{I}_U = \dot{I}_{U1} + \dot{I}_{U2} = 4.41 \underline{/-53.1°} + 3.23 \underline{/-36.9°} = 7.56 \underline{/-46.2°} \text{（A）}$$

电源发出的总功率为

$$P_总 = \sqrt{3} U_L I_U \cos \varphi_总 = \sqrt{3} \times 380 \times 7.56 \cos 46.2° = 3.44 \text{（kW）}$$

当然对于例 7 – 12 中的多组负载电路，也可以分别计算每组负载的有功功率，然后将各负载功率相加就是电路总的有功功率。

3. 对称三相电路的瞬时功率

设对称三相电路 U 相负载瞬时电压为 $u_U = \sqrt{2} U \sin(\omega t)$，电流为 $i_U = \sqrt{2} I \sin(\omega t - \varphi)$ 则 U 相负载瞬时功率为

$$p_U = u_U i_U = 2UI \sin(\omega t) \sin(\omega t - \varphi) = UI [\cos \varphi - \cos(2\omega t - \varphi)]$$

同理，可得其他两相负载瞬时功率为

$$p_V = u_V i_V = UI \cos \varphi + UI \cos [(2\omega t - 240°) - \varphi]$$

$$p_W = u_W i_W = UI \cos \varphi + UI \cos [(2\omega t + 240°) - \varphi]$$

而三相电路总瞬时功率为各相瞬时功率之和，即

$$p = p_U + p_V + p_W$$

由于 $\cos(2\omega t - \varphi) + \cos(2\omega t - 240° - \varphi) + \cos(2\omega t + 240° - \varphi) = 0$
因而可进一步推得三相电路总的瞬时功率为

$$p = p_U + p_V + p_W = 3UI \cos \varphi \qquad (7 - 28)$$

式（7 – 28）表明，对称三相电路的瞬时功率是一个常量，其值等于平均功率，这是对称三相电路的优点之一，反映在三相电动机上，就得到均衡的电磁力矩，避免了机械振动，这是单相电动机所不具有的。

7.4.2　三相电路功率的测量

三相电路功率的测量通常借助功率表。功率表内部有两个线圈，其中一个线圈与负

载并联，用于测量电压；另一个线圈与负载串联，用于测量电流。接入电路时要注意两个线圈的同名端要一致。通常三相电路功率的测量方法有一表法、二表法和三表法 3 种方法。

1. 一表法

一表法一般只能用于测量三相对称负载电路的功率，如图 7 - 30 所示，用功率表测量对称三相电路中的任意一相功率，乘以 3 倍就可得到三相电路的总功率。

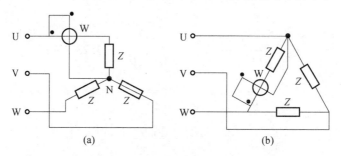

图 7 - 30 一表法测量三相对称负载功率

2. 二表法

对三相三线制电路，可以用图 7 - 31 所示的两个功率表测量平均功率。测量线路的接法是将两个功率表的电流线圈串到任意两相中，两电压线圈的同名端接到其电流线圈所串的线上，两电压线圈的非同名端都接到另一相没有串功率表的线上，这种测量方法称为两瓦计法。

若 W_1 的读数为 P_1，W_2 的读数为 P_2，则三相总功率为两相功率的代数和，即

$$P = P_1 + P_2$$

需要说明的是，线电压与线电流的相位差可能大于 90°，按正确极性接线时，此时功率表指针反偏，表明功率读数为负值，应将其电压线圈极性反接后再重新测量，使功率表指针正偏，但此时读数应记为负值。

另外，还要注意只有在三相三线制条件下才能用二表法，且不论负载对称与否。两表读数的代数和为三相总功率，单块表的读数无意义。对于三相四线制，若电路不对称，即中性线电流不为零，则不能用二表法测量三相功率。

3. 三表法

三表法一般只适用于不对称负载电路的功率，如图 7 - 32 所示，用 3 个功率表对每相负载的功率进行测量，则三相电路的总功率为各相功率之和。

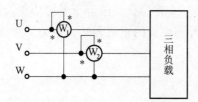

图 7 - 31 二表法测量三相负载功率

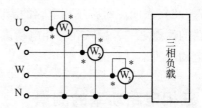

图 7 - 32 三表法测量三相不对称负载功率

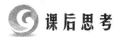 课 后 思 考

（1）计算对称三相电路有功功率的公式有哪几个？

（2）什么情况下电路总功率因数与每相负载功率因数相同？

（3）一表法、二表法、三表法分别适用于何种三相电路功率的测量？

本 章 小 结

1. 三相电源

振幅相等、频率相等、在相位上彼此相差 120° 的电压源构成对称三相交流电源。对称三相电源可用三角函数表达式、波形图、相量及相量图等方法表示。

三相电源有星形（Y）和三角形（△）两种连接方式。Y 连接时，线电压有效值是相电压的 $\sqrt{3}$ 倍，相位超前对应相电压 30°，线电压对称，相电压也对称。△连接时，线电压等于相应的相电压。

2. 三相负载

三相负载有星形和三角形两种接法，具体采用哪种接法要视负载的额定电压与电源电压来确定。

1）Y 连接

三相负载作星形连接时，各相负载承受相电压，线电流等于相电流。

对称三相负载作星形连接时，中性线电流为零，故中性线可以不接。若三相负载不对称时，负载相电流、线电流也不对称，中性线电流不等于零，线路一般采用三相四线制。

2）△连接

不论负载对称与否，负载的相电压总等于电源的线电压，而且总是对称的。如果三相负载对称，则负载相电流、线电流也对称，且 $I_L = \sqrt{3} I_P$，相位滞后相应的相电流 30°。

3. 三相电路计算

对称三相电路计算时只需计算其中一相电压、电流，其余两相根据对称关系直接写出。

对于其他类型电路均可等效为 Y–Y 连接电路，然后计算其中一相的电压与电流，其余两相根据对称关系直接写出，对于△连接的电路还要再转换成原电路中的相应电流。

不对称三相电路因为没有对称性，不能按一相计算，而应按照复杂交流电路的方法进行分析计算。

负载不对称，电源和负载的中性点不等位会引起中性点位移，导致各相负载分配的电压不对称，设备不能正常工作甚至损坏。要消除或减少中性点的位移，应尽量减小中性线阻抗，且不允许在中性线上接入熔断器或闸刀开关，并适当调整负载，使其接近对称情况。

4. 三相电路的功率

三相负载可分别计算各相的有功功率或无功功率，相加后可得到三相总的有功功率或无功功率，但三相总视在功率一般不等于各相视在功率之和，只有三相负载对称时才成立。

若三相负载对称，则不论是星形连接还是三角形连接，都可用以下公式计算三相功率。

有功功率，即

$$P = \sqrt{3}\,U_L I_L \cos\varphi_P = 3U_P I_P \cos\varphi_P$$

无功功率，即

$$Q = \sqrt{3}\,U_L I_L \sin\varphi_P = 3U_P I_P \sin\varphi_P$$

视在功率，即

$$S = \sqrt{3}\,U_L I_L = 3U_P I_p = \sqrt{P^2 + Q^2}$$

三相瞬时功率之和为恒定值，且等于三相总的有功功率。

第 8 章

耦合电感及其等效

8.1 耦合电感电路基础

耦合电感元件属于多端元件，在实际电路中，如收音机、电视机中的中周线圈、振荡线圈，整流电源里使用的变压器等都是耦合电感元件，熟悉这类多端元件的特性，掌握包含这类多端元件的电路问题分析方法是非常必要的。

拓展阅读
吉伯

8.1.1 互感现象

在交流电路中，如果一个线圈附近还有另一个线圈，当其中一个线圈中的电流变化时，不仅在本线圈中产生感应电压，而且在另一个线圈中也会产生感应电压，这种现象称为互感现象或耦合，由此产生的感应电压称为互感电压。这样的两个线圈称为互感线圈。

在图 8-1 所示耦合线圈中，当线圈 1 中通电流 i_1 时，不仅在线圈 1 中产生磁通 Φ_{11}，同时，有部分磁通 Φ_{21} 穿过邻近线圈 2。同理，若在线圈 2 中通电流 i_2 时，不仅在线圈 2 中产生磁通 Φ_{22}，同时，有部分磁通 Φ_{12} 穿过线圈 1。Φ_{12} 和 Φ_{21} 称为互感磁通。假设线圈 1 为 N_1 匝，线圈 2 为 N_2 匝，若穿过线圈每一匝的磁通都相等，则自感磁链 Ψ_{11}、Ψ_{22} 与自感磁通 Φ_{11}、Φ_{22}，互感磁链 Ψ_{12}、Ψ_{21} 与互感磁通 Φ_{12}、Φ_{21} 之间有以下关系，即

$$\Psi_{11} = N_1\Phi_{11} \qquad \Psi_{22} = N_2\Phi_{22}$$

$$\Psi_{12} = N_1\Phi_{12} \qquad \Psi_{21} = N_2\Phi_{21}$$

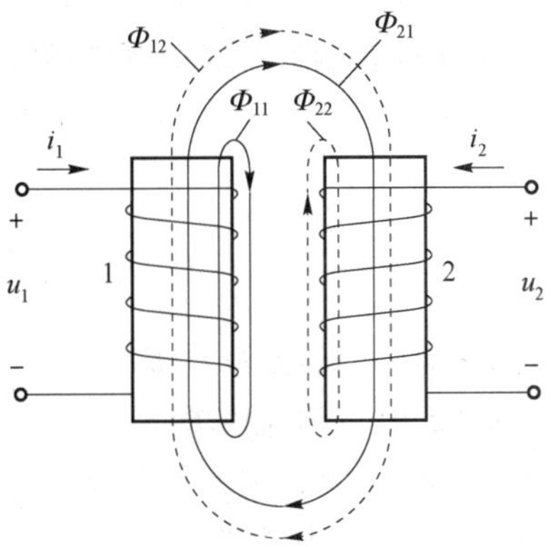

图 8-1　耦合线圈示意图

在这里，互感磁通下标表示含义如下：第一个下标编号代表该量所在线圈的编号，第二个下标编号代表产生该量线圈的编号，如 Φ_{12} 表示由线圈 2 产生的穿过线圈 1 的磁通。

互感现象在电工技术中应用非常广泛，如电力变压器、电流互感器、电压互感器等都是根据互感原理制成的。

图 8-1 所示线圈中电流产生的磁通与电流成正比，当匝数一定时，磁链也与电流大小成正比，电流的参考方向和磁通的参考方向满足右手螺旋定则，可以得到

$$\Psi_{21} \propto i_1$$

设比例系数为 M，M 称为互感系数，简称互感。在国际单位制中，互感 M 同自感 L 的单位相同，为亨（H），常用单位还有毫亨（mH）和微亨（μH）。

由上面分析，有

$$\Psi_{21} = M_{21} i_1$$

类似于自感系数的定义，互感系数的定义为

$$M_{21} = \frac{\Psi_{21}}{i_1}, \qquad M_{12} = \frac{\Psi_{12}}{i_2}$$

理论和实验证明，$M = M_{21} = M_{12}$。

需要指出以下几点。

（1）互感的大小反映了一个线圈在另一个线圈中产生磁链的能力。

（2）M 值与线圈的形状、几何位置、空间介质有关，与线圈中的电流无关。

（3）自感系数 L 总为正值，互感系数 M 的值有正有负。M 为正值表示自感磁链与互感磁链方向一致，互感起增助作用，M 为负值表示自感磁链与互感磁链方向相反，互感起削弱作用。

8.1.2 耦合因数

两耦合线圈相互交链的磁通越大，表明两个线圈耦合得越紧密。因为 $\Phi_{21} \leqslant \Phi_{11}$，$\Phi_{12} \leqslant \Phi_{22}$，所以

$$M^2 = M_{21} M_{12} = \frac{\Psi_{21}}{i_1} \frac{\Psi_{12}}{i_2} = \frac{N_2 \Phi_{21}}{i_1} \frac{N_1 \Phi_{12}}{i_2} \leqslant \frac{N_1 \Phi_{11}}{i_1} \frac{N_2 \Phi_{22}}{i_2} = L_1 L_2$$

工程上用耦合因数 k 定量地描述两个耦合线圈的耦合紧密程度，定义为

$$k = \frac{M}{\sqrt{L_1 L_2}}$$

$$k = \frac{M}{\sqrt{L_1 L_2}} = \sqrt{\frac{M i_1 M i_2}{L_2 i_2 L_1 i_1}} = \sqrt{\frac{\Phi_{12} \Phi_{21}}{\Phi_{11} \Phi_{22}}} \leqslant 1$$

当 $k = 0$ 时，两线圈没有耦合。

当 $k < 0.5$ 时，称为松耦合。

当 $0.5 \leqslant k < 1$ 时，称为紧耦合。

当 $k = 1$ 时，称为全耦合。

耦合电感上的电压、电流关系如下。

两线圈因变化的互感磁通而产生的感应电动势或电压称为互感电动势或互感电压，则由电磁感应定律可得以下关系式，即

$$u_{21} = \frac{\mathrm{d}\Psi_{21}}{\mathrm{d}t} = M \frac{\mathrm{d}i_1}{\mathrm{d}t}$$

$$u_{12} = \frac{\mathrm{d}\Psi_{12}}{\mathrm{d}t} = M\frac{\mathrm{d}i_2}{\mathrm{d}t}$$

在正弦交流电路中，互感电压与电流的大小关系为

$$U_{21} = \omega M I_1$$

$$U_{12} = \omega M I_2$$

因为在线圈中，电压始终超前于电流 90°，其相量形式的方程为

$$\dot{U}_{21} = \mathrm{j}\omega M \dot{I}_1$$

$$\dot{U}_{12} = \mathrm{j}\omega M \dot{I}_2$$

各线圈中的总磁链包含自感磁链和互感磁链两部分，即

$$\Psi_1 = \Psi_{11} + \Psi_{12} = L_1 i_1 \pm M_{12} i_2$$

$$\Psi_2 = \Psi_{22} + \Psi_{21} = L_2 i_2 \pm M_{21} i_1$$

当 i_1 为时变电流时，磁通也将随时间变化，从而在线圈两端产生感应电压 u_{11} 和 u_{21}。根据电磁感应定律和楞次定律，可得 i_1 产生的自感电压 u_{11} 与互感电压 u_{21} 为

$$u_{11} = \frac{\mathrm{d}\Psi_{11}}{\mathrm{d}t} = L_1\frac{\mathrm{d}i_1}{\mathrm{d}t}$$

$$u_{21} = \frac{\mathrm{d}\Psi_{21}}{\mathrm{d}t} = M\frac{\mathrm{d}i_1}{\mathrm{d}t}$$

耦合电感上的电压等于自感电压与互感电压的代数和。在线圈电压、电流参考方向关联的条件下，自感电压前取" + "；否则自感电压前取" - "。当磁通相助时，互感电压前取" + "，当磁通相消时，互感电压前取" - "。当线圈电压、电流为关联参考方向时，则有

$$u_1 = \frac{\mathrm{d}\Psi_1}{\mathrm{d}t} = L_1\frac{\mathrm{d}i_1}{\mathrm{d}t} \pm M\frac{\mathrm{d}i_2}{\mathrm{d}t}$$

$$u_2 = \frac{\mathrm{d}\Psi_2}{\mathrm{d}t} = L_2\frac{\mathrm{d}i_2}{\mathrm{d}t} \pm M\frac{\mathrm{d}i_1}{\mathrm{d}t}$$

在正弦交流电路中，其相量形式的方程为

$$\dot{U}_1 = \mathrm{j}\omega L_1 \dot{I}_1 \pm \mathrm{j}\omega M \dot{I}_2$$

$$\dot{U}_2 = \mathrm{j}\omega L_2 \dot{I}_2 \pm \mathrm{j}\omega M \dot{I}_1$$

8.1.3　同名端和异名端

由于产生互感电压的电流在另一线圈上，因此，要确定互感电压的符号，就必须知道两个线圈的绕向，这在电路分析中很不方便。为了解决这一问题引入同名端的概念。

同名端：当两个电流分别从两个线圈的对应端子同时流入或流出时，若产生的磁通相互增强，则这两个对应端子称为两互感线圈的同名端；反之，称为异名端。用小圆点或星号等符号标记。同名端总是成对出现的，同一组同名端通常用" · ""△"或" * "表示。

在图 8 - 2（a）中，电流 i_1 与 i_2 同时流入左端线圈的 1 端钮与右边线圈的 3 端钮，根据右手螺旋法则，它们产生的磁通如图中所示，可以看出，Φ_1、Φ_2 是相互增强的，则 1 与

3 是同名端，2 与 4 也是同名端。

在图 8-2（b）中，设电流分别从端钮 1 和端钮 3 流入，根据右手螺旋法则，它们产生的磁通是相互增强的，所以端钮 1 和端钮 3 是同名端，端钮 2 和端钮 4 也是同名端。

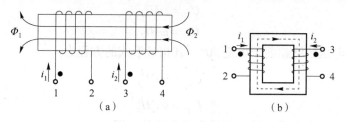

图 8-2　线圈同名端示意图

注意：上述图示说明当有多个线圈之间存在互感作用时，同名端必须两两线圈分别标定。

根据同名端的定义可以得出确定同名端的方法如下。

（1）当两个线圈中电流同时流入或流出同名端时，两个电流产生的磁场将相互增强。

（2）当随时间增大的时变电流从一线圈的一端流入时，将会引起另一线圈相应同名端的电位升高。

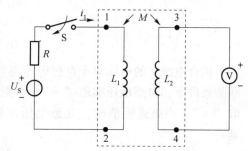

图 8-3　同名端实验电路图

两线圈同名端的实验测定：实验线路如图 8-3 所示，当开关 S 迅速闭合时，i_1 将从线圈 L_1 的 1 端流入，且 $\dfrac{\mathrm{d}i_1}{\mathrm{d}t}>0$。如果电压表正向偏转，表示线圈 L_2 中的互感电压 $u_{21}=M\dfrac{\mathrm{d}i_1}{\mathrm{d}t}>0$，则可判定电压表的正极所接端钮 3 与 i_1 的流入端钮 1 为同名端；反之，也可加以判断。

引入同名端概念后，根据各线圈电压和电流的参考方向，就能从耦合电感直接写出其伏安关系式。具体规则是：若耦合电感的线圈电压与电流参考方向为关联参考方向，该线圈的自感电压前取正号；否则取负号。

📖 **例 8-1**　判断图 8-4 所示互感线圈的同名端。

解题步骤：根据同名端的定义，利用电磁感应定律判断。

（1）图 8-4（a）中端钮 1、4 为同名端，2、3 为同名端。

（2）图 8-4（b）中端钮 1、3 为同名端，1、6 为同名端，3、6 为同名端，2、4 为同名端，2、5 为同名端，4、5 为同名端。

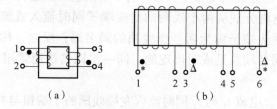

图 8-4　例 8-1 题图

✎ **练一练**：

互感线圈电路如图 8 - 5 所示，判断互感线圈的同名端。

解题思路：首先假设电流流向，然后在此基础上判断磁场方向，进而判断同名端。注意：3 个线圈要两两进行判别，在标注同名端时用不同的符号。

解题步骤如下。

（1）1 - 2 和 3 - 4 线圈：假设电流方向；确定磁场方向，进而确定同名端为_____。

（2）1 - 2 和 5 - 6 线圈：假设电流方向；确定磁场方向，进而确定同名端为_____。

（3）3 - 4 和 5 - 6 线圈：假设电流方向；确定磁场方向，进而确定同名端为_____。

图 8 - 5　练一练题图

 课后思考

（1）什么是自感现象？什么是互感现象？

（2）什么是互感系数？其大小与什么因素有关？

（3）什么是同名端？

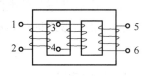

解题微课

8.2　耦合电感的连接

引例：耦合电感和理想变压器是构成实际变压器电路模型必不可少的元件。在实际电路中，如收音机、电视机中使用的中轴、振荡线圈，在整流电源里使用的变压器等，都是耦合电感与变压器元件。了解并掌握互感电路是很重要的，本节就来学习互感电路。

8.2.1　耦合电感的串联

两个互感耦合线圈串联在一起时，根据同名端连接方式可分为顺向串联和反向串联。

1. 顺向串联

若两个互感耦合线圈流过同一电流，且电流都是由线圈的同名端流入或流出，即异名端相接，互感起"增强"作用，这种连接方式称为顺向串联，简称顺串，如图 8 - 6（a）所示。

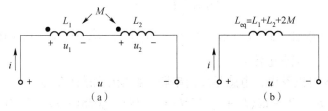

（a）　　　　　　　　　　　（b）

图 8 - 6　耦合电感顺向串联

171

根据基尔霍夫电压定律，选定电流与电压的参考方向，在正弦交流电路中，有

$$u = u_1 + u_2 = L_1 \frac{\mathrm{d}i}{\mathrm{d}t} + M \frac{\mathrm{d}i}{\mathrm{d}t} + L_2 \frac{\mathrm{d}i}{\mathrm{d}t} + M \frac{\mathrm{d}i}{\mathrm{d}t} = (L_1 + L_2 + 2M) \frac{\mathrm{d}i}{\mathrm{d}t} = L_{eq} \frac{\mathrm{d}i}{\mathrm{d}t}$$

$$L_{eq} = L_1 + L_2 + 2M$$

式中 L_{eq}——线圈顺向串联时的等效电感。

顺向串联互感等效电路如图 8-6（b）所示。

使用相量形式进行表示，可以得到

$$\dot{U} = \dot{U}_1 + \dot{U}_1 = (\mathrm{j}\omega L_1 + \mathrm{j}\omega L_2 + 2\mathrm{j}\omega M) \dot{I} = L_{eq} \dot{I}$$

2. 反向串联

当两个互感耦合线圈如图 8-7（a）所示连接时，两个互感耦合线圈流过同一电流，电流由线圈的异名端流入或流出，即同名端相连接，互感起"削弱"作用，这种连接方式称为反向串联，简称反串。

$$u = u_1 + u_2 = L_1 \frac{\mathrm{d}i}{\mathrm{d}t} - M \frac{\mathrm{d}i}{\mathrm{d}t} + L_2 \frac{\mathrm{d}i}{\mathrm{d}t} - M \frac{\mathrm{d}i}{\mathrm{d}t} = (L_1 + L_2 - 2M) \frac{\mathrm{d}i}{\mathrm{d}t} = L_{eq} \frac{\mathrm{d}i}{\mathrm{d}t}$$

$$L_{eq} = L_1 + L_2 - 2M$$

式中 L_{eq}——耦合线圈反向串联后的等效电感。

反向串联互感等效电路如图 8-7（b）所示。

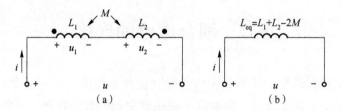

图 8-7 耦合电感反向串联

使用相量形式进行表示，可以得到

$$\dot{U} = \dot{U}_1 + \dot{U}_1 = (\mathrm{j}\omega L_1 + \mathrm{j}\omega L_2 - 2\mathrm{j}\omega M) \dot{I} = Z \dot{I}$$

等效电感为

$$L_{eq} = \mathrm{j}\omega L_1 + \mathrm{j}\omega L_2 - 2\mathrm{j}\omega M$$

反向串联使等效阻抗减小。

由式 $L_{eq} = L_1 + L_2 \pm 2M$ 可以看出，顺串时，等效电感增加，这是由于互感磁链与自感磁链相互加强导致的；反串时，等效电感减小，这是由于互感磁链与自感磁链相互削弱。

测量计算互感系数可用以下方法：把两线圈顺接一次，反接一次，则可得到互感系数为

$$M = \frac{1}{4}(L_{顺} - L_{反})$$

📖 **例 8-2** 电路如图 8-8 所示，已知 $L_1 = 1$ H，$L_2 = 2$ H，$M = 0.5$ H，$R_1 = R_2 = 1$ kΩ，$u_S = 100\sqrt{2} \sin 628t$ V。试求电流 i。

解：由图 8-8 可以看出，电感是反向串联，根据已知条件，得

$$Z_{eq} = R_1 + R_2 + \mathrm{j}\omega(L_1 + L_2 - 2M) = [2\,000 + \mathrm{j}628(1 + 2 - 2 \times 0.5)]$$

$$= 2\,000 + \mathrm{j}1\,256 = 2\,362\underline{/32.1°}(\Omega)$$

因为 $\dot{U}_\mathrm{S} = 100\underline{/0°}$ V，所以

$$\dot{I} = \frac{\dot{U}_\mathrm{S}}{Z} = \frac{100\underline{/0°}}{2\,362\underline{/32.1°}} = 42.3\underline{/-32.1°} \text{（mA）}$$

$$i = 42.3\sqrt{2}\sin(628t - 32.1°) \text{（mA）}$$

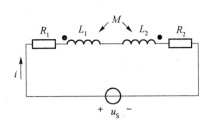

图 8 - 8　例 8 - 2 图

✐ **练一练**：电路如图 8 - 8 所示，已知：$u = 10\sin(\omega t + 30°)\,\mathrm{V}$，$R_1 = R_2 = 100\ \Omega$，$L_1 = 0.2$ H，$L_2 = 0.4$ H，$M = 0.2$ H。求电流 i。

解题思路：此题求解可参考例 8 - 2。

8.2.2　耦合电感的并联

两个互感耦合线圈并联在一起时，根据同名端连接方式可分为同侧并联和异侧并联。

1. 同侧并联

耦合电感两线圈的同名端相接，称为同侧并联，又叫顺向并联，如图 8 - 9（a）所示。由下式

$$\dot{U} = \mathrm{j}\omega L_1 \dot{I}_1 + \mathrm{j}\omega M \dot{I}_2$$

$$\dot{U} = \mathrm{j}\omega L_2 \dot{I}_2 + \mathrm{j}\omega M \dot{I}_1$$

$$\dot{I} = \dot{I}_1 + \dot{I}_2$$

可得

$$\dot{I} = \dot{I}_1 + \dot{I}_2 = \frac{(L_1 + L_2 - 2M)}{\mathrm{j}\omega(L_1 L_2 - M^2)}\dot{U}$$

$$Z = \frac{\dot{U}}{\dot{I}} = \mathrm{j}\omega\frac{L_1 L_2 - M^2}{L_1 + L_2 - 2M} = \mathrm{j}\omega L_\mathrm{eq}$$

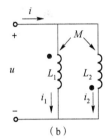

图 8 - 9　耦合电感的并联

可得同侧并联等效电感为

$$L_\mathrm{eq} = \frac{L_1 L_2 - M^2}{L_1 + L_2 - 2M}$$

2. 异侧并联

耦合电感的两线圈的异名端相接，称为异侧并联，又叫反向并联，如图 8 - 9（b）所示。由下式

$$\dot{U} = \mathrm{j}\omega L_1 \dot{I}_1 - \mathrm{j}\omega M \dot{I}_2$$

$$\dot{U} = \mathrm{j}\omega L_2 \dot{I}_2 - \mathrm{j}\omega M \dot{I}_1$$

$$\dot{I} = \dot{I}_1 + \dot{I}_2$$

可得

$$\dot{I} = \dot{I}_1 + \dot{I}_2 = \frac{(L_1 + L_2 + 2M)}{\mathrm{j}\omega(L_1 L_2 - M^2)}\dot{U}$$

$$Z = \frac{\dot{U}}{\dot{I}} = j\omega\,\frac{L_1 L_2 - M^2}{L_1 + L_2 + 2M} = j\omega L_{\text{eq}}$$

可得异侧并联等效电感为

$$L_{\text{eq}} = \frac{L_1 L_2 - M^2}{L_1 + L_2 + 2M}$$

同名端相接（同侧并联）时，耦合电感并联的等效电感大；反之，异名端相接（异侧并联）时，则等效电感小。因此，应注意同名端的连接对等效电路参数的影响。同时应该注意，任何一种情况下，等效电感都不可能成为负值，即

$$L_{\text{eq}} = \frac{L_1 L_2 - M^2}{L_1 + L_2 \mp 2M} \geqslant 0$$

📖 **例 8 – 3** 电路如图 8 – 10 所示，已知：$R = 2\ \Omega$，$L_1 = 0.4\ \text{H}$，$L_2 = 0.8\ \text{H}$，$M = 0.2\ \text{H}$，$C = 0.47\ \mu\text{F}$。求 L_1、L_2 的等效电感。

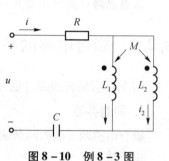

图 8 – 10 例 8 – 3 图

解：互感线圈同名端同侧并联的等效电感为

$$L_{\text{eq}} = \frac{L_1 L_2 - M^2}{L_1 + L_2 - 2M} = \frac{0.4 \times 0.8 - 0.2^2}{0.4 + 0.8 - 2 \times 0.2} = 0.35\ (\text{H})$$

✏️ **练一练**：电路如图 8 – 11 所示，已知：$C = 220\ \text{pF}$，$R = 8\ \Omega$，$L_1 = 0.8\ \text{H}$，$L_2 = 0.8\ \text{H}$，$M = 0.4\ \text{H}$。求 L_1、L_2 的等效电感。

解题思路：仿照上面例题，注意同名端的区别。

解题步骤如下。

（1）判断电流从同名端流入还是异名端流入。

（2）确定是同侧并联还是异侧并联，根据本节基础知识点进行求解。

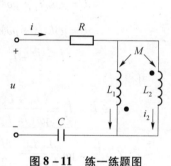

图 8 – 11 练一练题图

8.2.3 互感消去法

把耦合互感电路化为等效的无互感电路的方法称为互感消去法，或去耦法。应用去耦法，可解决互感串、并联电路等效电感求解的问题。根据前面分析可得，图 8 – 12（a）所示为耦合电感同侧并联去耦等效电路，图 8 – 12（b）所示为耦合电感异侧并联去耦等效电路。

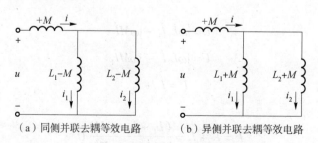

（a）同侧并联去耦等效电路   （b）异侧并联去耦等效电路

图 8 – 12 耦合电感去耦等效电路

知 识 点 归 纳

(1) 两个互感耦合线圈流过同一电流，且电流都是由线圈的同名端流入或流出，即异名端相接，互感起"增强"作用，这种连接方式称为顺向串联。

(2) 两个互感耦合线圈流过同一电流，电流都是由线圈的异名端流入或流出，即同名端相连接，互感起"削弱"作用，这种连接方式称为反向串联。

(3) 耦合电感两线圈的同名端相接，称为同侧并联，又叫顺向并联。

(4) 耦合电感两线圈的异名端相接，称为异侧并联，又叫反向并联。

课 后 思 考

(1) 如果想得到可变电感有哪些方法？

(2) 怎么绕线可以实现无互感线圈？

8.3 含有耦合电感电路的计算

不含铁芯（或磁芯）的耦合电感在电子、通信和测量仪器等设备中被广泛应用。耦合电感一次侧（原边、初级）一般接信号源，二次侧（副边、次级）接负载，利用互感耦合实现能量的传递。为了后面章节中方便地分析这类电感（又称空心变压器）电路，本节主要介绍 T 形等效电路（去耦等效）。

含耦合电感电路分析计算有两种方法：一是直接法；二是去耦等效电路法。对于含有耦合电感的正弦电路，仍可采用相量法进行分析。只是应该注意耦合互感元件的特殊点，那就是在考虑其电压时，不仅要计及自感电压，还要计及互感电压；而互感电压的确定又要顾及同名端的位置及电压、电流参考方向的选取。

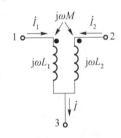

图 8 – 13 T 形连接
（同名端共端）

如果耦合电感的 2 支路各有一端与第三条支路形成一个仅含 3 条支路的共同节点，如图 8 – 13 所示，称为耦合电感的 T 形连接。显然耦合电感的并联也属于 T 形连接。

8.3.1 同名端为共端的 T 形去耦等效

图 8 – 13 所示电路是同名端为共端的 T 形连接。根据所标电压、电流的参考方向，得

$$\dot{U}_{13} = j\omega L_1 \dot{I}_1 + j\omega M \dot{I}_2 = j\omega L_1 \dot{I}_1 + j\omega M (\dot{I} - \dot{I}_1)$$

$$= j\omega(L_1 - M)\dot{I}_1 + j\omega M \dot{I}$$

$$\dot{U}_{23} = j\omega L_2 \dot{I}_2 + j\omega M \dot{I}_1 = j\omega L_2 \dot{I}_2 + j\omega M (\dot{I} - \dot{I}_2)$$

$$= j\omega(L_2 - M)\dot{I}_2 + j\omega M \dot{I}$$

由上述方程可得图 8 – 14 所示的无互感去耦等效电路。

8.3.2　异名端为共端的 T 形去耦等效

图 8 – 15 所示的电路是异名端为共端的 T 形连接。根据所标电压、电流的参考方向及 KCL,得

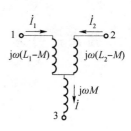

$$\dot{U}_{13} = j\omega L_1 \dot{I}_1 - j\omega M \dot{I}_2 = j\omega L_1 \dot{I}_1 - j\omega M(\dot{I} - \dot{I}_1)$$
$$= j\omega(L_1 + M)\dot{I}_1 - j\omega M \dot{I}$$

$$\dot{U}_{23} = j\omega L_2 \dot{I}_2 - j\omega M \dot{I}_1 = j\omega L_2 \dot{I}_2 - j\omega M(\dot{I} - \dot{I}_2)$$
$$= j\omega(L_2 + M)\dot{I}_2 - j\omega M \dot{I}$$

图 8 – 14　同名端共端的 T 形去耦等效电路

由上述方程可得图 8 – 16 所示的无互感等效电路。通过等效变换,用 T 形等效电路代替原来的电路后,就不必再考虑互感 M,这种方法称为互感消去法。

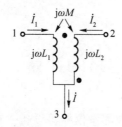

图 8 – 15　T 形连接

（异名端共端）

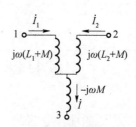

图 8 – 16　异名端共端的 T 形去耦等效电路

在使用互感消去法时,如果将 L_1 和 L_2 等效替代的电感记为 L_1' 和 L_2',而把另外等效出的电感记为 L_3,则 T 形去耦等效电路中 3 条支路的等效电感分别如下。

支路 1:$L_1' = L_1 \mp M$（同侧为 “ − ”,异侧为 “ + ”）;

支路 2:$L_2' = L_2 \mp M$（同侧为 “ − ”,异侧为 “ + ”）;

支路 3:$L_3' = \pm M$（同侧取 “ + ”,异侧取 “ − ”）。

📖 **例 8 – 4**　求图 8 – 17（a）和图 8 – 17（b）所示电路的等效电感 L_{ab}。

解题步骤如下。

（1）分析图 8 – 17（a）中 4 H 和 6 H 电感为 T 形结构,应用 T 形去耦等效电路得图 8 – 18（a）所示电路。则等效电感为

$$L_{ab} = 2 + 0.5 + 7 + \frac{9 \times (-3)}{9 - 3}$$
$$= 9.5 - 4.5 = 5(\text{H})$$

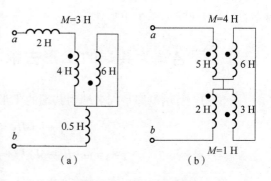

图 8 – 17　例 8 – 4 题图

（2）分析图 8 – 17（b）中 5 H 和 6 H 电感为同侧相接的 T 形结构,2 H 和 3 H 电感为异侧相接的 T 形结构,应用 T 形去耦等效电路得图图 8 – 18（b）所示电路。则等效电感为

$$L_{ab} = 1 + 3 + \frac{3 \times (2+4)}{2+4+3} = 6 (\mathrm{H})$$

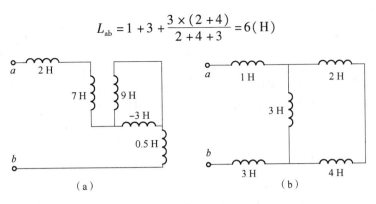

图 8 – 18　例 8 – 4 解图

📖 **例 8 – 5**　求图 8 – 19 所示电路的端口复阻抗 Z_{ab}。

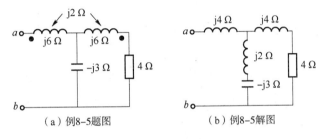

（a）例8-5题图　　　　　（b）例8-5解图

图 8 – 19　例 8 – 5 图

求解步解：图 8 – 19（a）中的电感为同侧相接的 T 形结构，求两个电感的 T 形等效，则有

$$L_1' = L_1 - M \text{、} L_2' = L_2 - M \text{ 和} L_3 = M$$

由于电路同频率，因此有 $j\omega L_1' = j\omega(L_1 - M) = j\omega L_1 - j\omega M = j6 - j2 = j4$

同理：$j\omega L_2' = j\omega(L_2 - M) = j\omega L_2 - j\omega M = j6 - j2 = j4$

$$j\omega L_3 = j\omega M = j2$$

因此，得去耦等效电路如图 8 – 19（b）所示。可得电路的端口复阻抗为

$$Z_{ab} = j4 + \frac{(4+j4)(j2-j3)}{4+j4+j2-j3} = j4 + \frac{4-j4}{4+j3} = j4 + 0.16 - j1.12 = 0.16 + j2.88 (\Omega)$$

✏️ **练一练：**

已知互感电路如图 8 – 20 所示，$R_1 = R_2 = 6\ \Omega$，$\omega L_1 = \omega L_2 = 10\ \Omega$，$\omega M = 5\ \Omega$，$\dot{U}_S = 6\underline{/0°}$。试求 AB 端戴维南等效电路。

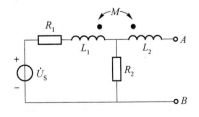

图 8 – 20　练一练题图

知识点归纳

（1）把互感耦合电路等效变换成无耦合的电路，称为去耦。

（2）当同名端顺向串联时：$L_{eq} = L_1 + L_2 + 2M$；当同名端反向串联时：$L_{eq} = L_1 + L_2 - 2M$。

（3）当同名端同侧并联时：$L_{eq} = \dfrac{L_1 L_2 - M^2}{L_1 + L_2 - 2M}$；当同名端异侧并联时：$L_{eq} = \dfrac{L_1 L_2 - M^2}{L_1 + L_2 + 2M}$。

（4）当耦合电感的两个线圈各取一端连接起来与第三条支路形成一个仅含3条支路的共同节点，称为耦合电感的T形连接。若两个线圈同名端相连，则T形去耦等效出3个电感分别为$L_1 - M$、$L_2 - M$和M；若两个线圈异名端相连，则T形去耦等效出的3个电感分别为$L_1 + M$、$L_2 + M$和$-M$。

8.4　空心变压器和理想变压器

变压器是通过互感来实现从一个电路向另一个电路传输能量或信号的器件，它具有变换电压、变换电流和变换阻抗的功能。其主要结构基本是相似的，它通常由两个具有磁耦合的线圈组成，一个线圈与电源相接，称为一次线圈或初级线圈；另一个线圈与负载相接，称为二次线圈或次级线圈。常用的实际变压器有空心变压器和铁芯变压器两种类型。当变压器线圈的芯子为非铁磁性材料时，称为空心变压器。空心变压器在测量设备和无线电、电视机和通信电路中获得广泛应用。

8.4.1　空心变压器

图8-21（a）所示为空心变压器的电路模型，与电源相接的回路称为原边回路（或初级回路），与负载相接的回路称为副边回路（或次级回路）。

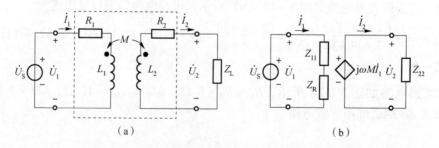

图8-21　空心变压器电路图及原、副边等效电路

1. 分析方法

1）方程法分析

在正弦稳态情况下，按图8-21（a）中所标电流、电压参考方向和线圈的同名端，根据基尔霍夫电压定律，可以列出一次侧和二次侧回路电压方程为

$$(R_1 + j\omega L_1)\dot{I}_1 - j\omega M\dot{I}_2 = \dot{U}_S$$

$$-j\omega M\dot{I}_1 + (R_2 + j\omega L_2 + Z_L)\dot{I}_2 = 0$$

令 $Z_{11} = R_1 + j\omega L_1$，称为原边回路阻抗，$Z_{22} = R_2 + j\omega L_2 + Z_L$，称为副边回路阻抗。则上述方程简写为

$$Z_{11}\dot{I}_1 - j\omega M\dot{I}_2 = \dot{U}_S$$

$$-j\omega M\dot{I}_1 + Z_{22}\dot{I}_2 = 0$$

从上列方程可求得原边和副边电流为

$$\dot{I}_1 = \frac{\dot{U}_S}{Z_{11} + \dfrac{(\omega M)^2}{Z_{22}}}$$

$$\dot{I}_2 = \frac{j\omega M\dot{U}_S}{\left(Z_{11} + \dfrac{(\omega M)^2}{Z_{22}}\right)Z_{22}} = \frac{j\omega M\dot{U}_S}{Z_{11}} \cdot \frac{1}{Z_{22} + \dfrac{(\omega M)^2}{Z_{11}}}$$

在图 8-21（a）所示空心变压器等效电路中，Z_R 是二次侧回路反射到一次侧回路的等效阻抗，称之为反射阻抗，即

$$Z_R = \frac{(\omega M)^2}{Z_{22}}$$

注意：从二次回路反射等效到一次回路时，其阻抗性质相反。即若 Z_{22} 为感性，Z_R 就变为容性；若 Z_{22} 为容性，Z_R 就变为感性。

注意：反射阻抗的概念不能用于次级回路含有独立源的空心变压器电路。

2）去耦等效法分析

可用去耦等效的方法对空心变压器电路进行分析。如图 8-21（a）所示，空心变压器通过去耦等效得到图 8-21（b）所示等效电路，对该电路用正弦稳态的分析方法即可求解。

📖 **例 8-6** 电路如图 8-22（a）所示，已知 $R_1 = 20\ \Omega$，$R_2 = 0.08\ \Omega$，$R_L = 42\ \Omega$，$L_1 = 3.6\ H$，$L_2 = 0.06\ H$，$M = 0.465\ H$，$\omega = 314\ rad/s$，$\dot{U}_S = 115\underline{/0°}$。试求 $\dot{I}_1$、$\dot{I}_2$。

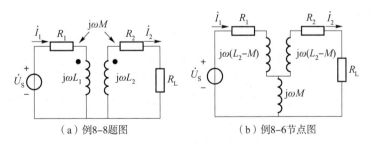

（a）例8-8题图　　　　　　（b）例8-6节点图

图 8-22　例 8-6 图

解：应用原边等效电路可得

$$Z_{11} = R_1 + j\omega L_1 = 20 + j1\ 130.4\ (\Omega)$$

$$Z_{22} = R_2 + j\omega L_2 + Z_L = 42.08 + j18.85)\ (\Omega)$$

$$\frac{(\omega M)^2}{Z_{22}} = \frac{146^2}{46.11\underline{/24.1°}} = 462.3\underline{/-24.1°} = 422 - j188.8\,(\Omega)$$

$$\dot{I}_1 = \frac{Z_{22}\dot{U}_S}{Z_{11}Z_{22} + (\omega M)^2} = \frac{\dot{U}_S}{Z_{11} + \dfrac{(\omega M)^2}{Z_{22}}} = \frac{115\underline{/0°}}{20 + j1\,130.4 + 422 - j188.8} = 0.111\underline{/-64.9°}\,(\mathrm{A})$$

$$\dot{I}_2 = \frac{j\omega M\dot{I}_1}{Z_{22}} = \frac{j146 \times 0.111\underline{/-64.9°}}{42.08 + j18.85} = \frac{16.2\underline{/25.1°}}{46.11\underline{/24.1°}} = 0.351\underline{/1°}\,(\mathrm{A})$$

✎ 练一练：已知变压器电路如图 8 - 23 所示，$u_S = 115\sqrt{2}\sin 314t$ V，$R_1 = 20\ \Omega$，$R_2 = 1\ \Omega$，$R_L = 42\ \Omega$，$L_1 = 3.185$ H，$L_2 = 0.1$，$M = 0.465$ H。求 i_1、i_2 和 u_2。

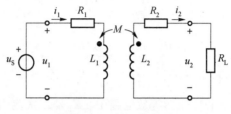

图 8 - 23　练一练题图

🌀 知识点归纳

（1）空心变压器是由两个具有互感的线圈绕在非铁磁材料制成的芯子上所组成的，其耦合系数较小，属于松耦合。

（2）空心变压器的次级回路通过互感作用对初级回路所产生的影响用反射阻抗来表示，即

$$Z_R = \frac{(\omega M)^2}{Z_{22}}$$

（3）反射阻抗 Z_R 的性质总是和次级回路阻抗 Z_{22} 的性质相反。

8.4.2　理想变压器

在研究分析变压器时，为了使问题的分析研究简化和理想化，经常根据实际情况加以修改或补充。理想变压器是实际变压器的元件模型，是实际变压器的理想化模型，是对互感元件的理想科学抽象，是极限情况下的耦合电感。理想变压器的 3 个理想化条件如下。

（1）耦合电感无损耗，即线圈是理想的。

（2）理想变压器无漏磁通，即耦合系数 $k = 1$，为全耦合。

（3）自感系数 L_1、L_2 和互感系数 M 无限大，且 L_1/L_2 为常数。

针对线性变压器而言，磁通与电流是线性关系，理想变压器是一种线性非时变元件。

以上 3 个条件在工程实际中不可能满足，但在一些实际工程概算中，在误差允许的范围内，把实际变压器当理想变压器对待，可使计算过程简化。

例 8-7　在图 8-24 所示收音机电路中，输出变压器的作用是让扬声器阻抗和晶体管的输出阻抗匹配，从而驱动喇叭振动发出声音。已知信号源电动势 $E = 6$ V，内阻 $r = 100$ Ω，扬声器的电阻 $R = 8$ Ω。（1）计算直接将扬声器接到信号源上时的输出功率。（2）若用 $N_1 = 300$ 匝 $N_2 = 100$ 匝的变压器耦合，输出功率是多少？（3）若使输出功率达到最大，问匝数比为多少？此时输出功率等于多少？

解题分析：这是一道变压器应用的实际例题，要想对其中的参数进行具体求解，首先要对变压器的基本性质进行学习。

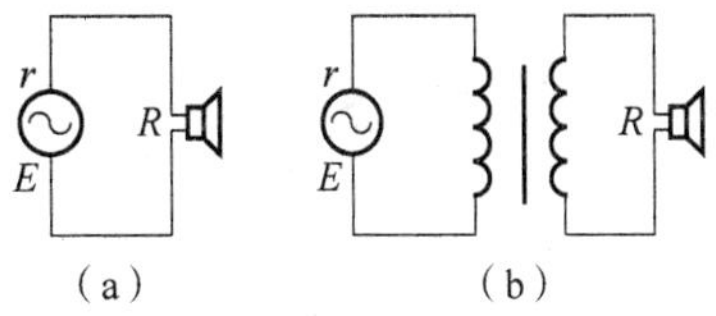

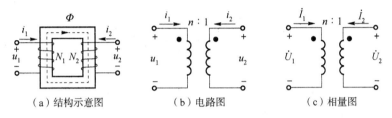

图 8-24　例 8-9 题图

理想变压器有 3 个重要特性。

（1）电压变换。

（2）电流变换。

（3）阻抗变换。

下面结合图 8-25 对理想变压器的 3 个重要特性进行一一分析。

（a）结构示意图　（b）电路图　（c）相量图

图 8-25　理想变压器特性分析示意图

（1）变压关系。

经推导可知理想变压器一次、二次线圈的匝数 N_1、N_2 与一次、二次线圈端电压成正比，即

$$\frac{u_1}{u_2} = \frac{N_1}{N_2} = n$$

在正弦稳态下，电压相量关系为

$$\frac{\dot{U}_1}{\dot{U}_2} = \frac{N_1}{N_2} = n$$

式中　n——匝比或变比，是理想变压器的唯一参数。

（2）变流关系。

根据互感线圈的电压、电流关系（电流参考方向设为从同名端同时流入或同时流出），有

$$u_1 = L_1 \frac{\mathrm{d}i_1}{\mathrm{d}t} + M \frac{\mathrm{d}i_2}{\mathrm{d}t}$$

$$i_1(t) = \frac{1}{L_1} \int_0^t u_1(\xi)\,\mathrm{d}\xi - \frac{M}{L_1} i_2(t)$$

代入理想化条件，得

$$k = 1 \Rightarrow M = \sqrt{L_1 L_2}$$

$$\frac{M}{L_1} = \sqrt{\frac{L_2}{L_1}} = \frac{1}{n}$$

可以得出理想变压器的电流关系为

$$i_1(t) = -\frac{1}{n}i_2(t)$$

注意：理想变压器的变流关系与两线圈上电压参考方向的假设无关，但与电流参考方向的设置有关，若 i_1、i_2 的参考方向一个是从同名端流入，一个是从同名端流出，此时 i_1 与 i_2 之比为

$$\frac{i_1}{i_2} = -\frac{N_2}{N_1} = -\frac{1}{n}$$

理想变压器的伏安关系统一可表示为

$$\begin{cases} u_2 = \dfrac{1}{n}u_1 \\ i_1 = -\dfrac{1}{n}i_2 \end{cases}$$

或者写为相量形式，即

$$\begin{cases} \dot{U}_2 = \dfrac{1}{n}\dot{U}_1 \\ \dot{I}_1 = -\dfrac{1}{n}\dot{I}_2 \end{cases}$$

（3）变阻抗关系。

当理想变压器次级接阻抗为 Z_L 的负载时，如图 8 – 26（a）所示，由理想变压器的变压、变流关系可得一次侧的输入阻抗为

$$Z_i = \frac{\dot{U}_1}{\dot{I}_1} = \frac{n\dot{U}_2}{-\dfrac{1}{n}\dot{I}_2} = n^2\left(-\frac{\dot{U}_2}{\dot{I}_2}\right) = n^2 Z_L$$

理想变压器输入端的等效阻抗与负载阻抗成正比，比例常数是变压器匝数比的平方。Z_i 称为二次侧对一次侧的折合等效阻抗，如图 8 – 26（b）所示。

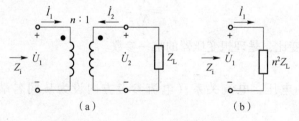

图 8 – 26　理想变压器等效阻抗示意图

换言之，理想变压器具有变换阻抗的功能，二次侧折算到一次侧后，阻抗扩大了 n^2 倍，而一次侧电流保持不变；一次侧折算到二次侧后，阻抗缩小到原来的 $1/n^2$。若负载为纯电阻 R_L 时，一次侧的输入阻抗也变为纯电阻性，其值为

$$R_i = \frac{u_1}{i_1} = \frac{nu_2}{-\dfrac{1}{n}i_2} = n^2\left(-\frac{u_2}{i_2}\right) = n^2 R_L$$

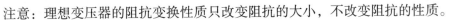

注意：理想变压器的阻抗变换性质只改变阻抗的大小，不改变阻抗的性质。

（4）传输能量。

由理想变压器的变压、变流关系得初级端口与次级端口吸收的功率和为

$$p = u_1 i_1 + u_2 i_2 = u_1 i_1 + \frac{1}{n} u_1 \times (-ni_1) = 0$$

上式表明，理想变压器既不储能也不耗能，在电路中只起传递信号和能量的作用。如果在理想变压器的二次侧接上负载，则一次侧电源提供的功率将全部传输到负载上，即理想变压器本身消耗的功率为零。

通过上面的学习，下面对例 8 - 7 进行具体解析。

求解步骤如下。

（1）如图 8 - 24（a）所示，当直接把扬声器接到信号源上时，输出功率为

$$P = I^2 R = \left(\frac{E}{R+r} \right)^2 R = \left(\frac{6}{8+100} \right)^2 \times 8 = 25 \ （mW）$$

（2）如图 8 - 24（b）所示，当通过变压器耦合时，输出功率可利用变压器的输入等效电路来计算。从一次侧（输入等效电路）看，扬声器的一次侧输入阻抗为

$$R' = \left(\frac{N_1}{N_2} \right)^2 R = \left(\frac{300}{100} \right)^2 \times 8 = 72 \ （\Omega）$$

输出功率为

$$P = \left(\frac{E}{R'+r} \right)^2 R' = \left(\frac{6}{72+100} \right)^2 \times 72 = 88 \ （mW）$$

（3）若使输出功率达到最大，要求扬声器的一次侧输入阻抗匹配。

因为

$$R'' = \left(\frac{N_1}{N_2} \right)^2 R = \left(\frac{N_1}{N_2} \right)^2 \times 8 = 100 \ （\Omega）$$

所以

$$\frac{N_1}{N_2} = \sqrt{\frac{R''}{R}} = \sqrt{\frac{100}{8}} = 3.54 \approx 4$$

输出功率为

$$P = \left(\frac{E}{R''+r} \right)^2 R'' = \left(\frac{6}{100+100} \right)^2 \times 100 = 90 \ （mW）$$

✎ **练一练：** 已知某收音机输出变压器的原边匝数为 600，副边匝数为 30，原边原来接有 16 Ω 的扬声器。现因故要改接成 4 Ω 扬声器，问输出变压器的匝数 N_2 应该改为多少？

综上所述，理想变压器是一种线性无损耗元件。它的唯一作用是按匝数比 n 变换电压、电流和阻抗，也就是说，表征理想变压器的参数仅仅是匝数比 n。在实际应用中，用高磁导率的铁磁材料作铁芯的实际变压器，在绕制线圈时，如果能使两个绕组的耦合系数 k 接近于 1，则实际变压器的性能将接近于理想变压器，可近似地当作理想变压器来分析和计算。

🌀 知 识 点 归 纳

理想变压器既不耗能又不储能，它将一次线圈输入的能量全部从二次线圈输出。在传输过程中，仅将电压、电流按变比作数值变换。理想变压器纯粹是一种变换信号和传输电

能的元件。

理想变压器的特点如下。

（1）$\dfrac{u_1}{u_2} = \dfrac{N_1}{N_2} = n$；

（2）$\dfrac{i_1}{i_2} = -\dfrac{N_2}{N_1} = -\dfrac{1}{n}$；

（3）$Z_i = n^2 Z_L$。

 课后思考

（1）初级回路的阻抗能否反射到次级回路呢？如果能，请写出它的表达式。

（2）理想变压器和全耦合变压器有何相同之处？有何区别？

（3）试述理想变压器和空心变压器的反射阻抗不同之处。

本 章 小 结

耦合电感在工程实践中有着广泛的应用，本章主要学习了耦合电感电路的基础知识，包括同名端的概念、电磁耦合现象、互感的感念、耦合因数的计算、含有耦合电感的电路的计算、理想变压器、空心变压器等各种有关耦合电感的初步概念分析计算。主要知识点可以归纳如下。

（1）在正弦交流电路中，互感电压与电流的大小关系为

$$\begin{cases} U_{21} = \omega M I_1 \\ U_{12} = \omega M I_2 \end{cases}$$

其相量形式的方程为

$$\begin{cases} \dot{U}_{21} = j\omega M \dot{I}_1 \\ \dot{U}_{12} = j\omega M \dot{I}_2 \end{cases}$$

（2）同名端的概念。

当两个电流分别从两个线圈的对应端子同时流入或流出时，若产生的磁通相互增强，则这两个对应端子称为两互感线圈的同名端；反之，称为异名端。用小圆点或星号等符号标记。同名端总是成对出现的，同一组同名端通常用"·""△"或"＊"表示。

（3）耦合因数。

工程上用耦合因数 k 定量地描述两个耦合线圈的耦合紧密程度，定义

$$0 \leqslant k = \dfrac{M}{\sqrt{L_1 L_2}} \leqslant 1$$

（4）互感之间的连接方式。

①串联：顺向串联和反向串联。

②并联：同侧并联和异侧并联。

（5）T 形去耦等效，请参考正文。

（6）互感电路的计算，请参考正文。

（7）理想变压器和空心变压器。

若理想变压器一次、二次线圈的匝数为 N_1、N_2，则

$$\frac{u_1}{u_2} = \frac{N_1}{N_2} = n$$

注意：理想变压器的变流关系与两线圈上电压参考方向的假设无关，但与电流参考方向的设置有关，若 i_1、i_2 的参考方向一个是从同名端流入，一个是从同名端流出，此时 i_1 与 i_2 之比为

$$\frac{i_1}{i_2} = -\frac{N_2}{N_1} = -\frac{1}{n}$$

一次侧的输入阻抗

$$Z_i = \frac{\dot{U}_1}{\dot{I}_1} = \frac{n\,\dot{U}_2}{-\frac{1}{n}\dot{I}_2} = n^2\left(-\frac{\dot{U}_2}{\dot{I}_2}\right) = n^2 Z_L$$

第9章

频率特性及谐振

9.1 频率特性基础

拓展阅读
伽利略

我国在 20 世纪 70 年代发射的"东方红"一号卫星向地球发回的电子音乐信号由 9 个音节组成。选频电路原理图如图 9 − 1 所示，各个音节对应不同的频率，这些信号被调制到 20.009 MHz 的载波频率 f_a 上，然后向地球发射，在接收端，电路必须有一个谐振回路，只要把电路的谐振回路频率 f_0 调节到 f_a，就可以把电子音乐信号选择出来，将其他频率信号抑制。因此，根据电子音乐信号所占据的频率范围，合理地设置并选择谐振电路的通频带，就可以选出想要接收的音乐信号，再恢复为我们人耳能够听到的声乐，实现无失真的通信与传输。在这个过程中，涉及谐振、选频、滤波等许多电工基础知识，下面将对一些知识点进行分析学习。

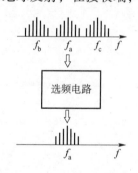

图 9 − 1　选频电路原理图

9.1.1 谐振的概念及分类

谐振也叫共振，其概念适用于科学和工程的多个领域。谐振现象在任何至少有一个电感和一个电容的电路中都有发生的可能，这是系统储存能量从一种形式到另一种形式的振荡引起的。

在电路理论中，谐振是正弦电压加在理想的（无寄生电阻）电感和电容串联电路上，当正弦频率为某一值时，电路中容性电抗和感性电抗大小相等，电路的总电抗为零的一种电路状态，此时对外电路呈纯电阻性质，电路总电流由电压电阻决定，这一特定频率即为该电路的谐振频率。如果正弦电压加在电感和电容并联电路上，当正弦电压频率为某一值时，电路的总电纳为零。前者称为串联谐振，后者称为并联谐振。

9.1.2 频率特性

在正弦电路分析中，学习了如何在具有恒定频率源的电路中求解电压和电流的相量分析方法。如果让正弦信号的振幅保持不变，改变频率就得到了电路的频率响应。频率响应可以看作电路正弦稳态行为随频率变化的完整描述。电路的频率响应是其行为随信号频率变化而变化的规律。

电路本身的性能是由电路的结构和参数决定的。如图 9-2 所示电路网络，在正弦稳态下，表征电路的重要性能之一就是网络函数，用 $H(j\omega)$ 表示，其定义为

$$H(j\omega) = \frac{输出相量}{输入相量} \qquad (9-1)$$

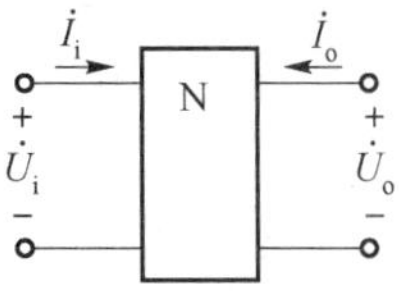

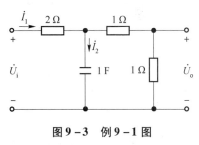

图 9-2　一般线性网络

其中，最常用的网络函数为电压转移函数，即

$$H(j\omega) = \frac{\dot{U}_o}{\dot{U}_i} = H(\omega)e^{j\varphi(\omega)} \qquad (9-2)$$

式中　$H(\omega)$——电路的幅频特性；

　　　$\varphi(\omega)$——电路的相频特性。

幅频特性和相频特性合称为电路的频率特性（频率响应）。

📖 **例 9-1**　求图 9-3 所示电路的电压转移函数 $\dfrac{\dot{U}_o}{\dot{U}_i}$。

主要解题思路：只要求解出 $\dot{U}_i$ 和 $\dot{U}_o$ 相对于角频率 ω 的函数关系即可。

列写步骤如下。

（1）用 $\dot{I}_1$ 和 $\dot{I}_2$ 分别表示出 $\dot{U}_i$ 和 $\dot{U}_o$，有

$$\dot{U}_i = 2\dot{I}_1 + \frac{1}{j\omega}\dot{I}_2$$

$$\dot{U}_o = 1 \times (\dot{I}_1 - \dot{I}_2)$$

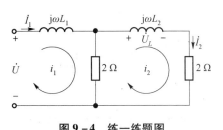

（2）$\dot{I}_1$ 和 $\dot{I}_2$ 之间有关系式

$$\frac{1}{j\omega}\dot{I}_2 = (1+1) \times (\dot{I}_1 - \dot{I}_2)$$

图 9-3　例 9-1 图

（3）由以上三式联立可解得

$$\frac{\dot{U}_o}{\dot{U}_i} = \frac{1}{4(1+j\omega)}$$

✏️ **练一练**：求图 9-4 所示电路的网络函数 $\dfrac{\dot{U}_L}{\dot{U}}$。

解题步骤如下。

（1）画出网孔电流 $\dot{I}_1$ 和 $\dot{I}_2$，如图 9-4 所示。

（2）列网孔电流方程。

图 9-4　练一练题图

（3）求解出网孔电流 $\dot{I}_1$ 和 $\dot{I}_2$。

（4）求解网络函数 $\dfrac{\dot{U}_L}{\dot{U}}$。

9.1.3 滤波器

在直流稳压电源的设计中，脉动电源中除了含有直流分量外，还包含许多高频谐波分量，为了减小输出电源的脉动，必须用滤波器把其他频率的分量去掉，才能得到可用的直流稳压电源。图 9-5 所示为直流稳压电源设计示意图，在滤波电容之前串接一个铁芯电感线圈 L，这样就组成了电感电容滤波电路。那么什么是滤波电路？滤波电路分为哪些种类？理想滤波器的幅频特性曲线具有什么特点？下面就来进行具体的分析。

滤波电路是使指定频段的信号通过，阻止其他频率的信号通过的电路，这种具有选频功能的中间网络称为滤波器。工程上利用电感 L 和电容 C 彼此相反而又互补的频率特性，先设计出具有一定滤波功能的单元电路，然后再用搭积木的方式，如并联、级联等，连接成各种各样的滤波器网络。典型的滤波单元电路有低通滤波器（LPF）、高通滤波器（HPF）、带通滤波器（BPF）、带阻滤波器（BEF）和全通滤波器（APF）。

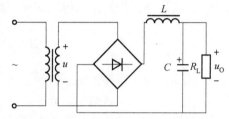

图 9-5　直流稳压电源设计示意图

理想滤波器的幅频特性如下。

（1）理想高通滤波器（HPF）幅频特性曲线如图 9-6 所示。

（2）理想低通滤波器（LPF）幅频特性曲线如图 9-7 所示。

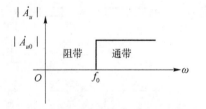

图 9-6　理想高通滤波器幅频特性曲线

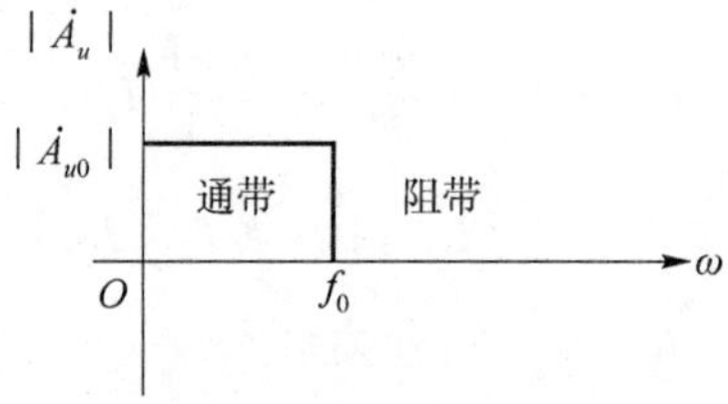

图 9-7　理想低通滤波器幅频特性曲线

（3）理想带通滤波器（BPF）幅频特性曲线如图 9-8 所示。

（4）理想带阻滤波器（BEF）幅频特性曲线如图 9-9 所示。

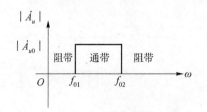

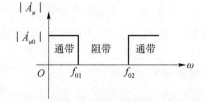

图 9-8　理想带通滤波器幅频特性曲线

图 9-9　理想带阻滤波器幅频特性曲线

目前，在滤波器的设计中，已经大量使用小型的片式电路元件，可以使滤波器小型化。随着电路和系统集成化的发展，滤波器的设计中已经广泛采用运算放大器，或其他有源器件，不再使用电感元件，称之为 RC 有源滤波器，实现了滤波器的集成化。但对于实际典型 RC 滤波电路的频率响应分析，对后续学习仍然有很重要的意义。我们将在 9.4 节中进行详细的讲解。

9.1.4　波特图

在研究一些电路的频率响应时，输入信号的频率范围常常需要设置得很宽，不方便对频率轴使用线性标度，因此在绘制频率特性曲线时，常常采用对数坐标，称为波特图。

波特图由对数幅频特性和对数相频特性两部分组成。采用对数坐标系，横轴为 $\lg f$（即横轴以每 10 倍频点画），可开阔视野；幅频特性纵轴为 $20\lg|\dot{A}_u|$，单位为"分贝"（dB），相频特性纵轴仍然用 φ 来表示，这使得原计算式中的乘法运算变成了加法运算。波特图的传递函数的半对数图已经成为行业标准。

在电路的近似分析中，为简单起见，常将波特图的曲线折线化，图 9 – 10 所示为高通电路波特图，图 9 – 11 所示为低通频率特性的波特图，f_H 和 f_L 分别称为上限截止频率和下限截止频率，截止频率取决于电容所在回路的时间常数 τ，当信号频率等于 f_H 和 f_L 时，幅频特性曲线下降到中频的 0.707 倍，即下降 3 dB。

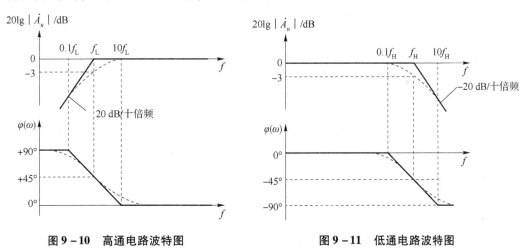

图 9 – 10　高通电路波特图　　　　　　图 9 – 11　低通电路波特图

全频域放大倍数表达式如式（9 – 3）所示，全频域波特图如图 9 – 12 所示，$f_H - f_L$ 称为通频带，一般用符号 BW 表示，有关通频带在 9.2.3 小节中有详细的描述。$20\lg|\dot{A}_{um}|$ 称为通带放大倍数，通带放大倍数定义为通带中输出电压与输入电压的比值；$20\lg|\dot{A}_{um}|$ 下降到 0.707 倍时对应的频率称为通带截止频率；从通带截止频率到 $20\lg|\dot{A}_u|$ 接近 0 的频率为过渡带，由图可见，过渡带 f 每下降 10 倍，幅频特性曲线放大倍数变化 20 dB，即对数幅频特性在过渡带可以等效成斜率为 20 dB/十倍频或 – 20 dB/十倍频的直线。过渡带越窄，电路的选择性越好，滤波特性越理想。分析滤波电路主要是求解通带放大倍数、通带截止频率和过渡带的斜率。

$$\dot{A}_{us} = \frac{\dot{U}_o}{\dot{U}_s} = \frac{\dot{A}_{usm}\left(j\dfrac{f}{f_L}\right)}{\left(1+j\dfrac{f}{f_L}\right)\left(1+j\dfrac{f}{f_H}\right)} = \frac{\dot{A}_{usm}}{\left(1+\dfrac{f_L}{jf}\right)\left(1+j\dfrac{f}{f_H}\right)} \qquad (9-3)$$

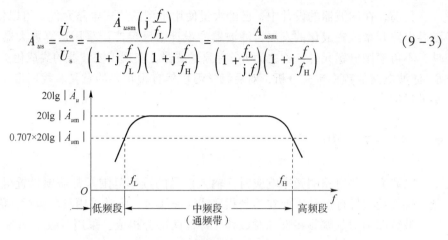

图 9 - 12　全频域波特图

课后思考

（1）为什么要把 RC 低通滤波器的截止频率定义为当幅度下降到最大值的 $\dfrac{1}{\sqrt{2}}$ 时的频率，而不是定义在幅度下降到最大值的黄金分割点 0.618 的位置呢？

（2）为回答第一个思考题，请读者计算，在 $0.707|\dot{A}_{um}|$ 对应的截止频率处，负载得到的功率是 $\omega = 0$ 时功率的多少倍？若截止频率定义在 $0.618|\dot{A}_{um}|$ 对应处，负载得到的功率又是 $\omega = 0$ 时功率的多少倍？

9.2　串　联　谐　振

引例：调幅收音机工作原理示意图如图 9 - 13 所示。在电工理论中，等效电路图即为 RLC 串联电路，如图 9 - 14 所示，若已知 $R = 0.5\ \Omega$，$L = 300\ \mu H$，C 为可变电容，调幅收音机接收的中波信号频率范围为 535 ~ 1 605 kHz，请问电容 C 的调节范围可以为多大？

分析：这是一个 RLC 串联电路发生谐振的典型案例，下面将对串联谐振的有关知识进行学习。

9.2.1　谐振条件和谐振频率

含有 R、L、C 的一端口电路，外施正弦激励，在特定条件下出现端口电压、电流同相位的现象时，称电路发生了谐振。因此，谐振电路的端口电压、电流满足

$$\frac{\dot{U}}{\dot{I}} = Z = R$$

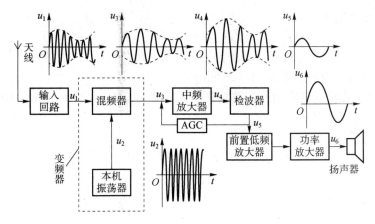

图 9 – 13 调幅收音机工作原理示意图

串联电路的谐振条件与谐振频率

串联谐振电路如图 9 – 14 所示，在正弦电压的作用下，RLC 串联电路的复阻抗为

$$Z = R + j\left(\omega L - \frac{1}{\omega C}\right) = R + j(X_L + X_C) = R + jX = |Z| \angle \varphi$$

根据谐振定义，当 $X_L + X_C = X = 0$ 时电路发生谐振，由此得 R、L、C 串联电路的谐振条件为

$$\omega_0 L = \frac{1}{\omega_0 C}$$

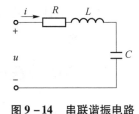

图 9 – 14 串联谐振电路

得到谐振角频率为

$$\omega_0 = \frac{1}{\sqrt{LC}}$$

谐振频率为

$$f_0 = \frac{1}{2\pi \sqrt{LC}} \qquad (9-4)$$

式（9 – 4）说明，R、L、C 串联电路的谐振频率仅由电路的参数 L、C 值决定，与信号源无关，因此谐振频率又称为固有频率。要想发生谐振，必须使外加电压的频率 f 与电路的固有频率 f_0 相等，即 $f = f_0$。

由谐振条件得串联电路实现谐振或避免谐振的方式如下。

（1）L、C 不变，改变 ω 达到谐振。

（2）电源频率不变，改变 L 或 C（常改变 C）达到谐振。

引例求解如下。

分析本节引例可知，电路发生了串联谐振，由式（9 – 4）可知

$$f_0 = \frac{1}{2\pi \sqrt{LC}}$$

得

$$C = \frac{1}{(2\pi f_0)^2 L}$$

当 $f_0 = 535$ kHz 时

$$C = \frac{1}{(2\pi \times 535 \times 10^3)^2 \times 300 \times 10^{-6}} = 295(\text{pF})$$

当 $f_0 = 1\ 605\ \text{kHz}$ 时

$$C = \frac{1}{(2\pi \times 1\ 605 \times 10^3)^2 \times 300 \times 10^{-6}} = 32.7\ (\text{pF})$$

因此该可变电容调节范围为 32.7 ~ 295 pF。

📖 **例 9 - 2** 某收音机的输入回路如图 9 - 14 所示，$L = 0.3$ mH，$R = 10\ \Omega$，为收到中央电台 560 kHz 信号，求：

（1）调谐电容 C 值；

（2）如输入电压为 1.5 mV，求谐振电流和此时的电容电压。

列写步骤如下。

（1）首先分析电路发生了串联谐振，根据谐振频率公式（9 - 4）求出调谐电容 C 的值为

$$C = \frac{1}{(2\pi f_0)^2 L} = 269\ (\text{pF})$$

（2）根据串联谐振时电路呈现纯电阻性，求得电流有效值为

$$I_0 = \frac{U}{R} = \frac{1.5 \times 10^{-3}}{10} = 0.15\ (\mu\text{A})$$

求得谐振时电容电压有效值为

$$U_C = I_0 X_C = 158.5\ (\mu\text{V})$$

9.2.2　串联谐振电路的基本特征

发生串联谐振时，电路有以下几个基本特征。

（1）串联谐振时，电路端口电压 $\dot{U}$ 和端口电流 $\dot{I}$ 同相位。

（2）串联谐振时，电路的复阻抗最小且为纯电阻；电路的总电抗 $X = 0$，感抗与容抗相等且等于电路的特性阻抗 ρ（谐振时的感抗或容抗称为谐振电路的特性阻抗）。

$$Z = Z_0 = R + jX = R$$

$$\omega_0 L = \frac{1}{\omega_0 C} = \sqrt{\frac{L}{C}} = \rho$$

（3）串联谐振时，电路中的电流达到最大，且与外加电源电压同相位，即

$$\dot{I}_0 = \frac{\dot{U}}{Z_0} = \frac{\dot{U}}{R}$$

（4）串联谐振时，电感与电容两端的电压大小相等、相位相反；串联总电压 $\dot{U}_L + \dot{U}_C = 0$，$L$、$C$ 对外电路相当于短路，所以串联谐振也称电压谐振，此时电源电压全部加在电阻上，即 $\dot{U}_R = \dot{U}$。电感与电容两端的电压大小为电源电压的 Q 倍，Q 为电路的品质因数，是电路的特性阻抗 ρ 与电路中电阻 R 的比值。通信技术中常用 Q 来表征谐振电路的性能，是谐振电路的一个重要参数，Q 值可达几十甚至几百，一般为 50 ~ 200。

电感电压和电容电压分别为

$$\dot{U}_L = j\omega_0 L \dot{I} = j\omega_0 L \frac{\dot{U}}{R} = jQ\dot{U}$$

$$\dot{U}_C = -j\frac{\dot{I}}{\omega_0 C} = -j\omega_0 L \frac{\dot{U}}{R} = -jQ\dot{U}$$

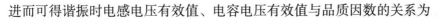

进而可得谐振时电感电压有效值、电容电压有效值与品质因数的关系为

$$U_{L_0} = I_0 X_L = \frac{U}{R}\omega_0 L = \frac{\omega_0 L}{R}U = \frac{\rho}{R}U = QU \qquad (9-5)$$

$$U_{C_0} = I_0 X_C = \frac{U}{R}\frac{1}{\omega_0 C} = \frac{\frac{1}{\omega_0 C}}{R}U = \frac{\rho}{R}U = QU \qquad (9-6)$$

$$Q = \frac{\omega_0 L}{R} = \frac{1}{\omega_0 CR} = \frac{\rho}{R} = \frac{1}{R}\sqrt{\frac{L}{C}} \qquad (9-7)$$

（5）串联谐振时出现过电压现象。

由式（9-5）和式（9-6）可见，如果 $Q>1$，则有 $U_L = U_C > U$；当 $Q \gg 1$ 时，电感和电容两端出现大大高于电源电压 U 的高电压，称为过电压现象。

（6）串联谐振时的功率。

串联谐振时电感和电容之间进行着能量的相互交换，而与电源之间无能量交换，电源只向电阻提供有功功率 P，因此，谐振时的有功功率 $P = UI\cos\varphi = UI$，即电阻消耗功率达最大；谐振时的无功功率为零，电源供给电路的能量全部消耗在电阻上。

$$Q = UI\sin\varphi = Q_L + Q_C = 0$$

其中
$$Q_L = \omega_0 L I_0^2$$
$$Q_C = -\frac{1}{\omega_0 C}I_0^2$$

即电源不向电路输送无功功率，电感中的无功功率与电容中的无功功率大小相等，互相补偿，彼此进行能量交换。

（7）串联谐振时的能量关系。

设谐振时电源电压 $\qquad u = U_m \sin\omega_0 t$

则谐振电流 $\qquad i = \dfrac{U_m}{R}\sin\omega_0 t = I_m \sin\omega_0 t$

电容电压 $\qquad u_C = \dfrac{I_m}{\omega_0 C}\sin(\omega_0 t - 90°) = -\sqrt{\dfrac{L}{C}}I_m \cos\omega_0 t$

电容储能 $\qquad w_C = \dfrac{1}{2}Cu_C^2 = \dfrac{1}{2}LI_m^2(\cos\omega_0 t)^2$

电感储能 $\qquad w_L = \dfrac{1}{2}Li^2 = \dfrac{1}{2}LI_m^2(\sin\omega_0 t)^2$

以上表明，电感和电容能量按正弦规律变化，L、C 的电场能量和磁场能量作周期振荡性的能量交换，而不与电源进行能量交换。总能量是常量，不随时间变化，正好等于最大值，即

$$w_{总} = w_C + w_L = \frac{1}{2}LI_m^2 = \frac{1}{2}CU_{Cm}^2 = LI_0^2$$

电感、电容储能的总值与品质因数的关系为

$$Q = \frac{\omega_0 L}{R} = \omega_0 \frac{LI_0^2}{RI_0^2} = 2\pi\frac{LI_0^2}{RI_0^2 T_0} = 2\pi\frac{谐振时电路中电磁场的总储能}{谐振时一周期内电路消耗的能量}$$

可见，品质因数 Q 是反映谐振回路中电磁振荡程度的量。品质因数越大，总的能量就越大，维持一定量的振荡所消耗的能量越小，振荡程度就越剧烈，则振荡电路的"品质"

越好。一般应用于谐振状态的电路希望尽可能提高 Q 值。

📖 **例 9 - 3** 一接收器的电路如图 9 - 15 所示，参数为：$U = 10\ V$，$\omega = 5 \times 10^3\ rad/s$，调节 C 使电路中的电流最大为 $I_{max} = 200\ mA$，测得电容电压为 600 V，求 R、L、C 及 Q。

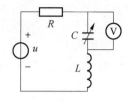

图 9 - 15 例 9 - 3 图

解题步骤如下。

（1）首先分析电路，电路中电流达到最大，发生了串联谐振，电路呈现纯电阻性，因此求得电阻 R 为

$$R = \frac{U}{I_0} = \frac{10}{200 \times 10^{-3}} = 50\ (\Omega)$$

（2）根据式（9 - 6），谐振时电容电压与总电压的关系求得品质因数 Q 为

$$Q = \frac{U_C}{U} = \frac{600}{10} = 60$$

（3）根据式（9 - 7）进一步求得电感和电容的值分别为

$$L = \frac{RQ}{\omega_0} = \frac{50 \times 60}{5 \times 10^3} = 60\ (mH)$$

$$C = \frac{1}{\omega_0^2 L} = 6.67\ (\mu F)$$

9.2.3 *RLC* 串联谐振电路的频率响应和选择性

引例：在研究 *RLC* 串联电路频率响应之前，再了解一下收音机的选频性。收音机输入回路选频性示意图如图 9 - 16 所示。各个不同频率的广播电台所发射的无线电波，都会在接收线圈中产生感应电压，并产生一定的电流。若想接收 u_1 信号，可以调节可调电容 C，使得回路的频率为 f_1，这样电路在频率 f_1 处发生谐振，对 u_1 信号呈现出阻抗最小的特点，此时电流最大，经过放大可以得到一个放大了的 u_1 信号。u_2 和 u_3 原理相同，只需改变 C 的大小以使电路在某一频率处发生谐振。这就是谐振回路的选择能力。把电路从输入的全部信号中选取所需信号的能力称为电路的选择性。

为了说明电路选择性的好坏，必须研究谐振回路中物理量和频率的关系，即频率特性，也叫频率响应，其曲线为频率响应曲线。研究频率响应曲线可以加深对谐振现象的认识。

1. 阻抗的频率特性

串联阻抗为

$$Z = R + j\left(\omega L - \frac{1}{\omega C}\right) = |Z(\omega)| \underline{/\varphi(\omega)}$$

得到阻抗幅频特性为

$$|Z(\omega)| = \sqrt{R^2 + \left(\omega L - \frac{1}{\omega C}\right)^2} = \sqrt{R^2 + (X_L + X_C)^2}$$
$$= \sqrt{R^2 + X^2}$$

阻抗相频特性为

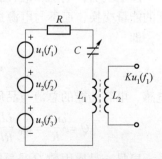

图 9 - 16 收音机选频性示意图

$$\varphi(\omega) = \arctan \frac{\omega L - \dfrac{1}{\omega C}}{R} = \arctan \frac{X_L + X_C}{R} = \arctan \frac{X}{R}$$

图 9-17 给出了阻抗频率响应曲线。由图可见，频率为 ω_0 时电路发生谐振，此时阻抗值最小。

2. 电流频率特性

电流幅值与频率的关系为

$$I(\omega) = \frac{U}{\sqrt{R^2 + \left(\omega L - \dfrac{1}{\omega C}\right)^2}} = \frac{U}{Z(\omega)}$$

得电流频率响应曲线如图 9-18 所示。

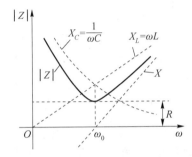

图 9-17　阻抗频率响应曲线

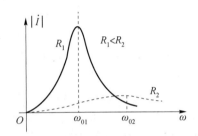

图 9-18　电流频率响应曲线

从电流谐振曲线看出，谐振时电流达到最大，若电源电压不变，则谐振峰值仅仅与电阻 R 的大小有关，电阻 R 越小，曲线越尖锐，所以，电阻 R 是唯一能控制和调节谐振峰值的电路元件，进而控制谐振时的电感和电容两端的电压及其储能。串联谐振时，电路的电流达到最大 I_0，当 ω 偏离 ω_0 时，电流从极大值 U/R 下降，ω 偏离 ω_0 越远，电流下降越大，即串联谐振电路对不同频率的信号有不同的响应，对谐振点的信号最突出（表现为电流最大），而对远离谐振点的信号加以抑制（电流小）。电路具有选择最接近于谐振频率附近信号的性能，这种性能在无线电技术中称为选频性。

3. 串联谐振电路的通频带

在广播和通信电路中，被传输的信号往往不是一个频率，而是具有一定的频率范围。例如，电台为保证传输信号不失真，就要具有一定的频带宽度，在这种情况下，不希望电路的谐振曲线过于尖锐；否则会把一部分需要传输的信号抑制掉而产生失真现象。那么怎样确定某一电路的通频带呢？

在电流谐振曲线 $0.707 I_0$ 处作一水平线，与谐振曲线交于两点，如图 9-19 所示，则对应横坐标分别为 f_H 和 f_L，f_H 和 f_L 之间即为通频带 BW，单位为赫兹（Hz）。

$$BW = f_H - f_L = \frac{f_0}{Q} \tag{9-8}$$

通频带规定了谐振电路允许通过信号的频率范围，是比较和设计谐振电路的指标。可以看出，通频带 BW 与品质因数 Q 成反比，Q 值越高，谐振曲线越尖锐，电路选择信号的性能越好，但电路的通频带也就越窄；反之，Q 值越低，谐振曲线越平滑，选择性越差，但电路的通频带越宽。

在实际应用中，应根据需要兼顾 BW 与 Q 的取值，首先应该保证信号通过回路后的幅度失真不超过允许的范围，然后尽量提高回路的选择性。

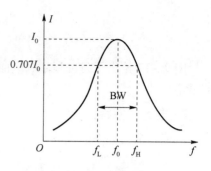

图 9-19　通频带

📖 **例 9-4**　一信号源与 R、L、C 电路串联，要求谐振频率 $f_0 = 10^4$ Hz，频带宽 BW = 100 Hz，$R = 15$ Ω。求出这个串联电路的各个元器件参数值。

解题步骤如下。

（1）首先求解电路的品质因数，由式（9-8）可得

$$Q = \frac{f_0}{\Delta f} = \frac{10^4}{100} = 100$$

（2）根据式（9-7）分别求解出电容的值和电感的值

$$L = \frac{RQ}{\omega_0} = \frac{15 \times 100}{2\pi \times 10^4} = 39.8 \text{ （mH）}$$

$$C = \frac{1}{(2\pi f_0)^2 L} = \frac{1}{(\omega_0)^2 L} = 6\ 360 \text{ （pF）}$$

（3）画出 R、L、C 与信号源的串联电路，并标注参数值如图 9-20 所示。

📖 **例 9-5**　如图 9-21 所示电路，电源角频率为 ω，问在什么条件下输出电压 u_{ab} 不受 R 和 C 变化的影响？

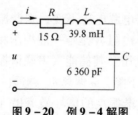

图 9-20　例 9-4 解图

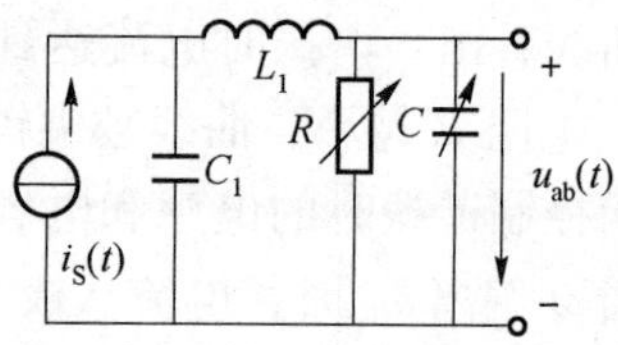

图 9-21　例 9-5 题图

解题分析：首先应用电源等效变换，把图 9-21 所示电路变换为图 9-22 所示电路，显然当 L_1、C_1 发生串联谐振时，输出电压 u_{ab} 不受 R 和 C 变化的影响。

解题步骤如下。

（1）应用电源等效变换原则，首先求出图 9-22 中电压源 u 的大小，即

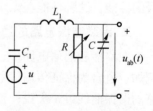

图 9-22　例 9-5 解图

$$\dot{U} = -j\frac{\dot{U}_S}{\omega C_1}$$

（2）分析电路发生了谐振，根据谐振条件求解出谐振角频率 ω_0。令

$$\omega_0 C_1 = \frac{1}{\omega_0 L_1}$$

则

$$\omega_0 = \frac{1}{\sqrt{L_1 C_1}}$$

（3）此时 L_1、C_1 上电压和为零，$\dot{U}_{ab}$ 始终等于 $\dot{U}$。

（4）结论：当 $\dfrac{1}{\sqrt{L_1C_1}}$ 等于电源角频率 ω 时，$\dot{U}_{ab}$ 始终等于 $\dot{U}$，不受 R 和 C 变化的影响。

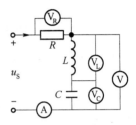

解题微课

✎ **练一练：**

已知电路如图 9 – 23 所示，$R = 10\ \Omega$，$L = 10\ \text{mH}$，$C = 100\ \text{pF}$，$U_S = 1\ \text{V}$，试求电路发生谐振时的频率和各电表读数。

解题步骤如下。

（1）首先分析电路，为 *RLC* 串联电路。

（2）求解电路发生串联谐振时的谐振频率，即

$$f_0 = \frac{1}{2\pi\sqrt{LC}} = \underline{\qquad}。$$

（3）求解电路的品质因数，即

$$Q = \frac{1}{R}\sqrt{\frac{L}{C}} = \underline{\qquad}。$$

图 9 – 23　练一练题图

（4）分析各个电压电流表分别测量哪部分电路的哪些物理量，其中：

①电压表 V_R 测量：_____。根据谐振时电阻电压等于电源电压，可得 V_R 数值为：_____。

②电压表 V_L 测量：_____。电压表 V_C 测量：_____。谐振时电感电压等于电容电压且为电源电压的 Q 倍，可得 $V_L = $ _____ 和 $V_C = $ _____。

③电压表 V 测量：_____。根据串联谐振时电压特性可得电压表数值为_____。

④电流表 A 测量：_____。根据谐振时电路呈现纯电阻性可得电流表数值为_____。

🌀 课后思考

（1）若信号频率并非完美的正弦波形，而是夹杂着一定的干扰信号，通过我们目前阶段的学习有什么解决的办法吗？

（2）电阻 R 是唯一能控制和调节谐振峰值的电路元件吗？为什么？

9.3　并　联　谐　振

9.3.1　*RLC* 并联电路的谐振条件

如图 9 – 24 所示的 R、L、C 并联电路，若此电路发生谐振，则称为并联谐振，并联电路的入端导纳为

$$Y = \frac{1}{R} + j\left(\omega C - \frac{1}{\omega L}\right)$$

谐振时应满足

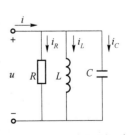

图 9 – 24　*RLC* 并联电路

$$\omega_0 C = \frac{1}{\omega_0 L}$$

谐振角频率为

$$\omega_0 = \frac{1}{\sqrt{LC}} \tag{9-9}$$

9.3.2 并联谐振电路的基本特征

采取与串联谐振电路同样的分析方法得到并联谐振电路的特点。

（1）谐振时电路端口电压 $\dot{U}$ 和端口电流 $\dot{I}$ 同相位。

（2）谐振时入端导纳 $Y = G$ 为纯电导，导纳 $|Y|$ 最小，因此电路中的电压达到最大。

（3）谐振时电感电流和电容电流大小相等、相位相反，并联总电流 $\dot{I}_L + \dot{I}_C = 0$，$L$、$C$ 相当于开路，此时电源电流全部通过电阻，即 $\dot{I} = \dot{I}_R$。

（4）谐振时出现过电流现象。

电感电流和电容电流表示式中的 Q 称为并联电路的品质因数，有

$$Q = \omega_0 CR = \frac{R}{\omega_0 L} = \frac{1}{G}\sqrt{\frac{C}{L}} \tag{9-10}$$

如果 $Q > 1$，有 $I_L = I_C > I$，并联谐振电路的品质因数通常在几十至几百之间，$Q \gg 1$ 时，电感和电容中出现大大高于电源电流的大电流，称为过电流。故并联谐振又称为电流谐振。

（5）谐振时的功率。

①有功功率，即电源向电路输送的电阻上消耗的功率为

$$P = UI = U^2 \cdot G$$

此时，电阻功率达最大。

②无功功率，即

$$Q = UI\sin\varphi = Q_L + Q_C = 0$$

$$|Q_L| = |Q_C| = \omega_0 C U^2 = \frac{U^2}{\omega_0 L}$$

即电源不向电路输送无功功率，电感中的无功功率与电容中的无功功率大小相等，互相补偿，彼此进行能量交换。两种能量的总和为常量。

9.3.3 电感线圈与电容器并联电路的谐振

实际的电感线圈总是存在电阻，因此当电感线圈与电容器并联并发生谐振时，需要考虑线圈电阻的影响，此电路的谐振仍然为并联谐振。

1. 谐振条件

电感线圈与电容器并联电路如图 9-25 所示，R 是线圈本身的电阻，电容器的损耗较小，电容支路可认为只有纯电容。

$$\dot{I} = \dot{I}_L + \dot{I}_C = \frac{\dot{U}}{Z_1} + \frac{\dot{U}}{Z_2} = \frac{\dot{U}}{R + j\omega L} + \frac{\dot{U}}{-j\frac{1}{\omega C}} = \left\{ \frac{R}{R^2 + (\omega L)^2} + j\left[\omega C - \frac{\omega L}{R^2 + (\omega L)^2} \right] \right\} \dot{U}$$

欲使该并联电路发生谐振，总电压与总电流必须同相位，即上式中的虚部应等于零。因此，并联谐振条件为

$$\omega_0 C = \frac{\omega_0 L}{R^2 + (\omega_0 L)^2}$$

谐振角频率为

$$\omega_0 = \sqrt{\frac{1}{LC} - \left(\frac{R}{L}\right)^2} \qquad (9-11)$$

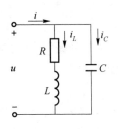

图 9 – 25　电感线圈与
电容器并联电路图

式（9 – 11）说明该电路发生谐振是有条件的，在电路参数一定时，必须满足

$$\frac{1}{LC} - \left(\frac{R}{L}\right)^2 > 0$$

即 $R < \sqrt{\dfrac{L}{C}}$ 时，可以发生谐振。

考虑到一般线圈电阻 $R \ll \omega L$，ω_0 可近似为

$$\omega_0 \approx \frac{1}{\sqrt{LC}} \qquad (9-12)$$

$$f_0 \approx \frac{1}{2\pi \sqrt{LC}} \qquad (9-13)$$

电路的等效电阻为

$$R_{eq} = \frac{1}{G_{eq}} \approx \frac{(\omega_0 L)^2}{R} \qquad (9-14)$$

电路的品质因数为

$$Q = \frac{\omega_0 C}{G} = \frac{\omega_0 C}{\dfrac{R}{(\omega_0 L)^2}} = \frac{\omega_0^3 C L^2}{R} = \frac{\omega_0 L}{R} \qquad (9-15)$$

2. 基本特征

（1）谐振时，复阻抗呈纯电阻性，且阻抗最大，回路端电压与总电流同相。

$$Z(\omega_0) = R_0 = \frac{R^2 + (\omega_0 L)^2}{R} \approx \frac{1}{R(\omega_0 C)^2} \approx \frac{(\omega_0 L)^2}{R} = \frac{L}{RC} \qquad (9-16)$$

把特性阻抗 $\rho = \omega_0 L = \dfrac{1}{\omega_0 C} = \sqrt{\dfrac{L}{C}}$ 和品质因数 $Q = \dfrac{\rho}{R}$ 代入式（9 – 16）有

$$|Z_0(\omega_0)| = \frac{\rho^2}{R} = Q\rho = Q^2 R = Q\omega_0 L$$

（2）若电源为电压源，谐振时，由于谐振阻抗最大，所以电路的总电流最小，且与总电压同相位。

$$\dot{I}_0 = \frac{\dot{U}_s}{Z_0} = \frac{\dot{U}_s}{\dfrac{L}{RC}} = \frac{RC}{L}\dot{U}_s$$

（3）若电源为电流源，谐振时，由于谐振阻抗最大，所以回路端电压最大，且与总电流同相位。

$$\dot{U}_0 = \dot{I}_S Z_0 = \frac{L}{RC} \dot{I}_S$$

（4）谐振时，电感支路电流与电容支路电流大小近似相等，相位近似相反，大小为总电流的 Q 倍。

$$I_{L_0} = I_{C_0} = Q I_0$$

例 9 - 6 已知电感线圈与电容并联电路如图 9 - 26 所示，$R = 16.5\ \Omega$，$L = 540\ \mu H$，$C = 200\ pF$，谐振时电流源电流 $I_S = 0.1\ mA$。试求谐振频率 f_0、品质因数 Q、谐振阻抗 Z_0、通频带 BW、电容支路电流 I_{C_0}、电感支路电流 I_{RL_0}、谐振回路端电压 U_0 和谐振时电路的有功功率 P_0。

电路分析：电路为电感线圈与电容的并联，并且将电流源作为激励源。因此，电路发生的谐振为并联谐振，可以按照并联谐振的基本分析方法进行具体求解。

解题步骤如下。

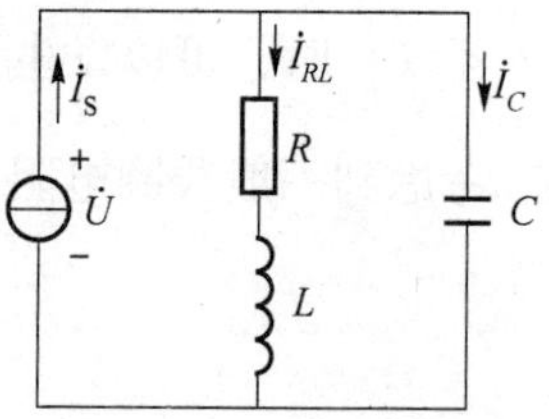

（1）标出电路中相应的电压与电流参考方向如图 9 - 26 所示。

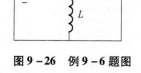

（2）根据已知条件求出电路的品质因数 Q，即

$$Q = \frac{1}{R}\sqrt{\frac{L}{C}} = \frac{1}{16.5} \times \sqrt{\frac{540\ \mu H}{200\ pF}} = 99.6$$

图 9 - 26　例 9 - 6 题图

（3）因为 $Q \gg 1$，所以，可以用近似频率公式（9 - 13）计算谐振频率，即

$$f_0 \approx \frac{1}{2\pi\sqrt{LC}} = \frac{1}{2\pi\sqrt{540\ \mu H \times 200\ pF}} = 484\ kHz$$

（4）根据式（9 - 16）计算谐振时电路的总阻抗为

$$Z_0 \approx \frac{L}{RC} = \frac{540\ \mu H}{16.5 \times 200\ pF} = 164\ k\Omega$$

解题微课

（5）根据式（9 - 8）计算通频带 BW

$$BW = \frac{f_0}{Q} = \frac{484\ kHz}{99.6} = 4.86\ kHz$$

（6）并联谐振为电流谐振，电感电流等于电容电流，且为干路电流的 Q 倍，因此有

$$I_{RL_0} \approx I_{C_0} = Q I_S = 99.6 \times 0.1 = 9.96\ （mA）$$

（7）谐振回路的端电压等于谐振阻抗与电流源电流的乘积

$$U_0 \approx I_S Z_0 = 164\ k\Omega \times 0.1\ mA = 16.4\ V$$

（8）电路有功功率为

$$P_0 \approx I_S^2 Z_0 = （0.1\ mA）^2 \times 164\ k\Omega = 1.64\ mW$$

✐ 练一练：

已知电感线圈的 $L = 40\ \mu H$，其自身电阻为 $2\ \Omega$，电容 $C = 0.001\ \mu F$，将电感与电容并联后接于 15 V 的正弦交流电源上。当电路发生谐振时，求：（1）电路的谐振频率 f_0；（2）谐振时总的复阻抗 Z_0；（3）电路的品质因数 Q；（4）谐振时的总电流 I_0 以及电感、电容支路上电流的有效值。

解：

（1）分析电路发生并联谐振，电路图可参考例 9-6 题图。

（2）比较分析 R 与 $\sqrt{\dfrac{L}{C}}$ 的大小，确定是否可用近似公式计算谐振频率，是：＿＿＿＿；

否：＿＿＿＿。

（3）计算谐振频率：＿＿＿＿＿＿＿＿＿＿＿＿＿＿＿＿＿＿＿＿＿＿。

（4）计算谐振时的总复阻抗 Z_0，$Z_0 = \dfrac{L}{RC} = $ ＿＿＿＿＿。

（5）计算电路的品质因数，$Q = \dfrac{\omega_0 L}{R} = \dfrac{2\pi f_0 L}{R} = $ ＿＿＿＿＿。

（6）谐振时的总电流，$I_0 = \dfrac{U}{Z_0} = $ ＿＿＿＿＿。

（7）谐振时，电感和电容支路上的电流大小相等，等于干路电流的 Q 倍，$I_{L_0} = I_{C_0} = $

$QI_0 = $ ＿＿＿＿＿。

课后思考

（1）并联谐振的特点有哪些？

（2）对于电感线圈与电容的并联谐振，主要应用在哪些实际领域？

9.4　典型网络的频率特性

图 9-27 所示为航天工程上实用的低通滤波器，它由 4 节不同截止频率的 Π 形结构组成，可通过开关实现对不同输入信号的滤波要求。

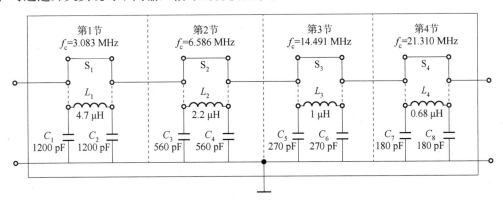

图 9-27　可选择 4 个不同频率的可调低通滤波器

用于选择信号的常用滤波网络，通常有 LC 网络、RC 网络、RLC 网络，也可以用 RC 和运算放大器组成的有源网络。工程上各种实用滤波器大多是各种典型滤波器的各种组合，本节主要研究以下几种典型滤波网络的频率特性。

9.4.1 高通电路频率特性

典型 RC 高通电路如图 9-28 所示,信号频率越高,输出电压越接近输入电压。其频率响应

$$H(\mathrm{j}\omega) = \dot{A}_u = \frac{\dot{U}_o}{\dot{U}_i} = \frac{R}{\dfrac{1}{\mathrm{j}\omega C} + R} = \frac{\mathrm{j}\omega RC}{1 + \mathrm{j}\omega RC}$$

令

$$f_\mathrm{L} = \frac{1}{2\pi RC} \qquad\qquad (9-17)$$

f_L 称为高通滤波电路的截止频率,有

$$H(\mathrm{j}\omega) = \dot{A}_u = \frac{\dfrac{\mathrm{j}f}{f_\mathrm{L}}}{1 + \dfrac{\mathrm{j}f}{f_\mathrm{L}}}$$

得到幅频特性和相频特性为

$$\begin{cases} |\dot{A}_u| = \dfrac{\dfrac{f}{f_\mathrm{L}}}{\sqrt{1 + \left(\dfrac{f}{f_\mathrm{L}}\right)^2}} \\ \varphi(\omega) = 90° - \arctan\left(\dfrac{f}{f_\mathrm{L}}\right) \end{cases}$$

高通电路频率特性曲线如图 9-29 所示,当 $f \gg f_\mathrm{L}$ 时放大倍数约为 1。

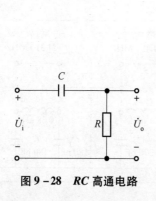

图 9-28 RC 高通电路

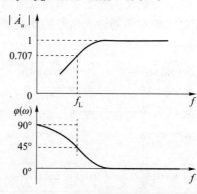

图 9-29 高通电路频率特性曲线

9.4.2 低通电路频率特性

典型 RC 低通电路如图 9-30 所示,信号频率越低,输出电压越接近输入电压。低通电路频率响应为

$$H(\omega) = \frac{\dot{U}_\text{o}}{\dot{U}_\text{i}} = \dot{A}_u = \frac{\dfrac{1}{\text{j}\omega C}}{\dfrac{1}{\text{j}\omega C} + R} = \frac{1}{1 + \text{j}\omega RC}$$

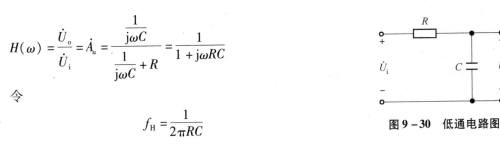

图 9 - 30　低通电路图

令

$$f_\text{H} = \frac{1}{2\pi RC}$$

则

$$H(\omega) = \frac{1}{1 + \dfrac{\text{j}f}{f_\text{H}}}$$

低通电路频率特性曲线如图 9 - 31 所示，当 $f \ll f_\text{H}$ 时，放大倍数约为 1。

典型电路示意：

　　一般音响设备通常都有低音音调控制旋钮，它的主要作用是对低音频区域的增益（放大倍数）进行增减，使得音响设备发出的声音柔和悦耳。这从电工理论来解释，主要是让其幅频特性保持优良的状态，典型的低音音调控制电路如图 9 - 32 所示。根据音响声音最大分贝要求和截止频率要求，选取合适的电阻 R_1 和电容 C_1，可以得到一簇完美的幅频特性曲线。

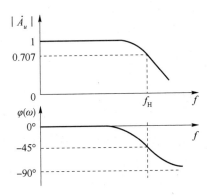

图 9 - 31　低通电路频率特性曲线

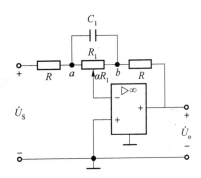

图 9 - 32　音响音调控制电路

9.4.3　带通电路频率特性

　　RC 带通无源网络如图 9 - 33 所示，利用相量法可知

$$\dot{U}_2 = \frac{\dfrac{R}{1 + \text{j}\omega CR}}{R + \dfrac{1}{\text{j}\omega C} + \dfrac{R}{1 + \text{j}\omega CR}}\dot{U}_1$$

令

$$\omega_0 = \frac{1}{RC}$$

则

$$H(j\omega) = \cfrac{1}{3 + j\left(\cfrac{\omega}{\omega_0} - \cfrac{\omega_0}{\omega}\right)}$$

得到幅频特性和相频特性分别为

$$H(\omega) = \cfrac{1}{\sqrt{9 + \left(\cfrac{\omega}{\omega_0} - \cfrac{\omega_0}{\omega}\right)^2}}$$

$$\varphi(\omega) = -\arctan\frac{1}{3}\left(\frac{\omega}{\omega_0} - \frac{\omega_0}{\omega}\right)$$

图 9 - 34 所示为该网络的幅频特性曲线,可见,在频率较低的范围和频率较高的范围内,输出电压很小,而在中间的频率范围内,输出电压的幅度基本上接近于输入电压。

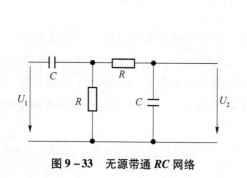

图 9 - 33　无源带通 RC 网络

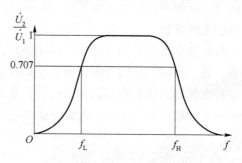

图 9 - 34　无源带通 RC 网络幅频特性曲线

本 章 小 结

本章主要讨论了 RLC 串联谐振及并联谐振电路发生谐振的条件、谐振频率的计算方法、串并联谐振电路各自的特点及谐振电路的选择性和通频带的概念,并在此基础上了解滤波器的基本概念和分析方法。

在具有电感和电容元件的电路中,电路两端的电压与其中的电流一般是不同相的,如果调节电路的参数或电源的频率而使它们同相,这时电路中就发生谐振现象。谐振分为串联谐振和并联谐振,在串联谐振中,其中阻抗 $|Z|$ 与 u 和 i 相位差等于 0,即电源电压 u 与电路中的电流 i 同相。

谐振频率为

$$f = f_0 = \frac{1}{2\pi\sqrt{LC}}$$

关于频率响应,可以看作电路正弦稳态行为随频率变化的完整描述,由本章学习可知以下几点。

(1)电路低频段的放大倍数需乘因子 $\cfrac{\dfrac{jf}{f_L}}{1 + \dfrac{jf}{f_L}}$;电路高频段的放大倍数需乘因子 $\cfrac{1}{1 + \dfrac{jf}{f_H}}$

（2）当 $f = f_L$ 时放大倍数幅值约为 0.707 倍，相角超前 45°；当 $f = f_H$ 时放大倍数幅值也约为 0.707 倍，相角滞后 45°。

（3）截止频率取决于电容所在回路的时间常数，即

$$f_{L(H)} = \frac{1}{2\pi RC} = \frac{1}{2\pi\tau}$$

频率响应有幅频特性和相频特性两条曲线，其中，f_L 称为下限频率，f_H 称为上限频率，在低频段，随着信号频率逐渐降低，耦合电容、旁路电容等的容抗增大，使动态信号损失，放大能力下降。在高频段，随着信号频率逐渐升高，晶体管极间电容和分布电容、寄生电容等杂散电容的容抗减小，使动态信号损失、放大能力下降。

参 考 文 献

[1] 秦曾煌. 电工学 [M]. 7 版. 北京：高等教育出版社，2009.

[2] 邢迎春. 电工基础 [M]. 4 版. 北京：航空航天大学出版社，2019.

[3] 张志良. 电工与电子技术基础 [M]. 北京：机械工业出版社，2017.

[4] 邱关源. 电路 [M]. 5 版. 北京：高等教育出版社，2016.

[5] 黄海平. 图解电工基础 [M]. 北京：科学出版社，2018.

[6] 韩雪涛. 图解电工基础知识 [M]. 北京：中国电力出版社，2019.

[7] 曾小玲，张建平. 电工基础实用项目教程 [M]. 西安：西安电子科技大学出版社，2020.

[8] 杨清德，陈剑. 电工基础 [M]. 北京：化学工业出版社，2020.

[9] 王会来，郝瑞. 电工基础 [M]. 2 版. 北京：清华大学出版社，2016.

电工基础
工作页和实训实践工作单

主　　编　　刘小斌

副 主 编　　李　康　　张玉东

参　　编　　陈煜敏　　汪　勤　　毛　玮

企业参编　　孟淑红　　韩文祥

主　　审　　张峻颖

北京理工大学出版社
BEIJING INSTITUTE OF TECHNOLOGY PRESS

目　　录

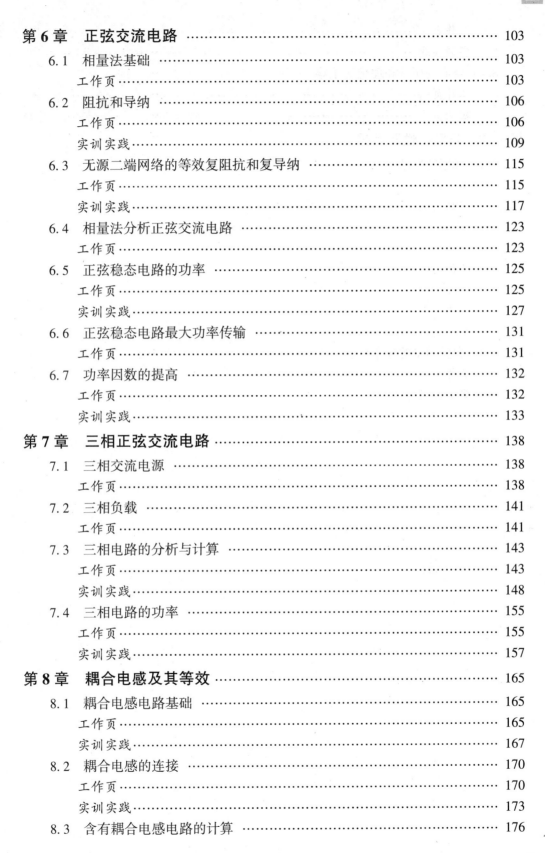

第1章

电路基本概念

1.1　电路和电路模型

工作页

班级：(　　　　　) 姓名：(　　　　　) 学号：(　　　　　)

✎**任务 1.1.1**　简述电路的定义。

_____

_____

_____

_____

_____

_____

✎**任务 1.1.2**　简述电路的 4 个组成部分及每部分的作用。

_____

_____

_____

_____

_____

_____

_____

1

✍**任务1.1.3** 简述电路实际应用中可能的状态。

_____

_____

_____

_____

✍**任务1.1.4** 写出常用的几种电路元件并画出其电路符号。

_____

_____

_____

_____

_____

_____

📖**本节理论知识点总结：**

_____

_____

_____

_____

_____

_____

_____

_____

🏆以上问题是否全部理解。是□　否□

确认签名：_____　日期：_____

1.2　电路的基本物理量

工作页

班级：(　　　　　) 姓名：(　　　　　) 学号：(　　　　　)

任务 1.2.1　请写出电荷、电流、电压、电位、电功率、电能的符号及单位。

任务 1.2.2　简述什么是关联参考方向和非关联参考方向。

任务 1.2.3　完成下面的填空。

(1) 规定_____电荷移动的方向为电流的方向，在金属导体中电流的方向与电子的运动方向_____。电流的方向与参考方向_____时，电流为正值；电流的方向与参考方向_____时，电流为负值。

(2) 单位换算：0.008 A = _____ mA = _____ μA，3 kV = _____ V = _____ mV。

(3) 参考点的电位为_____，低于参考点的电位为_____值，高于参考点的电位为_____值。

(4) 电流所做的功叫_____，_____时间内所做的功叫_____。

任务 1.2.4　如果在 10 s 内通过某导线横截面的电量是 20 C，请求出导线中的电流强度以及流过导线的电子数量。

☞**任务 1.2.5** 如图 1-1 所示，以 d 为参考点，$\varphi_a = 8$ V，$\varphi_b = 3$ V，$\varphi_c = -3$ V，求 U_{ab}、U_{bc}、U_{ca}。

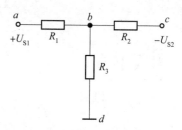

图 1-1　任务 1.2.5 题图

☞**任务 1.2.6** 某元件的电压和电流如图 1-2 所示。

（1）判断图中二端元件的电压和电流参考方向是否为关联参考方向。

（2）求元件的功率，并指出元件为发出功率还是吸收功率。

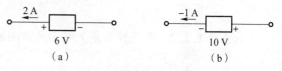

图 1-2　任务 1.2.6 题图

☞**任务 1.2.7** 某白炽灯标有"220 V、100 W"，4 月份该灯每天的工作时间是 10 h，求该白炽灯 4 月份消耗的电能是多少度？合多少焦耳？如果每度电需要 0.6 元，则它 4 月份的电费是多少？

📖**本节理论知识点总结：**

_____

_____

_____

_____

_____

🏆以上问题是否全部理解。是☐　否☐

确认签名：_____　日期：_____

1.3 电阻

班级：(   ) 姓名：(   ) 学号：(   )

✎任务1.3.1 简述电阻的构成、主要参数及主要功能。

✎✎任务1.3.2 什么叫线性电阻和非线性电阻？

✎✎任务1.3.3 简述电阻的种类有哪些。

✎任务1.3.4 当某四道色环电阻的色环颜色依次是黄、绿、棕、金色时，请确定该电阻的电阻值和允许误差。

✍**任务 1.3.5**　当某五道色环电阻的色环颜色依次是红、黄、黑、橙、棕色时，请确定该电阻的电阻值和允许误差。

_____

_____

_____

✍**任务 1.3.6**　某贴片电阻标注的数字为"102"，请确定其电阻值。

_____

_____

_____

✍**任务 1.3.7**　已知某电动机的每相定子绕组由线芯直径为 1.16 mm 的漆包线绕成，20 ℃时该绕组的电阻值为 2.1 Ω，铜的电阻率为 $\rho = 1.69 \times 10^{-8}$ Ω·m，温度系数 $\alpha = 0.004\ 3/℃$。试求：该绕组漆包线的长度以及 80 ℃时该绕组的电阻值。

📓**本节理论知识点总结：**

_____

_____

_____

_____

_____

_____

_____

🍷以上问题是否全部理解。是□　否□

确认签名：_____　日期：_____

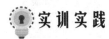

实训实践

✴ 实训任务 1.3.1　电路元件伏安特性的测试

1. 任务目标

（1）学会万用表及直流稳压电源的使用方法。

（2）掌握线性电阻元件、非线性电阻元件以及二极管伏安特性的测试方法。

2. 任务分析

在直流电源中，任何一个二端元件的特性可用该元件上的端电压 U 与通过该元件的电流 I 之间的函数关系 $U=f(I)$ 来表示，即用 $I\text{-}U$ 平面上的一条曲线来表征，这条曲线称为该元件的伏安特性曲线。

3. 必备知识

任何一个二端元件的特性可用该元件上的端电压 U 与通过该元件的电流 I 之间的函数关系 $U=f(I)$ 来表示，即用 $I\text{-}U$ 平面上的一条曲线来表征，这条曲线称为该元件的伏安特性曲线。

（1）线性电阻器的伏安特性曲线是一条通过坐标原点的直线，如图 1-3 中直线 a 所示，该直线的斜率等于该电阻器的电阻值。

（2）一般的白炽灯在工作时灯丝处于高温状态，而灯泡的"冷电阻"与"热电阻"的阻值可相差几倍至十几倍，所以它的伏安特性如图 1-3 中曲线 b 所示。

（3）一般的半导体二极管是一个非线性电阻元件，其伏安特性如图 1-3 中曲线 c 所示。

（4）稳压二极管是一种特殊的半导体二极管，其正向特性与普通二极管类似，但其反向特性较特别，如图 1-3 中曲线 d 所示。

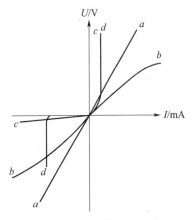

图 1-3　元件的伏安特性曲线

注意：流过二极管或稳压二极管的电流不能超过管子的极限值，否则管子会被烧坏。

4. 任务实施

1）准备工作

材料及设备清单，如表 1-1 所示。

表 1-1　设备清单

序号	名称	型号与规格	数量
1	可调直流稳压电源	0~30 V	1

续表

序号	名称	型号与规格	数量
2	万用表	数字万用表	1
3	二极管	1N4007	1
4	稳压管	2CW51	1
5	白炽灯	12 V、0.1 A	1
6	线性电阻器	200 Ω，510 Ω，1 kΩ/8 W	各1

2）操作过程

（1）按图1-4所示接线。

（2）测量并记录数据。

①测定线性电阻器的伏安特性。调节图1-4中稳压电源的输出电压，从0开始慢慢增大，一直到10 V，记下相应的电压表和电流表的读数 U_R、I。将测量数据记录到表1-2中。

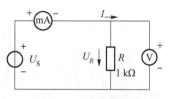

图1-4　电阻测量图

表1-2　线性电阻伏安特性测量数据

U_R/V	0	1	2	3	4	5	6	7	8	9	10
I/mA											

②测定非线性白炽灯泡的伏安特性。将图1-4中的电阻 R 换成一个12 V、0.1 A的灯泡，重复步骤①。U_L 为灯泡的端电压。将测量数据记录到表1-3中。

表1-3　白炽灯伏安特性测量数据

U_L/V	0	1	2	3	4	5	6	7	8	9	10
I/mA											

③测定半导体二极管的伏安特性。按图1-5所示接线，R 为限流电阻器。测半导体二极管（1N4007）的正向特性时，其正向电流不得超过35 mA，二极管 VD 的正向施压 U_{VD+} 可在0~0.75 V之间取值。在0.5~0.75 V之间应多取几个测量点。测反向特性时，需将图1-5中的二极管 VD 反接，其反向施压 U_{VD-} 可达30 V。将测量的数据分别记录于表1-4和表1-5中。

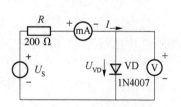

图1-5　二极管测量图

表1-4　二极管1N4007正向特性测量数据

U_{VD+}/V	0.10	0.30	0.50	0.55	0.60	0.65	0.70	0.75
I/mA								

表 1-5　二极管 1N4007 反向特性测量数据

U_{VD-}/V	0	-5	-10	-15	-20	-25	-30
I/mA							

④测定稳压二极管的伏安特性。

a. 正向特性：将图 1-5 中二极管换成稳压二极管 2CW51，U_{Z+} 为 2CW51 的正向施压。将测量数据记录到表 1-6 中。

表 1-6　稳压二极管 2CW51 正向特性测量数据

U_{Z+}/V	0.50	0.60	0.65	0.68	0.70	0.75	0.80	0.85
I/mA								

b. 反向特性：将图 1-5 中的 R 换成 510 Ω，2CW51 反接，测量 2CW51 的反向特性。稳压电源的输出电压为 U_0，测量 2CW51 两端的电压 U_{Z-} 及电流 I，由 U_{Z-} 可看出其稳压特性。将测量数据记录到表 1-7 中。

表 1-7　稳压二极管 2CW51 反向特性测量数据

U_0/V	-1	-2	-3	-4	...
U_{Z-}/V					
I/mA					

3. 绘制伏安特性曲线

依据测量到的数据，将线性电阻、灯泡、二极管及稳压二极管的伏安特性曲线绘制在图 1-6 中。

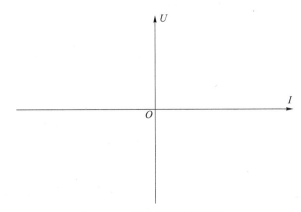

图 1-6　伏安特性曲线绘制

☎ **任务实施中的注意事项**

（1）进行不同实验时，应先估算电压和电流值，合理选择仪表的量程。

（2）测二极管和稳压二极管特性时，加电压时要特别注意不要超过二极管的限定电流。

✍ **探索与思考**

（1）电阻器与二极管的伏安特性有何区别？

（2）稳压二极管与普通二极管有何区别？各自的典型应用有哪些？

📖 **本节理论知识点总结：**

_____

_____

_____

_____

_____

_____

_____

_____

_____

🏆以上问题是否全部理解。是□　否□

确认签名：_____　日期：_____

1.4 电源元件

班级：（   ）姓名：（   ）学号：（   ）

✍任务1.4.1 请写出你所知道的不同种类的电源。

笔 记

✍任务1.4.2 理想电压源和理想电流源的特点分别是什么？与实际电压源和实际电流源有什么区别？

✍任务1.4.3 写出受控源的4种类型。

✎**任务 1. 4. 4** 某电流源如图 1-7（a）所示，请将其等效为电压源。某电压源电路如图 1-7（b）所示，请将其等效为电流源。

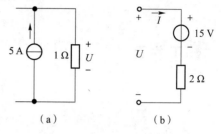

图 1-7 任务 1. 4. 4 题图

✎**任务 1. 4. 5** 电路如图 1-8 所示，求出电压源的功率，并判断电压源在此是吸收功率还是发出功率。

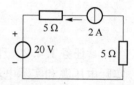

图 1-8 任务 1. 4. 5 题图

📖**本节理论知识点总结：**

_____

_____

_____

_____

_____

🏆以上问题是否全部理解。是□ 否□

确认签名：_____ 日期：_____

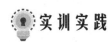实训实践

✕ 实训任务 1.4.1　电压源与电流源的等效变换

1. 任务目标

（1）掌握直流稳压电源和万用表的使用方法
（2）掌握电压源和电流源外特性的测试方法。
（3）验证电压源与电流源等效变换的条件。

2. 任务分析

计算复杂电路各支路的电压、电流或电功率时，灵活运用等效电源定理，可使很多问题变得较为简单，计算起来快捷、方便。本任务研究电压源与电流源的等效变换。

3. 必备知识

原理分析：电压源是给外电路提供电压的电源，电压源分理想电压源和实际电压源。电流源是除电压源以外的另一种形式的电源，它可以产生电流提供给外电路，电流源可以分为理想电流源和实际电流源。

一个实际的电源，就其外部特性而言，既可以看成一个电压源，也可以看成一个电流源。一个电压源与一个电流源可以等效变换，如图 1-9 所示，等效变换的条件为：内阻相等，$U_\text{S}=R_\text{S}I_\text{S}$，$I_\text{S}=\dfrac{U_\text{S}}{R_\text{S}}$。

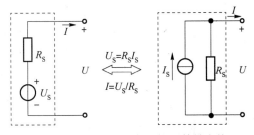

图 1-9　实际电压源与电流源等效变换

4. 任务实施

1）准备工作
设备清单如表 1-8 所示。

表 1-8　设备清单

序号	名称	型号与规格	数量
1	可调直流稳压电源	0～30 V	1
2	可调直流恒流源	0～500 mA	1
3	万用表	数字万用表	1
4	电阻器	51 Ω、150 Ω、680 Ω	各1
5	可变电阻	680 Ω	1
6	实验电路板		1

2）操作过程

（1）按图 1-10 所示接线，测定直流稳压电源的外特性。U_S 为 +10 V 直流稳压电源。调节 R_2，令其阻值由大至小变化，记录电压表和电流表的读数，填入表 1-9 中。

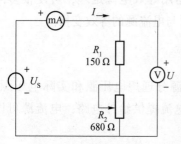

图 1-10　直流稳压电源

表 1-9　直流稳压电源测量数据

R_2/Ω	680	600	500	400	350	300	200	100	50	0
U/V										
I/mA										

（2）按图 1-11 所示接线，虚线框可模拟为一个实际的电压源。调节 R_2，令其阻值由大至小变化，记录两表的读数，填入表 1-10 中。

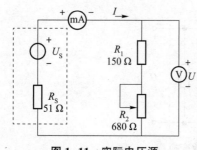

图 1-11　实际电压源

表 1-10　实际电压源测量数据

R_2/Ω	680	600	500	400	350	300	200	100	50	0
U/V										
I/mA										

（3）按图 1-12 所示接线，测定电流源的外特性。I_S 为直流恒流源，调节其输出为 20 mA，令 R_S 分别为 680 Ω 和 ∞（即电阻接入或断开），调节 R_1（从 0 至 680 Ω），测出这两种情况下的电压表和电流表的读数，分别填入表 1-11 和表 1-12 中。

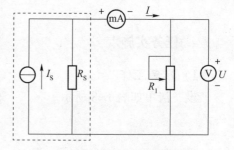

图 1-12　电流源外特性测量电路

表 1-11 R_S 为 680 Ω 时测量数据

R_1/Ω	680	600	500	400	350	300	200	100	50	0
U/V										
I/mA										

表 1-12 R_S 为 ∞ 时测量数据

R_1/Ω	680	600	500	400	350	300	200	100	50	0
U/V										
I/mA										

（4）测定电压源与电流源等效变换的条件，先按图 1-13（a）所示线路接线，记录线路中电压表和电流表的读数。然后按图 1-13（b）所示接线，调节恒流源的输出电流 I_S，使电压表和电流表的读数与图 1-13（a）时的数值相等，记录 I_S 的值，验证等效变换条件的正确性。

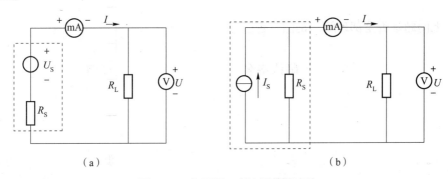

图 1-13 电压源、电流源等效变换

☎ 任务实施中的注意事项

（1）换接线路时，必须断开电源。

（2）在测电压源外特性时，除了接可变电阻外，还要接限流电阻。

✐ 探索与思考

（1）为什么直流稳压电源的输出端不允许短路、直流恒流源的输出端不允许开路？

（2）电压源与电流源的外特性为什么呈下降变化趋势？

本节理论知识点总结：

_____

_____

_____

_____

_____

_____

_____

_____

_____

以上问题是否全部理解。是□ 否□

确认签名：_____ 日期：_____

第2章

电路基本定律

2.1 欧姆定律

工作页

班级：（　　　　　）姓名：（　　　　　）学号：（　　　　　）

任务 2.1.1 简述欧姆定律。

_____

_____

_____

_____

任务 2.1.2 写出欧姆定律的 3 个公式。

_____

_____

_____

_____

任务 2.1.3 已知某 20 Ω 电阻器上的电压为 4 V，求电阻器上流过的电流值。

笔　记

✍**任务 2.1.4** 电路如图 2-1 所示，已知电阻 $R = 10\ \Omega$，电流 $I = 2\ A$。求电阻两端电压 U。

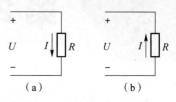

图 2-1　任务 2.1.4 题图

✍**任务 2.1.5** 某太阳能电池相当于一个电流源，将它连接到一个 20 kΩ 的电阻上，阳光充足时电池能够提供 200 μA 的电流，求此时电阻两端的电压。若阴天时电流变为 50 μA，此时电阻两端电压变为多少?

📖**本节理论知识点总结：**

_____

_____

_____

_____

_____

_____

🏆以上问题是否全部理解。是□　否□

确认签名：_____　日期：_____

2.2　基尔霍夫定律

工作页

班级：（　　　　　）姓名：（　　　　　）学号：（　　　　　）

✍**任务 2.2.1**　简述支路和节点的定义。

_____

_____

_____

_____

_____

✍**任务 2.2.2**　简述有源支路和无源支路。

_____

_____

_____

_____

_____

✍**任务 2.2.3**　简述回路和网孔的定义及其区别。

_____

_____

_____

_____

_____

✍ **任务2.2.4** 在图 2-2 中标出所有节点并列出所有支路、回路及网孔。

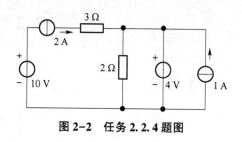

图 2-2　任务 2.2.4 题图

✍ **任务2.2.5** 简述基尔霍夫电流定律，并写出公式。

_____

_____

_____

_____

✍ **任务2.2.6** 简述基尔霍夫电压定律，并写出公式。

_____

_____

_____

_____

✍ **任务2.2.7** 求图 2-3 中的电流 I_1 和 I_2。

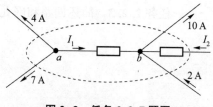

图 2-3　任务 2.2.7 题图

✍任务 2.2.8　求图 2-4 中 A 点的电位。

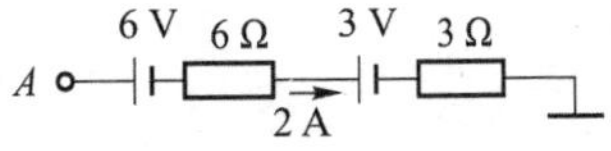

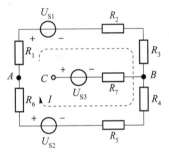

图 2-4　任务 2.2.8 题图

✍任务 2.2.9　已知电路如图 2-5 所示，$R_1 = R_2 = R_3 = R_4 = R_5 = R_6 = R_7 = 5\ \Omega$，$U_{S1} = 5\ V$，$U_{S2} = 20\ V$，$U_{S3} = 30\ V$。求 U_{AB}、U_{BC}、U_{AC}。

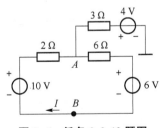

图 2-5　任务 2.2.9 题图

✍任务 2.2.10　求图 2-6 所示电路图中 I、U_A、U_B、U_{AB}。

图 2-6　任务 2.2.10 题图

✎任务 2.2.11   求图 2-7 中的电流 I_1 和 I_2。

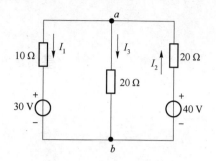

图 2-7   任务 2.2.11 题图

📖本节理论知识点总结：

⚓以上问题是否全部理解。是□ 否□

确认签名：_____ 日期：_____

**实训实践**

✖ 实训任务 2.2.1　基尔霍夫定律的验证

1. 任务目标

（1）验证基尔霍夫定律。

（2）加深对参考方向、电压、电位相关概念的理解。

（3）能熟练使用万用表正确测量电流、电压和电位。

2. 任务分析

基尔霍夫定律是电路的最基本定律之一，是分析、计算电路的基本方法。该定律适用范围极广，不仅应用在直流电路的分析中，同样适用于正弦交流电路。本任务用来验证基尔霍夫电流定律和基尔霍夫电压定律。

3. 必备知识

1）欧姆定律

在同一电路中，导体中的电流与导体两端的电压成正比，与导体的电阻阻值成反比。这就是欧姆定律，基本公式是：$I = \dfrac{U}{R}$。

2）基尔霍夫定律

基尔霍夫定律包括基尔霍夫电流定律（KCL）和基尔霍夫电压定律（KVL）。

KCL 指电路中任意时刻流进（或流出）任一节点的电流的代数和等于零。其数学表达式为：$\sum I = 0$。

KCL 阐述了电路任一节点上各支路电流间的约束关系，这种关系与各支路上元件的性质无关，不论元件是线性的还是非线性的、是含源的还是无源的，是时变的还是时不变的。

KVL 指电路中任意时刻，沿任意闭合回路，电压的代数和等于零。其数学表达式为：$\sum U = 0$。

KVL 阐述了任意闭合回路中电压间的约束关系。这种关系仅与电路的结构有关，而与构成回路各元件的性质无关，不论这些元件是线性的还是非线性的、是含源的还是无源的、是时变的还是时不变的。

3）参考方向

KCL 和 KVL 表达式中的电流和电压都是代数量，它们除具有大小之外，还有方向性，其方向是以其量值的正、负表示的。为研究问题方便，人们通常在电路中假定一个方向为参考，称为参考方向，当电路中电流（或电压）的实际方向与参考方向相同时取正值，其实际方向与参考方向相反时取负值。

4. 任务实施

1）准备工作

材料及设备清单如表 2-1 所示。

表 2-1　设备清单

序号	名称	型号与规格	数量
1	直流可调稳压电源	0～30 V	2 路
2	万用表	数字万用表	1
3	电路板、电阻器件	套	1

2）操作过程

（1）按图 2-8 所示的电路图搭建电路。

（2）测量并记录数据。

测量数据前先设定各支路的参考方向和回路的绕行方向。图 2-8 中的 I_1、I_2、I_3 的方向已设定。3 个闭合回路的绕行方向设为 abefa、bcdeb 和 abcdefa。调节两路直流稳压源，使得 U_{S_1} = 10 V、U_{S2} = 20 V。

应用数字万用表，测量出表 2-2 和表 2-3 中的电流和电压值，并记录到表格中。

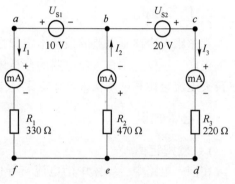

图 2-8　任务电路图

表 2-2　KCL 记录表格

被测量	I_1/mA	I_2/mA	I_3/mA	$\sum I$
计算值				
测量值				
相对误差				

表 2-3　KVL 记录表格

回路 I （abefa）	U_{ab}/V	U_{be}/V	U_{ef}/V	U_{fa}/V	$\sum U$
回路 II （bcdeb）	U_{bc}/V	U_{cd}/V	U_{de}/V	U_{eb}/V	$\sum U$
回路 III （abcdefa）	U_{ab}/V	U_{bc}/V	U_{cd}/V	U_{fa}/V	$\sum U$

☎ **任务实施中的注意事项**

（1）对电路进行改接时要关掉电源。

（2）所有需要测量的电压值，均以电压表测量的读数为准。

✍ **探索与思考**

（1）改变电流或电压的参考方向对验证基尔霍夫定律有影响吗？为什么？

（2）实验中，测量电流时需要断开电路然后串联接入电流表，可否只用数字万用表的电压挡完成实验？

 **本节理论知识点总结：**

_____

_____

_____

_____

_____

_____

_____

🏆以上问题是否全部理解。是□　否□

确认签名：_____　日期：_____

2.3 电阻的连接

工作页

班级:(　　　　　) 姓名:(　　　　　) 学号:(　　　　　)

✐**任务 2.3.1** 什么是电阻串联? 写出两个电阻串联时的等效电阻和分压公式。

_____

_____

_____

_____

✐**任务 2.3.2** 什么是电阻并联? 写出两个电阻并联时的等效电阻和分流公式。

_____

_____

_____

_____

✐**任务 2.3.3** 某电压为 110 V、内阻为 1 Ω 的电源给负载供电,若负载电流为 10 A。求:
(1) 负载的电阻值以及通路时电源的输出电压。
(2) 负载短路时短路电流和电源输出电压。

✍任务 2.3.4　在图 2-9 所示电路中，已知总电流 $I = 300$ mA 恒定不变，$R_2 = 100$ Ω，求下列 3 种情况下的 I_1 和 I_2：①$R_1 = 0$；②$R_1 \to \infty$；③$R_1 = 50$ Ω。

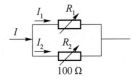

图 2-9　任务 2.3.4 题图

✍任务 2.3.5　电路如图 2-10 所示，求电路的等效电阻 R_{AB}。

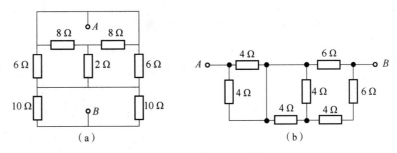

（a）　　　　　　　　　　　　　（b）

图 2-10　任务 2.3.5 题图

✍任务 2.3.6　在图 2-11 所示电路中，已知 $R_1 = 20$ Ω，$R_2 = R_3 = 30$ Ω，$I_2 = 0.2$ A。求 I、I_1 和 U。

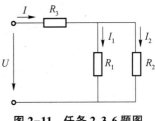

图 2-11　任务 2.3.6 题图

本节理论知识点总结：

以上问题是否全部理解。是□　否□

确认签名：_____　日期：_____

2.4 电阻星形连接和三角形连接转换

工作页

班级：(　　　　　) 姓名：(　　　　　) 学号：(　　　　　)

✍**任务 2.4.1** 写出星形连接和三角形连接电阻电路等效互换公式。

笔　记

✍**任务 2.4.2** 电路如图 2-12 所示，已知 $R_1 = R_2 = R_3 = 12\ \Omega$，$R_4 = R_5 = R_6 = 6\ \Omega$。求电路 AB 的等效电阻 R_{AB}。

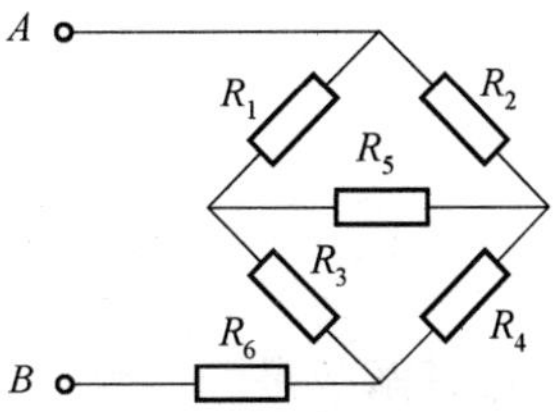

图 2-12　任务 2.4.2 题图

任务 2.4.3 在图 2-13 所示电路中，已知 $R_1 = R_2 = R_3 = 6\ \Omega$，$R_4 = R_5 = R_6 = 2\ \Omega$。求：

（1）OA 端之间的等效电阻。

（2）若 OA 之间加 12 V 直流电压，求 R_4 和 R_5 中流过的电流。

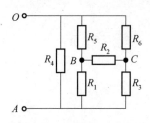

图 2-13　任务 2.4.3 题图

本节理论知识点总结：

_____

_____

_____

_____

_____

_____

_____

以上问题是否全部理解。是□　否□

确认签名：_____　日期：_____

2.5 输入电阻

班级：（   ）姓名：（   ）学号：（   ）

✍**任务 2.5.1** 简述一端口电路输入电阻的计算方法。

_____

_____

_____

_____

_____

_____

_____

_____

✍**任务 2.5.2** 在图 2-14 所示电路中，已知 $R_1 = 60\ \Omega$，$R_2 = R_3 = 30\ \Omega$，求该一端口电路的输入电阻。

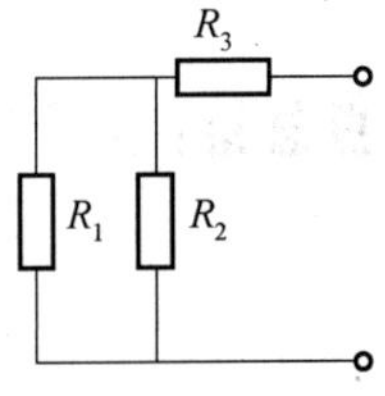

图 2-14 任务 2.5.2 题

笔 记

✍**任务 2.5.3** 分别计算图 2-15 (a)、(b) 所示电路的输入电阻。

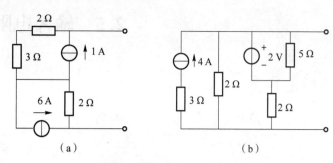

（a） （b）

图 2-15 任务 2.5.3 题图

✍**任务 2.5.4** 已知 $R_1 = 2\ \Omega$，$R_2 = 3\ \Omega$，$R_3 = 5\ \Omega$。计算图 2-16 所示电路的输入电阻。

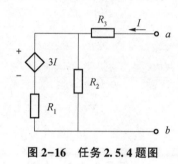

图 2-16 任务 2.5.4 题图

📖**本节理论知识点总结：**

_____

_____

_____

_____

_____

☛以上问题是否全部理解。是□ 否□

确认签名：_____ 日期：_____

第 3 章

电路的一般分析方法

3.1 KCL 和 KVL 独立方程数

工作页

班级：（　　　　） 姓名：（　　　　） 学号：（　　　　　）

✎**任务 3.1.1**　对于 n 个节点、b 条支路的电路，利用基尔霍夫电流定律可以列出多少个独立的 KCL 方程？

✎**任务 3.1.2**　对于 n 个节点、b 条支路的电路，利用基尔霍夫电压定律可以列出多少个独立的 KVL 方程？

✎**任务 3.1.3**　对于 n 个节点、b 条支路的电路，独立的 KCL 和 KVL 方程数为多少？可以求出多少个电路中的未知数？

📖**本节理论知识点总结：**

_____

_____

_____

_____

_____

_____

_____

🏆以上问题是否全部理解。是□　否□

确认签名：_____日期：_____

3.2　支路电流法

班级：（　　　　）姓名：（　　　　　）学号：（　　　　　）

✍任务 3.2.1　在图 3-1 所示电路中，已知$R_1 = 2\ \Omega$，$R_2 = 1\ \Omega$，$R_3 = 5\ \Omega$，$U_{S1} = U_{S2} = 17\ V$。用支路电流法求各支路的电流。

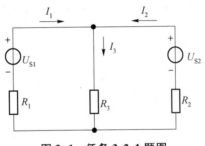

图 3-1　任务 3.2.1 题图

✍任务 3.2.2　在图 3-2 所示的电路中，已知$R_1 = R_2 = 1\ \Omega$，$R_3 = 4\ \Omega$，$U_{S1} = 18\ V$，$U_{S2} = 9\ V$。求解各支路的电流。

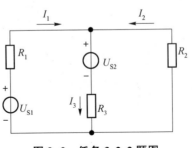

图 3-2　任务 3.2.2 题图

✍**任务 3.2.3** 电路参数如图 3-3 所示，用支路电流法求电路中的 U_{ab} 和 I。

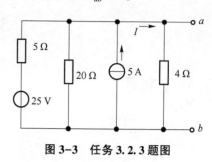

图 3-3 任务 3.2.3 题图

✍**任务 3.2.4** 用支路电流法计算图 3-4 所示电路中的电流 I 和电压 U。

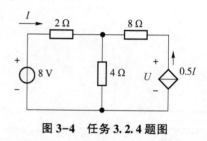

图 3-4 任务 3.2.4 题图

📖**本 节 理 论 知 识 点 总 结：**

_____

_____

_____

_____

_____

_____

_____

🏆以上问题是否全部理解。是□　否□

确认签名：_____日期：_____

实训实践

❖ 实训任务3.2.1 搭建实际电路验证支路电流法

1. 任务目标

（1）复习基尔霍夫定律。

（2）加深对支路电流法的理解。

（3）熟练使用仪器仪表对电路进行测量。

2. 任务分析

支路电流法是在计算复杂电路的各种方法中的一种最基本方法。它以电路中的各支路电流为未知量，通过应用基尔霍夫电流定律和电压定律分别对节点和回路列出所需要的方程组，然后从所列方程中解出各支路电流。

支路电流法是计算复杂电路的方法中最直接、最直观的方法。

3. 必备知识

（1）欧姆定律。

（2）基尔霍夫定律。

（3）参考方向概念。

4、任务实施

1）准备工作

材料及设备清单如表3-1所示。

表3-1　设备清单

序号	名称	型号与规格	数量
1	直流可调稳压电源	0~30 V	2 路
2	万　用　表	数字万用表	1
3	电路板、电阻器件	套	1

2）操作过程

（1）按图3-5所示接线。

求解各个支路的电流值，并在表3-2中写出理论计算值。

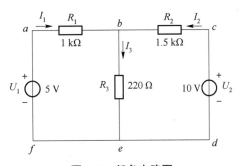

图3-5　任务电路图

表 3-2　理论计算

序号	名称	理论数值/mA
1	I_1	
2	I_2	
3	I_3	

（2）测量并记录数据。

实验前先任意设定 3 条支路和 3 个闭合回路的电流正方向。图 3-5 中的 I_1、I_2、I_3 的方向已设定。3 个闭合回路的电压正方向可设为 *abefa*、*bcdeb* 和 *abcdefa*。

分别将两路直流稳压电源接入电路，令 $U_1 = 5$ V，$U_2 = 10$ V。

用数字万用表测量出表 3-3 中的电流值，并记录到表中。

表 3-3　支路电流

被测量	I_1/mA	I_2/mA	I_3/mA	$\sum I$
计算值				
测量值				
相对误差				

☏ 任务实施中的注意事项

（1）所有需要测量的电压值，均以电压表测量的读数为准。U_1、U_2 也需测量，不应取电源本身的显示值。

（2）用数显电压表或电流表测量，则可直接读出电压值或电流值。但应注意，所读得的电压值或电流值的正确正、负号应根据设定的电流参考方向来判断。

（3）改接线路时要关掉电源。

✍ 探索与思考

（1）支路电流法适合哪些类型的电路？

（2）实验中，若用指针式万用表直流毫安挡测各支路电流，在什么情况下可能出现指针反偏？应如何处理？在记录数据时应注意什么？若用直流数字毫安表进行测量会有什么显示呢？

📖 **本节理论知识点总结：**

_____

_____

_____

_____

_____

_____

_____

_____

_____

☛以上问题是否全部理解。是□　否□

确认签名：_____　日期：_____

3.3　网孔电流法

班级：（　　　　　）姓名：（　　　　　）学号：（　　　　　）

任务 3.3.1　如何用网孔电流法列写电路方程？为什么通常将网孔的绕向取为顺时针方向？遇到电流源如何处理？在列写网孔方程时可否不假定支路电流方向？

_____

_____

_____

_____

_____

_____

任务 3.3.2　已知分压器电路如图 3-6 所示，$R_1 = R_3 = 5\ \Omega$，$R_2 = 4\ \Omega$，$U_{S1} = 20\ V$，$U_{S2} = 10\ V$，$U_{S3} = 13\ V$。试用网孔电流法求解各支路电流 I_1、I_2 和 I_3。

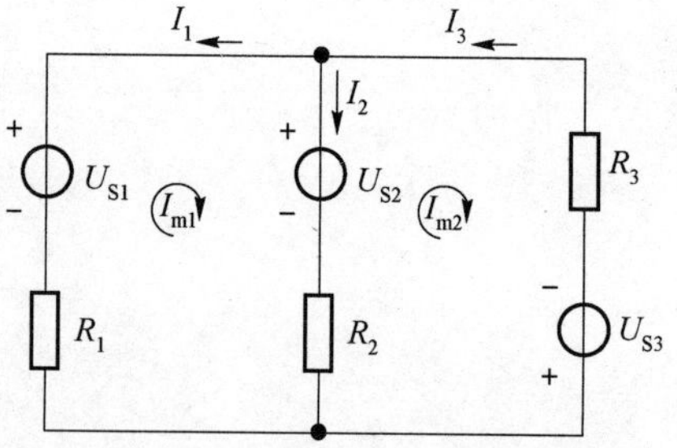

图 3-6　任务 3.3.2 题图

笔　记

✍**任务 3.3.3**　在图 3-7 所示的电路中，列出网孔电流方程。

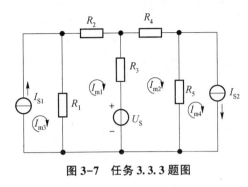

图 3-7　任务 3.3.3 题图

✍**任务 3.3.4**　已知电路如图 3-8 所示，按照图中绕行方向列出网孔电流方程。

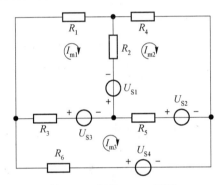

图 3-8　任务 3.3.4 题图

本节理论知识点总结：

⚘以上问题是否全部理解。是□　否□

确认签名：_____　日期：_____

仿真任务 3.3.1　网孔电流法的仿真验证

1. 任务目标

（1）学习利用电压表、电流表验证利用网孔电流法分析电路。

（2）加深对 Multisim 应用软件的应用。

2. 任务分析

网孔电流分析法简称网孔电流法，是根据 KVL 定律，用网孔电流为未知量，列出各网孔回路电压（KVL）方程，并联立求解出网孔电流，再进一步求解出各支路电流以求解电路的方法。

3. 必备知识

网孔电流法：一个平面图自然形成的孔称为网孔，网孔实际上就是一组独立回路。网孔电流分析法是以网孔电流为变量列写 KVL 方程求解电路的方法。

4. 任务实施

1）准备工作

（1）直流电压源：3 个。

（2）电流表：3 个。

（3）电阻：4 个。

2）操作过程

（1）搭建仿真实验电路如图 3-9 所示，并设网孔电流 I_1、I_2、I_3 在网孔中按顺时针方向流动。

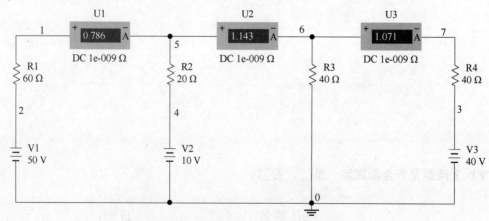

图 3-9　网孔电流法仿真实验电路

（2）用网孔电流法列写 KVL 方程，求解网孔电流。

（3）在 Multisim 中，打开仿真开关，读出 3 个电流表的数据，记录并将测量值填入表 3-4 中，比较测量值和计算值，验证网孔电流分析法。

表 3-4　网孔电流法实验数据与理论计算结果对比

类型	I_1/A	I_2/A	I_3A
理论计算值			
实验测量值			

☎ 任务实施中的注意事项

（1）注意项目的保存方式。

（2）注意仿真的误差分析。

✍ 探索与思考：

请自行设计一个多节点电路进行仿真验证。

📖 本节理论知识点总结：

_____

_____

_____

_____

_____

_____

_____

🏆以上问题是否全部理解。是□　否□

确认签名：_____　日期：_____

3.4 节点电压法

班级：（   ）姓名：（   ）学号：（   ）

📝**任务 3.4.1** 节点电压法（节点法）的方程有几个？方程中各项的意义是什么？如何决定各项的正、负号？遇到无伴电压源该如何处理？在列写节点方程时可否先不假定支路电流方向？

_____

_____

_____

_____

_____

📝**任务 3.4.2** 已知电路如图 3-10 所示，以 O 为参考节点，列出 A、B 节点的电压方程。

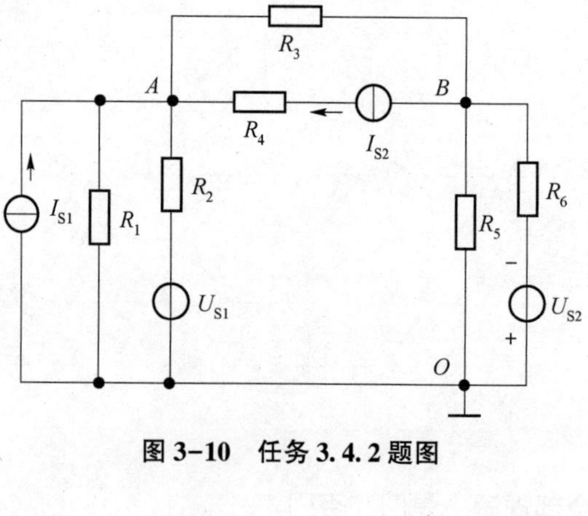

图 3-10 任务 3.4.2 题图

44

✍**任务 3.4.3**　已知电路如图 3-11 所示，$R_1 = R_5 = 2\ \Omega$，$R_2 = R_3 = R_4 = 4\ \Omega$，$U_{S1} = 6\ V$，$U_{S2} = 4\ V$，$U_{S3} = 3\ V$。试用节点法求各支路电流 $I_1 \sim I_5$。

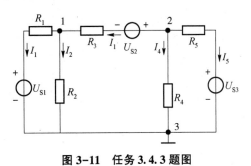

图 3-11　任务 3.4.3 题图

✍**任务 3.4.4**　已知电路如图 3-12 所示，$R_1 = R_2 = R_3 = R_4 = R_5 = R_6 = 10\ \Omega$，$I_S = 2\ A$，$U_{S1} = 20\ V$，$U_{S2} = 50\ V$。试用节点法求 U_A。

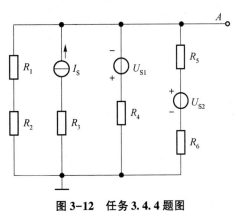

图 3-12　任务 3.4.4 题图

本节理论知识点总结：

_____

_____

_____

_____

_____

_____

_____

以上问题是否全部理解。是□　否□

确认签名：_____　日期：_____

🖥 仿真任务 3.4.1　节点电压法的仿真验证

1. 任务目标

（1）学习使用电压表、电流表验证利用节点电压法分析电路。

（2）加深对 Multisim 应用软件的应用。

2. 任务分析

节点电压（节点电位）是节点相对于参考点的电压降。对于具有 n 个节点的电路一定有 $n-1$ 个独立节点的 KCL 方程。节点电压分析法是以节点电压为变量，列节点电流（KCL）方程求解电路的方法。

3. 必备知识

节点电压法：节点电压是节点到参考点之间的电压。对于具有 n 个节点的电路一定有 $n-1$ 个节点电压是一组完备的独立电压变量。节点电压法是以节点电压为变量列 KCL 方程求解电路的方法。当电路比较复杂时，节点电压法的计算步骤极为烦琐，但利用 Multisim 软件可以快速、方便地仿真出各节点的电压。

4. 任务实施

1）准备工作

（1）直流电流源：2 个。

（2）电流表：1 个。

（3）电压表：2 个。

（4）电阻：5 个。

2）操作过程

（1）搭建仿真实验电路，如图 3-13 所示。

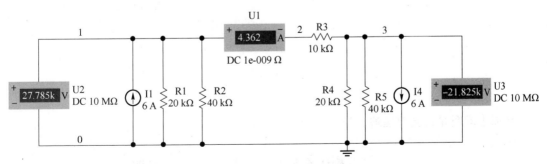

图 3-13　节点电压法仿真实验电路

（2）用节点电压法求解流经电阻 R_3 的电流。

（3）在 Multisim 中，打开仿真开关，读出电压表和电流表的数据，记录并将测量值填入表 3-5 中，比较测量值和计算值，验证节点电压分析法。

表 3-5　节点电压法实验数据与理论计算结果对比

类型	U_{10}/V	U_{20}/V	$(U_{10}-U_{20})/\text{V}$	I_{R_3}/A
理论计算值				
实验测量值				

☎ 任务实施中的注意事项

（1）注意项目的保存方式。

（2）注意仿真的误差分析。

✍ 探索与思考

（1）本章共介绍了 3 种基本的电路分析方法，请写出它们之间的区别和特点。

（2）通过上面的各项实验验证，比较 3 种电路分析方法的优点。

📖 本节理论知识点总结：

_____

_____

_____

_____

_____

_____

☛以上问题是否全部理解。是□　否□

确认签名：_____　日期：_____

✖ 实训任务 3.4.2　直流电路的节点分析法

1. 任务目标

（1）了解和掌握节点电位法。
（2）掌握节点电位的计算方法。

2. 任务分析

节点电位法适用于一切电路，它是在网络分析中最常用的主要方法之一。尤其是网孔多而节点少的电路，更有它独特的优点。本任务学习节点电位法。

3. 必备知识

节点电位法：在电阻电路的一般分析法中，节点电位法像网孔电流法一样，是支路电流法的一个补充，目的是为了减少方程数，从而简化计算。

当复杂电路中支路较多而节点较少时，可选择其中一个节点作为参考点，求出其他节点相对于参考点的电压，进而求出各支路电流。这种方法称为节点电位法。

4. 任务实施

1）准备工作

材料及设备清单如表 3-6 所示。

表 3-6　设备清单

序号	名称	型号与规格	数量
1	可调直流稳压电源	0~30 V（2 路）	1
2	万　用　表	数字万用表	1
3	实验电路板、电阻器件	套	1

2）操作过程

（1）按图 3-14 所示接好电路。其中 $R_1 = 100\ \Omega$，$R_2 = 150\ \Omega$，$R_3 = 470\ \Omega$，$R_4 = 47\ \Omega$，$R_5 = 1\ \text{k}\Omega$，$R_6 = 330\ \Omega$，$R_7 = 2.2\ \text{k}\Omega$，$R_8 = 220\ \Omega$，$U_{01} = 8\ \text{V}$，$U_{02} = 12\ \text{V}$。

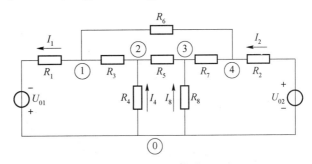

图 3-14　测量电路图

（2）测量节点电位 U_{10}、U_{20}、U_{30}、U_{40}（节点 0 为参考点）和电流 I_1、I_2、I_4、I_8，并将测量和计算的数值填入表 3-7 中。请考虑计算值和测量值的区别是怎么产生的。

表 3-7　数据记录表

类型	U_{10}/V	U_{20}/V	U_{30}/V	$U_{40}V$	I_1/mA	I_2/mA	I_4/mA	I_8/mA
测量值								
计算值								

☏ **任务实施中的注意事项**

（1）电源连接时要注意正、负极，不要使电源短路。

（2）测量时要注意电流设置的参考方向。

✍ **探索与思考**

（1）在电路测量过程中，测量值和计算值的区别是怎样产生的？

（2）用基尔霍夫定律计算出电压和电流，并与节点电压法相比较。

📖 **本节理论知识点总结：**

_____

_____

_____

_____

_____

_____

_____

☛以上问题是否全部理解。是□　否□

确认签名：_____　日期：_____

第4章

电路定理

4.1 叠加定理

🔑 工作页

班级：（　　　　　）姓名：（　　　　　）学号：（　　　　　）

✎**任务 4.1.1** 已知电路如图 4-1 所示，$R = 2\ \Omega$，$I_{S1} = 2\ A$，$I_{S2} = 4\ A$。试用叠加定理求各支路电流 I_1、I_2 和 I_3。

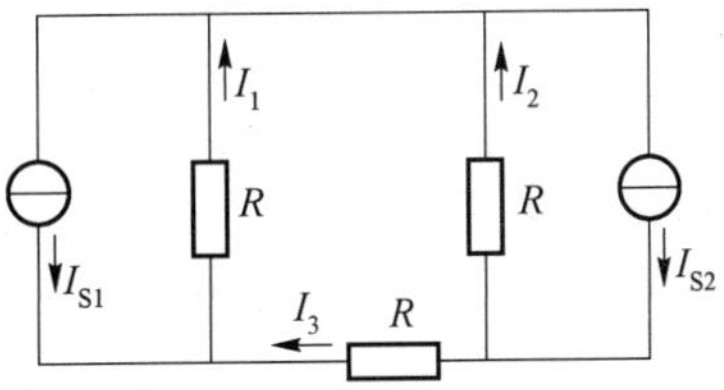

图 4-1 任务 4.1.1 题图

笔　记

51

✍**任务 4.1.2** 已知电路如图 4-2 所示，$R_1 = R_2 = 10\ \Omega$，$R_3 = 20\ \Omega$，$U_{S1} = 3$ V，$I_{S2} = 1.2$ A。试用叠加定理求支路电流 I_1、I_3，并求各元件功率。

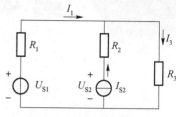

图 4-2 任务 4.1.2 题图

✍**任务 4.1.3** 已知电路如图 4-3 所示，试用叠加定理求解电流 I_o。

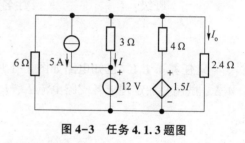

图 4-3 任务 4.1.3 题图

✍**任务 4.1.4** 已知电路如图 4-4 所示，试用叠加定理求解 U_{AB}。

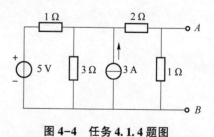

图 4-4 任务 4.1.4 题图

本节理论知识点总结：

_____

_____

_____

_____

_____

_____

_____

_____

以上问题是否全部理解。是□ 否□

确认签名：_____ 日期：_____

💻 仿真任务 4.1.1　叠加定理的分析与仿真

1. 任务目标

（1）通过仿真实验验证叠加定理。

（2）加深对线性电路叠加性的认识和理解。

（3）加深对 Multisim 应用软件的应用。

2. 任务分析

在有多个独立源共同作用下的线性电路中，通过每个元件的电流或其两端的电压可以看成由每个独立源单独作用时在该元件上所产生的电流或电压的代数和。

叠加定理说明了线性电路中各个电源作用的独立性，这是一个重要的概念。任何一个独立电源作用在线性电路中所产生的响应，并不因为其他电源的存在而受到影响。

3. 必备知识

1）叠加定理

2）仿真电路

仿真电路如图 4-5 所示。

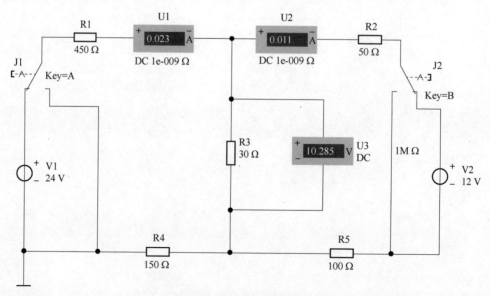

图 4-5　叠加定理仿真电路

4. 任务实施

1）测量两电源共同作用下的电压和电流

（1）搭建图 4-5 所示电路，将单刀双掷开关 J1 投向左侧，J2 投向右侧。

（2）单击仿真开关，激活电路，测量电路中的电压和电流，并记录于表 4-1 中。

2）测量电源 U_1 作用下的电压和电流

（1）将单刀双掷开关 A、B 均投向左侧。

（2）单击仿真开关，激活电路，测量电路中的电压和电流，并记录于表 4-1 中。

3）测量电源 U_2 作用下的电压和电流

（1）将单刀双掷开关 J1、J2 投向右侧。

（2）单击仿真开关，激活电路，测量电路中的电压和电流，并记录于表 4-1 中。

表 4-1　测量数据记录表

测量条件	纯电阻电路			R_2 改为二极管电路		
测量项目	I_1/mA	I_2/mA	U_3/V	I_1/mA	I_2/mA	U_3/V
U_1 单独作用						
U_2 单独作用						
U_1、U_2 共同作用						

（3）将电路中的电阻 R_2 改为二极管，重复以上步骤，验证叠加定理是否适用于非线性电路。

✎ 探索与思考

（1）比较分析 3 次测量的数据，判断各电压、电流的数值是否为两个分量之和？

（2）将电路中的电阻 R_2 改为二极管，判断各电压、电流的数值是否为两个分量之和？由此可得出何结论？

本节理论知识点总结：

_____

_____

_____

🏆 以上问题是否全部理解。是□　否□

确认签名：_____　日期：_____

✕ 实训任务 4.1.2　搭建实际电路验证叠加定理

1. 任务目标

（1）验证线性电路叠加原理的正确性。

（2）加深对线性电路叠加性的认识和理解。

2. 任务分析

叠加定理是可加性的反映，它是线性电路的一个重要定理。可加性的概念贯穿于电路分析之中，并在叠加定理中得到直接应用。线性电路中的很多定理都是与叠加定理有关的，所以本任务既是对前面任务的巩固和深化，又可为后面内容的学习做出铺垫。

3. 必备知识

叠加原理：有多个独立源共同作用下的线性电路中，通过任一个元件的电流或其两端的电压，可以看成由每个独立源单独作用时在该元件上所产生的电流或电压的代数和；或为由几个独立源共用作用产生的响应，等于每个独立源单独作用时产生的响应之和。

4. 任务实施

1）准备工作

材料及设备清单如表 4-2 所示。

表 4-2　设备清单

序号	名称	型号与规格	数量
1	直流稳压电源	0~30 V 可调	2 路
2	万用表	数字式万用表	1
3	电路板、电阻器件	套	1

2）操作过程

（1）按图接线。

搭建图 4-6 所示电路。

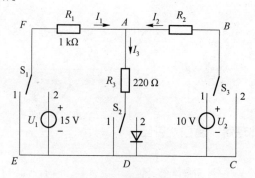

图 4-6　任务电路图

（2）测量并记录数据。

①将两路稳压源的输出分别调节为 15 V 和 10 V，接入 U_1 和 U_2 处。开关 S_2 投向 1 侧。

②令 U_1 电源单独作用（将开关 S_1 投向 2 侧、开关 S_3 投向 2 侧）。用数字万用表测量各支路电流及各电阻元件两端的电压，将数据记入表 4-3 中。

③令 U_2 电源单独作用（将开关 S_1 投向 1 侧、开关 S_3 投向 1 侧），重复实验步骤②的测量和记录，将数据记入表 4-3 中。

④令 U_1 和 U_2 共同作用（将开关 S_1 投向 2 侧，开关 S_3 投向 1 侧），重复上述的测量和记录，数据记入表 4-3 中。

⑤将 U_2 的数值调至 +20 V，重复上述第③步的测量并记录，将数据记入表 4-3 中。

表 4-3 数据记录表

测量项目 实验内容	I_1/mA	I_2/mA	I_3/mA	U_{AB}/V	U_{AD}/V	U_{FA}/V
U_1 单独作用						
U_2 单独作用						
U_1、U_2 共同作用						
$2U_2$ 单独作用						

⑥将开关 S_2 投向 2 侧，重复①~⑤的测量过程，将数据记入表 4-4 中。

表 4-4 数据记录表

测量项目 实验内容	I_1/mA	I_2/mA	I_3/mA	U_{AB}/V	U_{AD}/V	U_{FA}/V
U_1 单独作用						
U_2 单独作用						
U_1、U_2 共同作用						
$2U_2$ 单独作用						

☏ 任务实施中的注意事项

（1）电压源不作用时应关掉电压源并移开，将该支路短路。

（2）用电压表测量电压时，应注意仪表的极性，并将 "-" 和 "+" 号记入数据表格中。

✎ 探索与思考

（1）在叠加定理测量过程中，要令 U_1、U_2 分别单独作用应如何操作？可否直接将不作用的电源 U_1 或 U_2 短接置零？

（2）电路中若含有二极管，试问叠加定理还成立吗？为什么？

📖**本 节 理 论 知 识 点 总 结：**

_____

_____

_____

_____

_____

_____

_____

_____

_____

🏆以上问题是否全部理解。是□　否□

确认签名：_____　日期：_____

4.2　等效电源定理

班级:(　　　　　)姓名:(　　　　　)学号:(　　　　　)

📝任务 4.2.1　已知电路如图 4-7 所示,求 AB 端的戴维南等效电路。

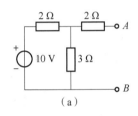
（a）

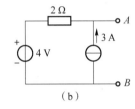
（b）

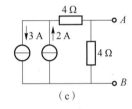
（c）

图 4-7　任务 4.2.1 题图

📝任务 4.2.2　已知电路如图 4-8 所示,求 AB 端的诺顿等效电路。

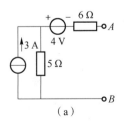
（a）

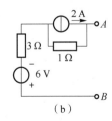
（b）

图 4-8　任务 4.2.2 题图

59

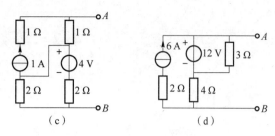

图 4-8　任务 4.2.2 题图（续）

&**任务 4.2.3**　已知电路如图 4-9 所示，$R_1 = R_2 = R_3 = 2\ \Omega$，$R_4 = 1\ \Omega$，$U_S = 8\ \text{V}$。试用戴维南定理求 R_4 中的电流 I。

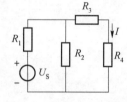

图 4-9　任务 4.2.3 题图

&**任务 4.2.4**　已知电路如图 4-10 所示，$R_1 = 2\ \Omega$，$R_2 = R_4 = 3\ \Omega$，$R_3 = 6\ \Omega$，$R_L = 5\ \Omega$，$U_S = 48\ \text{V}$。试用诺顿定理求解 I_0。

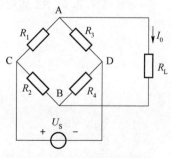

图 4-10　任务 4.2.4 题图

✍**任务 4.2.5**　已知电路如图 4-11 所示，$R_1 = R_2 = 10\ \Omega$，$R_3 = 15\ \Omega$，$U_S = 37\ V$，选用合适的等效电源定理求电流 I。

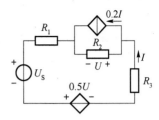

图 4-11　任务 4.2.5 题图

✍**任务 4.2.6**　已知电路如图 4-12 所示，$R_1 = 4\ \Omega$，$R_2 = 6\ \Omega$，$R_3 = 12.6\ \Omega$，$R_4 = 10\ \Omega$，$R_5 = 4\ \Omega$，$R_6 = 6\ \Omega$，$U_{S1} = 20\ V$，$U_{S2} = 10\ V$。选用合适的等效电源定理求解 R_3 中电流 I。

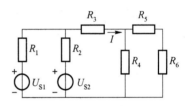

图 4-12　任务 4.2.6 题图

📖 **本节理论知识点总结：**

_____

_____

_____

_____

_____

🏆以上问题是否全部理解。是□　否□

确认签名：_____　日期：_____

仿真任务 4.2.1　诺顿定理的分析与仿真

1. 任务目标

（1）通过仿真实验验证诺顿定理。

（2）求出一个已知网络的诺顿等效电路。

（3）加深对 Multisim 应用软件的应用。

2. 任务分析

任何有源二端网络，对其外部特性而言，都可用一个电流源并联一个电阻的支路来代替，其中电流源等于有源二端网络输出端的短路电流，并联电阻等于有源二端网络内部所有独立源为零时在输出端的等效电阻。

3. 任务实施

（1）建立一个新的电路图页，绘制图 4-13 所示电路图并保存。

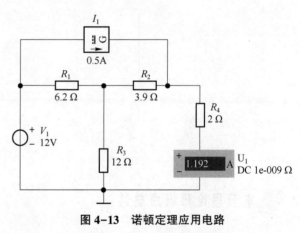

图 4-13　诺顿定理应用电路

（2）分别设置电源电压 V_1 为 12 V，电流源电流 I_1 为 0.5 A，各电阻值如图 4-13 中标定。

（3）根据诺顿定理，将R_4左侧的二端电路等效成电流源与电阻的并联，首先，求短路电流，建立图 4-14 所示的电路图，按键盘上的 F5 键电路运行，得电流表读数为 1.5 A，与计算结果相同。

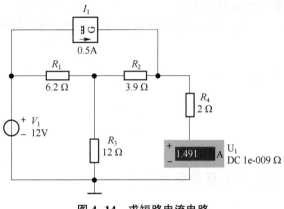

图 4-14　求短路电流电路

（4）求等效电阻，建立图 4-15 所示电路，按键盘上的 F5 键电路运行，观察欧姆表读数为 8 Ω，与计算结果相同。

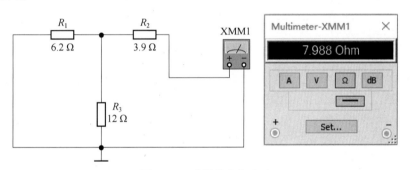

图 4-15　求等效电阻电路

（5）最终可得R_4左侧电路的诺顿等效电路如图 4-16 所示。

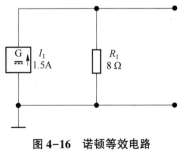

图 4-16　诺顿等效电路

✍ **探索与思考**

（1）根据图 4-14 所示的电路元件值，计算二端网络两端的电流理论值 I_{SC}，并与测量值进行比较和分析。

（2）能否根据仿真电路所测得的电路参数值，作出电路的戴维南等效电路图？

📖 **本节理论知识点总结：**

_____

_____

_____

_____

_____

_____

_____

_____

_____

☛以上问题是否全部理解。是□ 否□

确认签名：_____ 日期：_____

🔧 实训任务 4.2.2 搭建实际电路验证戴维南定理

1. 任务目标

（1）深刻理解和掌握戴维南定理。
（2）掌握和测量等效电路参数的方法。

2. 任务分析

戴维南定理是《电工基础》复杂电路分析计算的重点内容之一，是简化复杂电路的重要方法，特别适用于求复杂电路中某一支路的电流或功率的情况，而且也是电路分析中的一个普遍实用的重要定理和方法。本任务就来学习该定理。

3. 必备知识

1）戴维南定理

任何一个线性含源一端口网络，对外部电路而言，总可以用一个理想电压源和电阻相串联的有源支路来代替。

2）等效电阻R_{eq}

对于已知的线性含源一端口网络，其输入端等效电阻 R_0（即 R_{eq}）可以从原网络计算得出，也可以通过实验手段测出。实验方法有以下几种。

方法一：由戴维南定理和诺顿定理可知：$R_{eq} = \dfrac{U_{OC}}{I_{SC}}$。

因此，只要测出含源一端口的开路电压U_{OC}和短路电流I_{SC}，就可得出R_{eq}，这种方法最简便。但是，对于不允许将外部电路直接短路的网络，不能采用此法。

方法二：令含源一端口网络中的所有独立源置零，然后在端口处加一给定电压 U，测得流入端口的电流 I（图4-17），则：$R_{eq} = \dfrac{U}{I}$。

方法三：半电压法测R_{eq}。如图4-18所示，当负载电压为被测网络开路电压的一半时，负载电阻（由电阻箱的读数确定）即为被测有源二端网络的等效内阻值。

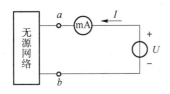

图4-17 端口加电压源

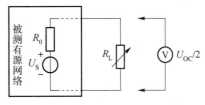

图4-18 半电压法测R_{eq}

3）零示法测 U_{OC}

在测量具有高内阻有源二端网络的开路电压时，用电压表直接测量会造成较大的误差。为了消除电压表内阻的影响，往往采用零示测量法，如图4-19所示。

零示法测量原理是用一低内阻的稳压电源与被测有源二端网络进行比较，当稳压电源的输出电压与有源二端网络的开路电压相等时，电压表的读数将为"0"。然后将电路断开，测量此时稳压电源的输出电压，即为被测有源二端网络的开路电压。

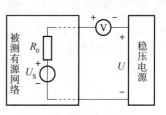

图4-19 零示法测 U_{OC}

4. 任务实施

1）准备工作

材料及设备清单如表4-5所示。

表4-5 设备清单

序号	名称	型号与规格	数量
1	可调直流稳压电源	0~30 V	1
2	可调直流恒流源	0~500 mA	1
3	万用表	数字式万用表	1
4	可调电阻箱	0~99999.9 Ω	1
5	电位器	1 kΩ/2 W	1
6	电路所需器件	套	1
7	实验电路板		1

2）操作过程

（1）按图接线。

被测有源二端网络如图4-20（a）所示。

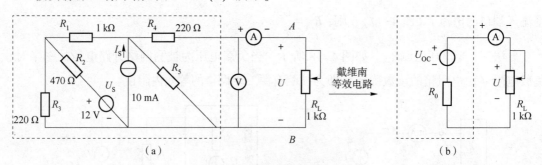

（a）   （b）

图4-20 戴维南定理测量电路

（2）测量并记录数据。

用开路电压、短路电流法测定戴维南等效电路的 U_{OC}、R_{eq} 和诺顿等效电路的 I_{SC}、R_{eq}。

按图 4-20（a）所示接入稳压电源 $U_S = 12$ V 和恒流源 $I_S = 10$ mA。不接入 R_L，测出 U_{OC} 和 I_{SC}，并计算出 R_{eq}（测 U_{OC} 时不接入 mA 表），将数据填入表 4-6 中。

表 4-6　测量数据记录表

U_{OC}/V	I_{SC}/mA	$R_{eq} = \dfrac{U_{OC}}{I_{SC}}/\Omega$

（3）负载实验。

按图 4-20（a）所示接入 R_L。改变 R_L 阻值，测量有源二端网络的外特性，将数据填入表 4-7 中。

表 4-7　数据记录表

U/V							
I/mA							

验证戴维南定理：从电阻箱上取得按步骤（2）所得的等效电阻 R_{eq} 的值，然后令其与直流稳压电源（调到步骤（2）时所测得的开路电压 U_{OC} 的值）相串联，如图 4-20（b）所示，仿照步骤（2）测其外特性，对戴维南定理进行验证，并将数据填入表 4-8 中。

表 4-8　数据记录表

U/V							
I/mA							

有源二端网络等效电阻（又称入端电阻）的直接测量法：将被测有源网络内的所有独立源置零（去掉电流源 I_S 和电压源 U_S，并在原电压源所接的两点用一根短路导线相连），然后用伏安法或者直接用万用表的欧姆挡去测定负载 R_L 开路时 A、B 两点间的电阻，此即为被测网络的等效内阻 R_0，或称网络的入端电阻 R_i。

☏ 任务实施中的注意事项

（1）核对测量时电流表的量程。

（2）电源置零时不可将稳压源短路。

（3）改接电路时要先关掉电源。

（4）用零示法测量 U_{OC} 时，应先将稳压电源的输出调至接近于 U_{OC}，再按图 4-19 所示测量。

✍ 探索与思考

（1）R_L 在求戴维南等效电路时，做短路试验，测 I_{SC} 的条件是什么？

（2）在本实验中可否直接做负载短路实验？请实验前对线路图 4-20（a）预先做好计算，以便调整实验线路及测量时可准确地选取电表的量程。

（3）说明测有源二端网络开路电压及等效内阻的几种方法，并比较其优、缺点。

📖 **本节理论知识点总结：**

_____

_____

_____

_____

_____

_____

_____

_____

_____

_____

🖐 **以上问题是否全部理解。** 是□ 否□

确认签名：_____日期：_____

4.3 最大功率传输

工作页

班级:(　　　　　) 姓名:(　　　　　) 学号:(　　　　　　)

✍任务 4.3.1 如图 4-21 所示电路,R_L 为多大时可获得最大功率? 此时最大功率为多少?

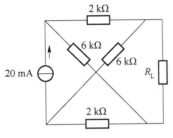

图 4-21　任务 4.3.1 题图

✍任务 4.3.2 如图 4-22 所示电路中, 此时负载电阻 R_L 的功率为多少? 若负载电阻 R_L 可变, 则负载电阻 R_L 为何值时其上获得最大功率? 最大功率是多少?

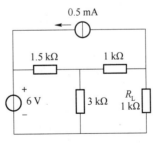

图 4-22　任务 4.3.2 题图

笔　记

✍**任务 4.3.3** 已知电路如图 4-23 所示，负载电阻R_L为何值时其上获得最大功率？并求最大功率。

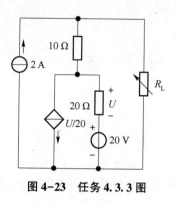

图 4-23　任务 4.3.3 图

📖**本节理论知识点总结：**

_____

_____

_____

_____

_____

_____

_____

_____

_____

_____

🏆以上问题是否全部理解。是□　否□

确认签名：_____　日期：_____

实训实践

✖ 实训任务 4.3.1 最大功率传输条件测定

1. 任务目标

（1）掌握负载获得最大传输功率的条件。

（2）了解电路匹配。

2. 任务分析

功率的阻抗匹配是指负载阻抗与激励源内部阻抗相等，得到最大功率输出的一种工作状态。在电路处于"匹配"状态时，电源本身要消耗一半的功率。因此，"匹配"在电力系统和电子技术领域里的应用完全不同。本任务学习电路匹配以及电路最大功率的传输条件。

3. 必备知识

1）电源与负载功率的关系

图 4-24 可视为由一个电源向负载输送电能的模型，R_0 可视为电源内阻和传输线路电阻的总和，R_L 为可变负载电阻。负载 R_L 上消耗的功率 P 可由下式表示，即

$$P = I^2 R_L = \left(\frac{U}{R_0 + R_L}\right)^2 R_L$$

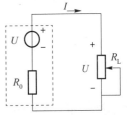

图 4-24 电源向负载输送电能的模型

当 $R_L = 0$ 或 $R_L = \infty$ 时，电源输送给负载的功率均为零。而以不同的 R_L 值代入上式可求得不同的 P 值，其中必有一个 R_L 值，使负载能从电源处获得最大的功率。

2）负载获得最大功率的条件

根据数学求最大值的方法，令负载功率表达式中的 R_L 为自变量，P 为因变量，并使 $\dfrac{\mathrm{d}P}{\mathrm{d}R_L} = 0$，即可求得最大功率传输的条件：当 $R_L = R_S$ 时，负载从电源获得的最大功率为

$$P_{max} = \frac{U_S^2}{4R_S}$$

这时，称此电路处于"匹配"工作状态。

4. 任务实施

1）准备工作

材料及设备清单如表 4-9 所示。

表 4-9　设备清单

序号	名称	型号规格	数量
1	函数发生器	TOE 7704	1
2	数字万用表	0~200 V	2
3	实验电路板		1
4	元件箱		1

2）操作过程

按图 4-25 所示接好电路。

注意："函数发生器 TOE 7704"作为电压源，函数发生器产生一个电压为 U_0、内阻为 R_i 的实际电压源。选择开关"功能"调至 AMPL。DC 非负时，调节至"OUTPUT"和"DC OFFSET"+10 V。（用万用表检测！）

测出不同 R_L 时对应的输出电压和电流，并计算 R_L 产生的功率 P，并将数据填入表 4-10 中。

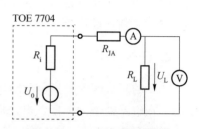

图 4-25　功率匹配测量电路

表 4-10　数据记录表

R_L/Ω	330	220	150	100	47	36	23.5	10
I/mA								
U_L/V								
P/mW								

横坐标表示输出电压（V），纵坐标表示负载功率（mW），描点画出功率与输出电压之间的关系曲线。

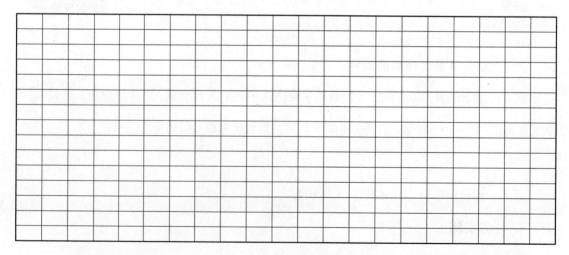

利用图表中的光滑曲线读出最大功率 P_{max}，并通过公式计算出函数发生器的内阻。

$$P_{max} = \frac{U_0^2}{4R_i}$$

☎ 任务实施中的注意事项

（1）在 P_L 最大值附近应多测几点。

（2）测量时电流表的量程要合适。

✍ 探索与思考

（1）电力系统进行电能传输时为什么不能工作在匹配工作状态？

（2）实际应用中，电源的内阻是否随负载而变？

（3）电源电压的变化对最大功率传输的条件有无影响？

📖 本节理论知识点总结：

_____

_____

_____

_____

_____

_____

_____

_____

_____

_____

🏆以上问题是否全部理解。是□　否□

确认签名：_____日期：_____

4.4 特勒根定理

班级：（   ）姓名：（   ）学号：（   ）

✍任务4.4.1 在图4-26所示电路中，N为无源线性电阻网络。已知图4-26（a）中电压$U_1 = 1$ V，电流$I_2 = 0.5$ A，求图4-26（b）中的电流I_1。

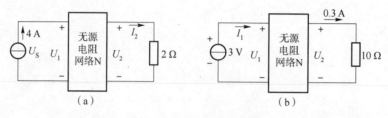

图4-26 任务4.4.1题图

✍任务4.4.2 在图4-27所示电路中，N为无源线性电阻网络，$R_1 = R_2 = 2$ Ω，$R_3 = 3$ Ω。$U_{S1} = 15$ V。当U_{S1}作用，$U_{S2} = 0$时，测得$U_1 = 5$ V、$U_2 = 3$ V；当U_{S1}和U_{S2}共同作用时，测得$U_3 = -10$ V，试求U_{S2}。

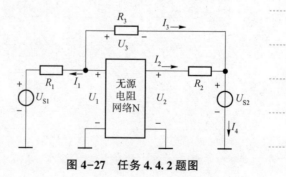

图4-27 任务4.4.2题图

📖 **本节理论知识点总结：**

_____

_____

_____

_____

_____

_____

_____

_____

_____

🏆以上问题是否全部理解。是□　否□

确认签名：_____日期：_____

🖥 仿真任务 4.4.1　特勒根定理的分析与仿真

1. 任务目标

（1）通过仿真实验验证特勒根定理。

（2）加深对 Multisim 应用软件的应用。

2. 任务分析

对于一个具有 b 条支路和 n 个节点的集中参数电路，设各支路电压、支路电流分别为 u_k、i_k（$k=1$、2、…、k），且各支路电压和电流取关联参考方向，则对任何时间 t，有 $\sum\limits_{k=1}^{b} u_k i_k = 0$。由于上式求和中的每一项是同一支路电压和电流的乘积，表示支路吸收的功率。因此，该定理又称为功率定理。

3. 任务实施

（1）针对图 4-28 所示的电路，利用特勒根定理得出各支路电流和电压。

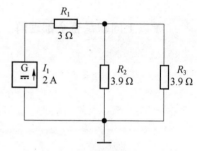

图 4-28　特勒根定理应用电路

（2）建立图 4-29 所示的特勒根定理仿真电路，按键盘上的 F5 键电路运行，可得各瓦特表的读数。

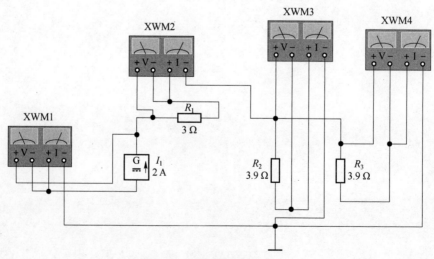

图 4-29　特勒根定理仿真电路

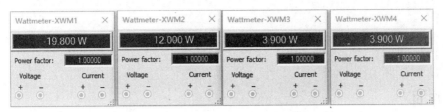

图 4-29 特勒根定理仿真电路（续）

（3）由此可得 $\sum\limits_{k=1}^{4} u_k i_k = 0$，与计算结果相同。

✍ 探索与思考

可否设计电路验证特勒根似功率定理？

📖 **本 节 理 论 知 识 点 总 结：**

☞以上问题是否全部理解。是□　否□

确认签名：＿＿＿＿＿＿＿＿＿　日期：＿＿＿＿＿＿＿＿＿

4.5　对偶定理

工作页

班级:(　　　　)姓名:(　　　　)学号:(　　　　)

任务 4.5.1　你知道的电路的对偶结构有哪些? 请写出它们。

任务 4.5.2　请写出欧姆定律的对偶定律。

笔 记

任务 4.5.3　根据对偶定理, 画出图 4-30 所示电路的对偶电路图。

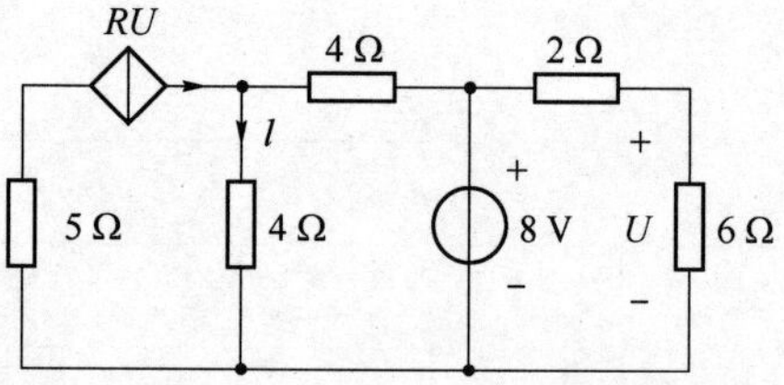

图 4-30　任务 4.5.3 题图

📚 **本节理论知识点总结:**

_____

_____

_____

_____

_____

_____

_____

_____

_____

🏆以上问题是否全部理解。是□　否□

确认签名:_____日期:_____

第 5 章

动态电路分析

5.1　动态元件

💡工作页

班级：（　　　　）姓名：（　　　　）学号：（　　　　）

✍**任务 5.1.1**　有两个电容器，C_1 的规格为 50 μF、300 V，C_2 的规格是 100 μF、200 V，它们串联后的等效电容是多少？将它们串联接在 500 V 直流电压上，是否安全？如不安全，则串联后允许的端电压最高不超过多少？

✍**任务 5.1.2**　如图 5-1 所示电路，当开关 S 合上时，以下说法（　）正确。

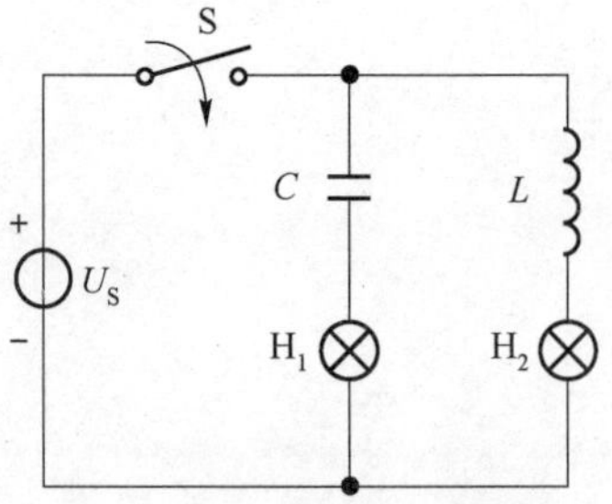

图 5-1　任务 5.1.2 题图

A. 灯泡 H_1 和 H_2 同时点亮，且点亮状态不变

B. H_1 先亮，H_2 后亮，随后维持两灯点亮状态不变

C. H_2 先亮，H_1 后亮，随后 H_1 灯逐渐熄灭，H_2 灯维持点亮

D. H_1 先亮，H_2 后亮，随后 H_1 灯逐渐熄灭，H_2 灯维持点亮

本节理论知识点总结：

_____

_____

_____

_____

_____

_____

_____

_____

_____

_____

☞以上问题是否全部理解。是□　否□

确认签名：_____日期：_____

5.2 换路定律

🔑 工作页

班级：（　　　　　　）姓名：（　　　　　　）学号：（　　　　　　）

✎任务 5.2.1 电路从一种稳定状态变化到另一种稳定状态的中间过程称为_____。

✎任务 5.2.2 流过电容的电流 i_C 与电容两端电压 u_C 的关系为：$i_C =$ _____；流过电感的电流 i_L 与电感两端电压 u_L 的关系为：$u_L =$ _____。

✎任务 5.2.3 多选题

（1）下列关于电路换路，说法正确的是（　　　　）。

A. 含有电容或电感的电路，在换路时存在过渡过程

B. 电阻电路在换路时，存在过渡过程

C. 只有含有储能元件的电路，才在换路时存在过渡过程

D. 换路瞬间，电容两端的电压不能跃变

E. 换路瞬间，电容中流过的电流不能跃变

F. 换路瞬间，电感两端的电压不能跃变

G. 换路瞬间，电感中流过的电流不能跃变

（2）一个放电放完的电容接通电源后，下列说法正确的是（　　　　）。

A. 电容两端接通的电压越高，电容中的电流就越大

B. 电容两端接通电压的变化率越大，电容中的电流就越大

C. 电容接通电源瞬间，电容上的电压为零

D. 电容接通电源瞬间，电容上的电流为零

✎任务 5.2.4 单选题

下列关于通电电感断开电源后，说法正确的是（　　　　）。

A. 断开电源时，电感电流的变化量越大，电感上的电压就越大

B. 电感储能越大，电感两端电压越大

C. 电感断开电源瞬间，电感上的电流为零

D. 电感断开电源瞬间，电感上的电流不为零

📖 **本节理论知识点总结：**

_____

_____

_____

_____

_____

_____

_____

_____

_____

☞以上问题是否全部理解。是☐ 否☐

确认签名：_____ 日期：_____

5.3 初始条件

班级：（　　　　）姓名：（　　　　）学号：（　　　　）

✍任务5.3.1　在图5-2所示电路中，$R_1 = 4\ \Omega$，$R_2 = 8\ \Omega$，$U_S = 12\ V$，电路已达稳定状态。在 $t = 0$ 时刻，S 断开换路。求换路后一瞬间电容 C 和电阻 R_1、R_2 上的初始电压及电流。

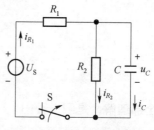

图5-2　任务5.3.1题图

✍任务5.3.2　在图5-3所示电路中，$R_1 = 2\ k\Omega$，$R_2 = R_3 = 4\ k\Omega$，$U_S = 10\ V$，电路已达稳定状态。在 $t = 0$ 时刻，S 断开换路。求换路后一瞬间电感 L 和电阻 R_1、R_2 及 R_3 上的初始电压及电流。

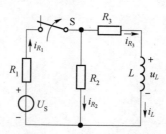

图5-3　任务5.3.2题图

📚 **本节理论知识点总结：**

_____

_____

_____

_____

_____

_____

_____

_____

_____

_____

🏆 以上问题是否全部理解。是□　否□

确认签名：_____　日期：_____

5.4 一阶 *RC* 电路

班级：（　　　　　）姓名：（　　　　　）学号：（　　　　　）

✍**任务5.4.1** 在图5-4所示电路中，$R_1 = 4 \text{ k}\Omega$，$R_2 = 8 \text{ k}\Omega$，$U_S = 12 \text{ V}$，$C = 1 \text{ μF}$，电路已达稳定状态。在 $t = 0$ 时刻，S 断开。求换路后 u_C 和 i_C 的响应。

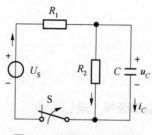

图5-4 任务5.4.1题图

✍**任务5.4.2** 在图5-5所示电路中，$R_1 = 3 \text{ k}\Omega$，$R_2 = 2 \text{ k}\Omega$，$C = 5 \text{ μF}$，$U_S = 6 \text{ V}$，电路已达稳定状态。在 $t = 0$ 时刻，S 闭合。求换路后 u_C 和 i_C 的响应。

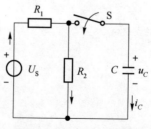

图5-5 任务5.4.2题图

📖**本节理论知识点总结：**

_____

_____

_____

_____

_____

_____

_____

_____

_____

_____

☞以上问题是否全部理解。是☐　否☐

确认签名：_____ 日期：_____

🔑 实训实践

⚒ 实训任务 5.4.1　搭建 RC 一阶电路的实验电路

1. 任务目标

（1）加深理解 RC 电路零输入、零状态响应时电压、电流变化的规律。

（2）理解 RC 电路过渡过程及电路参数对过渡过程的影响。

（3）学会测定 RC 电路的时间常数。

2. 任务分析

RC 一阶电路零输入、零状态响应分别对应电路中电容放电、充电的过程。通过在等均匀时间内对电路在零输入和零状态响应时电容上的电压、电流读数进行测量，获取 RC 电路过渡过程中电压、电流变化的规律。改变电路参数时，则可获得不同的电压、电流，从而获知电路参数对电路过渡过程的影响，更深地理解时间常数这一概念。

在连接电路中，学会正确的操作方法和连线，配合计时工具完成电路的测量。将所测数据与理论分析数值相比较，获得对 RC 电路更深刻的认识。

3. 必备知识

（1）RC 零输入响应和零状态响应的原理。

（2）元件、电路和仪器仪表的连线与电路测量。

4. 任务实施

1）理论初识

（1）RC 一阶电路响应过程。

在图 5-6 所示的电路中，设电容器上的初始电压为零，当开关 S 向 "1" 闭合瞬间，电容充电，此时电路为零状态响应。由于电容电压 u_C 不能跃变，在换路后一瞬间电路中的电流最大，$i=\dfrac{U_{\mathrm{S}}}{R}$。此后，电容电压从零开始随时间逐渐升高，直至 $u_C=U_{\mathrm{S}}$；同时，电流随时间逐渐减小，最后 $i_C=0$，过渡过程结束。零状态响应过程中的电压 u_C 和电流 i 均随时间按指数规律变化。u_C 和 i 的数学表达式为

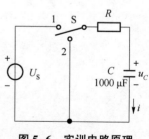

图 5-6　实训电路原理

$$u_C(t) = U_{\mathrm{S}}\left(1-\mathrm{e}^{-\frac{t}{RC}}\right)$$

$$i = \frac{U_{\mathrm{S}}}{R} \cdot \mathrm{e}^{-\frac{t}{RC}}$$

两式为一阶微分方程，反映了 RC 电路零状态响应的过渡过程。当 $t \gg RC$ 时，$u_C=U_{\mathrm{S}}$，$i=0$。

电容 C 已充有电压 U_S，将开关 S 向"2"闭合，电容器立即对电阻 R 进行放电，此时电路为零输入响应。电容开始放电的初始电流为 $i_C = \dfrac{U_S}{R}$，但放电电流的实际方向与充电时的电流 i 相反。电路在零输入响应时，电流 i_C 与电容电压 u_C 随时间均按指数规律衰减为零，电流和电压的数学表达式为

$$u_C(t) = U_S \cdot e^{-\frac{t}{RC}}$$

$$i_C = -\frac{U_S}{R} \cdot e^{-\frac{t}{RC}}$$

以上两式反映了 RC 电路零输入响应时的过渡过程。当 $t \gg RC$ 时，$u_C = 0$，$i_C = 0$。

（2）RC 电路的时间常数。

RC 电路的时间常数用 τ 表示，$\tau = RC$，τ 的大小决定了电路充放电时间的快慢。对零状态响应而言，时间常数 τ 是电容电压 u_C 从零增长到 $63.2\% \, U_S$ 所需的时间；对零输入响应而言，τ 是电容电压 u_C 从 U_S 下降到 $36.8\% U_S$ 所需的时间。

2）实践准备

准备好直流稳压电源一台（0～30 V 可调）；万用表一台（或直流电压表、直流电流表各一台）；15 kΩ 和 33 kΩ 的电阻各一个；1 000 μF 的电容一个（或备用 470 μF 电容两个）；双向开关一个；秒表一只；元器件插孔板一个；短接桥和连接导线若干。

3）操作过程

（1）按图 5-7 所示连接电路，并在电容两端接上电压表。

（2）测量并记录数据。

①测定 RC 电路零状态响应和零输入响应过程中电容电压的变化规律。

电阻 R 取 15 kΩ，电容 C 取 1 000 μF，直流稳压电源 U_S 输出电压取 10 V，万用表（或直流电压表）置直流电压 10 V 挡。将电压表并接在电容 C 的两端，首先用导线将电容 C 短接放电，以保证电容的初始电压为零。然后，将开关 S 打向位置"1"，电容器开始

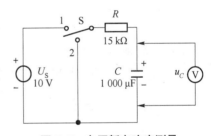

图 5-7　电压暂态响应测量

充电，电路零状态响应，同时立即用秒表计时，根据表 5-1 读取不同时刻的电容电压 u_C，直至时间 $t = 5\tau$ 时结束，将 t 和 $u_C(t)$ 记入表 5-1 中。

电容器充电结束后，记下 u_C 值。再将开关 S 打向位置"2"处，电容器放电，此时电路变为零输入响应。开关打向"2"的同时立即用秒表重新计时，读取不同时刻的电容电压 u_C，也记入表 5-1 中。

表 5-1　$R = 15$ kΩ、$C = 1\,000$ μF、$U_S = 10$ V

t/s	0	5	10	15	20	25	30	35	40	50	60	70	80	90
u_C/V（零状态）														
u_C/V（零输入）														

将图 5-7 所示电路中的电阻 R 换为 33 kΩ，重复上述测量，将测量结果记入表 5-2 中。

表 5-2 $R=33$ kΩ、$C=1\ 000$ μF、$U_s=10$ V

t/s	0	5	10	15	20	25	30	40	60	80	90	120	150	165
u_C/V（零状态）														
u_C/V（零输入）														

②测定 RC 电路零状态响应和零输入响应过程中电容电流的变化规律。

实验线路如图 5-8 所示。电阻 R 取 15 kΩ，电容 C 取 1 000 μF，直流稳压电源的输出电压取 10 V，万用表置电流 mA 挡，将万用表串联于实验线路中。首先用导线将电容 C 短接，使电容内部的电放光，在拉开电容两端连接导线一端的同时，开始计时，记录下充电时间分别为 5 s、10 s、15 s、20 s、25 s、30 s、40 s、45 s 时的电流值，将数据记录于表 5-3 中。

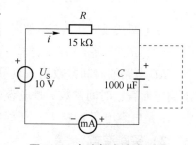

图 5-8   电流暂态响应测量

将图 5-8 所示电路中的电阻 R 转换为 33 kΩ，重复上述过程，将测量结果记录于表 5-3 中。

表 5-3 RC 一阶零状态响应电流 i 变化数据记录

充电时间 t/s	0	5	10	15	20	25	30	40	45
$R=15$ kΩ、$C=1\ 000$ μF									
$R=33$ kΩ、$C=1\ 000$ μF									

如果要测 RC 一阶零输入响应时电流的变化，可以在电容充满电后，将图 5-8 中的电流表正、负换向后连入电路，同时将电源移除并用导线替代，观察电容放电时电流表的读数变化。

☏ 任务实施中的注意事项

（1）在连接电路时，要注意电解电容连接的正、负方向。

（2）正确地并联电压表和串联电流表。用万用表时，要先选好挡位，再连入电路。不能连入电路或电路已通电时，再换挡，这样会使仪表损坏。

（3）如果要观察电容放电的电流，要注意到放电与充电的电流流向是不同的。如有条件最好选用数字式电流表，或者双向电流表，防止误接而打坏表头。

（4）改接线路时，必须关掉电源。

✍ 探索与思考

（1）RC 一阶电路零状态响应和零输入响应时，电容上电压、电流的初始值和稳定值各是什么？请记录在后面的知识点总结内。

（2）RC 一阶电路零状态响应和零输入响应时，电压、电流的变化规律是什么？元件参数对电容充放电以及电路的过渡过程有何影响？请根据后续实训实践工作页中的提示，完成工作任务与分析。

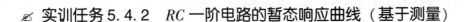

✍ 实训任务 5.4.2 *RC* 一阶电路的暂态响应曲线（基于测量）

（1）在执行前面实训任务"测定 *RC* 电路零状态响应和零输入响应过程中电容电压的变化规律"时，已测得 $R = 15 \text{ k}\Omega$ 时电容 *C* 上电压在零状态和零输入过程中不同时间点的读数，并且已将数据记录在表 5-1 内。

请在以下两个坐标轴上，分别画出 *RC* 零状态响应和 *RC* 零输入响应时的电容电压响应曲线。

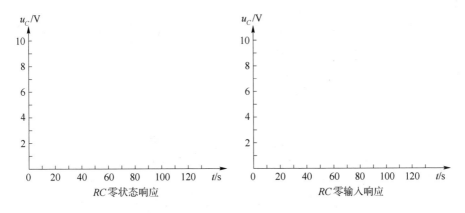

（2）在执行前面实训任务"测定 *RC* 电路零状态响应和零输入响应过程中电容电压的变化规律"时，已测得 $R = 33 \text{ k}\Omega$ 时电容 *C* 上电压在零状态和零输入过程中不同时间点的读数，并且已将数据记录在表 5-2 内。

请在以下坐标轴上，对应 $R = 33 \text{ k}\Omega$ 分别画出 *RC* 零状态响应和 *RC* 零输入响应时的电容电压响应曲线。

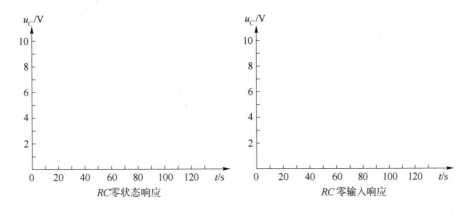

（3）在执行前面实训任务"测定 *RC* 电路零状态响应和零输入响应过程中电容电流的变化规律"时，已测得 $R = 15 \text{ k}\Omega$ 和 $R = 33 \text{ k}\Omega$ 时，电容 *C* 在零状态响应时对应不同时间点的电流，且记录在表 5-3 内。

请在以下坐标轴上根据对应时间，标出 $R = 15 \text{ k}\Omega$ 及 $R = 33 \text{ k}\Omega$ 时充电电流 *i* 达到的点位

对应的电流值，并用光滑曲线连接各点，获得电流曲线。

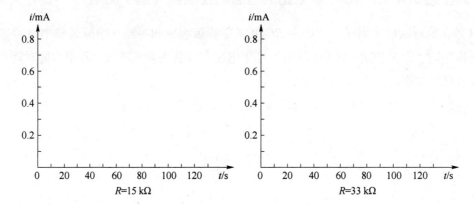

❖ 实训任务 5.4.3　*RC* 一阶电路的时间常数

在前面搭建的电路中，取 $R=33$ kΩ 及电压 U_S 不变，分别测量电容 $C=1\,000$ μF 和改电容 $C=470$ μF，电路为图 5-9 所示形式时的时间常数。先测量 u_C 从零上升到 $63.2\%U_S$ 所需的时间，即测量充电时间常数 τ_1；再测量 u_C 从 U_S 下降到 $36.8\%U_S$ 所需的时间，即测量放电时间常数 τ_2。

根据以下提示，将 τ_1、τ_2 记入下面空格处。

（1）$R=33$ kΩ，$C=1\,000$ μF。

充电过程中：计算 $63.2\%U_S=$ _____；测量 $\tau_1=$

_____。

放电过程中，计算 $36.8\%U_S=$ _____；测量 $\tau_2=$

_____。

计算此时 *RC* 的乘积为_____。

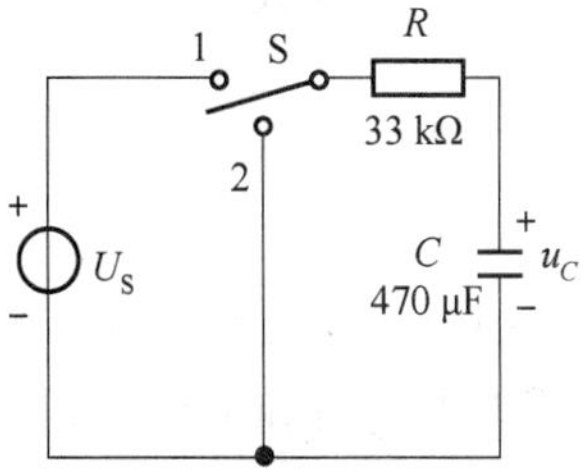

图 5-9　任务 5.4.3 测量电路

（2）$R=33$ kΩ，$C=470$ μF。

充电过程中：计算 $63.2\%U_S=$_____；测量 $\tau_1=$_____。

放电过程中：计算 $36.8\%U_S=$_____；测量 $\tau_2=$_____。

计算此时 *RC* 的乘积为_____。

📖 本节理论知识点总结：

_____

_____

_____

_____

_____

_____

_____

_____

_____

_____

🏆以上问题是否全部理解。是□　否□

确认签名：_____　日期：_____

5.5 一阶 *RL* 电路

班级：(   ) 姓名：(   ) 学号：(   )

✍**任务 5.5.1**　在图 5-10 所示电路中，$R_1 = 2\ \text{k}\Omega$，$R_2 = R_3 = 4\ \text{k}\Omega$，$U_S = 10\ \text{V}$，$L = 2\ \text{H}$，电路原处于稳定状态。在 $t = 0$ 时刻，S 断开。求电感 *L* 上电流和电压的暂态响应。

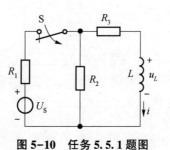

图 5-10　任务 5.5.1 题图

✍**任务 5.5.2**　在图 5-11 所示电路中，$R_1 = 0.5\ \text{k}\Omega$，$R_2 = 1\ \text{k}\Omega$，$L = 15\ \text{H}$，$I_S = 36\ \text{mA}$，电路已达稳定状态。在 $t = 0$ 时刻，S 闭合。求换路后电感 *L* 上电流和电压的暂态响应。

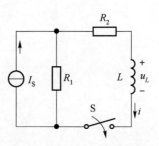

图 5-11　任务 5.5.2 题图

本节理论知识点总结：

☞以上问题是否全部理解。是□ 否□

确认签名：_____ 日期：_____

5.6 一阶电路的全响应

工作页

班级:(   ) 姓名:(   ) 学号:(   )

任务 5.6.1 电路如图 5-12 所示,$U_S = 10$ V,$R_1 = 8$ Ω,$R_2 = 2$ Ω,$L = 2$ mH,电路已处于稳态。$t = 0$ 时,S 闭合。试用三要素法求 i_L 和 u_L,并画出 i_L 和 u_L 的过渡响应曲线。

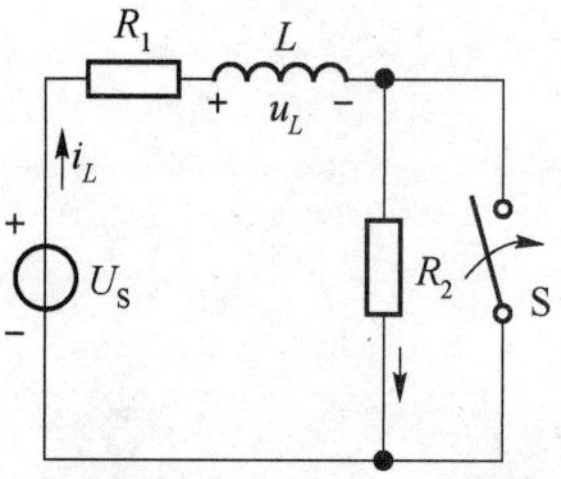

图 5-12　任务 5.6.1 题图

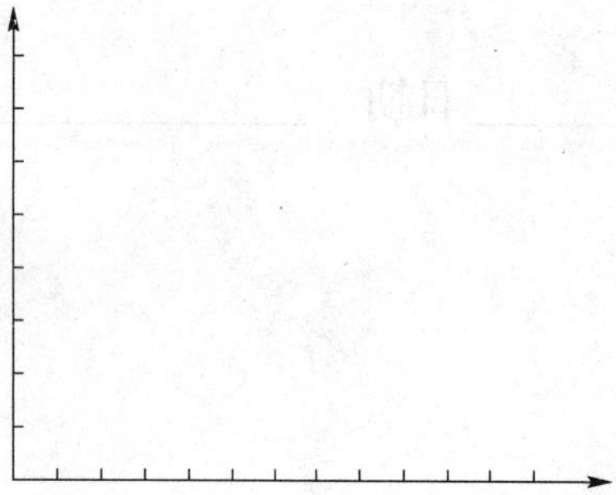

本节理论知识点总结：

_____

_____

_____

_____

_____

_____

_____

_____

_____

_____

☞以上问题是否全部理解。是□ 否□

确认签名：_____日期：_____

5.7 一阶电路的阶跃响应

工作页

班级：（　　　　　）姓名：（　　　　　）学号：（　　　　　）

任务 5.7.1 求图 5-13（a）所示电路中电流 $i_c(t)$，已知电压源波形如图 5-13（b）所示。

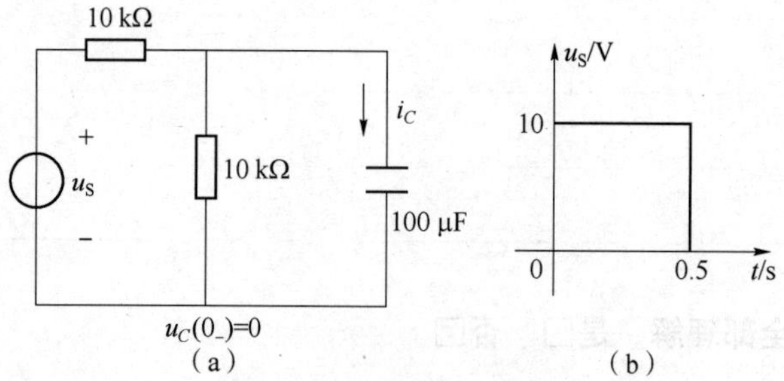

图 5-13　任务 5.7.1 题图

本节理论知识点总结：

以上问题是否全部理解。是□　否□

确认签名：_____　日期：_____

 **实训实践**

✕ 实训任务 5.7.1　阶跃响应——微积分电路

1. 任务目标

（1）观察一阶电路阶跃响应的过渡过程，研究元件参数改变时对过渡过程的影响。

（2）测绘阶跃响应的电压曲线图和电流曲线图。

（3）测量时间常数并比较测量值与计算值。

2. 任务分析

当 RC 一阶电路受到一个方波脉冲激励时，方波脉冲相当于一个阶跃函数。如果方波脉冲的幅度为 A，则在方波的上升沿相当于施加了阶跃函数 $A\varepsilon(t)$，而在方波的下降沿则相当于又叠加了一个 $-A\varepsilon(t-t_0)$ 的函数。电容会在该激励下产生阶跃响应。如果有周期性的方波激励，则电容将在该激励下被持续地充、放电，从而在电容 C 及与之串联的电阻 R 上产生不同的响应。

搭建电路，方波信号由信号源提供，输出响应则通过示波器观察。改变输入方波信号的周期，或者改变一阶电路中元件 R 或 C 的参数值时，可以在电容两端或电阻两端看到不同的响应。当输入输出信号之间构成微分关系时，此时连接的电路称为微分电路；如果输入与输出构成的是积分关系，则称为积分电路。这两种响应产生的波形在实际中有着广泛的应用。

3. 必备知识

（1）电源连线以及信号源、示波器等仪器的使用。

（2）信号的读取与检测。

4. 任务实施

1）理论初识

在图 5-14 所示电路的 u 端接入方波信号，电容上产生阶跃响应并被周期性地充、放电，u 和 u_C 的波形如图 5-15（a）所示，此时充、放电的时间常数 $\tau = RC$。

当电源方波电压的周期 $T \gg \tau$ 时，电容器充、放电速度很快，若 $u_C \gg u_R$，则有 $u_C \approx u$，在电阻两端的电压 $u_R = Ri = RC\dfrac{\mathrm{d}u_C}{\mathrm{d}t} \approx$

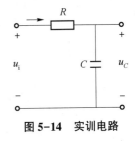

图 5-14　实训电路

$RC\dfrac{\mathrm{d}u}{\mathrm{d}t}$，这就是说电阻两端的输出电压 u_R 与输入电压 u 的微分近似

成正比，此电路即称为微分电路，u_R 波形如图 5-15（b）所示。

当电源方波电压的周期 $T \ll \tau$ 时，电容器充、放电速度很慢，若 $u_C \ll u_R$，则有 $u_R \approx u$，

在电容两端的电压 $u_C = \dfrac{1}{C}\int i\mathrm{d}t = \dfrac{1}{C}\int\dfrac{U_R}{R}\mathrm{d}t \approx \dfrac{1}{RC}\int u\mathrm{d}t$，这就是说电容两端的输出电压 u_C 与输入电压 u 的积分近似成正比，此电路称为积分电路，u_C 波形如图 5-15（c）所示。

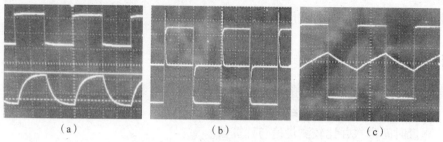

（a）　　　　　　　　　（b）　　　　　　　　　（c）

图 5-15　不同参数下的输入与输出响应波形

2）实践准备

准备好信号发生器一台；双踪示波器一台；1 kΩ、5.1 kΩ 电阻各一个；10 μF、0.1 μF、10 nF 电容器各一个；元器件插孔板一个；BNC 信号接头、短接桥和连接导线若干。

3）操作过程

（1）按图 5-14 所示接线，取 $R = 1$ kΩ，$C = 0.1$ μF。u 连接信号源方波信号，方波电压 u 的频率为 1 kHz，幅值为 1 V。将方波电压 u 输入示波器的 CH1 通道，电容两端电压 u_C 输入到示波器 CH2 通道。观察电容阶跃响应的波形。请对应描绘于后面的实训实践工作页上，并计算此时的时间常数 τ_1。

（2）保持电路连线不变，将电路中的电容替换成 $C = 10$ μF。观察电容 u_C 的波形。请对应描绘于后面的实训实践工作页上，并计算此时的时间常数 τ_2。

（3）将图 5-14 中的 R、C 位置互换，取 $C = 10$ nF、$R = 5.1$ kΩ，电源方波电压保持不变，仍接通示波器 CH1 通道，电阻两端的电压 u_R 输入到示波器 CH2 通道，观察电阻上此时响应的波形。请对应描绘于后面的实训实践工作页上，并计算此时的时间常数 τ_3。

☎ 任务实施中的注意事项

（1）在连接电路时，要注意电解电容 C 连接的正、负方向。

（2）正确连线。如果须改接线路，要先关掉电源。

✎ 探索与思考

（1）经过积分电路和微分电路的方波分别可以转换成什么波形？

（2）实现积分电路和微分电路的条件各是什么？

请将以上两点的思考和分析记录在后面的知识点总结框内。

✍ 实训任务 5.7.2　阶跃响应——微积分电路波形描绘

对应输入的方波，在以下坐标轴上依次描绘实训任务 5.7.1 中所观测的波形。

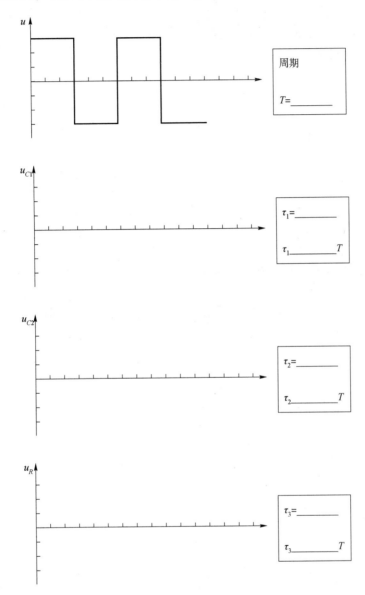

周期

$T=$ _____

$\tau_1=$ _____

τ_1 _____ T

$\tau_2=$ _____

τ_2 _____ T

$\tau_3=$ _____

τ_3 _____ T

📖 本节理论知识点总结：

_____

_____

_____

☞以上问题是否全部理解。是□　否□

确认签名：＿＿＿＿＿＿＿＿日期：＿＿＿＿＿＿＿＿

第6章

正弦交流电路

6.1 相量法基础

工作页

班级：(　　　　　) 姓名：(　　　　　) 学号：(　　　　　)

✎**任务6.1.1** 有一个瞬时值解析式为 $u = 311\sin\left(200\pi t + \dfrac{\pi}{4}\right)$ V 的正弦交流电压。

（1）试写出该电压的振幅值、角频率、频率、周期、初相位。

（2）分别计算 $t = 0$、$t = \dfrac{1}{800}$ s、$t = \dfrac{1}{200}$ s、$t = \dfrac{5}{800}$ s 和 $t = \dfrac{7}{800}$ s 时的瞬时电压，并在以下的坐标轴上画出该电压一个完整周期的波形图。

103

✐**任务6.1.2** 写出以下正弦量表达式的振幅值、有效值与初相位：

（1） $i = 5\sqrt{2}\sin(\omega t + 120°)$ V；

（2） $u = 311\sin(\omega t + 240°)$ V；

（3） $i = -2\sin(\omega t - 60°)$ V。

✐**任务6.1.3** 一个电路中，两个元件的电压分别为 $u_1 = 220\sqrt{2}\sin(\omega t - 45°)$ V、$u_2 = 141.4\sin(\omega t + 60°)$ V。写出它们有效值的相量。

✐**任务6.1.4** 写出下列相量对应的正弦量解析式（$\omega = 314$ rad/s）：

（1） $\dot{U} = 110\underline{/0°}$ V；

（2） $\dot{U} = 10\ \underline{/\dfrac{\pi}{6}}$ V；

（3） $\dot{I} = (5 - j5)$ A；

（4） $\dot{I} = -j18$ A。

✍任务 **6.1.5**　已知一电路节点如图 6－1 所示，$i_1 = 8\sqrt{2}\sin(\omega t - 60°)$ A。$i = 10\sqrt{2}\sin(\omega t + 45°)$ A。用相量法求 i_2 的表达式。

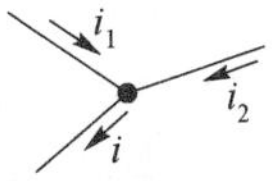

图 6-1　任务 6.1.5 题图

✍任务 **6.1.6**　一个串联电路中，两个元件的电压分别为 $u_1 = 110\sqrt{2}\sin(\omega t + 30°)$ V 和 $u_2 = 88\sqrt{2}\sin(\omega t + 60°)$ V。试用相量法计算电路的总电压，并画出相应的相量图。

📖本节理论知识点总结：

_____

_____

_____

_____

_____

_____

_____

🏆以上问题是否全部理解。是□　否□

确认签名：_____　日期：_____

6.2 阻抗和导纳

工作页

班级：（   ）姓名：（   ）学号：（   ）

✍**任务6.2.1** 已知一个电路中，$R=10\ \Omega$，$L=0.3\ H$，$C=100\ \mu F$，接在 $f=50\ Hz$ 的正弦交流电路中，求在交流电路中 $R=$ _____，$X_L=$ _____，$X_C=$ _____。

✍**任务6.2.2** 在一个 RC 串联电路中，$C=0.01\ \mu F$，$R=5.1\ k\Omega$，输入电压为 $u=\sqrt{2}\sin\omega t$ V，$f=1\ 180\ Hz$。取电阻 R 上的电压为输出电压。求：（1）容抗；（2）电路中电流的相量式；（3）电阻 R 上的电压；（4）画出相量图并说明输出电压是超前还是滞后输入电压。

✍**任务6.2.3** 一个继电器的线圈电阻是 $2\ k\Omega$，电感为 43.3 H，接在 50 Hz、380 V 的电源上。求通过线圈的电流。（设总电压为参考相量）

☞**任务 6.2.4**　已知电阻 $R=30\ \Omega$、电感 $L=382\ \mathrm{mH}$、电容 $C=40\ \mu\mathrm{F}$ 组成串联电路，接在电源电压为 $u=100\sqrt{2}\sin(314t+30°)$ V 的电路中。求：（1）复阻抗 Z；（2）电路电流和各元件上的电压；（3）绘出电压和电流的相量图。

☞**任务 6.2.5**　测量一个 RLC 串联电路，接线如图 6-2 所示。若电压表 V 的读数为 50 V，电压表 V_1 的读数为 30 V，电压表 V_2 的读数为 80 V，问电压表 V_3 的读数为多少？

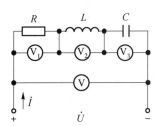

图 6-2　任务 6.2.5 题图

✍**任务6.2.6** 在 RLC 并联电路中，电阻 $R=5\ \Omega$，电感 $L=5\ \mu\text{H}$，电容 $C=0.4\ \mu\text{F}$，总电压为 $u=10\sqrt{2}\sin10^6t\ \text{V}$。求：（1）复导纳；（2）总电流的解析式；（3）画出总电流和总电压的相量图；（4）判断电路呈容性、感性还是电阻性。

📖**本节理论知识点总结：**

_____

_____

_____

_____

_____

_____

_____

_____

_____

_____

🏆以上问题是否全部理解。是□　否□

确认签名：_____　日期：_____

💡**实训实践**

✹ 实训任务6.2.1 元件阻抗特性的测量

1. 任务目标

（1）熟悉低频信号发生器和晶体管毫伏表各旋钮、开关的作用，初步掌握低频信号发生器和晶体管毫伏表的简单使用和基本操作。

（2）通过测绘 R-f、X_L-f 及 X_C-f 特性曲线，进一步理解电阻、电感、电容的阻抗特性。

2. 任务分析

电阻、电感、电容元件是常见的电路元件，不同的元件具有不同的特性。本任务通过对各元件在不同频率的正弦交流电压下电阻及电抗值的测量来理解和掌握各元件的频率特性，并初步掌握低频信号发生器、晶体管毫伏表等仪器仪表的使用方法。

3. 必备知识

1）电感器

电感器是依照电磁感应原理，多用漆包线、纱包线绕在铁芯、磁芯上构成，线圈与线圈之间相互绝缘。它是电路中的储能元件，在电路中具有通直流阻交流的作用，它广泛地应用于调谐、振荡、滤波、均衡、匹配、补偿等电路。

（1）电感器的主要参数。

①标称电感量：电感量是电感线圈的一个重要参数，其基本单位为 H（亨），常用的单位还有 mH（毫亨）、μH（微亨）。在线圈结构固定的情况下，电感量的大小与线圈匝数、几何尺寸、有无磁芯、磁导率、绕线方式均有关，且线圈匝数越多、面积越大则电感量越大。

②品质因数：电感器的品质因数 Q 是线圈质量的重要参数。它表示在某一工作频率下，线圈的感抗对其等效直流电阻的比值，即

$$Q = \frac{\omega L}{R} = \frac{2\pi f L}{R}$$

式中，L 为电感量；R 为电感线圈电阻；ω 为角频率；f 为交流电频率。

一般 Q 值越高，线圈的损耗越小，效率越高，选频作用越强。

③额定电流：电感器正常工作时允许通过的最大电流，该电流主要由线圈导线直径的大小决定，若电流超过此值，则线圈发热，不仅会使线圈结构易受到损坏，而且会影响相邻的元器件工作。

④分布电容：由于绝缘线圈相当于电容器的两极，则电感上就会分布许多小电容，称为分布电容。分布电容的存在使线圈的 Q 值减小、稳定性变差，因而分布电容越小越好。

（2）电感器的检测。

一般用万用表 R×1 或 R×10 欧姆挡测量线圈的直流电阻，并与正常值进行比较。若指针不动或阻值显著增大，则可能断路；若比正常值小得多，则表示严重短路。若要准确测量电感器的电感量，则需要用专门测量电感的电桥来进行。

2）电容器

电容器是在两个金属片之间夹了一层电介质构成，是电路中的储能元件，具有通交流、隔直流、通高频、阻低频的特性，一般在电子电路中起滤波、旁路、耦合、调谐、波形变换以及产生脉冲等作用。

（1）电容器的主要参数。

①标称电容量：在电容上有不同的方式标称电容量，常见的有直接标注数字和文字符号的组合标称以及数字标称法。

②允许误差：电容器实测电容量和标称电容量之差相对于标称电容量的百分比。允许误差等级分为±1%、±2%、±5%、±10%、±20%、>±20%，电解电容的容量误差较大。

③电容器的耐压：电容长期可靠地工作所能承受的最大直流电压，也称为电容的直流工作电压。要注意的是，在交流电路中所加的交流电压的最大值不能超过电容器的耐压值。

④绝缘电阻：电容两极板之间的电阻称为绝缘电阻，也称为漏电电阻。绝缘电阻越小，漏电越严重。电容漏电会引起能量损耗，这不仅影响电容的寿命，而且会影响电路的正常工作，因此绝缘电阻越大越好。

（2）电容器的检测。

通常可以用普通万用表大致判断电容器质量的优劣。例如，测试电解电容器的具体方法是选用 R×1K 或 R×100 挡，黑表笔接电容器正极，红表笔接电容器负极，若表针摆动大，再慢慢返回，返回位置接近无穷大，则说明该电容器正常，且电容量较大；若表针摆动大，且慢慢返回时达不到无穷大处，则说明电容器漏电电流大，且指针示数即为被测电容的漏电阻阻值，铝电解电容器的漏电阻应超过 200 kΩ 才可使用；若指针摆动很大，接近 0 Ω，且不返回，说明电容已击穿，不能使用；若指针不摆动，说明该电容已断路失效。

当测量精度要求较高时，可以用交流电桥和谐振法等测量。

4. 任务实施

1）理论初识

正弦交流电路中，在频率较低的情况下，电阻元件通常略去其电感及分布电容而看成纯电阻，其阻值的大小与频率无关，即 R-f 关系如图 6-3 所示。

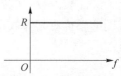

图 6-3　电阻的阻抗特性

电感元件因其由导线绕成，导线有电阻，在低频时如略去其分布电容则它仅由电阻 r 与电感 L 组成。电感的感抗 $X_L = \omega L = 2\pi f L$，空心电感线圈的电感在一定频率范围内可认为是线性电感，当其电阻值 r 较小，有 $r \ll X_L$ 时，可以忽略其电阻的影响。

电容元件在低频也可略去其附加电感及电容极板间介质的功率损耗，因而可认为只具有电容 C。电容器的容抗为

$$X_C = \frac{1}{\omega C} = \frac{1}{2\pi f C}$$

当电源频率变化时，感抗 X_L 和容抗 X_C 都是频率 f 的函数，称之为频率特性（或阻抗特性）。理想的电感元件和电容元件的阻抗特性如图 6-4 中的实线所示。

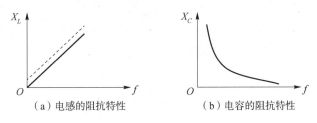

（a）电感的阻抗特性　　　　　（b）电容的阻抗特性

图 6-4　电感元件和电容元件的阻抗特性

为了测量电感的感抗和电容的容抗，可以测量电感和电容两端的电压有效值及流过它们的电流有效值，则感抗 $X_L = \dfrac{U_L}{I_L}$，容抗 $X_C = \dfrac{U_C}{I_C}$。

当电源频率较高时，用普通交流电流表测量电流会产生很大的误差，因此可采用电子毫伏表进行间接测量。在图 6-5 所示的电感和电容电路中串入一个阻值较准确的取样电阻 r，先用晶体管毫伏表测量取样电阻两端的电压值，再换算成电流值。如果取样电阻取 1 Ω，则毫伏表的读数即为电流的值，这样小的电阻在本次实验中对电路的影响是可以忽略的。

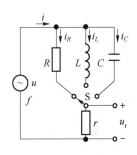

图 6-5　阻抗特性的测量电路

2）实践准备

材料及设备清单如表 6-1 所示。

表 6-1　设备清单

序号	名称	型号与规格	数量	备注
1	数字合成信号发生器	SG1005A	1	
2	晶体管交流毫伏表	AS2294D	1	
3	电阻元件	$R = 100\ \Omega,\ r = 1\ \Omega$	2	
4	电感元件	100 mH	1	
5	电容元件	1 μF	1	

3）操作过程

（1）测量电阻的阻抗特性。

①按图 6-6 所示连线，选取被测电阻 $R = 100\ \Omega$，取样电阻 $r = 1\ \Omega$。

②按表 6-2 所示数据调节交流信号源输出电压的频率（从低到高），用毫伏表分别测量 U_R、U_r，并将所测的数据记入表 6-2 中。注意每次改变电源频率时，应使信号发生器输出电压 U 有效值保持在 2 V 不变。

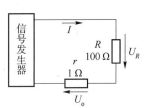

图 6-6　测量电阻阻抗特性的电路

表6-2 电阻阻抗特性的测量数据

频率 f/kHz	0.2	0.5	1.0	2.0	5.0	8.0	10	12
U_R/V								
U_r/V								
I/mA								
R/Ω								

③验证 $U_R+U_r=U$ 是否成立，并根据表6-2中的测算数据，在后面的实训实践工作页的坐标平面内绘制电阻元件的 $R=F(f)$ 阻抗特性曲线。

（2）测量电感元件的阻抗特性。

①按图6-6所示接线。保持信号发生器输出电压有效值为2 V，选取 L 为100 mH替换原电阻 R，电阻 r 仍取1 Ω。

②按表6-3所示数据改变信号发生器的输出频率，分别测量 U_L、U_r 的值，并将所测数据记入表中。同样，注意每次改变电源频率时应使信号发生器的输出电压保持不变。

表6-3 测量电感元件阻抗特性实验数据

频率 f/kHz	0.2	0.3	0.4	0.5	0.8	1.0	1.5	2.0
U_L/V								
U_r/V								
I_L/mA								
$X_{L测}=$ /Ω								
$X_{L计算}=2\pi fL$/Ω								

③根据 $I_L=\dfrac{U_r}{r}$、$X_{L测}=\dfrac{U_L}{I_L}$ 两式，将计算结果填入表6-3中。并根据表中的测算数据，在实训实践工作页的坐标平面内绘制实际电感线圈的 $X_L=F(f)$ 阻抗特性曲线。

（3）测量电容的阻抗特性。

①按图6-6所示接线。保持信号发生器输出电压为2 V，选取 C 为1 μF，r 仍取1 Ω。

②按表6-4所示改变信号发生器的输出频率。分别测量 U_C、U_r 的值并记入表6-4中。

表6-4 测量电容元件阻抗特性实验数据

频率 f/kHz	0.2	0.4	0.8	1.0	1.2	1.5	2.0	2.5
U_C/V								
U_r/V								
I_C/mA								
$X_{C测}=$ /Ω								
$X_{C计算}=\dfrac{1}{2}\pi fC$/Ω								

③根据 $I_c = \dfrac{U_r}{r}$、$X_c = \dfrac{U_c}{I_c}$ 两式，将计算结果填入表 6-4 中。并根据表中的测算数据，在后面实训实践工作页的坐标平面内绘制实际电容元件的 $X_c = F(f)$ 阻抗特性曲线。

☎ 任务实施中的注意事项

（1）测量时，应将信号发生器与交流毫伏表接地端连在一起；否则会引起较大误差。

（2）为取得较好测量效果，每次改变电源频率时，应注意随时调节信号发生器的输出旋钮，使其输出电压有效值保持不变。

✍ 探索与思考

根据在实训实践工作页中绘制的 R、L、C 这 3 个元件的阻抗频率特性曲线，总结、归纳各元件在交流电路中的特性。

✍ 实训任务6.2.2　元件阻抗特性的描绘（基于测量）

（1）在按照图6-6搭建的实训电路中，已测得电阻阻抗特性的测量数据，请在坐标平面内绘制电阻元件的 $R=F(f)$ 阻抗特性曲线。

（2）用电感 L 替换电阻 R，已测得电感的阻抗特性的测量数据，在坐标平面内绘制实际电感线圈的 $X_L=F(f)$ 阻抗特性曲线。

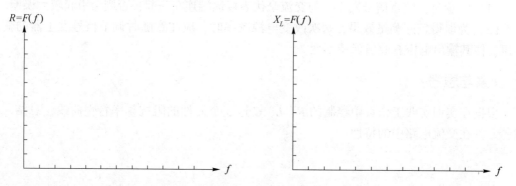

（3）用电容 C 替换后，已测得电容的阻抗特性的测量数据，在坐标平面内绘制实际电感线圈的 $X_C=F(f)$ 阻抗特性曲线。

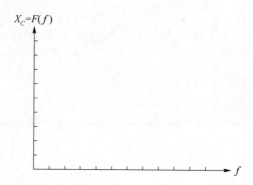

📖 本节理论知识点总结：

_____

_____

_____

_____

🏆 以上问题是否全部理解。是□　否□

确认签名：_____　日期：_____

6.3 无源二端网络的等效复阻抗和复导纳

工作页

班级：（　　　　　）姓名：（　　　　　）学号：（　　　　　）

任务 6.3.1 已知图 6-7 所示电路，$R_1 = R_3 = 3 \ \Omega$，$R_2 = 5 \ \Omega$，感抗 $X_L = 4 \ \Omega$，容抗 $X_C = 6 \ \Omega$。求电路的端口等效阻抗。

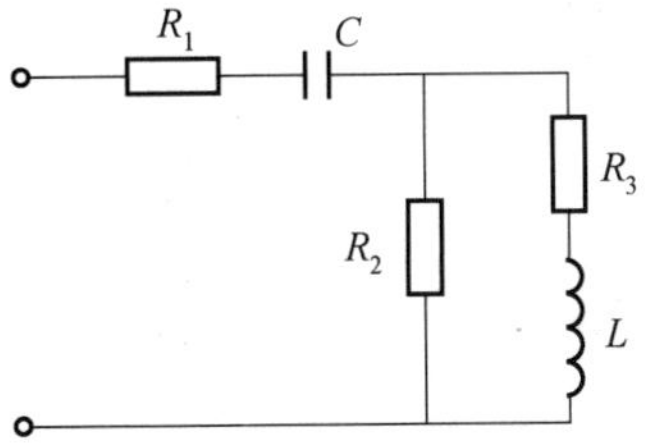

笔　记

图 6-7　任务 6.3.1 题图

任务 6.3.2 两个阻抗 $Z_1 = 200 + \text{j}628 \ \Omega$ 和 $Z_2 = 300 - \text{j}318 \ \Omega$ 串联，电源电压为工频 220 V。求：（1）电路中的电流 $\dot{I}$；（2）电路中两阻抗上的电压 $\dot{U}_1$ 和 $\dot{U}_2$；（3）画出相量图。

✍**任务 6.3.3**　已知电路如图 6-8 所示，输入电压 $u = 141\sin\omega t$ V，$R_1 = 8$ Ω，$R_2 = 4.8$ Ω，$X_C = 6$ Ω，$X_L = 6.4$ Ω。求：（1）各支路阻抗和电路总阻抗；（2）各支路的电流和电路的总电流；（3）绘制电路的电压-电流相量图。

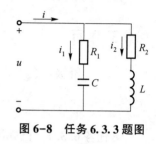

图 6-8　任务 6.3.3 题图

📖**本节理论知识点总结：**

_____

_____

_____

_____

_____

_____

_____

_____

_____

_____

🍂以上问题是否全部理解。是□　否□

确认签名：_____日期：_____

实训实践

实训任务 6.3.1 *RC*、*RL* 串联电路研究

1. 任务目标

（1）了解数字示波器的基本结构和工作原理，掌握示波器的面板操作和使用方法。

（2）验证电阻、电容和电感元件在正弦交流电路中电压与电流的相位关系。

（3）通过测量各元件两端的电量来理解 *RL* 和 *RC* 串联电路中各电压的相量关系。

（4）加深对交流电路欧姆定律的理解。

2. 任务分析

RL 和 *RC* 串联电路因其交流稳态特性，常作滤波、移相电路使用。本任务是在初步熟悉数字示波器操作面板的功能和简单操作方法后，通过测绘电路中各电量的波形来理解 *R*、*L*、*C* 各元件电压与电流的相位关系。通过测量 *RL*、*RC* 串联电路中的各电量，来分析理解 *RL*、*RC* 串联电路中各电压的大小及相位关系，并进一步掌握其在交流电路中的稳态特性。

3. 必备知识

1）原理分析

在正弦稳态电路的分析中，由于所有的激励和响应都是同频率的正弦量，表示它们的旋转角速度相同，相对位置不变。为方便计算，可以不考虑角频率这一要素，只用起始位置的矢量来表示正弦量，即用相量法来表示正弦交流电。

（1）各元件上的电压与电流间的相量关系。

在正弦交流电路中，参考方向一致时，元件上的电压与电流之间的相量关系分别如下。

①电阻 *R*：$\dot{U}_R = R\dot{I}_R$ 电压与电流同相。

②电感 *L*：$\dot{U}_L = jX_L\dot{I}$ 电压超前电流 90°。

③电容 *C*：$\dot{U}_C = -jX_C\dot{I}$ 电压滞后电流 90°。

（2）*RC* 串联电路电压关系。

RC 串联电路的相量关系如图 6-9 所示。

其电压关系为：$\dot{U} = \dot{U}_R + \dot{U}_C$，$U = \sqrt{U_R^2 + U_C^2}$；   相位关系为：$\varphi = \arctan\dfrac{U_C}{U_R} = \dfrac{X_C}{R}$。

（3）*RL* 串联电路电压关系。

RL 串联电路的相量关系如图 6-10 所示。

其电压关系为：$\dot{U} = \dot{U}_R + \dot{U}_L$，$U = \sqrt{U_R^2 + U_L^2}$；   相位关系为：$\varphi = \arctan\dfrac{U_L}{U_R} = \dfrac{X_L}{R}$。

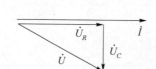

图 6-9 *RC* 串联电路的相量图

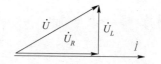

图 6-10 *RL* 串联电路的相量图

2）相位测量

若测量两个交流信号间的相位差，可以通过测量输入与输出波形间的时间差 ΔT 及信号的周期 T（图 6-11），并利用公式 $\varphi = \dfrac{\Delta T}{T} \times 360° = \varphi_u - \varphi_i$ 来计算两波形间的相位差。

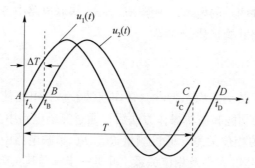

图 6-11 相位差的测量

4. 任务实施

1）实践准备

材料及设备清单如表 6-5 所示。

表 6-5 设备清单

序号	名称	型号与规格	数量	备注
1	双踪示波器	LDS20610	1	
2	数字合成信号发生器	SG1005A	1	
3	晶体管毫伏表	AS2294D	1	
4	万用表	MF500	1	
5	电阻、电感、电容	5 Ω、100 Ω 等	若干	

2）操作过程

（1）数字示波器的自检。

将示波器提供的标准信号接入信号通道 1（CH1），按 AUTO（自动设置）按钮，几秒钟内可见到方波显示（1 kHz，约 0.5 V 峰峰值），说明接入探头线完好，并且示波器 CH1 通道测试准确。同理，可完成 CH2 通道的检测。

（2）正弦波信号的观测。

①通过电缆线，将信号发生器的输出口与示波器通道 1（CH1）相连，且将接地端

相连。

②接通信号发生器的电源，选择正弦波信号输出。通过相应调节，使输出频率为 2 kHz，峰峰值为 4 V 的正弦波。

③按下示波器上的 AUTO 按钮，则示波器将自动设置垂直、水平和触发控制，并在荧光屏上显示输入波形。读出波形峰峰值及周期，并计算频率和有效值，填入表 6-6 中。

表 6-6 正弦波的测量结果

使用仪器	正弦波			
	周期	频率	峰峰值	有效值
信号发生器		2 kHz	4 V	
交流毫伏表				
示波器				

④用交流毫伏表测出正弦波电压的有效值，计算峰峰值，将所得数值分别记入表 6-6 中。

⑤分析并比较不同仪器所测得的结果。

⑥调节示波器垂直控制区、水平控制区等按钮、按键，观察各按钮、按键对显示波形的影响。

（3）R、L、C 各元件电压与电流相位关系的测量。

①按图 6-12 所示电路接线。图中 R' 取样电阻为 5 Ω，a、b 两端连接的电阻 R 取 100 Ω。

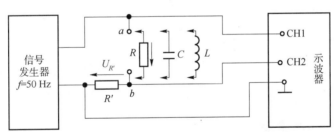

图 6-12 R、L、C 元件上电压与电流波形的测量

②调节信号发生器输出信号使 $V_{pp}=4$ V，$f=1$ kHz，观察电阻两端电压 U_{ab} 和 $U_{R'}$（即电流 i）的相位关系，并将观察到的波形描绘在后面的实训实践工作页中；因示波器只能输入电压信号，可通过 R' 两端的电压（与电流同相）来观察电流波形。由于 R' 的阻值很小，对电流性质的影响可以不考虑。

③分别在 a、b 两端换接 L、C 元件（$C=4.7$ μF、$L=100$ mH）。观察电感 L 和电容 C 元件的电压、电流相位关系，并将观察到的波形描绘于实训实践工作页中。

④从波形曲线分析总结 R、L、C 各元件的电压与电流相位关系，填入实训实践工作页。

（4）RC 串联电路的测试。

①按图 6-13 所示电路接线，其中 $C=10$ μF，$R=10$ Ω，示波器 CH1（Y1）显示电路两端 u 的波形，CH2（Y2）显示 RC 串联电路总电流 i 的波形。

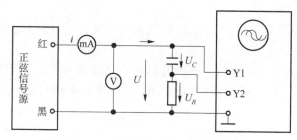

图6-13　RC串联电路中电压与电流的关系

②调节信号源使 $f=1$ kHz，$U=5$ V，分别测量和记录 U_C、U_R、I、φ_{ui}（用示波器测量 τ 计算而得），记录于表6-7中。

表6-7　RC串联电路测试的数据

U_C/V	U_R/V	U/V	I/mA	φ_{ui}

③用代数和方法计算 U_R+U_C，并验证 $U_R+U_C \neq U$。

④改变信号源频率，定性观察并记录 u、i 相位差及波形幅度的变化情况。

（5）RL串联电路的测试。

①将图6-13所示电路中的电容 C 换成 $L=100$ mH 的电感线圈，调节信号源输出信号，使其 $f=50$ Hz，$U=10$ V，分别测量和记录 U_L、U_R、I、φ_{ui}，并将数据记录于表6-8中。

表6-8　RL串联电路测试的数据

U_L/V	U_R/V	U/V	I/mA	φ_{ui}

②计算 $U=\sqrt{U_R^2+U_L^2}$，并与电压实际测量值 U 比较，说明产生误差的原因。

☎ 任务实施中的注意事项

（1）调节示波器时，要注意触发开关和电平调节旋钮的配合使用，以使显示的波形稳定。

（2）用毫安表测电流时要注意量程选择应从大到小，使指针读数尽量偏转在1/2以上。

（3）为防止外界干扰，信号发生器的接地端与示波器的接地端要相连（称共地）。

✍ 探索与思考

（1）根据表6-7和表6-8所示测量数据计算电感元件 L 和电容元件 C 的值，并判断结果与标称值是否一致，为什么？

（2）如果将实训实践工作页中绘制的电感元件频率特性曲线下端向外延伸与纵坐标相交，读出交点的数值，并说明这个数值的意义。

✍ 实训任务 6.3.2　*RC*、*RL* 串联电路波形描绘（基于测量）

（1）在实训操作"*R*、*L*、*C* 各元件电压与电流相位关系的测量"环节中，已测量了 *R*、*L*、*C* 这 3 种元件上电压与电流的相位关系，并且通过示波器观察到了元件两端电压与电流的波形。请将观测到的电压与电流波形绘制在坐标上，并说明其相位关系。

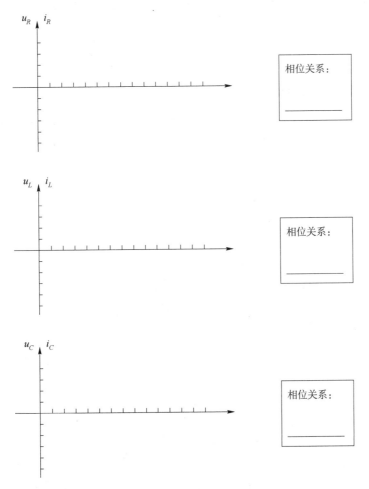

相位关系：
_____

相位关系：
_____

相位关系：
_____

（2）在实训操作"*RC* 串联电路的测试"和"*RL* 串联电路的测试"环节中，已测量了 *RC* 容性复阻抗、*RL* 感性复阻抗这两种阻抗上的电压与电流的相位关系，并且已通过示波器观察。请将观测到的电压与电流波形绘制在坐标上，并说明相位关系。

容性阻抗：
1.波形所得的相位角 φ_{ui} 为

_____
2.调大频率 *f* 后的变化
电流幅度：_____
电压幅度：_____
相位角：_____

u_{Z_2} ↑ i_{Z_2}

感性阻抗：

1.波形所得的相位角φ_{ui}为
_____

2.调大频率f后的变化

电流幅度：_____

电压幅度：_____

相位角：_____

本 节 理 论 知 识 点 总 结：

_____

_____

_____

_____

_____

_____

_____

_____

_____

_____

以上问题是否全部理解。是□　否□

确认签名：_____　日期：_____

6.4 相量法分析正弦交流电路

班级:(   )姓名:(   )学号:(   )

☞**任务6.4.1** 已知图6-14所示电路,$R = 20\ \Omega$,$C = 0.1\ \text{F}$,$L = 8\ \text{H}$。电源电压为 $u = 141\sin \omega t$。如果 $\omega = 1\ \text{rad/s}$,试用节点电压法求各支路上的电流。

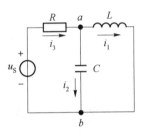

图6-14 任务6.4.1题图

☞**任务6.4.2** 已知如图6-15所示电路,电源 $\dot{I}_S = 4\underline{/90°}\ \text{A}$,$X_{C_1} = X_{C_2} = 30\ \Omega$,$R_1 = 30\ \Omega$,$R_2 = 45\ \Omega$。求电路中流过负载 R_2 的电流 $\dot{I}$。

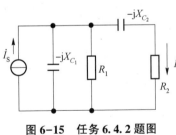

图6-15 任务6.4.2题图

本节理论知识点总结：

以上问题是否全部理解。是□　否□

确认签名：_____日期：_____

6.5 正弦稳态电路的功率

工作页

班级：（　　　　）姓名：（　　　　）学号：（　　　　）

✍任务 6.5.1 已知一个 RLC 串联电路，电阻 $R=8\ \Omega$，感抗 $X_L=10\ \Omega$，容抗 $X_C=4\ \Omega$，接电源电压为 $u=311\sin(314t)$ V。求电路中各元件上的功率、电路的视在功率和功率因数。

笔　记

✍任务 6.5.2 工频激励下，三表法测得一个线圈上的电压为 100 V，电流为 10 A，功率表读数为 800 W。求这个线圈的参数。

📖 **本节理论知识点总结：**

_____

_____

_____

_____

_____

_____

_____

_____

_____

🏆 以上问题是否全部理解。是□　否□

确认签名：_____ 日期：_____

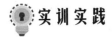**实训实践**

✕ 实训任务 6.5.3　交流参数的测定

1. 任务目标

（1）分别学会用三表法、二表法测定未知阻抗元件的交流等效参数。

（2）初步掌握功率表的结构原理和正确使用方法。

2. 任务分析

工程技术中经常会遇到需要精确测量未知阻抗元件如线圈电感量等问题，测量的方法有多种，如三表法、二表法、谐振法和状态响应法等。本任务重点让学生掌握运用三表法、二表法来测算元件的交流等效参数，并初步掌握功率表的结构原理和使用技能。

3. 必备知识

电感线圈、电阻器、电容器是常用的电路元件。电感线圈是由导线绕制而成的，必然存在一定的电阻 R'_L，因此，电感线圈的模型可用电感 L 和电阻 R'_L 来表示。电容器则因其介质在交变电场作用下有能量损耗或有漏电，可用电容 C 和电阻 R'_C 作为电容器的电路模型。线绕电阻器是用导线绕制而成的，存在一定的电感 L'，可用电阻 R 和电感 L' 作为电阻器的电路模型。图 6-16 是它们的串联电路模型。

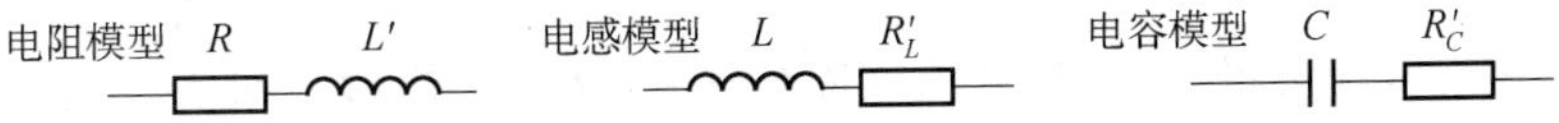

电阻模型　R　L'　　　电感模型　L　R'_L　　　电容模型　C　R'_C

图 6-16　元件的串联电路模型

注意：对于电阻器和电感线圈可以用万用表的欧姆挡测得某值，但这值是直流电阻，而不是交流电阻（且频率越高两者差别越大）；而在电容器模型中，R'_C 也不是用万用表欧姆挡测出的电阻，它是用来反映交流电通过电容器时的损耗，需要通过交流测量得出。

在工频交流电路中的电阻器、电感线圈、电容器的参数，可用交流电桥直接进行测量，在没有交流电桥的情况下可以采用下列方法测量。

（1）方法一：三表法。

交流电路中，元件的阻抗值或无源一端口网络的等效阻抗值，可以用交流电压表、交流电流表和功率表分别测出元件（或网络）两端的电压 U、流过的电流 I 和它所消耗的有功功率 P，之后再通过计算得出，其关系式如下。

阻抗的模：$|Z| = \dfrac{U}{I}$，　　　　　电路的功率因数：$\cos \varphi = \dfrac{P}{UI}$

等效电阻：$R = \dfrac{P}{I^2} = |Z| \cos \varphi$，等效电抗：$X = |Z| \cos \varphi$ 或 $X = \sqrt{Z^2 - R^2}$

若待测元件是一个电感线圈，则电感线圈的电感为 $L = \dfrac{X_L}{\omega}$。

若待测元件是一个电容器，则电容器的电容为 $C = \dfrac{1}{X_C \omega}$。

这种测量方法简称为三表法，它是测定交流阻抗的基本方法。

注意：功率表法不能判断被测阻抗是容性还是感性，可采用以下方法加以判断。

①在被测网络输入端并接一只适当容量的小电容器，如电流表的读数增大，则被测网络为容性，若电流表读数减小，则为感性。

②利用示波器测量阻抗元件的电流及端电压之间的相位关系，电流超前电压为容性，电流滞后电压为感性。

③在电路中接入功率因数表，从表上直接读出被测阻抗的 $\cos\varphi$ 值，若读数超前则为容性电路，读数滞后则为感性电路。

（2）方法二：二表法。

用电压表和电流表测元件参数的方法称为二表法，其原理是将待测元件与一个已知电阻串联，若待测元件是一个电感线圈，如图 6-17 所示。

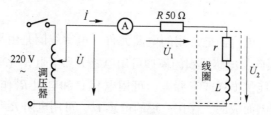

图 6-17　二表法测元件参数

根据基尔霍夫定律可得，$\dot{U} = \dot{U}_1 + \dot{U}_2$。而 $\dot{U}_2 = \dot{U}_r + \dot{U}_L$，其中 $\dot{U}_r$ 和 $\dot{U}_L$ 为假想电压，分别代表线圈中等效电阻 r 和电感 L 的端电压。

各电压向量关系如图 6-18 所示，由于 U、U_1、U_2 可由电路中测得，即图中小三角形 aOb 的各边长已知，则有 $2UU_1\cos\varphi = U^2 + U_1^2 - U_2^2$ 的关系，再利用三角形的有关公式求出 bc 边和 ac 边的长度，即电压 $\dot{U}_r$ 和 $\dot{U}_L$ 的有效值可求，最后由式 $r = \dfrac{U_r}{I}$、$\omega L = \dfrac{U_L}{I}$ 及已知的电源角频率 ω 可求得线圈中的各参数。

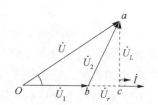

图 6-18　线圈各电压的向量关系

若待测元件为一个电容元件，由于电容介质损耗的等值电阻很小，故 U、U_1、U_2 组成的三角形几乎为一直角三角形，用同样方法可求出电容 C 的大小。

4. 任务实施

1）实践准备

材料及设备清单如表 6-9 所示。

表 6-9　设备清单

序号	名称	型号与规格	数量	备注
1	交流调压器	交流 0~24 V	1	
2	万用表	MF500	1	
3	功率表	D34	1	
4	电阻	10 Ω、20 Ω	2	
5	电感线圈	100 mH	1 只	
6	电容器	220 μF	1	
7	实验用 9 孔插件方板	297 mm×300 mm	1	

2）操作过程

（1）三表法测电感线圈参数。

①按图 6-19 所示电路接线。

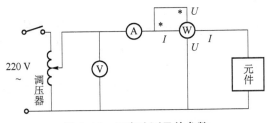

图 6-19　三表法测元件参数

②将图中元件阻抗 Z 分别取：$R=10\ \Omega$、电感线圈 $L=100\ \text{mH}$，调节调压器电压（20 V 左右）使电流表的读数为 0.5 A，分别测量电路输入电压及功率值，记录在表 6-10 中。

表 6-10　电感元件测量的数据

被测元件	测量值			计算值				
	I/A	U/V	P/W	$\cos\varphi$	Z/Ω	R/Ω	X/Ω	元件参数
电感线圈	0.5 A							$L=$ ___
电阻器								$R=$ ___

③将图中元件阻抗 Z 分别取：$R=10\ \Omega$、电容元件 $C=220\ \mu\text{F}$，调节调压器电压使电流表的读数为 0.5 A，分别测量电路中电压及功率值，并记录于表 6-11 中。

表 6-11　电容元件测量的数据

被测元件	测量值			计算值				
	I/A	U/V	P/W	$\cos\varphi$	Z/Ω	R/Ω	X/Ω	元件参数
电容元件	0.5 A							$C=$ ___
电阻器								$R=$ ___

④根据表中的测量值计算元件各参数，并比较计算值与元件标称值之间的误差，分析误差产生的原因。

（2）二表法测电感线圈参数。

①按图6-17所示电路接线。

②辅助电阻为20 Ω，被测线圈电阻 $r=10$ Ω，$L=100$ mH，调节调压器电压（20 V左右），使电流表的读数为0.5 A，测量各电压值并记录于表6-12中。

表6-12 电感线圈参数的测量

被测线圈	I/A	U/V	U_1/V	U_2/V	计算元件参数		
					r	X	L

③比较计算值与实际值之间的误差，并分析误差产生的原因。

☏ 任务实施中的注意事项

（1）本实验直接用市电220 V交流电源供电，实验中要特别注意人身安全。

（2）不可用手直接触摸通电线路的裸露部分，以免触电。

（3）交流调压器应先调到零，接好电路，检查无误后再合上开关并将其输出缓慢调到所需数值，转动调压器手柄不要用力过大，每完成一个实验改接线路时，都要将调压器调回零位并断开其电源开关。

（4）根据预习结果正确选择各仪表的量程。

（5）实验中电流不要超过电阻和电感线圈的额定电流。

✍ 探索与思考

（1）用三表法测参数时，为什么在被测元件两端并接电容可以判断元件的性质？试用相量图加以说明。

（2）除上述几种测量方法外，还有哪些方法可以测算未知元件的参数？试说明测量原理并设计简单测量电路。

📖 本节理论知识点总结：

_____

_____

_____

_____

🍗 以上问题是否全部理解。是□ 否□

确认签名：_____ 日期：_____

6.6 正弦稳态电路最大功率传输

班级：（   ）姓名：（   ）学号：（   ）

任务 6.6.1 如图 6-20 所示，一个内部含有 $R_i = 5\ \Omega$、$L = 50\ \mu H$ 的交流电源 $u = 10\sqrt{2}\sin 10^5 t$ 连接一个负载 Z。（1）当这个负载为 5 Ω 纯电阻时，求负载上消耗的功率。（2）这个负载为多少时可以获得最大功率？此时获得的最大功率有多大？

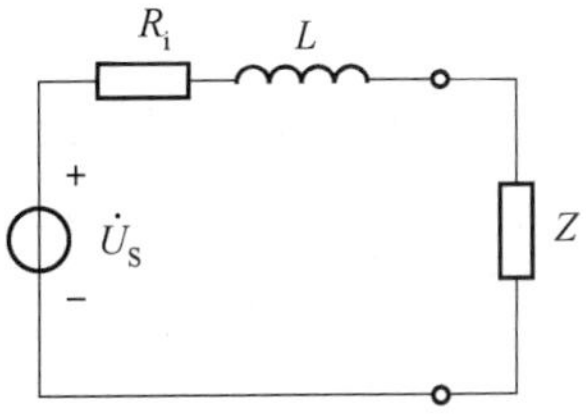

笔 记

图 6-20 任务 6.6.1 题图

本节理论知识点总结：

以上问题是否全部理解。是□ 否□

确认签名：＿＿＿＿＿＿＿＿ 日期：＿＿＿＿＿＿＿

6.7 功率因数的提高

工作页

班级：（　　　　　）姓名：（　　　　　）学号：（　　　　　）

任务6.7.1　一感性负载接在电压 220 V、50 Hz 的交流电路中，其额定功率为 5 kW，功率因数为 0.75。若要把功率因数提高到 0.9，请选择合适的并联补偿电容器。

笔　记

本节理论知识点总结：

_____

_____

_____

_____

_____

_____

_____

_____

以上问题是否全部理解。是□　否□

确认签名：_____　日期：_____

✳ **实训任务 6.7.2　日光灯电路及功率因数的提高**

1. 任务目标

（1）验证单相交流电路中的电流、电压和功率关系的理论。
（2）了解日光灯电路的组成、工作原理和连接方法。
（3）掌握用电容器改善功率因数的方法和意义。
（4）通过测量电路功率，进一步掌握功率表的使用方法。

2. 任务分析

电力系统中的负载大部分是感性负载，其功率因数较低，为提高电源的利用率和减少供电线路的损耗，往往要对其进行无功补偿，以提高线路的功率因数。而日光灯电路为感性负载，其功率因数一般为 0.3~0.4。在本任务中，利用日光灯电路来模拟实际的感性负载，以观察交流电路的各种现象，并通过对电路并联电容前后电量的测算来进一步理解和掌握提高功率因数的方法和意义。

3. 必备知识

1）原理分析

（1）日光灯电路的组成。

如图 6-21 所示的日光灯电路由荧光灯管、镇流器和启辉器三部分组成。

①灯管：日光灯管是内壁涂有荧光粉的玻璃管，内部充有惰性气体（如氩气）与水银蒸气。灯管两端各有一个阳极和一根由钨丝制成的灯丝。灯丝用来发射电子。阳极是两根镍丝，焊在灯丝上，与灯丝电位相同。在正电位时，阳极吸收部分电子，减少电子对灯丝的撞击。当管内产生辉光放电时，水银蒸气会放射紫外线，紫外线照射到荧光粉上就会发出可见光。

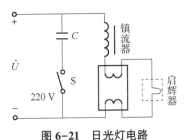

图 6-21　日光灯电路

②镇流器：它是绕在硅钢片铁芯上的电感线圈，在电路上与灯管相串联。它在日光灯启动时产生足够的自感电动势，使灯管内的气体放电；在日光灯正常工作时，限制灯管电流。

③启辉器：它是一个小型的辉光管，管内充有惰性气体，并装有两个电极，一个是固定电极，一个是倒 U 形的可动电极，如图 6-21 所示。两电极上都焊接有触点，倒 U 形可动电极由热膨胀系数不同的两种金属片制成。

（2）日光灯工作原理。

①点燃过程：刚接通电源时，灯管内气体尚未放电，电源电压全部加在启辉器上，使它产生辉光放电并发热，倒 U 形的金属片受热膨胀，由于内层金属的热膨胀系数大，双金

属片受热后趋于伸直，使金属片上的触点闭合，将电路接通。电流通过灯管两端的灯丝，灯丝受热后发射电子，而当启辉器的触点闭合后，两电极间的电压降为零，辉光放电停止，双金属片经冷却后恢复原来位置，两触点重新分开。为了避免启辉器断开时产生火花而将触点烧毁，通常在两电极间并联一只极小的电容器。

②发光过程：在双金属片冷却后触点断开瞬间，镇流器两端产生相当高的自感电动势，这个自感电动势与电源电压一起加到灯管两端，使灯管发生弧光放电，弧光放电所放射的紫外线照射到灯管的荧光粉上，就发出可见光。

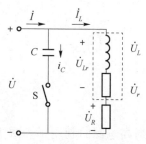

图6-22 日光灯等效电路

（3）日光灯电路原理分析。

灯管点亮后，较高的电压降落在镇流器上，灯管电压只有100 V左右，这个较低的电压不足以使启辉器放电，因此，它的触点不能闭合。这时，日光灯电路因有镇流器的存在，形成一个功率因数很低的感性电路。日光灯电路的等效电路如图6-22所示，可以看成 R、L 串联的感性电路。以电流 $\dot{I}_L$ 为参考相量，则电压、电流关系为

$$\dot{U} = \dot{U}_r + \dot{U}_L + \dot{U}_R = \dot{I}(r + jX_L + R) = \dot{I}\,Z$$

其相量图如图6-23所示。

2）功率因数的提高

如果负载功率因数低（日光灯电路的功率因数为0.3~0.4），由有功功率 $P = UI\cos\varphi$ 可知，当功率 P 和供电电压 U 一定时，功率因数 $\cos\varphi$ 越低，线路电流 I 就越大。若线路总电阻为 R_1，则线路压降和线路功率损耗分别为 $\Delta U_1 = IR_1$ 和 $\Delta P_1 = I^2 R_1$，从而增加了线路压降和线路功率损耗。另外，负载的功率因数越低，表明无功功率越大，电源就必须用较大的容量和负载电感进行能量交换，电源向负载提供有功功率的能力就必然下降，从而降低了电源容量的利用率。因而，为了提高供电系统的经济效益和供电质量，供电部门规定当负载（或单位供电）的功率因数低于0.85时，必须对其进行改善和提高。

提高功率因数的方法：常在感性负载两端并联电容器组，如图6-22所示接线，以补偿无功功率，使负载的总无功功率 $Q = Q_L - Q_C$ 减小。在传送的有功功率 P 不变时，使得功率因数提高，线路电流减小。功率因数提高的相量图如图6-24所示。

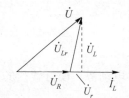

图6-23 日光灯电路相量图

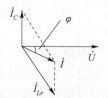

图6-24 提高功率因数相量图

4. 任务实施

1）实践准备

材料及设备清单如表6-13所示。

表 6-13　设备清单

序号	名称	型号与规格	数量	备注
1	日光灯管	220 V、40 W	1 支	
2	镇流器	MC1013	1 个	
3	启辉器	65 W	1 个	
4	补偿电容板	MC1010	1 块	
5	交流电流表	MC1028	1 块	
6	交流电压表	MC1028	1 块	
7	功率表	MC1027	1 块	

2）操作过程

（1）日光灯电路的安装和参数测量。

①按图 6-25 所示日光灯原理图接好线路。

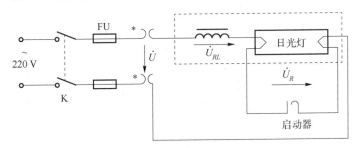

图 6-25　日光灯原理图

②接通电源，观察日光灯的启动过程。

③测日光灯电路的端电压 U，灯管两端电压 U_R、镇流器两端电压 U_{RL}、电路电流 I 以及总功率 P、灯管功率 P_R、镇流器功率 P_{RL}。将数据记录于表 6-14 中。

表 6-14　日光灯电路测试数据

物理量	U	U_R	U_{RL}	I	P	P_R	P_{RL}	$\cos \varphi$
测量值								

（2）日光灯功率因数的提高。

①在日光灯电路两端并联电容，接线电路如图 6-26 所示。

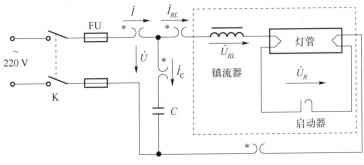

图 6-26　并联电容接线图

②逐渐加大电容的容量，每改变一次电容量，都要测量端电压 U、总电流 I、日光灯电流 I_{RL}、电容电流 I_C 及总功率 P 的值，记录于表 6-15 中。

表 6-15　日光灯功率因数提高电路测量的数据

电容/μF	测量数据					计算
	U/V	I/A	I_{RL}/A	I_C/A	P/W	$\cos \varphi$

（3）功率的测量。

测量日光灯管、镇流器、电容器及整个电路的功率，测试电路中各参量的数据，并记录在表 6-16 中。

表 6-16　功率的测量数据

物理量	P	P_{RL}	P_C	P_R
测量值				

☎ 任务实施中的注意事项

实验室提供实验用单相交流电源电压为 220 V。

（1）灯管一定要与镇流器串联后接到电源上，切勿将灯管直接接到 220 V 电源上。

（2）测功率时要分清功率表的电压线圈和电流线圈。电压线圈要并联在被测电路两端，而电流线圈要串接在电路中。

✎ 探索与思考

（1）把电容器与 RL 电路并联可改善负载的功率因数，如果把电容器与 RL 电路串联起来能否改善负载功率因数？为什么？实际中能否采用？为什么？

（2）在做功率因数提高实验时，随着电容器容量的不断增加，电路总电流的变化规律为由大变小再变大，分析原因。

（3）并联电容后，总功率 P 是否变化？为什么？

（4）由测算结果说明提高功率因数的意义。

📖 **本节理论知识点总结：**

_____

_____

_____

_____

_____

_____

_____

_____

_____

🏆 以上问题是否全部理解。是□　否□

确认签名：_____　日期：_____

第7章

三相正弦交流电路

7.1　三相交流电源

🔒 工作页

班级：(　　　　　)　姓名：(　　　　　)　学号：(　　　　　)

✐任务 7.1.1　填空题

1. 三相对称交流电源是指由 3 个频率_____，幅值_____，相位互差_____，并且各瞬时值之和等于_____的单相交流电源组合而成的供电系统。

2. 三相电源相线与中性线之间的电压称为_____，三相电源相线与相线之间的电压称为_____。

3. 对称三相电源连接方法有_____和_____两种。星形连接时线电压的大小是相电压的_____倍，相位超前相电压_____。

4. 对称三相电源三角形连接时，线电压与相电压的大小_____，相位_____。

5. 目前我国低压三相四线制供电线路供给用户的线电压是_____V，相电压是_____V。

✐任务 7.1.2　选择题

1. 对称三相电源是指（　　）的三相电源。

A. 电压相等、频率不同、初相角均 120°

B. 电压不等、频率不同、相位互差 180°

C. 幅值相等、频率相同、相位互差 120°

D. 3 个交流电都一样的电源

2. 三相电动势 U–V–W 相序为正序，则 V–W–U 为（　　）

A. 逆序　　　　　　　　　　　　B. 正序

笔　记

C. 零序　　　　　　　　　　　　　　D. 反序

3. 对称正相序三相电源星形连接，若相电压 $u_U = 100\sin(\omega t - 60°)$ V，则线电压 $u_{UV} =$（　　）V。

A. $100\sqrt{3}\sin(\omega t - 60°)$　　　　　　B. $100\sqrt{3}\sin(\omega t - 30°)$

C. $100\sqrt{3}\sin(\omega t - 150°)$　　　　　D. $100\sqrt{3}\sin(\omega t + 30°)$

4. 星形连接时三相电源的公共点称为三相电源的（　　）。

A. 中性点　　　　B. 参考点　　　　C. 零电位点　　　　D. 接地点

5. 对称三相电源在任一瞬间的（　　）等于零。

A. 频率　　　　B. 波形　　　　C. 角度　　　　D. 代数和

6. 对称三相电源绕组在作三角形连接时，在连成闭合电路之前，应用电压表测量闭合回路的开口电压，如果读数为（　　），则说明接线正确。

A. 相电压　　　　B. 线电压　　　　C. 零　　　　D. 2 倍相电压

7. 在变电所三相母线应分别涂以（　　）色以示正相序。

A. 红、黄、绿　　　B. 黄、绿、红　　　C. 绿、黄 、红

任务 7.1.3　计算题

1. 已知对称三相电源中，U 相电压的瞬时值 $u_U = 311\sin(314t + 30°)$ V，试写出其他各相电压的瞬时值表达式、相量表达式，并绘出相量图。

2. 正序对称三相电源星形连接，若 $\dot{U}_{VW} = 380\underline{/30°}$ V，则 $\dot{U}_{UV} =$ ＿＿＿＿＿＿＿＿ V，$\dot{U}_U =$ ＿＿＿＿＿＿＿＿ V，$\dot{U}_W =$ ＿＿＿＿＿＿＿＿ V，$\dot{U}_{UV} + \dot{U}_{VW} + \dot{U}_{WU} =$ ＿＿＿＿＿＿＿＿ V。

3. 工频下正序对称三相电源三角形连接，若 $\dot{U}_{WU} = 220\underline{/50°}$ V，则 $\dot{U}_{UV} =$ ＿＿＿＿＿＿＿＿ V，$\dot{U}_W =$ ＿＿＿＿＿＿＿＿ V，$\dot{U}_U =$ ＿＿＿＿＿＿＿＿ V，$u_V =$ ＿＿＿＿＿＿＿＿ V。

📖 **本节理论知识点总结：**

_____

_____

_____

_____

_____

_____

_____

_____

_____

🏆以上问题是否全部理解。是□　否□

确认签名：_____日期：_____

7.2 三相负载

工作页

班级:(   ) 姓名:(   ) 学号:(   )

任务 7.2.1　填空题

1. 三相电路中的三相负载,可分为_____三相负载和_____三相负载两种情况。

2. 三相负载星形连接时线电流与相电流_____,在电源对称情况下,对称负载线电压的大小是相电压的_____倍,相位_____对应相电流 30°。

3. 对称三相负载三角形连接时线电压与相电压_____,在电源对称情况下,线电流的大小是相电流的_____倍,相位_____对应相电流 30°。

4. 当三相负载的额定电压等于三相电源的线电压时,应采用_____形_____连接方式;当三相负载的额定电压等于三相电源的相电压时,应采用_____形_____连接方式。

任务 7.2.2　选择题

1. 三相负载对称的条件是 (   )。

A. 每相的复阻抗相等

B. 每相阻抗的数值相等,阻抗角相差 120°

C. 每相阻抗的数值相等

D. 每相阻抗值和功率因数相等

2. 三相负载端线中的电流称为 (   )。

A. 相电流　　　　　　　　　B. 线电流

C. 中性线电流　　　　　　　D. 负载电流

3. 一台三相电动机,每组绕组的额定电压为 220 V,对称三相电源的线电压 $U_L = 380$ V,则三相绕组应采用 (   )。

A. 星形连接,不接中性线

B. 星形连接,并接中性线

C. A、B 均可

D. 三角形连接

4. 已知三相对称电源线电压 $U_L = 380$ V,三角形连接对称负载 $Z = (6+j8)$ Ω,则线电流 $I_L = ($ $)$ A。

141

A. $38\sqrt{3}$ B. $22\sqrt{3}$ C. 38   D. 22

5. 已知三相对称电源线电压 $U_L = 380$ V，星形连接的对称负载 $Z = (6+j8)$ Ω，则线电流 $I_L =$ (   ) A。

A. $38\sqrt{3}$ B. $22\sqrt{3}$ C. $22\sqrt{2}$ D. 22

6. 三相四线制电源能输出 (   ) 种电压。

A. 2   B. 1   C. 3   D. 4

✍任务 7.2.3 计算题

1. 星形连接的三相负载，每相电阻 $R = 24$ Ω，感抗 $X_L = 32$ Ω。电源电压对称，设 $u_{UV} = 380\sqrt{2}\sin(\omega t+30°)$ V，试求各相电流瞬时值。

2. 某对称三相电路，负载作三角形连接，每相负载阻抗为 $9\underline{/30°}$ Ω，若把它接到线电压为 127 V 的三相电源上，求各负载相电流及线电流。

📖 本节理论知识点总结：

_____

_____

_____

_____

_____

_____

_____

🍷以上问题是否全部理解。是□ 否□

确认签名：_____ 日期：_____

7.3 三相电路的分析与计算

工作页

班级：（   ）姓名：（   ）学号：（   ）

任务 7.3.1 选择题

1. 对称三相电路是指（   ）。

A. 三相电源对称的电路

B. 三相负载对称的电路

C. 三相线路对称的电路

D. 三相电源、三相负载及三相线路均对称的电路

2. 对称三相交流电路，三相负载为三角形连接，当电源线电压不变时，三相负载换为星形连接，三相负载的相电流应（   ）。

A. 减小　　　　　B. 增大　　　　　C. 不变

3. 下列结论中，正确的是（   ）。

A. 当负载作星形连接时，线电流必等于相电流

B. 当负载作三角形连接时，线电流为相电流的$\sqrt{3}$倍

C. 当负载作星形连接时，必须有中性线

4. 在三相四线制中，当三相负载不平衡时，三相电压相等，中性线电流（   ）。

A. 等于零　　　　　　　　　B. 不等于零

C. 增大　　　　　　　　　　D. 减小

5. 三相负载越接近对称，中性线电流（   ）。

A. 越小　　　　　　　　　　B. 越大

C. 不变　　　　　　　　　　D. 不确定

6. 三相不对称负载且星形连接，若中性线断线，电流、电压及负载将发生（   ）。

A. 电压不变，只是电流不一样，负载能正常工作

B. 电压不变，电流也不变，负载正常工作

C. 各相电流、电压都发生变化，会使负载不能正常工作或损坏

D. 不一定电压会产生变化，只要断开负载，负载就不会损坏

7. 三相电源线电压为 380 V ，对称负载为星形连接，未接中性线。如果某相突然断掉，其余两相负载的相电压均为（   ）V 。

A. 380　　　　　　　　　　　B. 220

C. 190   D. 无法确定

8. 在三相四线制的中性线上，不安装开关和熔断器的原因是（   ）。

A. 中性线上没有电缆

B. 开关接通或断开对电路无影响

C. 安装开关和熔断器以降低中性线的机械强度

D. 开关断开或熔丝熔断后，三相不对称负载承受三相不对称电压的作用，无法正常工作，严重时会烧毁负载

✍任务 7.3.2 已知对称三相交流电路，每相负载电阻为 $R = 32\ \Omega$，感抗 $X_L = 24\ \Omega$。

（1）设电源电压为 $U_L = 380\ V$，求负载星形连接时的相电流、相电压和线电流。

（2）设电源电压为 $U_L = 380\ V$，求负载三角形连接时的相电流、相电压和线电流。

✍任务 7.3.3 图 7-1 所示为对称星形连接电路，每相负载阻抗为 $Z = 10\underline{/53.1°}\ \Omega$，端线阻抗 $Z_1 = 1 + j1\ \Omega$，中性线阻抗 $Z_N = 2 + j\ \Omega$，接至线电压为 380 V 的三相电源上，求各负载中的相电流、相电压并作相量图。

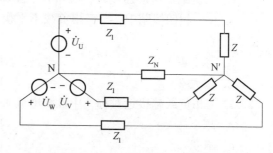

图 7-1   任务 7.3.3 题图

❀任务 7.3.4　在线电压为 380 V 的三相电源上，接有两组电阻性对称负载，如图 7-2 所示。其中 $Z_1 = 50\underline{/36.9°}$ Ω，$Z_2 = 100\underline{/53.1°}$ Ω，试求各线电流 $\dot{I}_U$、$\dot{I}_V$ 和 $\dot{I}_W$。

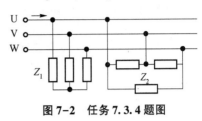

图 7-2　任务 7.3.4 题图

❀任务 7.3.5　带中性线的三相不对称负载星形连接，已知 U 相电压为 $\dot{U}_U = 220\underline{/0°}$ V，$Z_U = 4+j3$ Ω，$Z_V = 5$ Ω，$Z_W = 6-j8$ Ω。若忽略中性线阻抗，试求各负载上的相电压、相电流和中性线电流。

✍**任务 7.3.6** 如图 7-3 所示，带中性线的三相不对称负载电路，已知 U 相电压为 $\dot{U}_U$ = 220$\underline{/0°}$ V，Z_U = 3+j2 Ω，Z_V = 4+j4 Ω，Z_W = 2+j Ω，中性线阻抗为 Z_N = 4+j3 Ω。试求中性点之间电压、线电流及中性线电流。

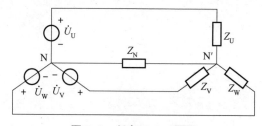

图 7-3　任务 7.3.6 题图

✍**任务 7.3.7** 图 7-4 所示为常用三相四线制照明电路，已知三相电源线电压 U_L = 380 V，R_a = 50 Ω，R_b = 100 Ω，R_c = 200 Ω。

（1）求 U、V、W 各相负载的电压、电流及中性线电流。

（2）当 U 相短路时，对电路有何影响？

（3）当中性线断开而 U 相又短路时对电路有何影响？

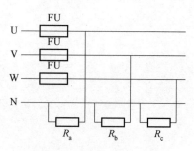

图 7-4　任务 7.3.7 题图

任务 7.3.8　已知三相不对称负载三角形连接电路如图 7-5 所示，已知各负载阻抗为 $Z_U = 150+j75\ \Omega$，$Z_V = 75\ \Omega$，$Z_W = 45+j45\ \Omega$，电源线电压 $U_L = 380\ V$。试求各相电流和线电流。

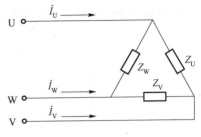

图 7-5　任务 7.3.8 题图

🔖 **本节理论知识点总结：**

_____

_____

_____

_____

_____

_____

_____

_____

_____

_____

☞以上问题是否全部理解。是□　否□

确认签名：_____　日期：_____

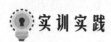

实训实践

💻 仿真任务 7.3.1　三相电路的分析与仿真

1. 任务目标

（1）掌握三相负载星形、三角形连接。

（2）通过仿真实验验证三相对称负载作星形连接时线电压和相电压的关系，三角形连接时线电流和相电流的关系。

（3）了解不对称负载作星形连接时中性线的作用。

（4）加深对 Multisim 应用软件的应用。

2. 任务分析

在三相电路中，负载的连接方法有两种，即星形连接和三角形连接。本任务在搭建三相负载星形和三角形连接电路的基础上，通过测量三相负载对称及不对称电路中的各电量，来理解和掌握三相负载星形连接和三角形连接电路中各电压、电流的特点以及中性线在电路中所起的作用。

3. 必备知识

1）三相三线制

当负载对称时，可采用三相三线制供电方式。当负载为星形连接时，线电流 I_L 与相电流 I_P 相等，即 $I_L = I_P$；线电压 U_L 与相电压 U_P 的关系式为 $U_L = \sqrt{3} U_P$。当负载不对称时，负载中性点的电位将与电源中性点的电位不同，各相负载的端电压不再保持对称关系。

当负载为三角形连接时，线电压 U_L 与相电压 U_P 相等，即 $U_L = U_P$；线电流 I_L 与相电流 I_P 关系式为 $I_L = \sqrt{3} I_P$。

图 7-6 所示为对称负载星形连接三相三线制仿真电路。各个元器件的数值、交流电源参数的设置如图 7-6 所示。

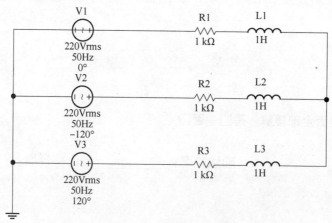

图 7-6　对称负载星形连接三相三线制仿真电路

图 7-7 所示为对称负载三角形连接三相三线制仿真电路。各个元器件的数值、交流电源参数的设置如图 7-7 所示。

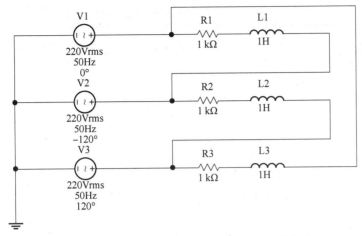

图 7-7　对称负载三角形连接三相三线制仿真电路

2）三相四线制

不论负载对称与否，均可以采用星形连接，并有 $U_L = \sqrt{3}\,U_P$、$I_L = I_P$。对称时中性线无电流；不对称时中性线上有电流。图 7-8 所示为对称负载三相四线制仿真电路。

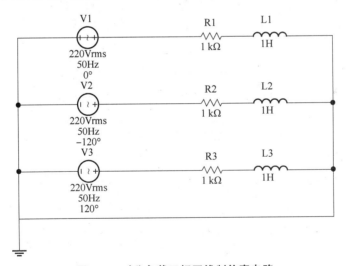

图 7-8　对称负载三相四线制仿真电路

4. 任务实施

1）三相三线制星形电路的测量

（1）建立图 7-6 所示对称负载星形连接三相三线制仿真电路。

（2）单击仿真开关，激活电路。利用探针测量并记录各线电压、相电压、线电流和相电流的读数，并记录于表 7-1 中。

（3）设置 V 相负载电阻 $R_2 = 5$ kΩ，其他参数不变，重新仿真，测量不对称负载电路中各电压和电流数值，并记录于表 7-1 中。

表 7-1　负载星形连接测量的数据

项目数据		U_{UV}	U_{VW}	U_{WU}	U_{UN}	U_{VN}	U_{WN}	$U_{NN'}$	I_U	I_V	I_W	I_N
三相三线制	对称											
	不对称											
三相四线制	对称											
	不对称											

2）三相四线制星形电路的测量

（1）建立图 7-8 所示对称负载星形连接的三相四线制仿真电路。

（2）单击仿真开关，激活电路。利用探针测量并记录各线电压、相电压、相电流及中性线电流的读数，并记录于表 7-1 中。

（3）设置 V 相负载电阻 $R_2 = 5$ kΩ，其他参数不变，重新仿真，测量不对称三相四线制电路中各电压和电流数值，并记录于表 7-1 中。

3）三相三线制三角形电路的测量

（1）建立图 7-7 所示对称负载三角形连接的三相三线制仿真电路。

（2）单击仿真开关，激活电路。利用探针测量并记录各线电压、相电压、线电流和相电流的读数，并记录于表 7-2 中。

表 7-2　负载三角形连接测量的实验数据

项目	线电压			相电压			相电流			线电流		
	U_{UV}	U_{VW}	U_{WU}	$U_{U'V'}$	$U_{V'W'}$	$U_{W'U'}$	I_{UV}	I_{VW}	I_{WU}	I_U	I_V	I_W
负载对称												
负载不对称												

（3）设置 V 相负载电阻 $R_2 = 5$ kΩ，其他参数不变，重新仿真，测量不对称负载电路中各电压和电流数值，并记录于表 7-2 中。

✎ 探索与思考

（1）若三相三线制星形连接电路负载不对称时，各相电压的分配关系将会如何？说明中性线的作用和实际应用中需注意的问题。

（2）计算不对称负载星形连接三相四线制电路中的线电压与相电压的数值，并与实验测量数据进行比较，分析误差产生的原因。

（3）画出三相对称负载三角形连接时线电流与相电流的相量图，并进行计算，验证实验测量读数的正确性。

📖 **本节理论知识点总结：**

_____

_____

_____

_____

_____

_____

_____

_____

_____

_____

🏆 以上问题是否全部理解。是□　否□

确认签名：_____ 日期：_____

实训任务 7.3.2 三相电路的星形连接

1. 任务目标

（1）学习电阻性三相负载星形连接的方法。
（2）验证三相对称负载星形连接时，线电压与相电压、线电流与相电流之间的关系。
（3）通过实验观察三相负载对称时及三相负载不对称时中性线的作用。
（4）学习三相电源相序的一种简单测定方法。

2. 任务分析

因为使用任何电气设备都要求负载所承受的电压应小于等于它的额定电压，所以，负载要采用一定的连接方法，来满足负载对电压的要求。在三相电路中，负载的连接方法有两种，即星形连接和三角形连接。本任务在搭建三相负载星形连接电路的基础上，通过测量对称三相负载和不对称三相负载电路中的各电量，来理解和掌握三相负载星形连接电路中各电压、电流的特点及中性线在电路中所起的作用，最后还要学会对三相电源相序的简单测定。

3. 必备知识

（1）三相对称负载星形连接时线电压和相电压、相电流与线电流的关系。
（2）三相不对称负载星形连接时电路的特点。
（3）中性线的作用。
（4）电源相序的测定。

4. 任务实施

1）实训准备

（1）三相电路如图 7-9（a）所示，分析电路原理及各负载电压与电流的关系。

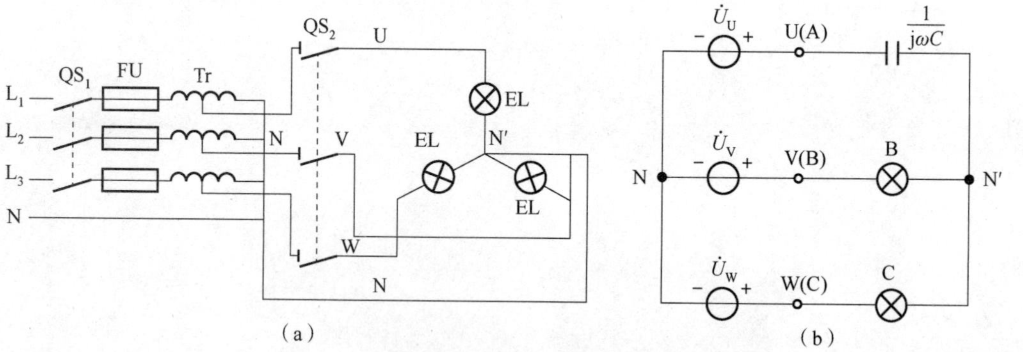

图 7-9 三相电路图

（2）图 7-9（b）所示为一相序检测仪电路，若 $\frac{1}{\omega C}=R$，试分析在电源电压对称情况下，如何根据灯泡情况来确定电源的相序，并将理论分析结果记录于表 7-3 中。

表 7-3 相序测定（U 相接电容 C，默认为 U 相）

相序	U	V	W
理论计算值			
实验观察现象			

2）操作过程

（1）负载星形连接的三相电路。

①按图 7-9（a）所示原理电路接线。

②检查接线无误后，将三相调压器手柄旋到输出电压为零的位置，闭合三相电源闸刀开关 QS_1 和 QS_2。

③调节三相调压器的输出手柄，使输出的相电压 $U_P = 220$ V。

④用电压表分别测量负载对称（采用 3 个均为 60 W 的灯泡作为对称负载）、负载不对称（采用 3 个分别为 25 W、40 W、60 W 的灯泡作为不对称负载）两种情况下加在各个灯泡上的线电压、相电压、线电流（即相电流）与中性线电流，各测量点如图 7-10 所示，观察灯泡的发光情况（正常、过亮、过暗、不亮），将以上数据记入表 7-4 中。

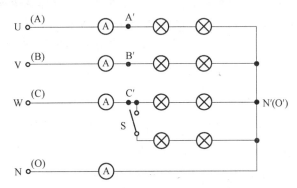

图 7-10 负载星形连接各测量点

⑤拆除中线后，重复步骤④的过程，并将数据记录于表 7-4 中。

表 7-4 负载星形连接测量数据

项目数据		$U_{A'B'}$	$U_{B'C'}$	$U_{C'A'}$	$U_{A'O'}$	$U_{B'O'}$	$U_{C'O'}$	$U_{NN'}$	I_A	I_B	I_C	I_O
负载对称	有中性线											
	无中性线											
负载不对称	有中性线											
	无中性线											
A 相开路（负载对称）	有中性线											
	无中性线											

⑥将调压器输出电压降为零，切断三相电源开关。

观察现象：在负载不对称的情况下，有中性线时，各相灯泡亮度是否一样？无中性线时，各相灯泡亮度是否一样？为什么？

（2）测定三相电源的相序。

按图7-9（b）所示连接测试电路，测定实验台上三相电源的相序。

根据实验原理，在 U 相中接入电容，观察其他两相灯泡的亮度，且将结果记录于表7-3中，并与理论分析的相序相比较是否相符。

☏ 任务实施中的注意事项

（1）注意三相调压器的正确接线，调压器的中性点必须与电源的中性线相连接。

（2）三相交流电源电压较高，线路必须经指导教师检查认可后方可通电进行实验，实验时严禁人体触及带电部分，以确保人身安全。

（3）更换实验内容时，必须先停电，严禁带电操作，以确保设备及人身安全。

（4）在进行三相不对称负载星形连接且无中性线的实验时，由于加在 3 个灯泡上的电压不对称，有的灯泡上的电压可能超过 220 V，因此在进行实验时动作要迅速，以免烧坏灯泡。

✍ 探索与思考

（1）分别在有、无中性线的情况下，三相负载对称时，其线电压和相电压之间是否存在$\sqrt{3}$的数量关系；三相负载不对称时，线电压和相电压之间是否存在$\sqrt{5}$的数量关系。

（2）由测算结果总结分析中性线在三相电路中的作用。

📖 本节理论知识点总结：

_____

_____

_____

_____

_____

_____

☏以上问题是否全部理解。是□　否□

确认签名：_____日期：_____

7.4 三相电路的功率

工作页

班级:(   ) 姓名:(   ) 学号:(   )

✍**任务 7.4.1** 判断题

(1) 在三相电路中,总的有功功率、无功功率和视在功率都为各相功率之和。(   )

(2) 三相对称负载消耗的有功功率表达式为

$$P = \sqrt{3}\, U_L I_L \cos \varphi_P = 3 U_P I_P \cos \varphi_P$$

式中,φ_P 为线电压与线电流之间的相位差。(   )

(3) 三相负载,无论是作星形还是三角形连接,无论对称与否,其总有功功率均为 $P = \sqrt{3}\, U_L I_L \cos \varphi_P$。(   )

(4) 在相同的线电压作用下,同一三相对称负载作三角形连接时所吸收的有功功率为星形连接的 $\sqrt{3}$ 倍。(   )

(5) 在相同的相电压作用下,三相异步电动机作三角形连接和作星形连接时,所吸收的有功功率相等。(   )

(6) 在三相三线制中,三相功率的测量一般采用二瓦计法(二表法)。(   )

✍**任务 7.4.2** 三相对称负载三角形连接,其线电流为 $I_L = 5.5$ A,有功功率为 $P = 7\,760$ W,功率因数 $\cos \varphi = 0.8$,求电源的线电压 U_L、电路的无功功率 Q 和每相阻抗 Z。

✍**任务 7.4.3** 某三相异步电动机每相绕组的等值阻抗 $|Z|=27.74\ \Omega$，功率因数 $\cos\varphi=0.8$，正常运行时绕组作三角形连接，电源线电压为 380 V。试求：

（1）正常运行时相电流、线电流和电动机的输入功率；

（2）为了减小起动电流，在起动时改接成星形，试求此时的相电流、线电流及电动机输入功率。

✍**任务 7.4.4** 线电压 U_L 为 380 V 的三相对称电源上，接有两组对称三相负载：一组是三角形连接的电感性负载，每相阻抗 $Z=363\underline{/30°}$；另一组是星形连接的电阻性负载，每相电阻 $R=10\ \Omega$，如图 7-11 所示。试求三相负载总的有功功率。

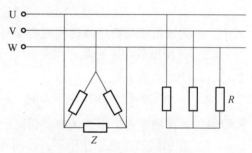

图 7-11　任务 7.4.4 题图

📖**本节理论知识点总结：**

_____

_____

_____

_____

🏺以上问题是否全部理解。是□　否□

确认签名：_____　日期：_____

实训实践

✕ 实训任务 7.4.1　三相电路功率的测量与仿真

1. 任务目标

（1）学习用三瓦计法和二瓦计法测量三相电路的功率。

（2）了解上述两种方法的使用场合。

（3）加深对 Multisim 应用软件的应用。

2. 任务分析

三相电路功率的测量方法有一表法、二表法和三表法。本任务采用不同的方法测量不同电路情况下的各电量，掌握三相电路有功功率的特点，并进一步学习和掌握三相电路功率测量方法的使用场合。

3. 必备知识

1）瓦计法测量功率电路

三相四线制电路中，无论负载是星形连接还是三角形连接，也无论负载是对称还是不对称，通常用 3 只功率表测量功率，分别测出 U、V、W 各相的有功功率，则总的有功功率由它们相加而得到，即 $P_{总} = P_U + P_V + P_W$。

2）二瓦计法测量功率电路

在三相三线制电路中，通常用两只功率表测量功率。功率表 W_1 和 W_2 的读数分别为 P_1 和 P_2。三相电路的总功率等于 P_1 与 P_2 的代数和。二瓦计法测量三相电路的功率时，单只功率表的读数无物理意义。当负载为对称的星形连接时，由于中性线中无电流流过，所以也可用二瓦计法测量功率。但二瓦计法不适用于不对称三相四线制电路。

图 7-12 和图 7-13 所示电路分别利用三瓦计法和二瓦计法对三相四线制电路功率进行测量。

图 7-14 和图 7-15 所示电路分别利用三瓦计法和二瓦计法对三相三线制电路的功率进行测量。

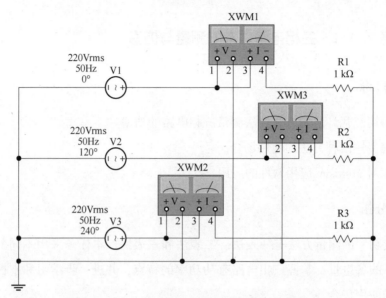

图 7-12　三相四线制电路三瓦计法测量功率电路

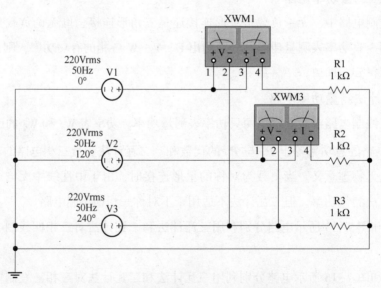

图 7-13　三相四线制电路二瓦计法测量功率电路

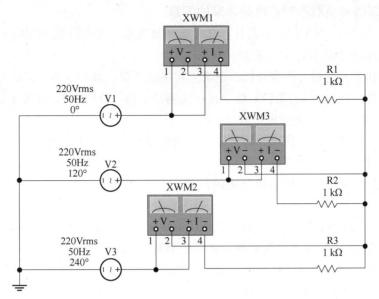

图 7-14　三相三线制电路三瓦计法测量功率电路

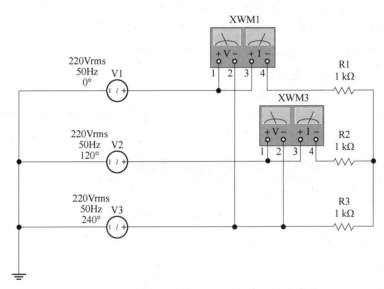

图 7-15　三相三线制电路二瓦计法测量功率电路

4. 任务实施

1）三相四线制负载对称电路功率的测量

（1）建立图 7-12 所示的负载对称三瓦计法测量电路。

（2）单击仿真开关进行仿真分析。记录三功率表读数于表 7-5 中，计算总的有功功率。

（3）建立图 7-13 所示的负载对称二瓦计法测量电路。

（4）单击仿真开关进行仿真分析。记录二功率表的读数于表 7-5 中，计算总的有功功率，并与三瓦计法测量结果进行比较。

2）三相四线制负载不对称电路功率的测量

（1）建立图 7-12 所示的负载对称三瓦计法测量电路。将电阻 R_2 改为 2 kΩ，电阻 R_3 改为 3 kΩ，使对称负载改为不对称负载。

（2）单击仿真开关进行仿真分析。记录三功率表读数于表 7-5 中，计算总的有功功率。

（3）建立图 7-13 所示的负载对称二瓦计法测量电路。将电阻 R_2 改为 2 kΩ，电阻 R_3 改为 3 kΩ，使对称负载改为不对称负载。

（4）单击仿真开关进行仿真分析。记录二功率表的读数于表 7-5 中，计算总的有功功率，并与三瓦计法测量结果进行比较。

3）三相三线制负载对称电路功率的测量

（1）建立图 7-14 所示的负载对称三瓦计法测量电路。

（2）单击仿真开关进行仿真分析。记录三功率表读数于表 7-5 中，计算总的有功功率。

（3）建立图 7-15 所示的负载对称二瓦计法测量电路。

（4）单击仿真开关进行仿真分析。记录二功率表的读数于表 7-5 中，计算总的有功功率，并与三瓦计法测量结果进行比较。

4）三相三线制负载不对称电路功率的测量

（1）建立图 7-14 所示的负载对称三瓦计法测量电路。将电阻 R_2 改为 2 kΩ，电阻 R_3 改为 3 kΩ，使对称负载改为不对称负载。

（2）单击仿真开关进行仿真分析。记录三功率表读数于表 7-5 中，计算总的有功功率。

（3）建立图 7-15 所示的负载对称二瓦计法测量电路。将电阻 R_2 改为 2 kΩ，电阻 R_3 改为 3 kΩ，使对称负载改为不对称负载。

（4）单击仿真开关进行仿真分析。记录二功率表的读数于表 7-5 中，计算总的有功功率，并与三瓦计法测量结果进行比较。

表 7-5　功率测量数据

负载　　　　　测量	三瓦计				二瓦计		
	P_U	P_V	P_W	$P_总$	P_1	P_2	$P_总$
三相四线制负载对称							
三相四线制负载不对称							
三相三线制负载对称							
三相三线制负载不对称							

✍ **探索与思考**

（1）当三相四线制对称负载星形连接时，三瓦计法测量所得的总功率与二瓦计法测量所得的总功率是否相等？

（2）当三相四线制不对称负载星形连接时，三瓦计法测量所得的总功率与二瓦计法测量所得的总功率是否相等？由此可得何结论？

（3）三相三线制对称负载连接时，三瓦计法测量所得的总功率与二瓦计法测量所得的总功率是否相等？

（4）三相三线制不对称负载连接时，三瓦计法测量所得的总功率与二瓦计法测量所得的总功率是否相等？由此可得何结论？

本节理论知识点总结：

以上问题是否全部理解。是□　否□

确认签名：＿＿＿＿＿＿＿＿　日期：＿＿＿＿＿＿＿＿

✖ 实训任务7.4.2　三相负载三角形连接及功率的测量

1. 任务目标

（1）验证三相负载作三角形连接时，在对称和不对称情况下线电流与相电流的关系。

（2）进一步了解三相调压器的作用及使用方法。

（3）进一步熟悉电压表及电流表的使用方法。

（4）学习用三瓦计法和二瓦计法测量三相电路的功率。

2. 任务分析

三相负载作三角形连接时，有对称和不对称两种情况。本任务通过测量不同电路情况下的各电量，掌握三相负载作三角形连接时电路的特点，并进一步学习和掌握测量三相电路功率的两种方法。

3. 必备知识

（1）电路工作原理的分析。

（2）三相电路三角形连接及其特点。

（3）三相电路功率的测量。

4. 任务实施

1）实训准备

（1）任务电路如图7-16所示，请从理论角度分析三角形连接三相电路的特点。

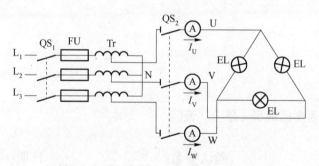

图7-16　三相负载的三角形连接原理电路图

（2）材料及设备清单，如表7-6所示。

表7-6　设备清单

名称	型号或规格	数量
电源	三相四线制，相电压220 V	1
交流电压表	数字显示 MC1028	1
交流电流表	数字显示 MC1028	1

续表

名称	型号或规格	数量
三相功率表板	MC1026	1
三相负载装置	MC1009	1

2）操作过程

（1）三相负载的三角形连接。

①按图 7-16 所示原理电路接线。

②检查接线无误后，将三相调压器手柄旋转到输出电压为零的位置，闭合三相电源闸刀开关 QS_1 和 QS_2。

③调节三相调压器的输出手柄，使输出的线电压 $U_L=220$ V。

④用电流表分别测量负载对称（采用 3 个均为 60 W 的灯泡作为对称负载）、负载不对称（采用 3 个分别为 25 W、40 W、60 W 的灯泡作为不对称负载）两种情况下负载的线电流，观察灯泡的亮度，并将数据记录于表 7-7 中。

⑤将调压器输出电压降为零，切断三相电源开关。

表 7-7　负载三角形连接

测量项目 负载情况	线（相）电压 _____/V			线电流_____/A			相电流 _____A			I_A 与 I_P 有无 $\sqrt{3}$ 关系	灯的亮度比较
	U_U	U_V	U_W	I_U	I_V	I_W	I_{UV}	I_{VW}	I_{WU}		
对称											
不对称											

（2）三相电路有功功率的测量。

①按功率测量原理画出接线图并接线。

②检查接线无误后，将三相调压器手柄旋转到输出电压为零的位置，闭合三相电源闸刀开关 QS_1 和 QS_2。

③调节三相调压器的输出手柄，使输出的线电压 $U_L=220$ V。

④用二瓦计法和三瓦计法分别测量三角形负载在负载对称（采用 3 个均为 60 W 的灯泡作为对称负载）、负载不对称（采用 3 个分别为 25 W、40 W、60 W 的灯泡作为不对称负载）两种情况下三相电路的有功功率，并将数据记录于表 7-8 中。

⑤将调压器输出电压降为零，切断三相电源开关。

表 7-8　负载三角形连接功率数据

负载情况	二瓦计法		计算值 P/W	三瓦计法			计算值 P/W
	P_1/W	P_2/W		P_1/W	P_2/W	P_3/W	
对称							
不对称							

☎ **任务实施中的注意事项**

（1）注意功率表电压量程和电流量程的选择。务必使电流量程能允许通过负载电流，电压量程能承受负载电压。

（2）注意功率表的正确读数。先计算功率表的分格常数，再读取指针所指格数，相乘后所得数据就是被测负载的功率。

（3）每次实验完毕，均需将三相调压器旋钮调回零位，如改变接线，均需断开三相电源，以确保人身安全。

✍ **探索与思考**

（1）为什么在三相负载的三角形连接电路中，必须把三相调压器输出的线电压调到220 V？

（2）在三相负载的三角形连接电路中，如果有一只白炽灯发生短路，将会产生什么样的后果？

（3）功率表的损耗对测量结果是否有影响？如何判断其影响的大小？如何消除？

📖 **本节理论知识点总结：**

_____

_____

_____

_____

_____

_____

_____

🏆以上问题是否全部理解。是□ 否□

确认签名：_____日期：_____

第8章

耦合电感及其等效

8.1 耦合电感电路基础

工作页

班级：(　　　　) 姓名：(　　　　) 学号：(　　　　)

任务8.1.1 判断题

1. 由于线圈本身的电流变化而在本线圈中引起的电磁感应称为自感。(　　)

2. 任意两个相邻较近的线圈总要存在着互感现象。(　　)

任务8.1.2 选择题

1. 当线圈中通入 (　　) 时，就会引起自感现象。

A. 不变的电流　　B. 变化的电流　　C. 电流

2. 线圈中产生的自感电动势总是 (　　)。

A. 与线圈内的原电流方向相同

B. 与线圈内的原电流方向相反

C. 阻碍线圈内原电流的变化

D. 上面三种说法都不正确

3. 线圈几何尺寸确定后，其互感电压的大小正比于相邻线圈中电流的 (　　)

A. 大小　　　　　B. 变化量　　　　C. 变化率

4. 耦合电感在次级开路时，初级的等效电感为 (　　) H。

A. 10　　　　　　B. 12　　　　　　C. 16

165

✍任务 8.1.3　填空题

1. 当流过一个线圈中的电流发生变化时，在线圈本身所引起的电磁感应现象称为_____现象，若本线圈电流变化在相邻线圈中引起感应电压，则称为_____现象。

2. 自感系数用符号_____表示，它的计算式为_____，单位为_____。

3. 电感的大小不但与线圈的_____和_____有关，还与线圈中的_____有很大关系。

4. 由于一个线圈中的电流产生变化而在_____中产生电磁感应的现象叫互感现象。

📖本节理论知识点总结：

_____

_____

_____

_____

_____

_____

_____

_____

🏆以上问题是否全部理解。是□　否□

确认签名：_____日期：_____

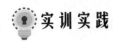

仿真任务 8.1.1　耦合电感器件同名端的仿真与测试

1. 任务目标

（1）学习、掌握互感电路同名端的测量方法。
（2）在 Multisim 14.0 中，学习搭建耦合电感电路。
（3）会在 Multisim 14.0 中测试同名端。

2. 任务设备

设备清单如表 8-1 所示。

表 8-1　设备清单

序号	名称	数量	备注
1	直流电压源	1个	
2	耦合线圈	1个	
3	交流电压源	1个	
4	万用表	1个	

3. 必备知识及仿真电路

两个或两个以上具有互感的线圈中，常用"●"或"＊"等符号标明互感耦合线圈的同名端。耦合线圈的同名端与绕组的实际绕向及相互位置有关，其常用的判断方法有直流法和交流法。

1）直流法

如图 8-1 所示，耦合线圈一绕组接直流电源，另一绕组接电压表，利用电压源接通电压表的正、负可判断。

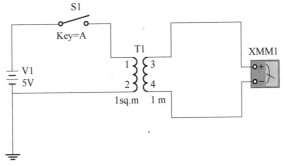

图 8-1　用直流通断法测定同名端

2）交流电流法

根据耦合线圈正向和反向串接时的等效电感的不同，因而感抗不同的关系，可以在统一电源作用下测量电流并判断同名端。

同名端的判别如下。

（1）直流法。按图8-1所示电路进行接线后，单击仿真开关。闭合开关A后，若万用表显示的数值为正，则断定"2""4"为同名端；若万用表显示的数值为负，则断定"2""3"为同名端。

（2）交流电流法。按图8-2所示电路进行连接，单击仿真开关进行仿真分析。双击万用表，测量电路的交流电流有效值，如果测得的电流小则是顺向串接，两线圈相连接的端子是异名端，若测得的电流大则是反向串接，两线圈相连接的端子是同名端，如图8-2（a）和图8-2（b）所示。

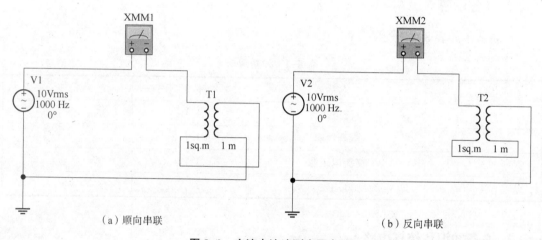

（a）顺向串联   （b）反向串联

图8-2 交流电流法测定同名端

✍ 探索与思考：

（1）判断同名端有何作用？

（2）除了在实验原理与说明中介绍的测定同名端的方法外，还有无其他方法？

📖 **本节理论知识点总结：**

以上问题是否全部理解。是□　否□

确认签名：＿＿＿＿＿＿＿＿＿　日期：＿＿＿＿＿＿＿＿＿

8.2 耦合电感的连接

工作页

班级：（　　　　　）姓名：（　　　　　）学号：（　　　　　）

笔　记

任务 8.2.1 什么是互感耦合线圈的顺向串联？

任务 8.2.2 什么是互感耦合线圈的反向串联？

任务 8.2.3 什么是互感耦合线圈的同侧并联？

任务 8.2.4 什么是互感耦合线圈的异侧并联？

✍**任务 8.2.5** 什么叫互感耦合线圈的去耦？

✍**任务 8.2.6** 比较两个互感线圈顺向串联和反向串联时等效电感的大小。

✍**任务 8.2.7** 电路如图 8-3 所示，已知：$u = 10\sqrt{2}\sin\omega t$，$R_1 = R_2 = 3\ \Omega$，$\omega L_1 = \omega L_2 = 6\ \Omega$，$\omega M = 2\ \Omega$，求电流 i 和电压 u_2。

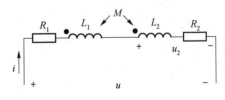

图 8-3 任务 8.2.7 题图

☞任务 8.2.8 电路如图 8-4 所示，已知：$C = 5\ \mu\text{F}$，$R = 2\ \Omega$，$L_1 = 0.2\ \text{H}$，$L_2 = 0.4\ \text{H}$，$M = 0.2\ \text{H}$，求互感线圈的等效互感。

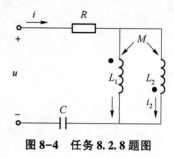

图 8-4　任务 8.2.8 题图

📖本节理论知识点总结：

_____

_____

_____

_____

_____

_____

_____

_____

_____

☞以上问题是否全部理解。是□　否□

确认签名：_____　日期：_____

实训实践

✕ 实训任务 8.2.1　互感电路的测量

1. 任务目标

（1）观察互感现象，分析互感现象与哪些因素有关。

（2）掌握直流判别法、交流测试法测定互感线圈同名端的方法。

2. 必备知识

判别耦合线圈的同名端在理论分析和实际中具有重要意义，如电动机、变压器的各相绕组、LC 振荡电路中的振荡线圈都要根据同名端进行连接。实际中对于具有耦合关系的线圈若其绕向和相互位置无法判别时，可以根据同名端的定义用实验方法加以确定。

1）直流判别法

如图 8-5 所示，分别将互感线圈与电源 E 和电流表相连，当开关闭合瞬间，根据互感原理，在 L_2 两端产生一个互感电动势，电表指针会偏转。若指针正向摆动，则 E 正极与直流电流表头正极所连接一端是同名端。

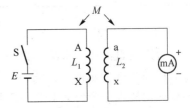

图 8-5　直流法判别互感线圈同名端

2）交流测试法（等效电感法）

电流表法：设两个耦合线圈的自感分别为 L_1 和 L_2，它们之间的互感为 M。若将两个线圈的异名端相连（图 8-6（a））称为顺向串联，其等效电感为

$$L_正 = L_1 + L_2 + 2M$$

若将两个线圈的同名端相连（图 8-6（b）），则称为反向串联，其等效电感为

$$L_反 = L_1 + L_2 - 2M$$

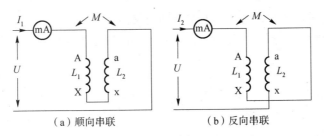

（a）顺向串联　　　　　　　　　　（b）反向串联

图 8-6　交流法判别互感线圈同名端

显然等效电抗 $\omega L_正 > \omega L_反$，利用这种关系，在两个线圈串联方式不同时，加上相同的正弦电压，则顺向串联时电流小，反向串联时电流大。同样，若流过的电流相等，则顺向串联时端口电压高，反向串联时端口电压低。如图 8-6 所示，用电流表法将电流表串接于两个线圈，按两种不同接法与同一交流电压相接，测得电流分别为 I_1 和 I_2，若 $I_1 > I_2$，连接的两端是异名端。若 $I_1 < I_2$，连接的两端是同名端。

3. 任务实施

1）准备工作

材料及设备清单。本任务所使用到的设备及其型号如表 8-2 所示。

表 8-2 设备清单

设备与仪表名称	规格与型号	数量
调压器	交流 0~24 V	1
相位表/电量仪		1
直流稳压电源		1
数字万用表		1
互感耦合线圈	500 圈	2
U 形铁芯		1
实验电路板		1

2）操作过程

分别用直流法判别法、交流测试法测定两互感耦合线圈的同名端。

用图 8-5 所示的直流法，U_S 取 5 V，测定两端耦合线圈的同名端。在测量时，必须在两线圈内插入一个公共 U 形铁芯以增强耦合的程度。记下两线圈的同名端编号。

用图 8-6 所示的电流表法，判别互感耦合线圈的同名端。

4. 任务实施中的注意事项

（1）整个实验过程中，注意流过线圈不得超过限定值。

（2）测定同名端的实验过程中，都应插入铁芯。

✍ 探索与思考

（1）总结判定同名端的方法，并说明判断意义。

（2）除这几种判别同名端的方法外，还有无别的判定方法？举例说明。

本节理论知识点总结：

＊以上问题是否全部理解。是□　否□

确认签名：_____日期：_____

8.3 含有耦合电感电路的计算

工作页

班级:(   )姓名:(   )学号:(   )

✍**任务 8.3.1** 求图 8-7 所示电路的等效阻抗。

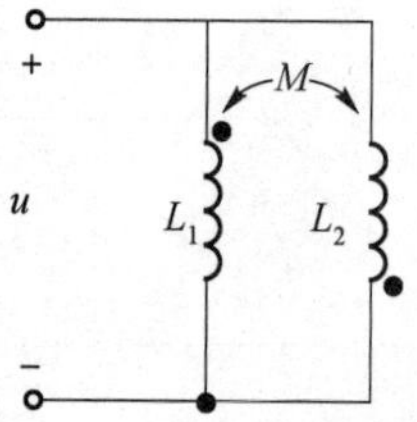

图 8-7 任务 8.3.1 题图

✍**任务 8.3.2** 耦合电感 $L_1 = 6$ H,$L_2 = 4$ H,$M = 3$ H,试计算耦合电感作顺、反串联和同、异侧并联时的各等效电感值。

✍**任务 8.3.3** 电路如图 8-8 所示，求输出电压 $\dot{U}_2$。

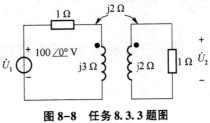

图 8-8　任务 8.3.3 题图

📖**本节理论知识点总结：**

_____

_____

_____

_____

_____

_____

_____

_____

_____

_____

_____

_____

🍃以上问题是否全部理解。是□　否□

确认签名：_____日期：_____

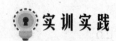 **实训实践**

💻 仿真任务 8.3.1　含有耦合电感电路的分析与仿真

1. 任务目标

（1）学习互感系数和耦合系数的测量方法。

（2）在 Multisim 14.0 中搭建含有耦合电感的电路并进行仿真分析。

2. 任务设备

设备清单如表 8-3 所示。

表 8-3　设备清单

序号	名称	数量	备注
1	直流电压源	1个	
2	耦合线圈	1个	
3	交流电压源	1个	
4	万用表	1个	

3. 必备知识及仿真电路

1）两线圈互感系数 M 的测定

（1）利用感应电压测量互感系数。

在图 8-9 所示的两个互感耦合线圈的电路中，耦合线圈的互感系数为 M。当线圈 a、b 端接角频率为 ω 的正弦交流电压源 $\dot{U}_S$，线圈 c、d 端开路时，则 c、d 两端的开路电压有效值为 $U_{cd} = \omega M I_1$，其中 I_1 是线圈 ab 的电流有效值。这样可得出耦合线圈的互感系数为

$$M = \frac{U_2}{\omega I_1}$$

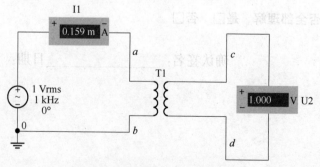

图 8-9　互感系数 M 的测量电路

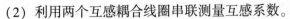

（2）利用两个互感耦合线圈串联测量互感系数。

两线圈顺向串联后（参考 8.1 节仿真任务图 8-2），两端接角频率为 ω 的正弦电压源 $\dot{U}_{\mathrm{S}}$，用电流表测量电流为 $I_{\text{顺}}$，则顺向串联后的等效电感为：

$$L_{\text{顺}} = \frac{U_{\mathrm{S}}}{\omega I_{\text{顺}}}$$

两线圈反向串联后（参考 8.1 节仿真任务图 8-2），两端也接角频率为 ω 的正弦电压源 $\dot{U}_{\mathrm{S}}$，用电流表测量电流为 $I_{\text{反}}$，则反接串联后的等效电感为

$$L_{\text{反}} = \frac{U_{\mathrm{S}}}{\omega I_{\text{反}}}$$

设两线圈的自感系数分别为 L_1、L_2。当两线圈顺向串联时，其等值电感为 $L_{\text{顺}} = L_1 + L_2 + 2M$。当两线圈反向串联时，等值电感为 $L_{\text{反}} = L_1 + L_2 - 2M$。只要分别测出 $L_{\text{顺}}$、$L_{\text{反}}$，则有耦合线圈的互感系数为 $M = \dfrac{L_{\text{顺}} - L_{\text{反}}}{4}$。

（3）含有耦合电感电路的仿真。

搭建仿真电路图如图 8-10 所示，其中 T1 为耦合电感，电感值分别为 10 mH、8 mH，耦合系数为 0.8。为了得到电路的等效阻抗，可在干路处放置一个探针，并进行交流电路分析，而后得出幅频特性和相频特性曲线（关于特性曲线可参看第 9 章）。

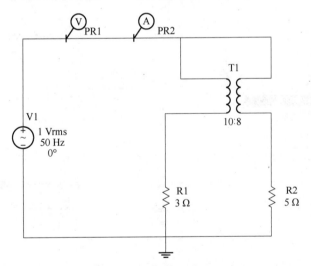

图 8-10　含有耦合电感的电路仿真

4. 任务实施

1）互感系数 M 的测量

（1）按图 8-9 所示接线，电压源是幅值为 1 V、频率为 1 kHz 的正弦电压，单击仿真开关，记录线圈 ab 的电流有效值 I_1，线圈 cd 的开路电压 U_2，由公式计算可得互感系数 M。

（2）按 8.1 节仿真任务图 8-2（a）所示接线，电压源是幅值为 1 V、频率为 1 kHz 的正弦电压，测量线圈 L_1 与 L_2 顺向串联时的电流 $I_顺$，记入表 8-4 中；按 8.1 节仿真任务图 8-2（b）所示接线，测量 L_1 与 L_2 反向串联时的电流 $I_反$，记入表 8-4 中，并由公式算出互感 M。

表 8-4 测互感系数实验数据

顺向串联			反向串联			计算值
U_1	I_1/mA	$L_顺/\text{mH}$	U_2	I_2/mA	$L_反/\text{mH}$	M/mH

2）耦合电感电路仿真步骤

（1）执行"Simulate"→"Instruments"→"Measuring Probe"命令，单击节点 1 处的导线放置该探针。

（2）执行："Simulate"→"Analysis"→"AC analysis"→"Output"→"Add Expression"命令，在函数库中双击 ph() 表达式，即分别分析电路的幅频特性曲线和相频特性曲线，添加完成的表达式如图 8-11 所示。

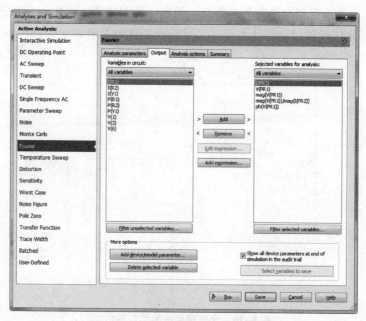

图 8-11 幅频-相频特性曲线表达式

（3）添加完成后单击"OK"按钮，再单击"Simulate"按钮，即可得出幅频特性曲线和相频特性曲线对话框，如图 8-12 所示。此时单击"Show Cursors"按钮，在图中移动光标能够查看不同频率下的幅度值与相位值，即可得到在当前频率下的复阻抗。

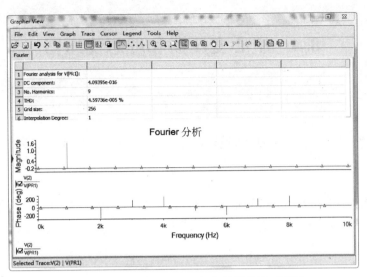

图 8-12　幅频特性曲线和相频特性曲线对话框

显然，运用上述方法对含有耦合电感的电路进行分析，十分方便、快捷。

✍ 探索与思考

（1）判断同名端有何作用。

（2）从实验观察可知，两线圈的互感系数大小与何因数有关?

（3）除了在实验原理与说明中介绍的测定同名端的方法外，还有无其他方法?

📖 本节理论知识点总结：

🏆以上问题是否全部理解。是□　否□

确认签名：_____日期：_____

8.4 空心变压器和理想变压器

任务 8.4.1 电路如图 8-13 所示,已知 $U_S = 20$ V,原边等效电路的引入阻抗为 10-j10 Ω。求 Z_x 并求负载获得的有功功率。

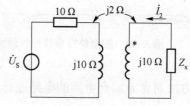

图 8-13 任务 8.4.1 题图

任务 8.4.2 电路如图 8-14 所示,已知 $Z_1 = 60-j100$ Ω,$Z_2 = 30+j40\Omega$,$Z_L = 80+j60$ Ω,求电流 I_1 和电路的输入阻抗。

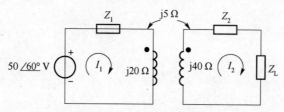

图 8-14 任务 8.4.2 题图

✍**任务 8.4.3** 电路参数如图 8-15 所示，用支路电流法求电路中的 U_{ab} 和 I_1、I_2。

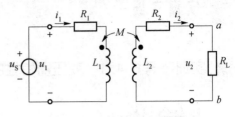

图 8-15 任务 8.4.3 题图

✍**任务 8.4.4** 电路如图 8-16 所示。（1）试选择合适的匝数比使传输到负载上的功率达到最大；（2）求 1 Ω 负载上获得的最大功率。

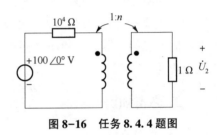

图 8-16 任务 8.4.4 题图

📖 **本 节 理 论 知 识 点 总 结：**

_____

_____

_____

_____

_____

_____

_____

🏆以上问题是否全部理解。是□ 否□

确认签名：_____ 日期：_____

实训实践

✖ 实训任务 8.4.1　变压器特性的测试

1. 任务目标

（1）了解变压器的各项参数。
（2）学会测绘变压器的空载特性与外特性。

2. 任务分析

变压器是一种能够改变交流电压的设备，它是利用电磁感应的原理来改变交流电压的装置，主要构件是初级线圈、次级线圈和铁芯（磁芯）。其主要功能有电压变换、电流变换、阻抗变换、隔离、稳压（磁饱和变压器）等。变压器用途广泛，了解掌握变压器的特性很重要。

3. 必备知识

1）原理分析

图 8-17 所示为测试变压器参数的电路。由各仪表读得变压器原边（AX，低压侧）的 U_1、I_1、P_1 及副边（ax，高压侧）的 U_2、I_2，并用万用表 R×1 挡测出原、副绕组的电阻 R_1 和 R_2，即可算得变压器的以下各项参数值。

电压比 $K_u = \dfrac{U_1}{U_2}$，电流比 $K_i = \dfrac{I_2}{I_1}$，原边阻抗 $Z_1 = \dfrac{U_1}{I_1}$，副边阻抗 $Z_2 = \dfrac{U_2}{I_2}$，阻抗比 $\dfrac{Z_1}{Z_2}$，负载功率 $P_2 = U_2 I_2 \cos\varphi$，损耗功率 $P_0 = P_1 - P_2$，功率因数 $= \dfrac{P_1}{U_1 I_1}$，原边线圈铜耗 $P_{Cu1} = I_{21} R_1$，副边铜耗 $P_{Cu2} = I_{22} R_2$，铁耗 $P_{Fe} = P_0 - (P_{Cu1} - P_{Cu2})$。

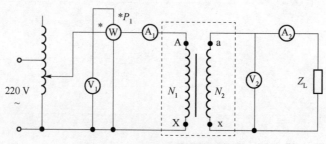

图 8-17　测试变压器参数的电路

2）变压器的外特性测量

变压器外特性是指其输出电压与负载的关系，即与输出电流的关系。在原边加额定电压，改变负载阻抗，分别测量副边电压 U_2 和副边电流 I_2，由此确定变压器的外特性。测量电路如图 8-18 所示。

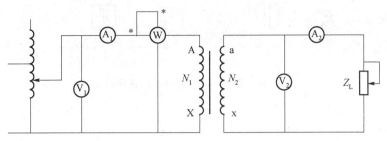

图 8-18　变压器外特性测量电路

3）变压器空载特性的测量

变压器空载特性是指当副边开路时，原边电压 U_1 和原边空载电流 I_0 的关系。测量电路如图 8-19 所示。

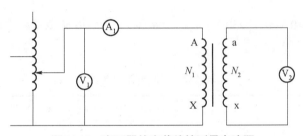

图 8-19　变压器的空载特性测量电路图

4. 任务实施

1）准备工作

材料及设备清单如表 8-5 所示。

表 8-5　设备清单

设备与仪表名称	规格与型号	数量
可调变压器	0~230 V	1
带铁芯的实验变压器		1
万用表	数字式	1
功率表		1

2）操作过程

（1）确定随 U_1 变化的空载电流 I_0，按图 8-20 所示接好电路。

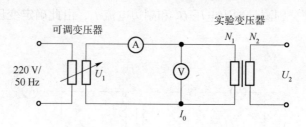

图 8-20 变压器的空载特性测量电路图

变压器参数如表 8-6 所示。

表 8-6 变压器参数

初级线圈	次级线圈
$N_1 = 600$ 匝	$N_2 = 75$ 匝
铁芯面积 $A_{Fe} = 8.41\ cm^2$	铁芯长度 $l_{Fe} = 35\ cm$

初级电压 U_1 为 10 V$<U_1<$230 V，在这个范围内，每 20 V 测量一次电流 I_0，将数据填入表 8-7 中。

表 8-7 空载电流数据表

U_1/V	10	30	50	70	90	110	130	150	170	190	210	230
I_0/mA												

（2）额定短路电压。额定短路电压测量电路如图 8-21 所示，切断初级电压（可调变压器调至位置"0"），使次级侧短路。

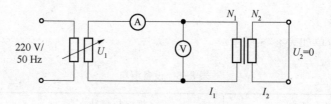

图 8-21 额定短路电压测量

实验变压器的额定电流设为 $I_N = 1.5$ A，提高初级电压 U_1，使之达到 $I_1 = I_N$，在额定电流时达到的初级电压 U_1 就是额定短路电压，从额定短路电压中计算出相对额定短路电压。

☎ **任务实施中的注意事项**

（1）如果要对变压器进行改装，一定要首先将初级电压调节到 0 V。
（2）一定要使用带保护插头的导线。

✍ 探索与思考

相对额定短路电压的高低对内阻和负载下变压器的次级电压变化有何影响？

📚 本节理论知识点总结：

_____

_____

_____

_____

_____

_____

_____

_____

_____

_____

🏆以上问题是否全部理解。是□　否□

确认签名：_____日期：_____

第9章

频率特性及谐振

9.1 频率特性基础

工作页

班级：（   ）姓名：（   ）学号：（   ）

任务9.1.1 问答

1. 什么是电路的频率特性？

2. 什么是波特图？为何要设置波特图？

3. 具有什么功能的电路称为滤波电路？滤波电路分为哪几类？能否画出其理想的幅频特性曲线？

笔　记

∅任务 9.1.2　求图 9-1 所示电路的网络函数：

$\dfrac{\dot{U}}{\dot{I_1}}$和$\dfrac{\dot{U_2}}{\dot{I_1}}$。

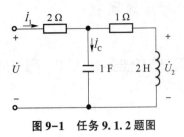

图 9-1　任务 9.1.2 题图

📖 **本节理论知识点总结：**

_____

_____

_____

_____

_____

_____

_____

_____

_____

_____

☝以上问题是否全部理解。是□　否□

确认签名：_____日期：_____

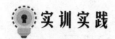

仿真任务 9.1.1　在 Multisim 应用软件中认知 RC 选频网络并进行仿真

1. 任务目标

（1）在 Multisim 应用软件中研究 RC 选频网络的选频特性。

（2）进一步熟悉 Multisim 中频率特性测试仪和示波器的使用方法。

（3）会用频率特性测试仪测量选频的频率。

（4）会用示波器测量对应所选频率输出电压与输入电压的幅值和相位关系。

2. 任务分析

RC 选频网络实验电路如图 9-2 所示。

3. 必备知识

RC 电路除了具有移相作用外，还具有选频作用。当由阻容元件以串并联方式组成图 9-2 所示电路并加以正弦波电压 U_1 时，输出电压 U_2。

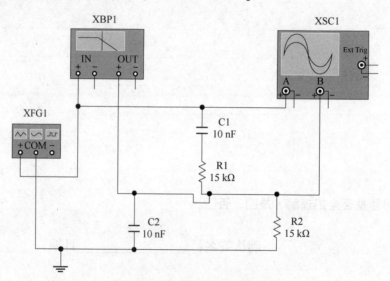

图 9-2　RC 选频网络实验电路

当 $f_0 = \dfrac{1}{2\pi\sqrt{R_1 C_1 R_2 C_2}}$ 时，输出电压 U_2 与输入电压 U_1 同相位，电路呈电阻性。当 $R_1 = R_2 = R$，$C_1 = C_2 = C$ 且频率 $f_0 = \dfrac{1}{2\pi RC}$ 时，$U_{2\max} = \dfrac{1}{3}U_1$ 达到最大，此时输出电压 U_2 与输入电压 U_1 的波形如图 9-3 所示。

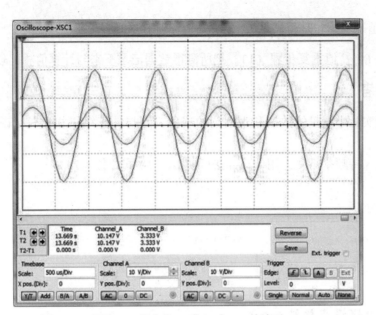

图 9-3　频率为 f_0 时 U_2 与 U_1 的波形

4. 任务实施

1）确定截止频率 f_0

（1）建立图 9-2 所示的 RC 选频网络电路。

（2）双击频率特性测试仪展开该仪器，单击仿真电源开关，激活电路进行动态分析。观察频率特性测试仪的波形，确定截止频率 f_0，如图 9-4 所示。

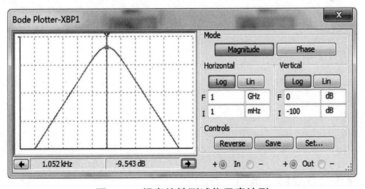

图 9-4　频率特性测试仪示意波形

（3）改变不同的 R、C 值重复上述步骤，观察 R、C 值变化对截止频率 f_0 的影响。

2）验证 RC 选频网络的选频特性

（1）双击示波器图标打开示波器。单击仿真电源开关，激活电路测量输出电压 U_2 与输入电压 U_1 的波形。

（2）观察对于不同的频率 f 时输出电压 U_2 与输入电压 U_1 之间的关系。测量当 U_2 出现

最大值时的 f 值是多少？是否满足 $U_{2max} = \dfrac{1}{3}U_1$？其相位如何？

（3）改变 R、C 值重复步骤（1），把所测得数据记录下来与计算值相比较。

✍ 探索与思考

（1）整理实验中测量的数据和观察到的现象，并与计算结果相比较，说明 RC 选频网络的选频特性。

（2）如果保持频率不变，用什么办法可使 U_2、U_1 同相位？

📖 本节理论知识点总结：

_____

_____

_____

_____

_____

_____

_____

_____

_____

_____

🖐 以上问题是否全部理解。是□　否□

确认签名：_____ 日期：_____

9.2　串联谐振

班级：(　　　　　)　姓名：(　　　　　)　学号：(　　　　　)

笔　记

✍任务 9.2.1　填空

（1）串联正弦交流电路发生谐振的条件是_____。谐振时的谐振频率为_____，品质因数 $Q=$ _____，串联谐振又称为_____。

（2）在发生串联谐振时，电路中的感抗与容抗_____，此时电路中阻抗最_____，电流最_____，总阻抗 $Z=$ _____。

（3）有一 RLC 串联正弦交流电路，用电压表测得电阻、电感、电容上电压均为 10 V，用电流表测得电流为 10 A，此电路中 $R=$ _____，$P=$ _____，$Q=$ _____，$S=$ _____。

✍任务 9.2.2　选择

（1）正弦交流电路如图 9-5 所示，已知开关 S 打开时，电路发生谐振。当把开关合上时，电路呈现（　　）。

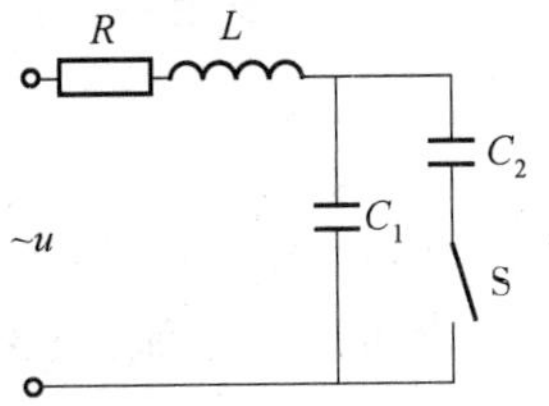

图 9-5　任务 9.2.2（1）题图

A. 阻性　　　　B. 感性　　　　C. 容性

（2）正弦交流电路如图 9-6 所示，已知电源电压为 220 V，频率 $f=50$ Hz 时电路发生谐振。现将电源的频率增加，电压有效值不变，这时灯泡的亮度（　　）。

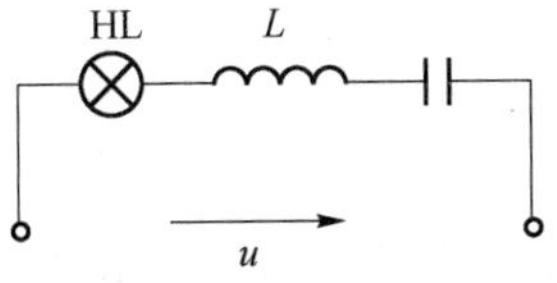

图 9-6　任务 9.2.2（2）题图

A. 比原来亮　　　B. 比原来暗　　　C. 和原来一样亮

（3）在 RLC 串联正弦交流电路中，已知 $X_L = X_C = 20\ \Omega$，$R = 20\ \Omega$，总电压有效值为 220 V，则电感上电压为（　　）V。

A. 0　　　　　　B. 220　　　　　　C. 73.3

✍**任务 9.2.3**　计算

实验器材有：低频信号发生器一台，100 Ω 电阻器一只，3 300 μH 电感线圈一只，3 300 pF电容器一只，电容器箱一个，交流电流表一只，交流电压表一只。

（1）画出串联谐振电路实验原理图。

（2）当电路参数固定时，需要调节_____来实现谐振；当信号源频率不变的情况下，应改变_____来实现谐振。

（3）连接好实验电路，调节信号源输出电压至 2 V，使其频率在 40~60 kHz 范围内逐渐变化，当电流表读数为_____时，电路谐振。

（4）调节信号源输出电压至 2 V，频率为 50 Hz，改变电容器箱电容量，当电流表读数为_____时，电路谐振。

✍**任务 9.2.4**　计算

在 RLC 串联电路中，电阻 $R = 1\ \Omega$，电感 $L = 100$ mH，电容 $C = 0.1$ μF，外加电压有效值 $U = 1$ mV。试求：（1）电路的谐振频率；（2）谐振时的电流；（3）回路的品质因数和电容器两端的电压。

📖**本节理论知识点总结：**

_____

_____

_____

_____

_____

_____

_____

_____

_____

_____

🏆以上问题是否全部理解。是□　否□

确认签名：_____日期：_____

🔅 实训实践

✕ 实训任务9.2.1 串联谐振电路实训

1. 任务目标

（1）测绘 *RLC* 串联电路谐振曲线，并进一步理解串联谐振电路产生的条件和特点。

（2）掌握谐振频率、通频带和品质因数的测算方法，研究电路各参数对串联谐振电路特性的影响。

（3）理解谐振电路的选频特性及其应用。

2. 任务分析

在电子电路中，谐振电路的应用较为广泛。本任务主要对 *RLC* 串联谐振电路的谐振频率、品质因数等参数进行测量，通过对通用谐振曲线的测绘，来进一步理解和掌握谐振电路产生的条件和特点，以及通频带、品质因数等参数对谐振电路特性的影响。

3. 必备知识

（1）串联谐振电路产生的条件。

（2）电路处于谐振状态时的特性。

（3）串联谐振电路的频率特性。

（4）品质因数 *Q* 对电路特性的影响。

4. 任务实施

1）准备工作

材料及设备清单如表9-1所示。

表9-1 设备清单

序号	名称	型号与规格	数量	备注
1	双踪示波器	LDS20610	1	
2	数字合成信号发生器	SG1005A	1	
3	晶体管毫伏表	AS2294D	1	
4	电感线圈	100 mH	1	
5	电阻	510 Ω×1，2 kΩ×1	2	
6	电容	1 μF×1，2.2 nF×1	2	

2）操作过程

（1）寻找谐振频率，验证谐振电路的特点。

①按图 9-7 所示电路接线，其中 R 取 510 Ω，L 取 100 mH，C 取 2.2 nF，信号发生器的输出电压峰峰值保持在 4 V。

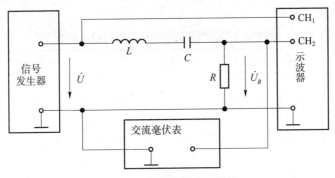

图 9-7　串联谐振实验线路

②根据电路元件 R、L、C 的实际参数计算谐振频率的理论值 f_0，并填入表 9-2 中；用毫伏表测量电阻 R 上的电压，调节信号发生器输出电压的频率，使 U_R 为最大时电路即达到谐振，记下此时的谐振频率 f_0，并测量电路中的电压 U_R、U_L、U_C，记入表 9-2 中。

表 9-2　测量谐振频率数据

$R=$ _____（Ω）；$L=$ _____（H）；$C=$ _____（F）；f_0（计算值）$=$ _____（Hz）		
$U_R=$ _____	$U_L=$ _____	$U_C=$ _____
f_0（测量值）$=$ _____	$I_0=\dfrac{U_R}{R}=$ _____	$Q=$ _____

③根据电阻上测得的电压 U_R 及电阻值 R 计算谐振电流 I_0，根据测量的各电压值计算品质因数 Q 并填入表 9-2 中。

（2）用示波器观测 RLC 串联谐振电路中电流和电压的相位关系。

①按图 9-8 所示电路接线，R、L、C 取值不变。

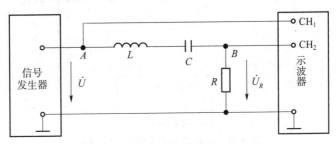

图 9-8　观测电流和电压间相位差的线路

②电路中 A 点的电位送入双踪示波器的 CH_1 通道，它显示出电路中总电压 u 的波形。将 B 点的电位送入双踪示波器的 CH_2 通道，它显示出电路中电流 i 的波形。注意：示波器和信号发生器的接地端必须连接在一起。

③信号发生器的输出频率取谐振频率 f_0，输出电压峰峰值取 4 V，调节示波器使屏幕上

获得 2~3 个波形，将电流 i 和电压 u 的波形描绘于表 9-3 中。

④在 f_0 左右各取一个频率点，信号发生器输出电压仍保持 4 V，观察并描绘 i 和 u 的波形于表 9-3 中。

表 9-3　不同频率下的电压电流的相位关系

频率（f）	电流 i 和电压 u 的波形	电流 i 和电压 u 的相位关系
$f=f_0$		
$f<f_0$		
$f>f_0$		

（3）测量频率特性曲线。

①按图 9-9 所示测量线路接线，R、L、C 取值不变。

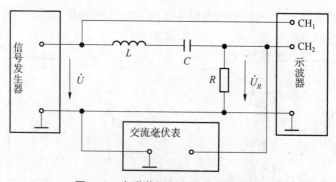

图 9-9　串联谐振频率特性测量线路

②将信号发生器输出电压峰峰值调至 4 V，在谐振频率两侧分别选 4~5 个测量点，离谐振点较远处，所取频率间隔可较稀，而在谐振点附近，频率间隔宜较密。测量各频率点的 U_R、U_L、U_C 及 φ 值，并记录于表 9-4 中。由于电阻上的电压与电流同相，相位角 φ 即为总电压与电阻电压之间的相位差。

表 9-4 测定谐振曲线的数据 $R=$＿＿＿（Ω）

$U=$＿＿＿（V）、$L=$＿＿＿（ ）、$C=$＿＿＿（ ）、$Q=$								
f/Hz				$f_0=$				
U_R/V								
U_L/V								
U_C/V								
I/A								
I/I_0								
φ								

③根据测量结果计算品质因数 Q，绘出幅频、相频特性曲线，并由幅频特性曲线决定上、下限截止频率 f_1 和 f_2 及带宽 Δf 的数值。

④将图 9-9 所示测量电路中的电阻 R 更换为 2 kΩ，重复上述测量过程，记录于表 9-5 中。

表 9-5 测定谐振曲线的数据 $R=$＿＿＿（Ω）

$U=$＿＿＿（V）、$L=$＿＿＿（ ）、$C=$＿＿＿（ ）、$Q'=$								
f/Hz				$f_0=$				
U_R/V								
U_L/V								
U_C/V								
I/A								
I/I_0								
φ								

⑤根据测量结果计算品质因数 Q'，并绘出幅频、相频特性曲线，并由幅频特性曲线决定上、下限截止频率 f_1 和 f_2 及带宽 Δf 的数值。

☎ 任务实施中的注意事项

（1）测定谐振曲线时，每次调节频率之后，都应用毫伏表测量信号源的输出电压，如电压有变化，则应将信号发生器输出电压有效值调回到原值；否则会影响实验的准确性。

（2）注意测电阻两端电压和电容两端电压时应分别与信号发生器输出共地。

（3）为减少测量误差，注意随时根据被测电压值的大小变化，来切换晶体管毫伏表量程。

✎ 探索与思考

（1）实验中，当 RLC 串联电路发生谐振时，是否有 $U_R=U_S$ 和 $U_C=U_L$？若关系式不成立，试分析其原因。

（2）*RLC* 电路中电阻 *R* 的大小对电路谐振频率有无影响？它与谐振的什么特性有关？

（3）根据绘制的不同电阻下的通用幅频特性曲线，分析电路参数对它的影响。

（4）根据不同频率条件下绘制的 *i* 和 *u* 的波形，分析相位和幅度变化所产生的原因。

本节理论知识点总结：

_____

_____

_____

_____

_____

_____

_____

_____

_____

_____

以上问题是否全部理解。是□　否□

确认签名：_____ 日期：_____

9.3　并联谐振

班级：（　　　　　）姓名：（　　　　　）学号：（　　　　　）

✍**任务 9.3.1**　填空

1. 串联谐振电路只适用于_____的场合，而并联谐振电路则适用于_____的场合。

2. LC 并联谐振电路发生谐振时，其谐振频率 $f_0 =$ _____，此时，电路中总阻抗最_____，总电流最_____。

3. 并联电路发生谐振时，品质因数 $Q =$ _____，此时，电感或电容支路电流会_____总电流，所以并联谐振又称为_____。

✍**任务 9.3.2**　选择

1. 在电阻、电感串联后再与电容并联的电路发生谐振时，RL 支路电流（　　　）。

A. 大于总电流　　B. 小于总电流　　C. 等于总电流

2. 在电阻、电感串联后再与电容并联的电路中，改变电容使电路发生谐振时，电容支路电流（　　　）。

A. 大于总电流　　　　　　　　B. 小于总电流

C. 等于总电流　　　　　　　　D. 不一定

✍**任务 9.3.3**　计算

在图 9-10 所示并联谐振电路中，$C = 10$ pF，品质因数 $Q = 50$，谐振频率 $f_0 = 37$ kHz。求电感 L 和电阻 R 的大小。

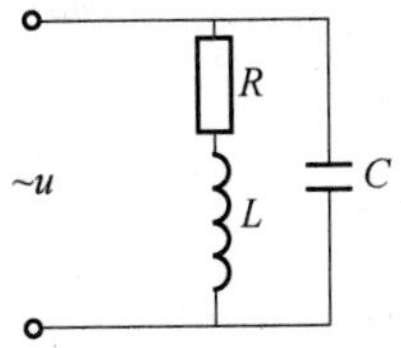

图 9-10　任务 9.3.3 题图

笔　记

201

✍任务 9.3.4　比较串、并联谐振电路的特点，填写表 9-6 中的相关内容。

表 9-6　任务 9.3.4 表

项目	X_L 与 X_C 的大小关系	总阻抗（等于、最大、最小）	总电流（压）（等于、最大、最小）	品质因数	总电流（压）与品质因数的关系	谐振频率
串联谐振						
并联谐振						

📖 **本节理论知识点总结：**

_____

_____

_____

_____

_____

_____

_____

_____

_____

_____

☝以上问题是否全部理解。是□　否□

确认签名：_____日期：_____

🖥 **仿真任务9.3.1**　如何在 Multisim 应用软件中搭建串联谐振电路和并联谐振电路

🖥 **仿真任务9.3.2**　如何在 Multisim 应用软件中显示串联谐振电路和并联谐振电路的幅频特性和相频特性曲线。

1. 任务目标

（1）学习怎样在 Multisim 应用软件中搭建并观察串联谐振电路和并联谐振电路，并观察电路特点。

（2）观察串联谐振电路和并联谐振电路的幅频特性曲线和相频特性曲线。

2. 任务分析

建立串联谐振电路和并联谐振电路，其基本电路均由电阻、电容、电感串联或并联而成。然后利用 Multisim 应用软件中相关仪器进行观察测试。

3. 必备知识

（1）串并联谐振基础知识。

（2）Multisim 应用软件基础知识。

4. 任务实施

1）*RLC* 串联的电路仿真

（1）电路搭建。

建立图9-11所示的电路，各元件的参数如图中所标定。

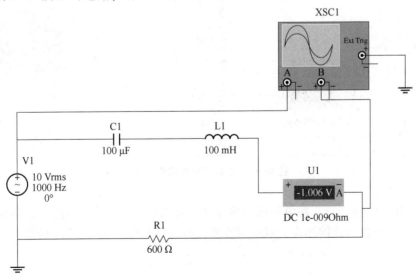

图9-11　*RLC* 串联的仿真电路图

按 F5 键，电路运行，双击双踪示波器，可观察到电感电压、电流波形如图 9-12 所示。根据欧姆定律的相量形式可计算出 $I = 115$ mA。可见，计算结果与仿真结果一致。

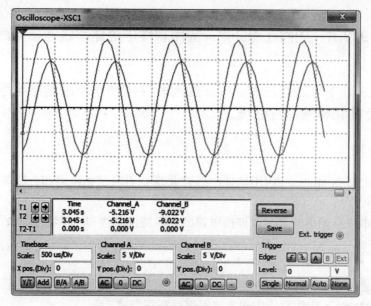

图 9-12 RLC 串联电压、电流波形

（2）谐振电路仿真。

①建立图 9-13 所示电路，各元件的参数如图中所标定。

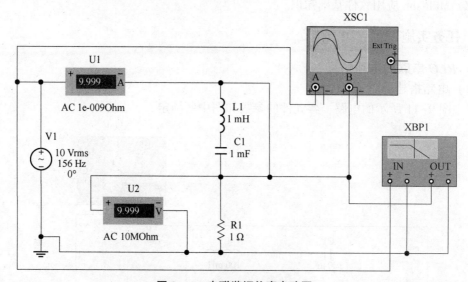

图 9-13 串联谐振仿真电路图

②按 F5 键，电路运行，在电源电压频率为 156 Hz 下电路发生谐振，电路呈现纯电阻性，外加电压与谐振电流同相位，双击示波器，可观察其波形如图 9-14 所示。

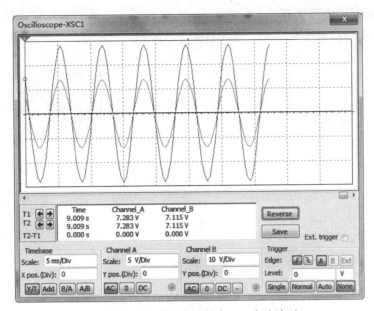

图 9-14 串联谐振电路的电压、电流波形

③双击打开波特图仪，单击"Magnitude"按钮，显示其幅频特性曲线如图 9-15 所示；单击"Phase"按钮，显示其相频特性曲线如图 9-16 所示。

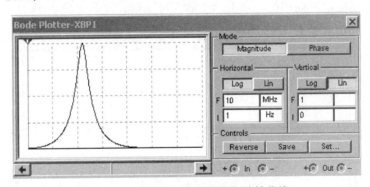

图 9-15 串联谐振电路的幅频特性曲线

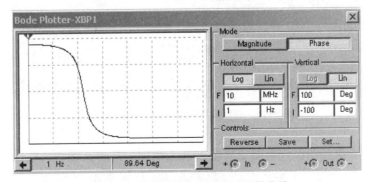

图 9-16 串联谐振电路的相频特性曲线

2）*RLC* 并联的电路仿真

（1）建立图 9-17 所示的电路，各元件的参数如图中所标定。

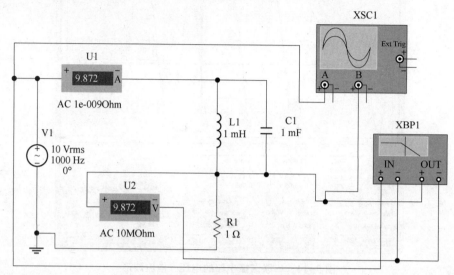

图 9-17　并联谐振仿真电路图

（2）按 F5 键，电路运行，在电源电压频率为 1 kHz 下电路发生谐振，电路呈现纯电阻性，外加电压与谐振电流同相位，双击示波器，可观察其波形如图 9-18 所示。

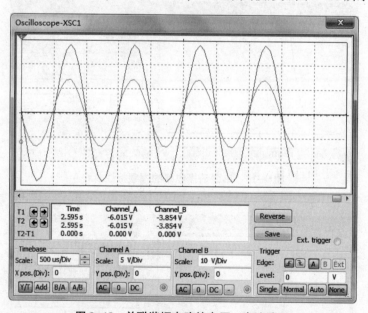

图 9-18　并联谐振电路的电压、电流波形

（3）双击打开波特图仪，单击"Magnitude"按钮，显示其幅频特性曲线如图 9-19 所示；单击"Phase"按钮，显示其相频特性曲线如图 9-20 所示。

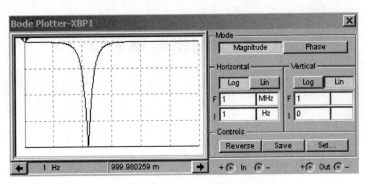

图 9-19 并联谐振电路的幅频特性曲线

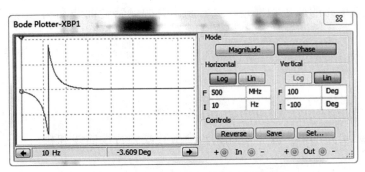

图 9-20 并联谐振电路的相频特性曲线

✎ 探索与思考

（1）改变电阻阻值，可观察电路的选频性能。谐振电阻减小时，串联电路的品质因数增大，故此时振荡电路的选频作用更加明显。

（2）此外，还可通过傅里叶分析查看其他高次谐波的幅频响应特性。单击"Simulate"→"Analysis"→"Fourier Analysis"，在傅里叶分析对话框中选定输出节点，并在"Analysis Parameters"选项卡中将"Frequency Resolution"根据波特图仪的仿真结果设置振荡频率，然后单击"Simulate"按钮进行仿真，即可观察仿真结果。

📖 本节理论知识点总结：

_____

_____

_____

🖝以上问题是否全部理解。是□ 否□

确认签名：_____ 日期：_____

9.4 典型网络的频率特性

🔧工作页

班级：（　　　　　）姓名：（　　　　　）学号：（　　　　　）

✍**任务 9.4.1**　问答题

（1）RC 高通电路的截止频率是什么？画出其幅频特性曲线和相频特性曲线。

（2）RC 低通电路的截止频率是什么？画出其幅频特性曲线和相频特性曲线。

（3）在图 9-21 所示波特图中，通频带 BW 等于什么？

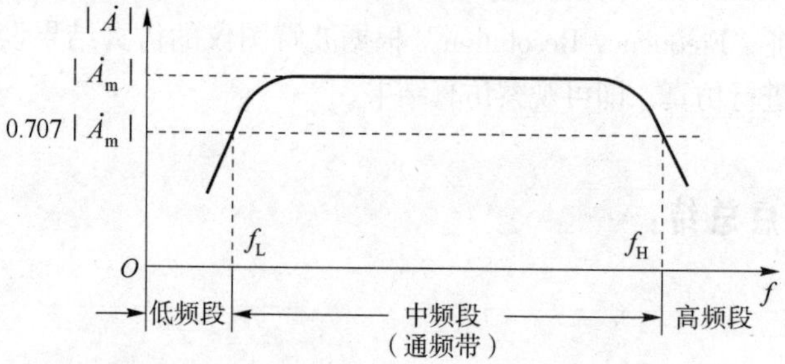

图 9-21　任务 9.4.1（3）图题

任务 9.4.2　计算题

电路如图 9-22 所示，输入电流为 $i_S(t)$，输出电压为 $u(t)$，试求电路频率响应

$H(j\omega) = \dfrac{U(j\omega)}{I_S(j\omega)}$。若想信号能无失真传输，试确定 R_1 和 R_2 的数值。

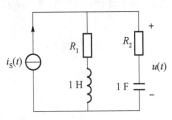

图 9-22　任务 9.4.2 题图

本节理论知识点总结：

_____

_____

_____

_____

_____

_____

_____

_____

_____

_____

以上问题是否全部理解。是□　否□

确认签名：_____　日期：_____

✕ 实训任务 9.4.1　RC 选频网络特性

1. 任务目标

（1）通过测量 RC 网络选频数据，加深理解 RC 选频网络（文氏电桥）的结构特点及其应用。

（2）进一步掌握频率特性的测试方法。

2. 任务分析

RC 串、并联选频网络也就是通常所指的文氏电桥电路，该电路结构简单，除具有移相作用外，还具有选频作用，被广泛应用于低频振荡电路中作为选频环节，可以获得很高纯度的正弦波电压。本任务采用交流毫伏表和示波器测定文氏电桥的频率特性曲线，以进一步加深理解文氏电桥的结构及其特点。

3. 必备知识

文氏电桥是一个 RC 串、并联电路，如图 9-23 所示。RC 串、并联电路由 R_1C_1 串联及 R_2C_2 并联网络组成，一般取 $R_1 = R_2 = R$，$C_1 = C_2 = C$。该电路输入信号 $\dot{U}_i$ 的频率变化时，其输出信号 $\dot{U}_o$ 幅度随着频率的变化而变化。

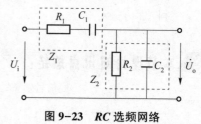

图 9-23　RC 选频网络

用 Z_1 表示串联网络的阻抗，用 Z_2 表示并联网络的阻抗，则有

$$\frac{\dot{U}_o}{\dot{U}_i} = \frac{\dfrac{R_2}{1+j\omega R_2 C_2}}{R_1 + \dfrac{1}{j\omega C_1} + \dfrac{R_2}{1+j\omega R_2 C_2}} = \frac{1}{\left(1 + \dfrac{R_1}{R_2} + \dfrac{C_2}{C_1}\right) + j\left(\omega C_2 R_1 - \dfrac{1}{\omega C_1 R_2}\right)}$$

在实验中取 $R_1 = R_2 = R$，$C_1 = C_2 = C$，则上式变为

$$\frac{\dot{U}_o}{\dot{U}_i} = \frac{1}{3 + j\left(\omega RC - \dfrac{1}{\omega RC}\right)}$$

其中幅频特性为

$$A(\omega) = \left| \frac{\dot{U}_o}{\dot{U}_i} \right| = \frac{1}{\sqrt{3^2 + \left(\omega RC - \dfrac{1}{\omega RC}\right)^2}}$$

相频特性为

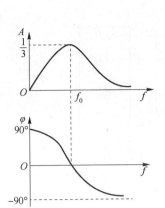

图 9-24　*RC* 选频网络的选频特性

$$\varphi(\omega) = \varphi_o - \varphi_i = -\arctan \frac{\omega RC - \dfrac{1}{\omega RC}}{3}$$

由此可得 *RC* 串、并联电路的频率特性如图 9-24 所示。

当 $\omega RC - \dfrac{1}{\omega RC} = 0$ 即 $\omega = \dfrac{1}{RC}$ 时，有

$$A = \left| \frac{\dot{U}_o}{\dot{U}_i} \right| = \frac{1}{3}, \quad \varphi = 0$$

电路发生谐振，且谐振频率为 $f = f_0 = \dfrac{1}{2\pi RC}$。即当信号频率为 f_0 时，*RC* 串、并联电路输出电压与输入电压同相，其大小是输入电压的 1/3，这一特性为 *RC* 串、并联网络的选频特性，该电路又称为文氏电桥电路。

4. 任务实施

1）准备工作

材料及设备清单如表 9-7 所示。

表 9-7　设备清单

序号	名称	型号与规格	数量	备注
1	数字合成信号发生器	SG1005A	1	
2	交流毫伏表	AS2294D	1	
3	数字示波器	LDS20610	1	
4	电阻	500 Ω	2	
5	电容	0.1 μF	2	
6	桥形跨接线和连接导线	P8-1 和 50148	若干	
7	实验用9孔方板	297 mm×300 mm	1	

2）操作过程

（1）测试信号源频率 f_a。

①按图 9-25 所示，将输入 $\dot{U}_i$ 和输出 $\dot{U}_o$ 分别接至双踪示波器的 CH$_1$ 通道和 CH$_2$ 通道两个输入端，选取 $R_1 = R_2 = 500\ \Omega$，$C_1 = C_2 = 0.1\ \mu F$（10 nF），信号源电压有效值 $U_i = 3\ V$。

②将示波器置于 X-Y 工作方式，调节输入信号源的频率，使示波器荧光屏上出现一条斜直线，记下此时信号源的频率 f_0，并与理论计算值 f_0 相比较。

③将示波器显示开关置于 Y_2 工作方式，调节输入信号源的频率，观察 $\dot{U}_o$ 随 f 变化的波形，观察是否 $f = f_0$ 时，输出信号 $\dot{U}_o$ 达到最大。

④用毫伏表测量输出电压 U_o，并记录数据于表 9-8 中，计算并比较是否存在 $U_i = 3U_o$ 的关系。

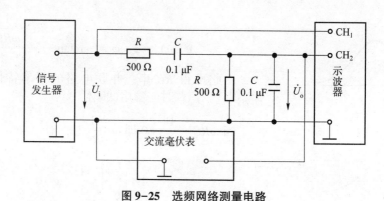

图 9-25　选频网络测量电路

表 9-8　选频电路所测的数据

U_i/V	R/Ω	$C/\mu\text{F}$	f_0/Hz	$f_0=\dfrac{1}{2\pi RC}/\text{Hz}$（计算值）	U_o/V	$\dfrac{U_o}{U_i}$

（2）测绘 RC 选频网络的幅频特性曲线。

①按图 9-25 所示接线。

②保持信号源输出电压有效值为 $U_i=3\ \text{V}$，改变信号频率 f，用毫伏表测量相应频率点的输出电压 U_o，记录数据并填入表 9-9 中。

表 9-9　幅频特性测量数据　　　　　$U_i=$ _____（V）

f/Hz	100	500	800	900	1 000	1 200	1 500	1 800	2 000
U_o/V									
$K=\dfrac{U_o}{U_i}$									

③根据测量的数据，绘制幅频特性曲线。找出最大值，并与理论计算值比较。

（3）测绘 RC 选频网络的相频特性曲线。

①按图 9-25 所示接线，将 RC 选频电路的输入和输出分别接至双踪示波器的两个输入端，改变输入正弦信号的频率，观测不同频率点时相应的输入与输出波形间的时间差 ΔT 及信号的周期 T，填入表 9-10 中，并利用公式 $\varphi=\dfrac{\Delta T}{T}\times360°$ 计算两波形间的相位差。

表 9-10　相频特性测量数据

f_0/Hz					
T/ms					
$\Delta T/\text{ms}$					
φ					

②根据测量的数据，绘制 RC 选频网络的相频特性曲线。

☎ 任务实施中的注意事项

（1）对于 RC 选频网络，若频率较低，调试时应选用低频信号源。

（2）由于信号源内阻的影响，输出幅度会随信号频率变化。因此，在调节输出频率时，应同时调节输出幅度，使实验电路的输入电压（3 V）保持不变。

（3）由于元件参数均为标称值，所以由公式 $f_0 = \dfrac{1}{2\pi RC}$ 所得的频率有误差。

✍ 探索与思考

（1）如信号源频率保持不变，用什么办法可使 $\dot{U}_o$ 和 $\dot{U}_i$ 同相？

（2）图 9-25 所示 RC 选频网络是高通、低通还是带通网络？

🏆 以上问题是否全部理解。是□ 否□

确认签名：_____ 日期：_____